科技大讲堂丛书

Software Project Management

软件项目管理

微课视频版

李英龙　郑河荣◎编著
Li Yinglong　Zheng Herong

U0282908

清华大学出版社

北京

内 容 提 要

本书以项目管理知识体系(PMBOK 第 6 版)的十大知识域组织章节内容,详细介绍了软件项目的范围管理、进度管理、成本管理、质量管理、资源管理、沟通管理、风险管理、采购管理、干系人管理和整合管理。本书中的重要知识点都配有相关的软件项目管理示例或模板,同时各章都附有真实的软件项目管理案例。此外,每章最后还配有习题和实践指导,供读者复习和增加课外知识之用。

本书既可作为高等院校软件工程专业和计算机相关专业的教材,也可作为软件项目管理从业人员的培训教材和 PMP 考试参考书。

图书在版编目(CIP)数据

软件项目管理:微课视频版/李英龙,郑河荣编著.—北京:清华大学出版社,2021.1(2024.7重印)
(清华科技大讲堂丛书)
ISBN 978-7-302-55742-5

Ⅰ.①软… Ⅱ.①李…②郑… Ⅲ.①软件开发-项目管理 Ⅳ.①TP311.52

中国版本图书馆 CIP 数据核字(2020)第 104783 号

策划编辑:魏江江
责任编辑:王冰飞　吴彤云
封面设计:刘　键
责任校对:梁　毅
责任印制:沈　露

出版发行:清华大学出版社
　　　　网　　址:https://www.tup.com.cn,https://www.wqxuetang.com
　　　　地　　址:北京清华大学学研大厦 A 座　　　　邮　　编:100084
　　　　社 总 机:010-83470000　　　　邮　　购:010-62786544
　　　　投稿与读者服务:010-62776969,c-service@tup.tsinghua.edu.cn
　　　　质量反馈:010-62772015,zhiliang@tup.tsinghua.edu.cn
　　　　课件下载:https://www.tup.com.cn,010-83470236
印 刷 者:三河市人民印务有限公司
经　　销:全国新华书店
开　　本:185mm×260mm　　印　　张:22.5　　　　字　　数:547 千字
版　　次:2021 年 2 月第 1 版　　印　　次:2024 年 7 月第 12 次印刷
印　　数:26001~28500
定　　价:59.80 元

产品编号:087513-01

前　言

党的二十大报告指出：教育、科技、人才是全面建设社会主义现代化国家的基础性、战略性支撑。必须坚持科技是第一生产力、人才是第一资源、创新是第一动力，深入实施科教兴国战略、人才强国战略、创新驱动发展战略，开辟发展新领域新赛道，不断塑造发展新动能新优势。高等教育与经济社会发展紧密相连，对促进就业创业、助力经济社会发展、增进人民福祉具有重要意义。

近年来，以物联网、云计算、移动互联网、人工智能为代表的新型信息技术（Information Technology，IT）产业以惊人的速度发展，从而使 IT 产业的地位在全球提到了空前的高度。虽然 IT 产业在国内得到了迅速发展，但是 IT 项目实施效果却不容乐观。权威调查分析表明，大约 70% 的 IT 项目超出预定开发周期，大型 IT 项目平均超出计划交付时间 20%～50%；90% 以上的软件项目开发费用超出预算，并且项目越大，超出项目计划的程度越高。是什么原因造成了这种状况？答案是疏于项目管理。项目管理凭借对范围、时间、成本和质量四大核心因素把控的优势，能够使任务过程标准化，减少工作疏漏，并确保资源有效利用，最终使用户满意。在当今商业机构间的全球化竞争中，IT 企业越来越明显地感受到，随着用户需求不断增长，技术不再是难题，规范化管理被提到重要位置。项目管理作为 IT 项目开发与项目成功的重要保证，已成为公认的 IT 企业的核心竞争力之一。

本书按照最新项目管理知识体系（PMBOK 第 6 版）组织章节内容，结合软件项目的特点，详细介绍了软件项目范围管理、进度管理、成本管理、质量管理、资源管理、风险管理、沟通管理、采购管理、干系人管理和整合管理等内容。其中重要的知识点都配有示例和模板，易于阅读和理解。本书每章都附有软件项目管理方面的案例研究，这些来源于实践的案例本身就是对软件项目管理最好的诠释。此外，每章最后还配有习题和实践指导，供读者复习和增加课外知识之用。

本书的编者均具有相关专业博士学位和高级技术职称，有主讲"软件项目管理"课程近 10 年的教学经验，同时兼任 IT 企业 CEO 或软件项目开发管理的高级顾问，软件项目管理教学和实践经验丰富。本书强调理论和实践的结合，内容精炼，结构逻辑性强。本书提供丰富的配套资源，包括教学大纲、教学课件、电子教案、习题答案和教学进度表；编者还精心录制了 350 分钟的微课视频。

> **资源下载提示**
>
> 课件等资源：扫描封底的"课件下载"二维码，在公众号"书圈"下载。
>
> 素材（源码）等资源：扫描目录上方的二维码下载。
>
> 视频等资源：扫描封底刮刮卡中的二维码，再扫描书里章节中的二维码，可以在线学习。

本书既可作为高等院校软件工程和计算机相关专业的教材,也可作为软件项目经理和各类 IT 技术管理人员的培训教材和 PMP 考试参考书。

本书得到浙江工业大学重点建设教材项目以及教育部产学合作协同育人项目"面向真实案例的软件项目管理课程体系建设"的资助,同时感谢诺基亚杭州研发中心项目总监陈俊以及杭州恒生电子股份有限公司项目总监姚昀的指导。由于编者水平有限,本书难免存在不妥之处,敬请读者批评指正。

李英龙

2020 年 8 月

目　录

X

第1章 软件项目管理概述

本章详细介绍项目、项目管理、软件项目、软件项目管理的基本概念,阐述项目和软件项目的特征、项目管理学科的发展、项目管理的知识体系、软件项目管理过程和常见问题等内容,通过学习这些内容,读者可以对软件项目管理的知识有一个基本了解。

视频讲解

1.1 项目和软件项目

1.1.1 项目

1. 项目定义

所谓项目,就是在既定的资源和要求下,为实现某种目标而相互联系的一次性工作任务。此外,美国项目管理协会(Project Management Institute,PMI)对项目的定义为:项目是为创造特定产品、服务或成果而进行的临时性工作。中国项目管理委员会给出的项目定义为:项目是一个特殊的将被完成的有限任务,它是在一定时间内,满足一系列特定目标的多项相关工作的总称。从这些定义中,我们可以看出项目包含3层含义:(1)项目是一项有待完成的任务,有特定的环境与要求;(2)项目必须在一定的组织机构内,利用有限的资源(人力、物力、财力等)在规定的时间内完成任务;(3)项目任务要满足一定性能、质量、数量、技术指标等要求。

项目可以在组织的任何层面上开展。一个项目可能只涉及一个人,也可能涉及一组人;可能只涉及一个组织单元,也可能涉及多个组织的多个单元。项目可以是以下内容。

(1)为市场开发新的复方药。

(2)扩展导游服务。

(3)合并两家组织。

(4)改进组织内的业务流程。

(5)为组织采购和安装新的计算机硬件系统。

(6)一个地区的石油勘探。

(7)修改组织内使用的计算机软件。

(8)开展研究以开发新的制造过程。

(9)建造一座大楼。

然而,有些工作却不能称为项目,如"上班""炒股""每天的卫生保洁"等,这些是日常工作或活动。

项目与日常工作的不同之处有以下几点。

（1）项目具有时限性和唯一性，而日常工作通常有具有连续性和重复性。

（2）项目管理以目标为导向，而日常工作是通过效率和有效性体现的。

（3）项目通常是通过项目经理及其团队工作完成的，而日常工作大多是职能式的线性管理。

（4）项目存在大量的变更管理，而日常工作则基本保持连续性和连贯性。

2. 项目的特征

项目具有以下基本特征。

1）目的性

项目工作的目的（或目标）在于得到特定的结果，实现项目目标可能会产生以下一个或多个可交付成果。

（1）一个独特的产品，可能是其他产品的组成部分、某个产品的升级版或修正版，也可能其本身就是新的最终产品（如一个最终产品缺陷的修正）。

（2）一种独特的服务或提供某种服务的能力（如支持生产或配送的业务职能）。

（3）一项独特的成果，如某个结果或文件（如某研究项目所创造的知识，可据此判断某种趋势是否存在，或判断某个新过程是否有益于社会）。

（4）一个或多个产品、服务或成果的独特组合（如一个软件应用程序及其相关文件和帮助中心服务）。

2）独特性

每个项目都有其独特的特点，每个项目都是唯一的。某些项目可交付成果和活动中可能存在重复的元素，但这种重复并不会改变项目工作本质上的独特性。例如，即便采用相同或相似的材料，由相同或不同的团队来建设，但每个建筑项目仍具备独特性（如位置、设计、环境、情况、参与项目的人员等）。

3）时限性

项目要在一个限定的时间内完成，是一种临时性活动，有明确的起止时间。"临时性"并不一定意味着项目的持续时间短。在以下一种或多种情况下，项目即宣告结束。

（1）达成项目目标。

（2）不会或不能达到目标。

（3）项目资金缺乏或没有可分配资金。

（4）项目需求不复存在（客户不再要求完成项目、战略或优先级的变更致使项目终止、组织管理层下达终止项目的指示等）。

（5）无法获得所需人力或物力资源。

（6）出于法律或便利原因而终止项目。

4）不确定性

在项目的具体实施中，难以预见的内外部因素变化，会给项目带来一些风险，使项目出现不确定性。优秀的项目经理和科学的管理方法是项目成功的关键。

5）不可逆转性

项目存在一个从开始到结束的过程，称为项目的生命周期。不论结果如何，项目结束了，结果也就是确定了，是不可逆转的。

1.1.2 软件项目

1. 软件

软件是与计算机系统操作有关的程序、数据及相关文档的总称。程序是按事先设计的功能和性能要求执行的指令序列；数据是使程序能正常操纵信息的数据结构；文档是程序开发、维护和使用的图文资料。

软件具有以下特点。

(1) 软件本身是具有复杂性的，它的复杂性源自应用领域实际问题的复杂性和应用软件技术的复杂性。

(2) 软件是一种逻辑实体，无具体的物理实体，具有抽象性。

(3) 软件的开发和使用受到计算机系统的限制，对计算机系统有不同程度的依赖。为了减少这种依赖，在软件开发中提出了软件的可移植性问题。

(4) 软件产品不会因为多次反复使用而磨损老化，一个久经考验的优质软件可以长期使用。

(5) 软件产品设计和开发费用昂贵，而批量生产成本低廉。开发成功后，只须对原版软件进行复制即可批量生产，因此，软件的知识产权保护显得尤为重要。

(6) 软件在运行中的维护工作比硬件维修复杂得多。针对运行时的缺陷、用户的新要求、硬件软件环境变化等，都需要对软件进行修改，进行适应性维护。当软件规模庞大、内部逻辑关系复杂时，软件的维护工作量大且工作复杂。

2. 软件项目概述

软件项目也称为IT项目，是一种和信息技术(Information Technology,IT)相关的特殊项目，它创造的唯一产品或服务是逻辑体，没有具体的形状和尺寸，只有逻辑的规模和运行的效果。软件项目不同于其他项目，不仅是一个新领域，而且涉及的因素很多，管理也比较复杂。

软件项目除了具备前面介绍的一般项目的基本特征之外，还具有以下特点。

1) 目标渐进性

软件项目作为一类特殊的项目，按理说，一开始也应该有明确的目标，然而，实际的情况是大多数软件项目的目标不是很明确，经常出现任务边界模糊的情况。在项目前期只能粗略地进行项目定义，随着项目的进行才能逐渐完善和明确。

2) 智力密集型

软件项目是智力密集型项目，软件项目工作的技术性很强，需要大量高强度脑力劳动。因此，必须充分挖掘项目成员的智力、才能和创造精神，不仅要求开发人员具有一定的技术水平和工作经验，还要求他们具有良好的心理素质和责任心。与其他性质的项目相比，软件项目中人力资源的作用更为突出，必须在人才激励和团队管理问题上给予足够的重视。

1.2 项目管理

项目管理由来已久，人类数千年来进行的组织工作和团队活动无不体现了项目管理的过程，如北宋的"一举而三役济"工程，可谓项目管理的典范，但同时，人们又很难透彻理解和真正把握项目管理的精髓,真可谓"不识庐山真面目"。

项目管理是在项目活动中运用专门的知识、技能、工具和方法,使项目达到预期目标的过程,是以项目作为管理对象,通过一个临时性的、专门的组织,对项目进行计划、组织、执行和控制,并在时间、成本、性能、质量等方面达到预期目标的一种系统管理方法。

上面提到的项目管理典范——一举而三役济,出自沈括《梦溪笔谈》中的《丁谓建宫》,原文如下:祥符中禁火,时丁晋公主营复宫室,患取土远。公乃令凿通衢取土,不日皆成巨堑。乃决汴水入堑中,诸道木排筏及船运杂材,尽自堑中入至宫门。事毕,却以斥弃瓦砾灰壤实于堑中,复为街衢。一举而三役济,省费以亿万计。

原文简短,稍显生涩,大概的意思如下。宋真宗大中祥符年间,宫中着火。当时丁谓负责重建宫室(需要烧砖),被取土地点远所困扰。于是丁谓命令从大街取土,没几天就形成了深沟。挖通汴河,水进入沟中,各地水运的资材,都通过汴河和大渠运至宫门口。重建完成后,用工程废弃的瓦砾回填入沟中,水沟又变成了街道。做了一件事情而完成了3个任务,省下的费用要用亿万来计算。这是古代项目管理实践中很典型的成功案例,在有限的时间内做好了很多事情,丁谓可谓懂管理,会统筹,会安排。

1.2.1 项目管理发展历史

项目管理通常被认为是第二次世界大战的产物(如美国研制原子弹的曼哈顿计划),事实上,项目管理历史源远流长,其发展大致经历了以下阶段。

1. 古代

具有代表性的有我国的长城、埃及的金字塔、古罗马的供水渠等不朽的伟大工程。我国汴梁古城的复建和上述"一举而三役济"工程都可称为成功项目管理的典型案例。

2. 近代项目管理的萌芽

20世纪40、50年代,项目管理主要应用于国防和军工项目。美国把研制第一颗原子弹的任务作为一个项目来管理,命名为"曼哈顿计划"。美国退伍将军莱斯利·R·格罗夫斯后来写了一本回忆录《现在可以说了》(*Now it can be told：The story of the Manhattan Project*),详细记录了这个项目的经过。

3. 近代项目管理的成熟

20世纪50年代后期,美国出现了关键路径法(Critical Path Method,CPM)和计划评审技术(Program Evaluation and Review Technique,PERT)。项目管理的突破性成就出现在20世纪50年代。1957年,美国的路易斯维化工厂,由于生产过程的要求,必须昼夜连续运行。因此,工厂每年都不得不安排一定的时间,停下生产线进行全面检修。过去的检修时间一般为125小时。后来,他们把检修流程精细分解,竟然发现在整个检修过程中所经过的不同路线上的总时间是不一样的。缩短最长路线上工序的工期,就能够缩短整个检修的时间。经过反复优化,最后仅用78小时就完成了检修,节省时间达到38%,当年产生效益达100多万美元。

这就是项目管理工作者至今还在应用的著名的进度管理技术"关键路径法"。就在这一方法发明一年后,美国海军开始研制北极星导弹。这是一个军用项目,技术新,项目巨大,据说当时美国有三分之一的科学家都参与了这项工作。管理如此庞大的尖端项目,难度可想而知。当时的项目组织者想出了一个方法:为每个任务估算一个悲观的、一个乐观的和一个最可能情况下的工期,在关键路径法技术的基础上,用"三值加权"方法进行计划编排,最后竟然只用了4年时间就完成了预期6年完成的项目,节省时间33%以上。20世纪60年代,这类方法在由42万人参加,耗资400亿美元的"阿波罗"载人登月计划中应用,取得巨大成功。从此,项目管理有了科学的系统方法。现在,CPM和PERT常被称为项目管理的常规"武器"和经典手段。项目管理的任务主要是项目的执行,当时主要运用在军事工业和建筑业。

4. 项目管理的传播和现代化

1969年,美国成立了一个国际性组织PMI,即美国项目管理学会,它是一个有着近5万名会员的国际性学会,是项目管理专业领域中最大的由研究人员、学者、顾问和经理组成的全球性专业组织。这个组织的出现极大地推动了项目管理的发展。PMI一直致力于项目管理领域的研究工作,1976年,PMI提出了制定项目管理标准的设想。经过近10年的努力,于1987年推出了项目管理知识体系指南(Project Management Body of Knowledge,PMBOK)。这是项目管理领域的又一个里程碑。因此,项目管理专家们把20世纪80年代以前称为"传统的项目管理阶段",把20世纪80年代以后称为"新的项目管理阶段"。这个知识体系把项目管理归纳为范围管理、时间管理、费用管理、质量管理、人力资源管理、风险管理、采购管理、沟通管理和整合管理九大知识领域。PMBOK在2017年进行了第六次修订,增加了项目干系人管理,使该体系更加成熟和完整。二十世纪七八十年代,项目管理迅速传遍世界其他各国,当时,我国CPM为统筹法(这是华罗庚教授首先将其介绍到国内时,根据其核心思想为它取的名称)。项目管理从最初的军事项目和宇航项目很快扩展到各种类型的民用项目,其特点是面向市场迎接竞争,除了计划和协调外,对采购、合同、进度、费用、质量、风险等给予了更多重视,初步形成了现代项目管理的框架。

5. 现代项目管理的新发展

进入20世纪90年代,项目管理有了新的进展。为了在迅猛变化、急剧竞争的市场中迎接经济全球化、一体化的挑战,项目管理更加注重人的因素,注重客户,注重柔性管理,力求在变革中生存和发展。在这个阶段,项目管理的应用领域进一步扩大,尤其在新兴产业中得到了迅速的发展。如通信、软件、信息、金融、医药等现代项目管理的任务已不仅仅是执行任务,而且还要开发项目、经营项目,以及为经营项目完成后形成的设施、产品和其他成果准备必要的条件。

1.2.2 项目管理要素

项目管理首先是管理,所以管理学的一般理论同样适用于项目管理,不同的是项目管理的管理对象是项目,管理的方式是目标管理,项目的组织通常是临时性、柔性和扁平化的组织,管理过程贯穿着系统工程的思想,管理的方法、工具和手段具有先进性和开放性,用到多个学科的知识和工具。

因此,项目管理具有以下4个基本要素。

1. 环境

首先,项目不是空中楼阁,都是在特定的环境下进行的。项目管理者必须对项目所处的外部环境有正确的认识。项目的外部环境包括自然、技术、政治、社会、经济、文化,以及法律法规和行业标准等。

2. 资源

资源的概念,内容十分丰富,可以理解为一切具有现实和潜在价值的东西,包括自然资源和人造资源、内部资源和外部资源,以及有形资源和无形资源,如人力资源、材料、机械、资金、信息、科学技术、市场等。

3. 目标

如前所述,项目的目标就是满足客户、管理层、供应商等项目干系人在时间、费用、功能、性能等上的不同要求。

4. 组织

组织就是把多个人联系在一起,做一个人无法做的事,是管理的一项功能。组织包括与它要做的事情相关的人和资源,及其相互关系。项目组织与其他组织一样,要有好的领导、章程、沟通、人员配备、激励机制,以及好的组织文化等。同时,项目组织也有与其他组织不同的特点。

1.2.3　PMP 认证

项目管理专业人士资格认证(Project Management Professional,PMP)是由美国项目管理学会在全球范围内推出的针对项目经理的资格认证体系,其目的是给项目管理人员提供统一的行业标准。PMP 已经被认为是项目管理专业身份的象征,以及项目经理人取得的重要资质,获得 PMP 证书标志个人的项目操作水平已得到 PMI 确认,具备国际专业项目操作水平,有资格从事项目的操作。获得 PMP 认证必将给项目管理人员职场发展带来更多的机遇和发展空间。

根据美国 IT 培训公司 Global Knowledge 和杂志 *Windows IT Pro* 2014 年秋季对美国 IT 行业的调查,在最具价值的 15 种职业资格认证中,PMI 主办的 PMP 认证资格排在第 4 位。PMP 认证也是非 IT 安全技术类认证中的第一位。排在 PMP 认证前面的 3 个认证均为 IT 安全技术类认证。自 1984 年第一次考试以来,PMP 发展迅速。截至 2019 年 6 月,全球 PMP 人数已经超过 90 万人。中国已经成为仅次于美国的 PMP 人数最多的国家,PMP 人数已经超过 20 万。图 1-1 所示为 1999—2019 年历年全球有效 PMP 人数。

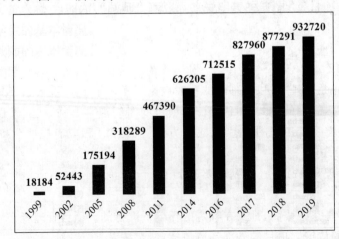

图 1-1　1999—2019 年历年全球有效 PMP 人数(来源于 PMI 中国统计)

1. 程序员为什么要考 PMP

现在跨国公司几乎都有要求 PMP，而 PMP 真正的价值就在于项目管理知识体系。对于大多是程序员出身、未来有转型计划的项目管理人员，PMP 是一个很好的切入点。

PMP 的价值在于给人们提供一种解决问题的方法和思路，综合提升个人的工作能力。从事技术工作人员报考 PMP 认证，学习的是一种科学的工作流程，令项目管理人员不再对工作的进展感到迷茫及困惑，而是运用一套完整的、可行的方案来执行这个技术项目，从而使得工作效率大幅度提升。

2. 考取 PMP 的好处

PMP 对工作的帮助包括：

（1）会用在企业招投标的时候，具备作为企业项目管理的资质；

（2）项目管理是成熟企业的通用语言，或者核心岗位的最基础的要求；

（3）帮助学习者提升现有的工作效率和改进管理过程。

PMP 对个人的好处包括：

（1）企业招聘的时候用 PMP 证书来衡量项目管理人员的操作水平；

（2）学习系统的项目管理体系，从项目的启动、计划、执行、监控，再到收尾，都有科学的理论依据和方法；

（3）企业对于拿到 PMP 证书的员工有加薪或升职的待遇。

而 PMP 真正能做到的是将项目的整个生命周期如何进行、怎么与人沟通协调、在项目周期中需要关注哪些地方等进行指导，当然不会就具体事件、具体方式教你如何做，而是教给你一种如何去做、去思考、去权衡的方法，以后在项目中举一反三灵活运用。如果是在技术方向发展，虽然 PMP 认证的作用不如项目管理来得直接，但还是很有用，至少你在参与项目的过程中，知道项目如何开展，那么在配合进行项目时也就知道自己的工作应该怎么进行，而且 PMP 还能教会你一套通用的处事方法，让工作能够有条理、有重点地进行。

现在，越来越多的企业对项目管理非常重视，企业在招聘的时候，会优先录用有 PMP 证书的应聘者，并且薪资也高于其他人员。企业普遍认为持证人员能更好地应对项目、协调资源、达成项目目标，提高成功率和项目收益。当然，有相关工作经验也很重要，但是在同等经验的面试者中，企业会更愿意录取有 PMP 证书的人，毕竟肯花精力去系统学习项目管理知识就是一个加分项。部分企业把 PMP 作为内部晋升的标准，要求核心岗位项目人员必须考取 PMP 证书，尤其是需要接一些大项目的时候，企业内的员工或企业的相关人员是否拥有 PMP 证书是能否接下这个项目的一个重要指标。所以，考取了 PMP 证书会为公司争取到更大的项目，有更大的发展空间，公司当然也会给你相应的待遇，如薪资不同程度上浮。据统计，90% 的项目有了 PMP 后成功率明显提升；70% 的 PMP 项目经理的薪资高于不持有 PMP 证书的项目经理。

总之，PMP 是一个职业发展转型的好契机，帮助部分技术人员成功向管理转型。

1.3　项目管理知识体系

项目管理知识体系(PMBOK)是美国项目管理学会(PMI)对项目管理所需的知识、技能和工具进行的概括性描述,现已成为国际社会普遍接受的项目管理知识体系标准。《项目管理知识体系指南(PMBOK 指南)(第 6 版)》对项目管理知识体系的子集进行了专业分类和描述,定义了项目生命周期、十大知识域和五大管理过程。

1.3.1　项目生命周期

为了有效完成某些重要的可交付成果,在需要特别控制的位置将项目分段,就形成了项目阶段,在不同的项目阶段分别进行针对性项目管理。项目生命周期是通常按顺序排列,但有时可能相互交叉的各阶段的集合。

1. 项目生命周期五阶段理论

在项目生命周期的各种理论中,项目生命周期五阶段理论被人们广泛接受,也是PMBOK 所认同的,一般的项目生命周期包括 5 个阶段:启动阶段、规划阶段、执行阶段、控制阶段和收尾阶段。各阶段的主要项目管理工作如下。

1) 启动阶段

一旦项目获得授权正式被立项,并成立项目组,就意味着项目开始。因此,启动是一个认可的过程,用来正式认可一个新项目或新阶段的存在。项目启动阶段需要做 4 件重要的事情:第一,澄清项目目标,找准项目背后的问题所在;第二,找准项目干系人,特别是潜在的支持者和反对者,团结一切可以团结的力量;第三,组建高效的团队,项目成功最重要的制约因素是资源,其中人力资源是重点,项目团队成员首先要满足项目对于经验、技能和资源的要求,同时成员间的技能要尽量互补;第四,成功组织项目启动会,启动会上项目经理作为项目负责人的首次登台亮相,做好策划准备工作,成功召开项目启动会对于项目经理树立威信,顺利推进项目非常关键。这 4 件事情可以在项目章程和项目初步范围说明书中进行粗略或详尽的说明。

2) 规划阶段

规划阶段 3 个主要工作包括:第一,确定项目范围,借助工作分解结构(Work Breakdown Structure,WBS)工具,按照交付物或流程的分解规则将项目范围内的工作从粗到细进行层层分解,最终保证每个任务都可以落实到责任人,同时每个任务的费用可以度量,当然 WBS 分解最重要的是一定要保证不能漏项;第二,设置进度安排,为各项任务设定责任人、完成时间并匹配所需资源,特别提醒注意的是,项目经理要有从公司外部整合资源(人及财物),以及适当"外包"项目工作的意识,要有超越公司边界的全局意识;第三,识别项目风险,项目开展过程中项目经理大部分时间在救火,这很大程度上是由于前期对于项目风险的识别和把控不到位,提前识别风险并采取措施加以防范是项目经理的重点工作。

3) 执行阶段

执行阶段 3 个主要工作包括:第一,带好团队,通过基于事和基于人的方式对团队进行激励;第二,管理项目进度,通过会议、文档及相关的项目管理工作,使项目有序推进;第三,处理好沟通协作的问题,特别是跨部门的沟通问题,争取让各方都能在协作中实现各自的价值。值得提醒的是,协作的基础是价值共享,项目经理要争取让协作各方能够获得物质、荣誉或情感上的回报,这样的协作关系才持久。

4）控制阶段

控制阶段 3 个主要工作包括:第一,识别计划的偏离,判断变化影响的是任务还是目标,因势而变;第二,做好控制工作,包括费用表、人员负载量表等,使项目资源与项目进度相匹配;第三,设定并管理项目的里程碑,通过不断实现"小"的胜利,来实现项目"大"的成功。

执行和控制一般是同时进行的,有时可以合并为一个阶段。

5）收尾阶段

收尾阶段的主要工作包括:第一,总结汇报,通过有效的形式呈现项目成果,并进行完整交付;第二,项目复盘,要深入分析项目目标、项目里程碑与最终成果之间的差距,分析得失,固化经验;第三,项目知识管理,不单单是资料留存,更重要的是知识流转和应用。

当然,上述 5 个阶段要做的工作远不止这些,这里主要是为了方便大家理解和记忆,做了一些甄选。好的项目经理,不需要死记硬背这些内容,因为这些要点已经融入他的全盘工作计划中。

项目生命周期内 5 个项目管理阶段是相互联系、相互影响的,它们的关系如图 1-2 所示。

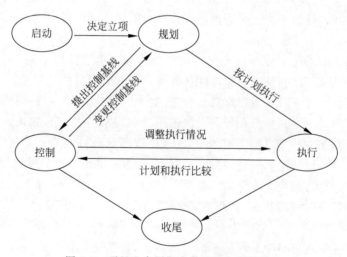

图 1-2　项目生命周期内各阶段之间的关系

在项目生命周期的 5 个阶段中,成本和人员配备投入也是不一样的,项目生命周期内各阶段的成本和人员配备如图 1-3 所示。不难看出,在项目启动阶段,成本和人员配备量是较低的;在项目执行和控制阶段,成本和人员配备量会达到顶峰;在项目收尾阶段,成本和人员配备量会迅速降低。每个阶段会有不同的产出(Outputs),例如在启动阶段结束时,一般会得到项目章程(一份关于项目各方面的概述,详见 2.4.2 节"项目章程");在规划阶段结束时,会得到项目管理计划;在项目执行和控制阶段结束时,会得到可验收的项目交付物;在项目结束后,会得到存档的项目文件。

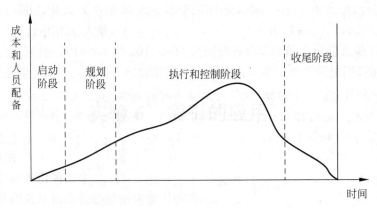

图 1-3　项目生命周期及其资源投入模式

2. 项目生命周期的几个重要概念

项目生命周期中与时间相关的重要概念有检查点、里程碑、基线等,它们描述了在什么时候对项目进行什么样的控制。

1) 检查点

检查点指的是在规定的时间间隔内对项目进行检查,比较现状与计划之间的差异,并根据差异进行调整。可将检查点看作一个固定的采样时间,时间间隔需要根据项目周期长短不同决定,频度过小会失去意义,频度过大会增加管理成本。常见的时间间隔是每周一次,项目经理通过召开项目例会或上交周报等方式检查项目进展情况。

2) 里程碑

里程碑是完成阶段性工作的标志。不同类型的项目里程碑也不同,例如,在软件项目中,需求的最终确认、产品的移交等关键性任务都可以作为项目的里程碑。

里程碑在项目管理中具有重要意义。首先,对于一些复杂的项目,需要逐步逼近目标,里程碑产出的中间"交付物"是每一步逼近的结果,也是控制的对象,如果没有里程碑,中间想知道"项目做得怎么样了"是很困难的。其次,可以降低项目风险。通过早期的项目评审可以提前发现需求和设计中的问题,降低后期修改和返工的可能性,还可根据每个阶段产出的结果,分期确认收入,避免血本无归。最后,一般人在工作时都有"前松后紧"的习惯,而里程碑强制规定在某段时间做什么,从而可以合理分配工作,细化管理。

3) 基线

基线指的是配置在项目生命期的不同时间点上,通过正式评审而进入正式受控的一种状态。基线其实是一些重要的里程碑,但相关交付物要通过正式评审并作为后续工作的基准和出发点。项目管理过程中有 3 类重要的基线,分别是范围基线、进度基线和成本基线。其中,范围基准包括经过批准的范围说明书、WBS 和相应的 WBS 词典,用作比较依据;进度基准是经过批准的进度模型,用作与实际结果进行比较的依据;成本基准是经过批准的、按时间段分配的项目预算,用作与实际结果进行比较的依据。

1.3.2　PMBOK 知识领域

《项目管理知识体系指南(PMBOK 指南)(第 6 版)》是美国项目管理协会(PMI)的经典著作,已经成为美国项目管理的国家标准之一,也是当今项目管理知识与实践领域事实上的世界标准。该指南内容与之前版本相比有一定更新，以精辟的语言更新了项目管理五大过程组的定义，并介绍了项目管理十大知识领域与 49 个管理过程，是项目管理从业人员极为重要的工具书。PMBOK 四大核心知识领域是项目的范围管理、进度管理、成本管理和质量管理。打个比方，可以把项目范围管理看成是房子的屋顶，进度管理、成本管理和质量管理就是撑起房顶的屋脊，剩下的资源管理、沟通管理、风险管理、采购管理、干系人管理则是建造房屋必要的沙子、水泥等辅料，所有的元素合在一起就是项目的整合管理，如图 1-4 所示。

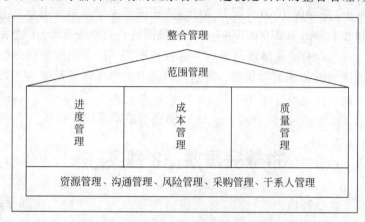

图 1-4　项目管理十大知识领域结构图

项目管理的每个知识领域都是一个特定主题，以及与该主题相关的一组过程。这十大知识领域在大多数时候适用于大多数项目，某类特定项目可能需要额外的知识领域。

1）项目整合管理

项目整合管理包括为识别、定义、组合、统一和协调各项目管理过程组的各种过程和活动而开展的过程与活动。项目整合管理的主要管理过程包括制定和更新项目章程、制订和更新项目管理计划、项目工作指导与管理、项目知识管理、项目工作监控、项目整体变更控制、项目结束管理。

2）项目范围管理

项目范围管理包括确保项目做且只做所需的全部工作，以成功完成项目的各个过程。主要管理过程包括范围管理规划、需求收集、范围定义、WBS 创建、范围核实、范围控制。

3）项目进度管理

项目进度管理包括为管理项目按时完成所需的各个过程。主要管理过程包括进度管理规划、活动定义、活动排序、活动历时估算、进度计划制订和进度控制。

4）项目成本管理

项目成本管理包括为使项目在批准的预算内完成而对成本进行规划、估算、预算、融资、筹资、管理和控制的各个过程。主要管理过程包括成本管理规划、成本估算、制订预算、成本控制。

5）项目质量管理

项目质量管理包括把组织的质量政策应用于规划、管理、控制项目和产品质量要求，以满足干系人的期望的各个过程。主要管理过程包括质量管理规划、质量管理和质量控制。

6）项目资源管理

项目资源管理包括识别、获取和管理所需资源以成功完成项目的各个过程。主要管理过程包括资源管理规划、活动资源估算、资源获取、团队建设、团队管理、资源控制。

7) 项目沟通管理

项目沟通管理包括为确保项目信息及时且恰当地规划、收集、生成、发布、存储、检索、管理、控制、监督和最终处置所需的各个过程。主要管理过程包括沟通管理规划、沟通管理和沟通监督。

8) 项目风险管理

项目风险管理包括规划风险管理、识别风险、开展风险分析、规划风险应对、实施风险应对和监督风险的各个过程。主要管理过程包括风险管理规划、风险识别、定性风险分析、定量风险分析、风险应对规划、风险应对实施和风险监督。

9) 项目采购管理

项目采购管理包括从项目团队外部采购或获取所需产品、服务或成果的各个过程。主要管理过程包括采购管理规划、采购实施、采购控制。

10) 项目干系人管理

项目干系人管理包括用于开展下列工作的各个过程：识别影响或受项目影响的人员、群体或组织，分析干系人对项目的期望和影响，制定合适的管理策略来有效调动干系人参与项目决策和执行。主要管理过程包括干系人识别、干系人参与规划、干系人参与管理和干系人参与监督。

1.3.3 项目管理框架

PMBOK 除了给出项目管理十大知识领域体系，还给出了五大项目管理过程组，分别是启动、规划、执行、控制和收尾过程组，分别对应项目生命周期的 5 个阶段。这十大知识域和 5 个管理过程组，构成了(软件)项目管理的整体框架，如表 1-1 所示。这个矩阵中的内容是项目管理者应该掌握的基本管理过程。

表 1-1 项目管理框架

知识域	项目管理过程组				
	启动过程组	规划过程组	执行过程组	控制过程组	收尾过程组
整合管理	12.1 项目章程制定(更新)	12.2 项目管理计划制订(更新)	12.3 项目工作指导与管理 12.4 项目知识管理	12.5 项目工作监控 12.6 项目整体变更控制	12.7 项目收尾管理
范围管理		3.1 范围管理规划 3.2 需求收集 3.3 范围定义 3.4 WBS 创建		3.5 范围核实 3.6 范围控制	
进度管理		4.1 进度管理规划 4.2 活动定义 4.3 活动排序 4.4 活动历时估算 4.5 进度计划制订		4.6 进度控制	

知识域	项目管理过程组				
	启动过程组	规划过程组	执行过程组	控制过程组	收尾过程组
成本管理		5.1 成本管理规划 5.2 成本估算 5.3 制订预算		5.4 成本控制	
质量管理		6.1 质量管理规划	6.2 质量管理	6.3 质量控制	
资源管理		7.1 资源管理规划 7.2 活动资源估算	7.3 资源获取 7.4 团队建设 7.5 团队管理	7.6 资源控制	
沟通管理		8.1 沟通管理规划	8.2 沟通管理	8.3 沟通监督	
风险管理		9.1 风险管理规划 9.2 风险识别 9.3 定性风险分析 9.4 定量风险分析 9.5 风险应对规划	9.6 风险应对实施	9.7 风险监督	
采购管理		10.1 采购管理规划	10.2 采购实施	10.3 采购控制	
干系人管理	11.1 干系人识别	11.2 干系人参与规划	11.3 干系人参与管理	11.4 干系人参与监督	

十大知识域的各个管理过程组是相互联系和相互作用的,因此需要对项目进行整合管理,例如,为应急计划制订成本估算时,就需要整合成本、时间和风险管理知识域中的相关过程。

1.3.4 影响项目管理的因素

项目所处的环境可能对项目的开展产生有利或不利的影响。这些影响的两大主要来源为事业环境因素(Enterprise Environmental Factors,EEF)和组织过程资产(Organizational Process Assets,OPA),这两个因素是很多管理过程的重要依据(输入)。另外,组织系统对项目管理也有着重要影响。

1. 事业环境因素

事业环境因素是指项目团队不能控制的,将对项目产生影响、限制或指令作用的各种条件。这些条件可能来自组织的内部和(或)外部。事业环境因素是很多项目管理过程,尤其是大多数规划过程的输入。这些因素可能会提高或限制项目管理的灵活性,并可能对项目结果产生积极或消极的影响。

从性质或类型上讲,事业环境因素是多种多样的。有效开展项目,就必须考虑这些因素。组织内部的事业环境因素主要包括以下几项。

(1) 组织文化、结构和治理,如愿景、使命、价值观、信念、文化规范、领导风格、等级制度和职权关系、组织风格、道德和行为规范。

(2) 设施和资源的地理分布,如工厂位置、虚拟团队、共享系统和云计算。

(3) 基础设施,如现有设施、设备、组织通信渠道、信息技术硬件、可用性和功能。

（4）信息技术软件，如进度计划软件工具、配置管理系统、进入其他在线自动化系统的网络界面和工作授权系统。

（5）资源可用性，如合同和采购制约因素、获得批准的供应商和分包商以及合作协议。

（6）员工能力，如现有人力资源的专业知识、技能、能力和特定知识。

组织外部的事业环境因素主要包括以下几项。

（1）市场条件，如竞争对手、市场份额、品牌认知度和商标。

（2）社会和文化影响与问题，如政治氛围、行为规范、道德和观念。

（3）法律限制，如与安全、数据保护、商业行为、雇佣和采购有关的国家或地方法律法规。

（4）商业数据库，如标杆对照成果、标准化的成本估算数据、行业风险研究资料和风险数据库。

（5）学术研究，如行业研究、出版物和标杆对照成果。

（6）政府或行业标准，如与产品、生产、环境、质量和工艺有关的监管机构条例和标准。

（7）财务考虑因素，如货币汇率、利率、通货膨胀率、关税和地理位置。

（8）物理环境要素，如工作环境、天气和制约因素。

2. 组织过程资产

组织过程资产是执行组织所特有并使用的计划、过程、政策、程序和知识库，会影响对具体项目的管理。

组织过程资产包括来自任何（或所有）项目执行组织的，可用于执行或治理项目的任何工件、实践或知识，还包括来自组织以往项目的经验教训和历史信息。组织过程资产可能还包括完成的进度计划、风险数据和挣值数据。组织过程资产是许多项目管理过程的输入。由于组织过程资产存在于组织内部，在整个项目期间，项目团队成员可对组织过程资产进行必要的更新和增补。组织过程资产可分为：（1）过程、政策和程序；（2）组织知识库。

第（1）类资产的更新通常不是项目工作的一部分，而是由项目管理办公室（Project Management Office，PMO）或项目以外的其他职能部门完成。更新工作仅须遵循与过程、政策和程序更新相关的组织政策。有些组织鼓励团队裁剪项目的模板、生命周期和核对单。在这种情况下，项目管理团队应根据项目需求裁剪这些资产。

第（2）类资产是在整个项目期间结合项目信息而更新的。例如，整个项目期间会持续更新与财务绩效、经验教训、绩效指标和问题以及缺陷相关的信息。

3. 组织系统

运行项目时需要应对组织结构和治理框架带来的制约因素。为了有效且高效地开展项目，项目经理需要了解组织内的职责、终责和职权的分配情况，这有助于项目经理有效地利用其权力、影响力、能力、领导力和政治能力成功完成项目。

单个组织内多种因素的交互影响创造出一个独特的系统，会对在该系统内运行的项目造成影响。这种组织系统决定了组织系统内部人员的权力、影响力、利益、能力和政治能力。系统因素主要包括管理要素、治理框架和组织结构类型，关于系统因素的完整信息和说明，有兴趣的读者可以查阅相关信息。

1.4 软件项目管理

1.4.1 软件生命周期

大多数软件生命周期被划分为 4 或 5 个阶段,但也有些被划分为更多阶段,甚至同一应用领域的软件项目也可能被划分成明显不同的阶段,例如,某软件开发的生命周期中也许只有一个设计阶段;而另一个软件可能会有概要设计和详细设计两个设计阶段。但多数软件生命周期有着共同的特征,一般划分为以下 5 个阶段。

1. 计划阶段

此阶段软件开发方和需求方共同讨论,定义软件系统,确定用户要求和总体目标,提出可行的方案,包括资源、成本、效益和进度等实施计划,进行可行性分析并制订"软件开发计划书"。

2. 需求分析阶段

此阶段确定软件的功能、性能、接口标准、可靠性等要求,根据功能需求进行数据流程分析,提出系统逻辑模型,并进一步完善项目实施计划。

3. 系统设计阶段

此阶段主要根据需求分析的结果对整个软件系统进行设计,包括系统概要设计和详细设计。在系统概要设计中,要建立系统的整体结构和数据流图,进行模块划分,根据接口要求确定接口等;在详细设计中,要建立数据结构、算法、流程图等。

4. 系统实现阶段

此阶段包括编码和测试,编码就是把系统设计的结果转换成计算机可运行的程序代码,编码应该符合标准和规范化,以保证程序的可读性和易维护性,提高运行效率;测试就是发现软件中存在的问题,并加以纠正,测试过程包括单元测试、整体测试和系统测试 3 个阶段,测试过程中需要建立详细的测试计划以降低测试的随意性。

5. 系统维护阶段

此阶段通常有 3 类工作:为了修改错误而做的改正性维护、为了适应新环境而做的适应性维护,以及为了用户新需求而做的完善性维护。良好的运行维护可以延长软件的生命周期,甚至为软件带来新的生命。

传统的软件开发就是利用软件工程思想逐阶段进行开发,但这种生命周期开发模型缺乏软件项目管理的内容,一般来说,传统软件工程关注软件产品内容,软件项目管理关注软件项目过程。例如,在软件开发项目中,需求分析、概要设计、详细设计、编码、测试等工作,都属于软件工程的范畴,这些工作都是因软件产品开发的要求而存在的,是由相应的工程规范来约束的,软件工程规范就是软件产品的生产艺术。但是,项目的启动、规划、执行、控制和收尾等管理过程(组)则属于项目管理的范畴,这些管理过程组又分别包括了范围管理、进度管理、成本管理、质量管理等知识域的管理过程(见表 1-1)。软件工程是围绕软件产品管理的,项目管理是围绕项目过程的,它们的关系相辅相成。

当今软件项目开发更加强调软件工程思想与软件项目管理理念的结合。

1.4.2 软件项目管理特征

软件项目是一类特殊的项目,软件项目生命周期和一般项目生命周期相似,也包括软件项目启动阶段、规划阶段、执行阶段、控制阶段和收尾阶段,每个阶段有着相应的管理过程,即软件项目启动管理过程、规划管理过程、执行管理过程、控制管理过程和收尾管理过程。

软件项目管理除了具备一般的项目管理的特征之外,还有自身的特征。

1. 前瞻性

信息技术发展速度十分迅猛,相对于传统行业,软件项目管理者必须具备相当的前瞻性。因此,软件项目的策划、选择和事前评估就变得更为重要,而不像传统项目管理那样重视项目的执行管理。

2. 及时性

软件项目的风险很大程度上来自软硬件技术的快速更新,也就是说软件项目进度越缓慢,技术革命带来的威胁就越明显,项目失败的可能性就越大,因此软件项目的风险管理就更加重要。

3. 合作性

由于项目规模不断扩大,合作性成了软件项目管理的一个重要特征,主要表现在两个方面,一是项目组内部的协作性,二是项目团队和外部的合作性。软件项目往往集成了软件、硬件、通信、咨询等方面,这就要求项目管理者不但综合技术能力要高,而且能与利益相关者密切协作,这是项目成功的一个重要因素。

4. 激励性

软件项目的人力资源是以知识型和技术型为主的,因此,相对于其他类型的项目更强调激励性。良好的激励机制,不但可以减少人力资源的流失,而且可以激发团队挑战软件项目的高难度,充分发挥团队成员的积极性和创造性,按时高质量地完成项目,赢得业界声誉和新的商业机会。

1.4.3 软件项目管理过程

项目管理在软件开发的技术工作之前就应该开始,而在软件从概念到实现的过程中继续进行,并且只有当软件开发工作最后结束时才终止,其过程可分为以下几个管理过程组,如图 1-5 所示。

1. 启动过程组

项目获得授权正式被立项,并成立项目组,宣告了项目开始,启动是一个认可的过程,用来正式认可一个新项目或新阶段的存在。在此过程中,最重要的是确定项目章程和项目初步范围说明书。

(1)项目章程是在客户和项目经理达成共识后建立的,主要包括项目开发人员、粗略成本估算和进度里程碑等信息。

(2)项目初步范围说明书包含了范围说明书涉及的所有内容,还包含了初步的工作分解结构(WBS)、假设约束、风险、开发人员、目标、项目范围和边界、交付物、粗略进度里程碑、粗略成本估算和验收准则等诸多内容。

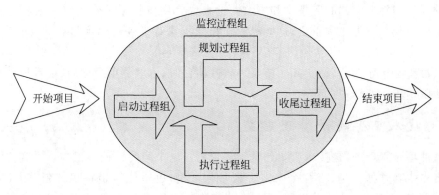

图 1-5 软件项目管理过程

2. 规划过程组

项目的有效管理直接依赖于项目规划,制订项目计划的主要目的是指导项目的具体实施。为了指导项目的实施,规划必须具有现实性和有效性。因此,需要做出一个具有现实性和实用性的基准计划,在计划制订过程中投入大量的时间和人力。

项目计划的详细和复杂程度与项目的规模、类型密切相关,但计划的制订顺序基本相同,包括目标分解、任务活动的确定、任务活动分解和排序、完成任务的时间估算、进度计划、资源计划、费用预算和计划文档等。除此之外,制订计划还要考虑质量计划、组织计划、沟通计划、风险识别及应对措施等。对各个方面考虑得越周详,越有利于下一阶段的工作进行。

当一个项目的工作需要使用外部承包商和供应商的时候,在项目计划和设计阶段通常还会包括对外发包和合同订立工作,这项工作也属于计划安排的范畴。

3. 执行过程组

一旦建立了项目的基准计划,就必须按照计划执行,这包括按计划执行项目和控制项目,以在预算内、按进度完成项目,并使客户满意。项目执行过程包括协调人员和其他资源,以便实施项目计划,并得到项目产品或可交付成果。

在项目执行过程中,项目信息的沟通显得尤为重要,及时提交项目进展信息,以项目报告的方式定期沟通项目进度,为质量保证和成本控制提供手段。

4. 监控过程组

一旦进入了执行阶段,就可以开始着手追踪和控制活动。由项目管理人员负责监督和追踪项目的执行情况,提供项目执行绩效报告。范围变更、进度延迟、预算超支、质量保证是项目控制的关注重点。变更控制都要经过严格的项目整体变更管理过程处理。此外,还要采取各种行动去纠正项目实施中出现的各种偏差,使项目实施工作保持有序和处于受控状态。纠偏措施有些是针对人员组织与管理的,有些是针对资源配置与管理的,有些是针对过程和方法的改进与提高的。

5. 收尾过程组

项目的最后环节就是项目的收尾。这个阶段的主要工作是全面检验项目工作和项目产出物,对照项目定义、项目目标和各种要求,确认项目是否达到目标或要求。当项目验收通过或修改后验收通过,就可以正常结束项目,进行项目移交,否则就应该进行项目清算。

各种开发和管理文档的完整性和一致性检查也是项目收尾工作的重要内容。此外,项目后评价和经验总结也非常重要,这些经验和数据积累对于今后的项目有非常重要的指导意义。

以上过程是指导性的,在实际实施某一软件项目时,可根据项目性质、项目规模、工作重点等灵活制定相应的管理过程。

1.4.4　技术重要还是管理重要

在软件项目管理中,是技术重要还是管理重要?这个问题讨论了很久,就如同是鸡先生蛋还是蛋先生鸡这种悖论,古往今来多少人参与辩论,也不能得出答案。在中国,"技优则管"是一个普遍现象,这既符合中国的国情,又符合大多数企业的实际,很多人员都是毕业后先做技术再慢慢被提拔为管理层。

但是这种情况在最近发生了变化,特别是国外的项目管理经验和典型案例使人逐渐怀疑"技优则管"的正确性。

技术出身的项目经理往往欠缺系统的项目管理知识,常常是凭着自己的个人经验摸着石头过河,一旦失败了,也只能成为他个人的工作经验。这其中有个问题:由于技术情结,项目经理总是不由自主地想去了解每个技术问题的细节,不了解就会感到很沮丧,而实际上从管理者的角度看问题不需要了解全部的技术细节。另外,潜意识管理,技术出身的项目经理凭自己的朴素的曾作为开发人员的认识和一种英雄气概来管理,不太善于处理各种关系,对缺少专业技术背景的人员没有耐心。技术与管理的最大的差异就是管理的艺术性。技术给人的印象是生硬的语法定义和刻板的设计流程,而管理的主题更多的是人,是生命。其实项目管理还包含了人文的关怀和尊重、人与人之间的沟通。管理作为一门艺术性的学科已经得到了人们的广泛认同。

很多掌握了项目管理知识的毕业生,往往因为缺乏技术背景而感到心里发虚。其实这也是正常的,社会的发展已经不再需要单一学科的狭窄型人才,而需要多种学科交叉的复合型人才。在现在的 IT 行业,想什么技术都精通几乎是不可能的,再也不可能出现亚里士多德那样的博学家。软件项目通常又很复杂,需要用到很多最新的 IT 技术,所以一个开发组需要很多技术人才,而这时候管理就显得非常重要。项目经理需要将所有的人才团结起来,完成共同的目标,这时候,项目经理是不是技术高手也就不重要了。

项目经理的大部分工作应该是与客户、上级、团队成员沟通,协调各种关系和项目控制。但有些时候,在技术方案上需要项目经理来拍板定夺,这时技术背景就很重要了。当然,技术把关也可以通过其他方式解决,在国外的很多大公司,专门有一个技术委员会来把关技术方案,所以这些企业的项目主管可以不必纠结技术细节,只认真关注管理工作。抛开项目的规模、人员、计划和资金等种种背景来探讨管理重要还是技术重要,本身就是一个简单的想法。在项目规模小、人员少、资金紧张的情况下,也许就不需要多少管理,管理者基本上都是技术带头人。

在很多大学里,有不少的项目组是临时拼凑起来的,一两名教师带着一帮学生干活,他们会有系统的管理吗?在这种项目里,技术潜力和技术带头人起着至关重要的作用。不可否认,这种项目的生命力非常弱,即便成活下来,生命周期也很短暂。当项目规模大,人员众多,而且实施时间有限时,再沿用原来的方式,肯定会出大问题。引入规范化的项目管理势在必行,如果说以前是人管人,那么现在应该是制度管人。

项目经理应该首先是规章制度的制定者和监督者。一个好的规章制度体现在:执行者能感觉到规章制度的存在,但并不觉得规章制度会是一种约束。另外,不同的 IT 项目,其管理可能侧重面不一样,如软件开发的项目管理,至少得技术和管理并重才行。如果项目经理完全不懂技术,有些孤傲的开发人员根本不会理你。

另外,决定一个软件项目的成败,技术因素和管理因素同样重要,它们同样有可能导致项目的失败。技术与管理确实没有固定的高下之分,关键在于项目所处的环境和项目的实际情况。技术是右手,管理是左手,到底左手重要还是右手重要?也许你是左撇子,你就会觉得左手重要一些,右撇子就会认为右手重要一些,但是试想一下,如果将另外那只手剁掉,感觉会是怎样的呢?所以技术和管理都很重要,只是在项目中的分工不同,角色不同,但终极目标是一致的——高质量地按计划完成项目既定的目标。

1.4.5 软件项目管理常见问题分析

当今软件系统已经应用于许多领域,但软件项目的成功率并不高。软件项目失败的原因有很多种,其中比较普遍的有以下几点。

1. 缺乏专业的软件项目管理人才

在 IT 企业中,以前几乎没有专门招收项目管理专业的人员来担任项目经理(甚至很少是管理专业的),被任命的项目经理主要是因为能够在技术上独当一面,而他们管理方面特别是项目管理方面的知识比较缺乏。项目经理或管理人员不了解项目管理的知识体系和一些常用工具和方法,在实际工作中没有项目管理知识的指导,完全依靠个人现有的知识技能,管理工作的随意性、盲目性比较大。如果软件项目经理能够接受系统的项目管理知识培训,在具备了专业领域的知识与实践经验的同时,再加上项目管理知识与实践经验的有机结合,必能大大提高软件项目经理的项目管理水平。

2. 项目规划不充分

没有良好的项目管理规划,项目的成功就无从谈起。项目经理对总体计划、阶段计划的作用认识不足可能导致项目的失败。项目经理认为计划不如变化快,项目中也有很多不确定的因素,做规划是走过场,因此制订总体计划时比较随意,不少事情没有仔细考虑。另外,阶段计划因工作忙等理由经常拖延,造成计划与控制管理脱节,无法进行有效的范围、进度、成本、风险等控制管理。

渐近明细是软件项目的特点,但这并不意味着不需要计划。没有计划或随意的不负责任的计划的项目是一种无法控制的项目。在 IT 行业,日新月异是主要特点,因此计划的制订需要在一定条件的限制和假设之下采用渐近明细的方式进行不断完善。

3. 管理意识淡薄

部分项目经理没有意识到自己项目经理的角色,没有从总体上把握管理整个项目,而是埋头于具体的技术工作,造成项目组成员忙的忙,闲的闲,计划不周,任务不均,资源浪费。

在 IT 企业中,项目经理大多是技术骨干,技术方面的知识比较深厚,但无论是项目管理知识,还是项目管理必备的技能、项目管理必备的素质都有待补充和提高,项目管理经验也有待丰富。有些项目经理对于一些不服从管理的技术人员,没有较好的管理方法,不好安排的工作只好自己做。

4. 沟通意识和态度问题

项目中一些重要信息没有进行充分和有效的沟通。项目经理在制订计划、意见反馈、情况通报、技术问题或成果等方面与相关人员的沟通不足,各做各事,重复劳动,甚至造成不必要的损失。有些人没有每天定时收邮件的习惯,以至于无法及时接收最新的信息。

项目沟通管理指出:"管理者要用70%的时间用于与人沟通,而项目经理需要花费90%或更多的时间来沟通。"和问题3的情况类似,在IT企业中,项目经理大多是技术骨干,而项目组成员也都是"高科技人员",都具有"从专业或学术出发、工作自主性大、自我欣赏、以自我为中心"等共同的特点。因此,妨碍沟通的因素主要是"感觉和态度问题",也就是沟通意识和习惯的问题。在系统的实施阶段或软件开发的试运行阶段,项目成员基本上是持续在客户方进行工作,这种情况下非常容易忽视沟通。

5. 风险意识问题

项目经理没有充分分析可能的风险,应对风险的策略考虑比较简单。项目经理在做项目规划时常常没有做专门的风险管理计划文档,而是合并在项目计划书中。有些项目经理没有充分意识到风险管理的重要性,对计划书中风险管理的章节简单应付了事,随便列出几个风险,写一些简单的对策,对于后面的风险防范起不到什么指导作用。

6. 项目干系人管理问题

项目的目的就是实现项目干系人的需求和愿望。在范围识别阶段,项目组对客户的整体组织结构、有关人员及其关系、工作职责等没有足够了解,以致无法得到完整需求或最终经权威用户代表确认的需求。由于项目经理的工作问题,客户参与程度不高,客户方责任人不明确,对前期范围和需求责任心不强和积极性不够,提出的要求具有随意性;或者是多个用户代表各说各话,昨是今非但同时又要求项目尽早交付。如果干系人在项目后期随意变化需求,则会造成项目范围的蔓延、进度的拖延和成本的增加。

7. 不重视项目经验总结

项目经验的总结非常重要,有利于组织内部或行业内部经验与数据的积累,这些经验积累对于今后的项目有非常重要的指导意义。历史的经验数据可以使新的项目进行更为准确全面的规划,历史的经验教训可以使新的项目少走不必要的弯路,少花不必要的代价,降低项目失败的风险。

然而,项目经理在项目结束时有些是因为自身对写文档工作的兴趣或意识不足,或者是因为紧接着要参加下一个项目,总体对项目总结的重视程度不够;有些是项目总结报告一再拖延;有些是交上来的报告质量较低,敷衍了事。

综上所述,决定一个项目成败的因素很多。一个好的管理虽然不一定能保证项目成功,但是,坏的或不适当的管理却一定会导致项目失败。随着软件项目规模的增大、复杂性的增加,项目管理在软件项目实施中发挥着越来越重要的作用。

1.5 小 结

由于项目数量的持续增长和项目复杂度的不断提高,人们对项目管理产生了新的、更大的兴趣,项目管理的挑战性也越来越高。

项目是为了创建一个独特的产品、服务或结果所做的一次性努力。项目具有独特性、临时性、渐进性等特点,项目需要资源,有发起人,涉及不确定性。项目管理的 3 项约束指项目的范围、时间和成本。

项目管理指在项目活动中运用专门的知识、技能、工具和方法满足项目的需求。干系人是参与项目活动或受项目活动影响的人。项目管理的框架包括干系人、项目管理的知识领域、项目管理工具和技术。

项目经理在帮助项目和组织的成功方面起着关键性的作用。他们必须履行各种各样的工作职责,拥有多种技能并持续地开发项目管理、通用管理、应用领域的技能。软技能特别是领导力对项目经理而言是特别重要的。

项目从开始到结束可划分为若干工作阶段,这些阶段先后衔接,组合在一起便构成项目的生命周期。项目阶段按照顺序首尾衔接,以明确定义的可交付成果为各阶段完成标志。

1.6 案 例 研 究

案例一:华为崛起的项目管理力量[①]

华为是全球领先的 ICT(信息与通信)基础设施和智能终端提供商。经过 30 多年的发展,华为业务遍及全球 170 多个国家和地区,为全球 1/3 以上的人口提供通信服务,并在全球创造了 18 万个就业机会。作为全球财富 500 强企业,2018 年,华为品牌价值 84 亿美元,再次进入福布斯最具价值品牌前 100 名。

华为一直非常重视项目管理,项目管理在促进公司发展、实现商业价值和推动人才培养等方面发挥了重要的作用。《项目管理评论》杂志记者就此专访了华为项目管理能力中心(PMCoE)部长易祖炜先生。

作为拥有近 30 年工作经验的华为项目管理老兵,易祖炜先生是华为项目管理发展的亲历者、建设者之一。他 1997 年从国防科工委某研究所转业加盟华为,是华为"蓝血十杰"、华为变革"詹天佑奖"获得者,也是华为项目管理、业务流程变革及管理资深专家,华为流程及项目管理专家委员会成员,华为大学金牌讲师和教授。

易祖炜先生介绍,华为的项目管理其实是一种业务运作模式。华为"以项目为中心"的运作不仅仅是一组实践或工具,更是一套相对完整的管理体系,包括政策、规则、流程、方法和 IT 工具平台、组织运作和评价等要素。这些要素在项目管理实践中集成应用,并通过一套 3 层的管控机制,有效开展项目、项目集和项目组合管理,实现商业价值。可以说,华为"以项目为中心"的运作是确保实现华为"以客户为中心,以奋斗者为本,长期坚持艰苦奋斗"的核心价值观的具体承载。

华为的项目管理随着公司业务的迅速发展而发展。华为首先在营销和研发等体系引入项目管理,并经过多年实践推广至目前的变革、基建等领域。截至 2018 年,华为已拥有各类认证的各级别专职项目经理近 5000 人。华为项目管理实践和体系化能力建设经历了几个阶段:从概念引入,"管事、管人到管财";从单一项目到项目集、项目组合的管理;从单兵作战的 Poor Man(可怜的人)到保证 Powerful Man(强大的人)的能力和体系化运作。其中,

---

① 摘自《项目管理评论》杂志,作者:王兴钊。

如下几个重要的里程碑事件值得回忆。

(1) 2000年,华为第一名技术服务工程师获得PMP认证,随后华为鼓励员工参加PMP认证。

(2) 2001年时任华为董事长孙亚芳女士提出,华为全公司要培养至少5名总监级项目经理来管理海外交钥匙(Turnkey)项目(易祖炜先生当时就是其中之一),华为开始大规模的海外项目运作。研发随着集成产品开发(Integrated Product Development,IPD)流程的推广应用,开始进入产品经理和项目经理的"双轨时代"。

(3) 2005年,时任华为董事长孙亚芳女士提出,高级领导干部要懂项目管理,要求销服运作管理部组织开发了一天版《华为高级项目管理研讨》课程,由易祖炜先生和华为大学刘劲柏先生担当引导员,向当时公司副总监(Vice President,VP)级领导系统介绍项目管理理论及在海外的业务实践,这对项目管理在项目实施过程中的重要作用进行了较为震撼的引导,对华为重视项目管理起到很好的推动作用。

(4) 2008年,在时任轮值董事长胡厚崑先生的带领下,GTS总裁李杰先生亲自挂帅,易祖炜先生担任课程开发组长,开发了国家代表发展项目的核心课程《交付项目管理高级研讨》,由李杰先生亲自授课并引导全球代表和系统部部长系统学习和研讨交付项目管理,实现当时第一生产力的导入,课程获得一致好评。

(5) 2009年,随着华为常务副董事长、首席财务官孟晚舟女士领导的集成财经服务(Integrated Financial Service,IFS)变革的深入开展,项目"四算"开始在服务交付项目推广实行,华为的项目管理进入项目CEO的经营时代。

(6) 2011年,由时任轮值董事长徐直军先生和董事长梁华先生发起、易祖炜先生担任一期项目总监的集成服务交付(Integrated Service Delivery,ISD)变革,再次从流程架构上确立了项目管理作为一项核心能力,在管理框架中的显性化核心地位,并回答了和业务流程的协同关系。孙虎担任二期项目总监,成功实施综合业务数据点平台的构建。

(7) 从2011年开始,在时任华为HR总裁李杰先生、时任GTS总裁梁华先生的领导推动下,华为大学和业务部门一道开展了一系列的项目管理资源池、后备干部项目管理与经营短训项目(下称"青训班")、项目管理者发展项目等战训结合项目,从实战出发培养了近万名一线基层项目管理和后备干部。

(8) 2013年,华为成立公司级的PMCoE,引进业界职业经理人。从那时开始至今,在任正非先生、轮值董事长徐直军先生、轮值董事长兼CEO郭平先生、轮值董事长胡厚崑先生、董事长梁华先生、公司董事兼流程IT与质量部总裁陶景文先生等领导推动下,华为系统开展"以项目为中心"运作的变革,体系化地构建项目管理能力。

1. 强底气,建设项目管理体系项

华为的商业实践离不开公司战略的指导,华为"以项目为中心"的项目管理体系有效地支撑公司战略落地。该体系不仅包括华为项目本身的业务运作环节,同时也包括支撑项目的管理系统,涉及授权、考核、评价与激励等多方面,也就是业界所称的组织级项目管理体系。

1) 用项目组合管理价值

"以项目为中心"的项目管理体系牵引华为组织结构逐步从"以功能为主、项目为辅"的弱矩阵向"以项目为主、功能为辅"的强矩阵转变,它包含项目组合、项目集和项目3个层次,而华为代表处、系统部和项目组分别对项目组合、项目集和项目负责。代表处是客户组合和产品组合管理的主体,承担华为战略目标实现的责任,是一个经营单元。代表处以年度预算为基础,在代表处层面优化资源配置,促进优质资源逐步向优质客户倾斜。系统部是项目集管理的主体,对经营目标的实现和客户满意度负责。项目组是项目管理的主体,基于契约开展优质、高效的交付,对交付进度、质量和客户满意等项目经营目标负责。

2) 关注商业价值实现

项目概算、预算、核算和决算是项目管理中的关键活动。其中,概算是基于设备、服务成本和相关成本测算项目损益和现金流,80%的项目成本在概算阶段需要确定;预算基于概算,根据合同确定的交付承诺,结合交付计划和基线对项目执行周期内的收入、成本的现金流设定财务基准;核算是项目管理的"温度计",准确地记录历史、描述现在,通过预测来管理未来;作为最后一次项目核算,决算是项目关闭时的"秋后算账",它通过经验教训总结改善后续运作,刷新基线。可以说,概算是设计项目利润的过程,预算和核算是管理增收节支的过程,而决算是传承经验的过程。

3) 科学度量成熟度

对于"以项目为中心"的项目管理体系的成熟度,华为从组织、PMCoE、项目3个维度来度量。

组织级度量标准从低到高分为5级:①初级,公司不具备或未使用项目管理技能;②推行,公司有基本的项目管理技能,偶尔使用,但不连贯,还处于开发过程中;③运行,公司项目管理技能健全并全面运行,具有标准统一的流程;④集成,公司项目管理技能娴熟实用,高度集成,在公司内持续使用,结果可预测;⑤领先,公司项目管理技能达到世界领先水平,成为业界最佳实践。

为实现建设一支专业、承重、追求卓越的专家队伍目标,PMCoE需要提供成功的变革项目、典型的交付方案、领先的能力框架、标杆的专家形象、持续的商业计划书(Business Plan,BP)辅导和有效的评估基线。为此,华为用PMCoE能力建设标准度量PMCoE队伍的成熟度,这些能力包括战略理解力、业务理解力、趋势理解力,以及场景能力、管理体系能力和技术能力等。

项目级度量为使用项目成功的七大关键度量项目的健康程度,这七大关键包括工作和进度可预测,范围可实现、可管理,实现业务收益,项目相关方做出承诺,团队高绩效,风险可规避,项目财经管理良好。值得一提的是,作为公司级的PMCoE在2013年荣获PMI(中国)年度PMO大奖,并有望在2018年再次获得PMI(中国)年度PMO大奖。

2. 聚人气,培育项目管理文化

德鲁克说:"管理虽然是一门学问,一种系统化的并到处使用的知识,但它同时也是一种文化。"华为一直强调,资源是会枯竭的,唯有文化才生生不息,永不枯竭。

在易祖炜先生看来,企业文化是企业项目管理的重要支柱,它已成为公司的核心竞争力。而项目管理文化是企业文化的重要组成部分,是公司把多年积淀的价值观、习惯和信念提炼并贯穿在项目管理的全过程中,通过制定和贯彻具体的流程、方法、规定,同时通过文化理念的渗透,将项目管理制度转化为员工的自觉行为,引导员工时刻与公司的价值观相一致。

华为项目管理文化包含如下3种文化:①理念文化,即公司价值观,项目管理价值观,高层领导的支持;②制度文化,即规范的公司项目管理体系,明确的项目管理能力框架,匹配项目管理需要的组织架构;③行为文化,即职业化的项目管理行为,卓越的领导力、战略和商业管理能力,健康的项目管理生态圈。

华为项目管理文化与华为企业文化一脉相承,是华为核心价值观的内涵在项目管理活动中的延伸和丰富。具体来说,华为项目管理文化的精髓包括如下几方面。

1) 以客户为中心

客户需求是华为发展的原动力,为客户服务是华为存在的唯一理由。为此,华为实行以客户为中心的作战方式,将支点建立在离客户最近的地方,让听得见炮声的人来呼唤炮火。同时,华为通过建设业务、流程、组织保障与信息化系统,建设以客户为中心的科学的管理体系及平台,支撑精兵作战,保障客户价值的成功实现。

2) 契约精神

华为坚持以诚信赢得客户,诚信是华为最重要的无形资产。契约精神的本质是一种双向的联系和规范,以立约方式确定人与人之间的互动关系。项目管理中的契约精神,就是项目成员拥有一种心理契约,养成按规则办事的习惯。

为确保契约精神得以贯彻执行,华为的具体做法为:①与公司立约,明确以项目为中心的政策、方法和流程,制定考核机制;②与客户立约,"客户的信任要靠不断的艰苦奋斗得来。没有客户的支持、信任和压力,就没有华为的今天";③与员工立约,签订项目关键绩效指标(Key Performance Indicator,KPI),实现高质量交付。

3) 结果导向

华为没有任何稀缺的资源可以依赖,唯有艰苦奋斗才能赢得客户的尊重和信赖。华为建立以结果为导向的价值评价体系,将项目 KPI 纳入个人绩效承诺书,贯彻结果导向,传递市场压力。同时,华为坚持以奋斗者为本,建立基于给客户、上下游和团队带来的贡献和价值,以结果为导向的任职资格制度,使奋斗者获得合理的回报。

4) 团队协同作战

只有坚持自我批判,才能倾听、扬弃和持续超越,才更容易与他人合作,实现客户、公司、团队和个人的共同发展。

在"胜则举杯相庆,败则拼死相救"的团队合作方面,华为有著名的狼性文化,即目标一致、动作协同,同进同退、群狼众心,充分沟通、绝对服从,超强耐力、永不放弃。狼性文化的本质是全面贯彻拼搏和团队意识,因此每个人的适宜角色定位是决定团队狼性的根本。

为达到上述目的,华为扎实开展项目管理文化建设。华为运用马斯洛模型,分析员工需求,引导员工从低层次物质需求转向高层次的文化需求,用制度牵引员工的行为,最终形成公司层面浓厚的项目管理文化氛围,促进公司项目管理的成功,从而保证公司的商业成功。具体措施如下。

(1) 理念文化:打通并建设分层分级的项目管理组织架构,建立和运营面向高层的持续汇报渠道,持续宣传项目管理文化,打造项目管理文化宣传周。

(2) 制度文化:建设四位一体的项目管理框架,运营并持续优化项目管理体系。

(3) 行为文化:公司项目管理社区建设及运营,项目管理王牌课程开发及推广赋能,项目管理专刊的发行及专题研讨的开展,公司项目管理行业大会运作,确立各项评奖机制并持续运营。

3. 鼓士气,培养项目管理人才

华为的发展离不开人才支撑。易祖炜先生指出,华为项目管理人才的成长大致遵循"'士兵'(基层员工)—'英雄'(骨干员工)—'班长'(基层管理者)—'将军'(中高层管理者)"的职业发展路径,该路径可划分为如下 3 个阶段。

1) 基层历练阶段

对于基层员工,华为强调要在自己很狭窄的范围内,干一行、爱一行、专一行,不鼓励他们从这个岗位跳到另一个岗位。当然,华为也允许基层员工在很小的一个面上有弹性地流动和晋升。

与其他公司的做法不同,华为对于干部只强调选拔,不主张培养和任命。选拔的标准是什么?基层经验与成功的实践,"猛将必发于卒伍,宰相必取于州郡"。华为强调每个人都应该从最基层的项目开始做起,因此,"将军"必须从实践产生,而且是从成功的实践中产生。华为的组织建设也与军队的组织建设类似,先上战场,再建组织。

2) 战训结合阶段

有管理潜力的人才通过基层实践选拔出来后,将进入实战与培训相结合的阶段,此时华为会提供跨部门跨区域的岗位轮换和相应的赋能培训。人力资源部和片联负责选拔优秀的管理型人才进行循环轮换,而华为大学则负责赋能培训。

(1) 循环轮换。在战训结合中对于"战"的部分,华为学习美国航空母舰舰长的培养机制,关注干部的"之"字形成长。"之"字成长意味着岗位循环与轮换。《华为基本法》规定:"没有周边工作经验的人,不能担任部门主管;没有基层工作经验的人,不能担任科以上干部。"各部门将负责帮助新流动进来的人员尽快融入和成长。循环流动的人员到了新部门,也要通过学习去适应新环境和新工作。

(2) 赋能培训。战训结合阶段中"训"的部分主要由华为大学承担,华为大学通过短训赋能输出"能担当并愿意担当的人才"。为此,华为大学教育学院基于"管事"和"管人"两个角度专门开发了相关培训项目——青训班和一线管理者培训项目(First-Line Manager Leadership Program,FLMP)。

青训班覆盖人群是将来要成为一线干部的后备人才,它并不仅仅包括课程讲授,而是一个包括自学、课堂、实战等环节的系统赋能项目。FLMP 旨在帮助学员完成从骨干(个人贡献者)到管理者的转身,并"点燃每个基层管理者的内心之火"。作为基层管理者的"班长",承上启下,在公司责任重大。同青训班类似,FLMP 也是一个集学习研讨、在岗实践、述职答辩与综合验收于一体的系统性赋能项目。

3) 理论收敛阶段

在华为,从基层到高层培养是不断收敛的,会逐步挑选出越来越优秀的人员。走过战训阶段进入高阶后,干部若想成长为真正的"将军",进一步成为战略领袖和思想领袖,就要使"自己的视野宽广一些、思想活跃一些,要从'术'上的先进,跨越到'道'上的领路,进而在商业、技术模式上进行创造。"为此,华为规定每位高级干部都必须参与华为大学的干部高级管理研讨项目(简称"高研班"),亦堪称华为的"抗大"。高研班的主要目标不仅是让学员理解并应用干部管理的政策、制度和工具,更重要的是组织学员研讨华为核心战略和管理理念,传递华为管理哲学和核心价值观。

后记:历经淬火,方能百炼成钢。多年来,华为项目管理始终走在前沿,因其具备直接影响所在行业项目管理未来发展方向的实力,华为成功入选为 PMI 全球高层理事会成员企业,与全球其他领域的大公司携手引领和推动项目管理的发展。回顾 20 多年华为项目管理实践,易祖炜先生认为,华为的发展是和客户一道成长的结果,是华为不断自我否定、自我批判、凤凰涅槃的结果。随着数字化时代的来临,项目管理也需要不断与时俱进。我们相信,在实现华为"把数字世界带入每个人、每个家庭、每个组织,构建万物互联的智能世界"新愿景的过程中,项目管理大有可为!

【案例问题】

(1) 通过华为的 8 个里程碑事件,分析华为的项目管理发展历程。

(2) 简述华为管理文化的培养,你认为其优点是什么?

(3) 通过华为项目管理人才培养方式,你将如何提前规划你的职业生涯?

案例二:神州数码向项目管理要效益[①]

神州数码这几年项目管理的变化是 IT 服务行业的一个缩影。

1. 软件项目的特殊性:签单越多,有可能亏损越多

神州数码自 2000 年之后,软件服务从硬件系统集成中剥离出来,成为一个独立运作的业务单元。业内的趋势已经非常明显,硬件系统集成的利润快速下滑,而软件服务业务则被寄予厚望。

然而神州数码自专注于软件服务业务之后,却发现面临一个完全不同的业务规则。虽然软件服务业务看起来毛利很高,但实际上非常难以盈利。项目越签越多,单子越签越大,但是出的问题也越来越多,大量的项目陷入严重的困境,项目经理苦苦挣扎,但客户满意度依然不高,后续的钱款很难收回。甚至有的大型项目陷入濒临失败的状态,公司高层不断地出去救火。一两个问题项目可能使整个公司受到严重影响。

在这种情况下,神州数码彻底地从硬件销售和硬件系统集成的思维中摆脱出来,开始认识到软件服务业务有其特殊性,软件服务业务的盈利增长,并不是依靠市场销售的"高歌猛进",而是要加强项目管理,将每个合同的利润真正做出来。这显然是神州数码的核心任务,并且是一个长期的任务。2004 年,神州数码总裁郭为先生总结出"项目管理能力是神州数码核心竞争力"的结论,并用"熬中药"来比喻项目管理能力建设的长期性。

2. 影响项目盈利的重要因素

项目盈利的影响要素众多,但所有的 IT 服务企业必须迎接这个挑战。2000 年神州数码成立了专职的项目管理部,对项目的状况进行了分析。

分析的结果令人震惊。项目盈利可以简单地用项目收入减去项目成本,但项目成本的实际情况却有着严重的问题:在挣值中,成本偏差=计划值-实际成本。

即使成本偏差为正值时,并非能说明项目情况良好,也可能是项目预算被高估。进一步的分析发现,成本偏差的因素非常多,而原因绝对不是项目组乱花钱。2003 年神州数码对成本偏差的原因进行了分析,当时排在最前面的五大问题是:

(1) 项目范围定义与管理;

(2) 项目的估算、预算、核算过程;

---

① 作者:石海东。

（3）项目管控过程；

（4）资源管理与资源利用效率；

（5）软件工程技术与质量管理。

为解决这些迫在眉睫的问题，神州数码自上而下对项目管理的进步花费了大量的精力。在过程中，神州数码逐渐发现，项目成功和项目盈利，在很大程度上并不取决于项目经理，而是与整个企业各层次人员都有密切的关系。即使项目经理很强，但是整个企业没有提供一个良好的项目管理环境和体系，项目也很难成功，更何况任何企业都不能保证每个项目经理都具备独立完成项目的能力。

3. 项目型企业的每个层次都需要参与项目管理

神州数码是"项目型"的企业。整个业务就是一个一个的项目组成。项目级的管理（项目经理和项目组的能力）依然是项目成功的重要因素，但不是全部因素。在项目管控过程中，项目级的管理是难以解决所有问题的。

比如对项目成功影响极大的"估算—预算—核算"过程。项目的估算是极为重要的项目管理环节。估算错误，计划就不准确，再优秀的项目经理也无力回天。过去常常觉得"不可思议"的情况就是，项目的标额往往很大，甚至数千万的软件服务项目，但最终做下来还是亏损很多。企业没有组织级的估算标准、项目经理"拍脑袋"估算而导致的项目估算不准确，是导致这种结局的主要原因之一。

很多行业建立了很好的组织级估算的依据。比如工程建筑行业，无论是铺铁路、挖隧道还是盖楼盘，企业都有非常精确的估算数据标准。甚至国家也有相应标准，一个项目，要用多少材料，用什么机械会需要多少人工，都有国家级的标准。甚至房屋装修行业，无论是刷墙漆、铺地板、改电路，都有企业规定的估算标准，现场的工长只需根据企业估算标准进行计算就可以了。

相反在科技含量较高的软件服务行业，神州数码当时并没有组织级的估算标准，项目经理还是"拍脑袋"进行估算。项目经理根据自己个人的过往经验，来推算当前项目的工作量与工期。这是相当危险的。因为一旦项目经理的经验不足，或者项目经理的经验与当前项目不符，就会出现严重的估算偏差。

不仅在项目估算环节，在其他的众多关键环节，如项目实施方法、风险评估与应对、项目范围管理、实施过程控制、项目经验总结等，项目经理都难以独自做出好的决定。因此，神州数码认为，整个企业必须构建出一套完整的项目管理体系，企业级的管理和项目级的管理需要密切配合，才有可能解决问题。

4. 神州数码项目管理模型

神州数码最终建立的企业级项目管理模型，如图1-6所示。

神州数码认为，项目成功依靠两个层次的项目管理能力：项目级管理能力、企业级管理能力。而其中，企业级管理能力是企业核心竞争力的基础。企业级的管理能力包括六大方面。

1）关键点控制

项目组需要高层领导帮助的，或者高层领导需要密切关注的，是一些项目实施的关键点，包括项目的关键步骤，以及项目组难以解决的突发事件，如风险、问题、事故、变更。通过项目管理软件系统，项目经理和高层领导随时沟通诸如"关键步骤""风险""问题""变更"的

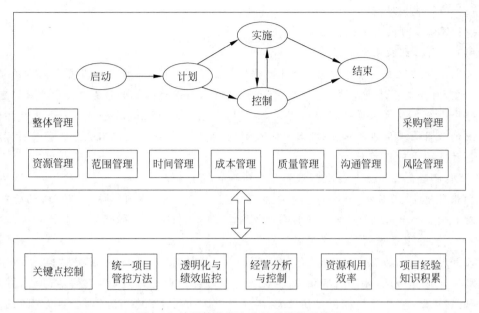

图 1-6　神州数码的企业级项目管理模型

状况,以及信息的流转,从而确保项目执行的关键要素被掌控。

2) 统一的项目管控的方法过程

早期神州数码项目经理可以自由选择项目管控的方法和过程,直至神州数码认识到这种情况将会带来很大的危害。很多严重亏损的项目或很坏影响的项目,往往都是由于项目经理管控过程的缺失。项目经理限于个人的经验和能力,常常做出不合适的判断,在压力之下,也容易"偷工减料",最终导致严重的项目问题。神州数码强有力地统一了项目实施的管控方法和流程。通过发布的《项目经理手册》和项目管理软件系统,项目经理及其他相关岗位都必须按照公司的标准进行管理,而无论项目经理来自何处,有什么样的经验。为了进一步落实公司的体系,神州数码设置了"项目监理"职位,对项目实施过程进行审计,审计结果直接影响到项目奖金。

3) 项目透明化,实时掌握项目进展和绩效

正如战场指挥官必须随时了解下属部队的状况,高层领导需要掌控项目进展与绩效。但往往很多项目是"一团迷雾"。项目在如何进展? 项目是否完成了某项关键工作? 项目是否达到了某个重要里程碑? 项目现在存在什么问题? 有没有影响巨大的风险? 显然,如果项目实施不能够做到"透明化",高层领导将无法掌握项目进展与绩效,无法预见到问题,只能被动接受项目的结果。神州数码的项目管理体系,要求实现"五大透明,三大跟踪",并通过项目管理软件固化。项目透明化是神州数码项目管理的最重要的,也是最基础的内容。

4) 经营分析与控制

经营分析是所有企业都高度重视的事情。神州数码原先的经营控制是以部门为单位,但迅速转变为以项目为单位:如果不知道项目的经营情况,部门的经营数据根本没有意义。神州数码经过多年的建设,建立了一套完整的项目成本估算、预算、核算,以及收益和回款的跟踪的体系。通过财务系统和项目管理软件系统,企业可以清晰地看到项目的利润变动情况以及变动趋势,发现问题和解决问题。

5）资源管理与资源利用效率

对于神州数码这样的 IT 服务企业来说，很大的业务是"卖人头"。资源管理水平直接影响到企业的利润。如何更好地分配和协调资源，并使得资源利用最大化，是每月都要监控的大事。从宏观上，神州数码要求在项目估算环节，通过"资源计划"工具，形成项目资源需求的预算。通过将企业资源池与项目资源需求的比较，企业管理层能够了解资源何时缺乏、何时空闲，从而可以做出调整，化解资源风险，保持资源利用率。从微观上，神州数码越来越细的管理资源申请和分配流程，使管理层能够清晰地看到每个资源在任何一段时间里面，在哪个项目中负责什么任务，并能够记录资源的技能信息和级别，从而为微观上寻求更有效的资源利用。

6）不断积累项目知识和经验

项目实施中，能否不断积累知识和经验，如项目的估算数据，能否不断优化，使得项目估算越来越准确，是企业项目管理能力的重要体现。

神州数码主要建设了 3 个知识和经验库。第一个是"估算数据库"，通过积累估算数据，提供给项目经理企业级的估算依据，提升估算精确度；第二个是"风险评估表"，风险评估表的评估项是多年教训的积累，帮助企业和项目经理评估项目的风险；第三个是"项目生命周期库"，记录企业项目实施的最佳实践。项目经理可以应用企业同类项目的最佳实践，获得企业过去的经验，提高项目的绩效。这 3 个知识库都固化到项目管理软件系统中，并在项目管控过程中强制使用，起到很好的作用。

5. 效果与发展趋势

神州数码通过多年的努力，逐步建设了企业级的项目管理体系，项目管控过程全部通过项目管理软件系统固化和自动化进行，并且形成了比较成熟的项目管理文化，表现在以下方面。

（1）项目经理比较自觉地遵循企业的项目管理体系，项目经理认识到采取合理的管控过程，才能够获得好的项目绩效，并且乐于将项目透明化，让高层领导看到项目的进展情况，以便让高层领导帮助自己发现和解决项目问题。

（2）体系建设比较完整，将整个企业各种岗位的工作都囊括进去。项目实施不再是项目组的行为，而是整个企业的行为，项目组得到企业的支持更加及时，从而形成了较强的实施能力。

（3）持续地进行工具建设，使得项目管理的规范性得到强化，项目核算精准，项目各岗位的绩效考核很清晰。同时，项目组和企业之间的信息沟通速度更快。

（4）整个企业都比较重视项目管理的能力，或者称作"交付能力"。自上而下都将项目管理能力和体系作为企业经营管理的核心工作来看待。

从项目绩效上看，神州数码也取得了很大的成效。

（1）项目成本偏差率得到了有效控制。至 2004 年，总体成本偏差率已经控制到 20% 以内，这是一个重要的里程碑，并且还在继续小幅降低。

（2）严重问题项目大为减少。到 2003 年，神州数码仍然有"严重问题项目"，需要高层领导出面去挽救。2004 年以后，基本上不再有类似情况，项目成功率和客户满意度提高。

进入 2007 年，神州数码采取了一些新的措施，最重要的是进一步加强"项目透明化"的概念。神州数码不仅让管理层清楚地看到项目实施进展，同时还要让客户也能够比较清楚地看到项目实施进展,这样会带来一些好的影响。

(1)对项目干系人和客户来说,他们不仅仅需要能干的项目经理和项目组,更希望看到在项目组之后有一个更强大的企业体系的保障。如同在制造业,企业带领客户参观生产车间,借以向客户证明企业的生产水平和质量控制水平。神州数码将自己的项目管理软件系统开放给客户,客户可以进入系统实时了解交给神码项目的进展情况,这样不仅方便了客户,同时也让客户实际体会到神州数码"项目生产线"的良好管理,使得神州数码区别于竞争对手,赢得客户的信任和更高的价格。

(2)神州数码在2007年"基地化开发"取得了重大成功,改变过去在客户现场做项目的方式,神州数码大部分项目在基地进行,客户现场仅仅是很小的团队。这种异地模式需要强有力的项目管理,否则不仅项目容易失败,客户也根本不放心。多年的项目管理体系建设及项目管理软件系统,项目实施的透明化,为保障这种模式起到了根本的作用。

【案例问题】

(1)神州数码是如何提高软件项目运作的整体效益的?

(2)项目管理标准化有什么作用?给神州数码带来哪些好处?

(3)通过学习本案例,你获得了哪些启发?IT企业目前缺的是技术还是管理?

1.7　习题和实践

1. 习题

(1)项目管理和技术工作之间有什么关系?

(2)软件项目和一般项目的区别是什么?

(3)项目管理知识体系包括哪10个知识领域?

(4)简述项目管理的5个过程及其关系。

(5)为什么说"好""快""省"的理想情况很难达到?

(6)简述软件工程和软件项目管理的关系。

2. 实践

(1)上网查找美国项目管理协会PMI出版的《项目管理知识体系指南》最新版本(PMBOK第6版),了解其内容。

(2)上网搜索PMP和IPMP认证考试有哪些?我国的项目管理认证考试有哪些?

(3)上网了解著名IT公司项目管理的先进经验。

第2章　　项目启动

项目启动包括定义一个新项目或现有项目的一个新阶段,授权开始该项目或阶段的一组过程。

启动过程的目的是:协调干系人期望与项目目的,告知干系人项目范围和目标,并商讨他们对项目及相关阶段的参与将如何有助于实现其期望。在启动过程中,定义初步项目范围和落实初步财务资源,识别那些将相互作用并影响项目总体结果的干系人,指派项目经理(如果尚未安排)。这些信息应反映在项目章程和干系人登记册中。一旦项目章程获得批准,项目也就正式立项,同时,项目经理就有权将组织资源用于项目活动。

视频讲解

因此,启动过程的主要作用是确保只有符合组织战略目标的项目才能立项,在项目开始时就要明确和评估项目需求,以及认真考虑商业论证、项目效益和干系人。在一些组织中,项目经理会参与评估需求、制定商业论证和分析项目效益,然后帮助编写项目章程。在另一些组织中,项目的前期准备工作则由项目发起人、项目管理办公室(PMO)、项目组合指导委员会或其他干系人群体完成。

2.1　项目启动准备

项目启动前首先要明确和评估项目需求,如果项目的主要需求不明确,是不能启动项目的。

1. 明确项目需求

项目正式启动前,项目组应进行项目需求收集和明确主要的用户需求,明确项目需求有助于评估项目的可行性。软件项目用户需求主要包括:技术需求、非技术需求、验收标准、限制和约束条件、合同干系人责任分配等。

其中,软件项目技术需求通常包括:软件系统的功能需求、性能需求、运行环境及开发平台要求、用户对界面的要求、系统与其他外部系统的接口要求、系统的约束和假设条件、系统的安全性/可维护性/易扩展性/容错性要求、故障恢复要求等;集成系统的系统功能要求、设备选型指标、安装和测试要求、安装场地环境条件要求、系统的约束和假设条件、界面划分等。

软件项目非技术需求主要有:系统的客户、最终用户和相关者,以及用户需要遵守的行业标准、业务环境要求。若用户要求公司签订《保密协议》,项目组也要将用户提供的保密协议条款作为用户需求的一部分。此外,还包括要交付给用户的产品清单、交付日期、项目开发和实施过程中的重要里程碑阶段、对用户的培训、免费维护/现场支持要求等;在项目实施过程中合同变更(如延长合同期、增加服务项、变更需求、职责或已承诺约定的变更等)的处理方法等。

项目需求中还包括验收标准方面的要求,如符合技术需求及非技术需求的要求、运行稳定性/安全性/故障率及恢复能力/业务处理能力(峰值/日均)、验收方法等要求。

此外,我们假设项目已获得发起人或其他权力机构的批准,并且在批准项目之前已经审核了商业文件。虽然商业文件通常是在项目之外创建的,但是要用作项目的输入(项目的基础),在项目正式启动之前,需要进一步审查和确认。商业文件主要包括商业论证和效益管理计划。

2. 项目商业论证

项目商业论证是指文档化的经济可行性研究报告,用来对尚缺乏充分定义的所选方案的收益进行有效性论证,是启动后续项目管理活动的依据。

在启动项目之前,通常需要进行商业论证,以概述项目目标、所需投资,以及用于测量项目成功的财务标准和其他量化标准。商业论证为在整个项目生命周期中衡量项目成功和进展奠定了基础,以便将实际结果与预定的目标和成功标准进行比较。

需求评估通常是在商业论证之前进行,包括了解业务目的、问题及机会,并提出处理建议。需求评估结果可能会在商业论证文件中进行总结。商业论证列出了项目启动的目标和理由,它有助于在项目结束时根据项目目标衡量项目是否成功。商业论证是一种项目商业文件,可在整个项目生命周期中使用。在项目启动之前通过商业论证,可能会做出继续或终止项目的决策。商业论证可能包括(但不限于)记录以下内容。

(1) 业务需要。

(2) 确定促进采取行动的动机。

(3) 情况说明,记录了待处理的业务问题或机会,包括能够为组织创造的价值。

(4) 确定受影响的干系人。

(5) 确定范围。

(6) 形势分析。

(7) 确定组织战略、目的和目标。

(8) 确定问题的根本原因或机会的触发因素。

(9) 分析项目所需能力与组织现有能力之间的差距。

(10) 识别已知风险。

(11) 识别成功的关键因素。

(12) 确定可能用于评估各种行动的决策准则。

3. 项目效益管理计划

项目效益管理计划描述了项目实现效益的方式和时间,以及应制定的效益衡量机制。项目效益指为发起组织和项目预期受益方创造价值的行动、行为、产品、服务或成果的结果。项目生命周期早期应确定目标效益,并据此制订效益管理计划。制订效益管理计划需要使用商业论证和需求评估中的数据和信息,如成本效益分析数据。效益管理计划描述了效益的关键要素,可能包括(但不限于)记录以下内容。

(1) 目标效益(例如,预计通过项目实施可以创造的有形价值和无形价值,财务价值体现为净现值)。

（2）战略一致性（如项目效益与组织业务战略的一致程度）。

（3）实现效益的时限（如阶段效益、短期效益、长期效益和持续效益）。

（4）效益责任人（如在计划确定的整个时限内负责监督、记录和报告已实现效益的负责人）。

（5）测量指标（如用于显示已实现效益的直接测量值和间接测量值）。

（6）假设（如预计存在或显而易见的因素）。

（7）风险（如实现效益的风险）。

2.2　项目经理指派

项目启动阶段的一项重要工作就是项目经理指派,包括项目经理的选择和任命,这里我们主要讨论如何选择合格甚至优秀的项目经理,项目任命通常会发生在项目启动大会上,因为公开任命项目经理有助于组织对项目经理的充分授权。

2.2.1　项目经理选择

软件项目管理是"以过程为核心,以度量为基础,以人为本"的,在此过程中需要充分集成技术方法、工具、过程、资源(人力、资金、时间等)等要素。谁来领导这个集成工作呢?是项目经理。项目经理是项目组的灵魂,是项目组中很重要的一个角色,无论是在个人英雄主义的时代,还是基于过程的管理时代,都必须依靠人来实现管理,这就是"以人为本"。无论管理多么正规,过程是对形式的管理,而内容的管理必须依靠个人的能力。

项目经理,是大多数软件公司中最难选的人。有实践经验又有理论知识的项目经理少之又少。然而,项目经理是项目组织的核心和项目团队的灵魂,其管理能力、经验水平、知识结构、个人魅力都对项目的成败起关键作用。

那么,究竟如何来选择一个项目经理呢?我们先看一下项目经理的来源。

（1）专职的项目经理。例如,在公司里有项目管理部,是专门的项目经理的派出机构,项目经理经过专业的培训与认证。

（2）兼职的项目经理。来源于某一个技术部门,如开发部或事业部,同时可以兼任其他岗位。

无论是专职还是兼职,一个合格的项目经理,下面的素质是必须具备的。

1. 要具有管理的技能与知识

一个好的项目经理,必须学习一些关于项目管理的基础知识,进行项目管理的技能训练,既要有管理意识,又要有管理的基本技能,要"心有余且力也有余"。

2. 良好的职业道德

举例说明职业道德的重要性。项目经理蓄意隐瞒了项目的真实进展情况,对用户的承诺没有兑现,而导致用户不信任他,可能会导致客户向公司提出撤换项目经理的要求。其实用户对于项目有知情权,向用户暴露出问题不一定是坏事,如果沟通及时有效,或许会得到客户额外的支持。如果明知完不成进度,而故意隐瞒了真相,当然是不符合职业道德规范的。此外,公正无私也是非常重要的,如果一个项目经理不能做到公正无私,他就难以服众,无法带好项目团队。项目经理在激励和奖励团队成员时论资排辈,不按业绩,会使项目组中资历浅但业绩好的员工怨言很大，降低员工的积极性，从而影响项目目标的达成。

3. 要懂技术，不要求精通，但是要全面

这个要求或许有些争议，因为如果按此原则执行，那些拿到 PMP 证书的专职项目经理如何找工作？在软件项目中，使用不懂技术的项目经理，需要给他配一个助手专门负责 IT 技术。对于大的项目，这种方式是可行的，对于小的项目而言肯定不能这样做，否则就会出现资源浪费，项目经理的工作量不饱满。所以，尽可能选择了解相关行业技术的项目经理，这样他能清楚地知道组员在做什么、做得怎么样，能够发出正确的方向性指令，而不是瞎指挥。

4. 要有很强的分析问题、解决问题的能力

项目经理要能够通过现象看到本质，通过细节发现大问题，发现问题后要果断采取措施，防微杜渐，而不是延误时机。

5. 要具有很好的沟通与表达能力

项目经理要和方方面面的干系人沟通，包括项目组内的人员、市场人员、用户、上级主管，也要和各个层次的人员打交道，为了项目的成功，要通过沟通交流消除来自各方面的阻力。例如，一个系统集成的项目，在用户现场布线时，项目经理可能要和用户的工程主管、电工、施工队等各种角色沟通，否则，可能因为很小的问题，系统就要失败。

6. 要有良好的个人魅力

个人魅力包括民主的工作作风、谦虚和平易近人等领导素质。有的项目经理搞一言堂，听不进去大家的意见，而且不懂装懂。某软件公司的人力资源部经理抱怨，他们公司聘用了一位项目经理，该项目经理被程序员们冠以"外行领导内行"的帽子，团队中绝大多数成员对他非议很多，他也听不进去别人的意见，从而使项目团队的效率很低，项目的质量很差，系统开始实施后，就陷入到大量的纠错改错中。此外，平易近人也是非常好的领导风格，如果你的项目经理不能做到这一点，你肯定会对他很反感，也不会去和他很好地沟通，当然项目团队的效率也不会很高。

2.2.2 项目经理的职责

项目经理是沟通者、团队领导者、决策者、气氛创造者等多个角色的综合。以身作则与有威信是相辅相成的。规范制度的权威性主要靠项目经理，只有坚持以身作则，才能将自己优秀的管理思想在整个项目中贯彻下去，取得最后的成功。项目经理关系到一个项目的成败，在项目管理中要敢于承担责任，使项目朝着更快、更好的方向发展。项目经理的主要职责如下。

1. 开发计划

项目经理的首要任务就是开发计划。完善合理的计划对于项目的成功至关重要。项目经理要在对所有的合同、需求等熟知和掌握的基础上，明确项目的目标，并就该项目与项目客户达成一致，同时告知项目团队成员，然后为实现目标制订基本的实施计划（进度、成本、质量等）。

2. 组织实施

项目经理组织实施项目主要体现在两个方面：第一，设计项目团队的组织结构图，对各职位的工作内容进行描述，并安排合适的人选，组织项目开发；第二，对于大型项目，项目经理应该决定哪些任务由项目团队完成,哪些由承包商完成(外包)。

3. 项目控制

在项目实施过程中,项目经理要实时监视项目的运行,根据项目实际进展情况调控项目,必要的时候,调整各项计划方案,积极预防,防止意外发生;及时解决出现的问题,同时预测可能的风险和问题,保证项目在预定的时间、资金、资源下顺利完成。

4. 执行整合

整合是项目经理的一项重要工作,执行项目整合时,项目经理承担双重角色。

(1)项目经理扮演重要角色,与项目发起人携手合作,既要了解战略目标,又要确保项目目标和成果与项目组合、项目集以及业务领域保持一致。这种方式有助于项目的整合与执行。

(2)在项目层面上,项目经理负责指导团队关注真正重要的事务并协同工作。为此,项目经理需要整合过程、知识和人员。

2.2.3 优秀项目经理的管理能力

有些项目经理以为管理能力等同于使用微软 Project 软件的能力,他们没有领悟到项目管理的真谛。我们平常讨论的项目管理,大多也是在讲项目管理的十大知识领域,更多的是强调技术,即项目管理的硬能力。

项目经理的软能力与硬能力同等重要,一个优秀的项目经理应该具备以下个人特质。

(1)工作紧迫感。走近项目经理,立刻能传达给大家一种紧迫感。每次会议大约 60 秒闲话开场白后,马上转入正题。这种效果表面看来是因为项目经理独特的身体语言和气质,但事实上,紧迫感和高效率应该成为企业文化的核心,并升华为项目经理人格的一部分。

(2)善于捕捉问题。有无数原因导致会议效率低下、毫无建设性,其中最主要的原因是会议目的不明确,不清楚要解决什么问题,也不知道难点在哪。优秀的项目经理能够迅速、准确地指出问题及其要害,改善会议效果。

(3)思路清晰。引发典型业务问题的原因多种多样,如政治因素、日程安排有冲突、同事个性不合等,如果置之不理,稍作拖延就会导致整个项目一团糟。项目经理需要排除感情因素,放下思想包袱,拨云见日,把待解决的问题逐一独立分离出来,分配给每个同事,专注解决。

(4)用数据说话。优秀的项目经理明白数据的重要性,懂得利用数据识别项目方向,确认项目进度。他们知道改善产品和开发流程必须从测量、收集数据开始。在时间紧迫的情况下,最容易仅凭直觉草率行事。为避免出现这种情况,项目经理务必坚持根据数据和事实制定决策。

(5)果断。在多数公司里,产品团队成员不必向项目经理汇报工作,但项目经理必须驱动同事做出决策。项目经理必须向大家传达一种紧迫感,及时向团队收集数据和建议,适时向上级部门汇报情况,把问题理顺,用理性的思路和清晰的理由帮助大家,利用数据做出决策。

(6)判断力。上述特点都基于良好的判断力。项目经理必须清楚何时催促进度,何时向上级汇报,何时需要收集更多信息,何时找个别成员私下交流。判断力很难言传身教,只能靠自己积累经验获得。

（7）态度。如果产品不能按时交付，我们总能听到各种理由：可行性太差、资源不足、时间不够、资金匮乏等。项目经理绝对不能为自己找借口，必须克服所有障碍，解决所有问题，一往无前，越挫越勇，直到梦想成真。

此外，要成为一名优秀的项目经理还需具备如下3种重要的管理能力。

1）计划能力

计划，是对未来的控制。人类都憧憬未来，都不知道未来会发生什么，都想预测未来以做好应对准备，这都是良好的愿望。

但未来就是"未来"，因为没有发生，所以不可把控。在生活当中，有诸多的变量，变量的细微变化，也许会影响到最终的结果。在这些变量中，最难把控的是人心。人的心理跌宕起伏，变化不可测；人的情绪分秒间可能就会发生很大变化，人与人交互，互相影响，使得变化衍生至无穷。

人类有着以不变应万变的思想，实则是对未来不可控的一种清晰认识。但人心向"好"，期望自己的未来是"好"的，所以，做计划就是表明人试图去把握未来。

计划能力的获得，通常都是基于历史进行趋势预测得来的。人基于自己的经验，可以适当地迁移到未来时空中，用自己的经验做尺子，丈量未来。人对于过去认识深刻，对未来的把握就会好些。人对于没有发生在自己身上但历史存在的事情认知后进行高度抽象，也可以获得知识和认识，这样的人对于未来把握的能力强些。所以，经验和知识积累，是有效把握未来的基础。

2）过程把控能力

把控好过程，才能期望得到一个较好的结果。努力做好过程未必能得到一个好的结果；一个好的结果必然存在良好的过程控制。

过程把控，实则是一种责任心，也是一种积极而为的意识，还是一种可学到的技能。

有的项目经理，计划能力很强，积极主动，在项目开始和过程中不断强调："你们要各自负责，各自担起职责，不要什么事情都汇聚到我这里，大家都要积极主动去解决。"并且，在项目过程中，积极与领导沟通，获得了上级认可。

这样的话，听起来是没有什么错误的。强调人人扫清自家门前雪，是一种人人负责的责任意识。可是，项目却以失败告终，子项目中一半推迟，20%完全推迟，投入人力物力巨大但收效甚微。

良好的过程把控能力，体现在以下3个方面。

过程中要插入"监控点"。这样能有效发现问题并有机会调整。阶段里程碑包含了这个思想。

要身先士卒，率先垂范。这样，能让大家感觉项目经理在和自己同甘苦。不融入项目，只走上层路线，忽略项目成功的基石，就像鱼儿离开水。简单且深刻地说，就是要融入群众生活。"水能载舟，亦能覆舟"就是这个道理。言传身教，在国人数千年的传统中，已经牢牢扎根，是国人文化精神的一部分。离开这个现实，就丢掉了成功的基石。浮于表面不肯舍身投入，必致失败。

要教导，莫指责。问题总是层出不穷的，解决问题时，技巧、知识、方法等都是必要的。但是身为项目经理，如果不能先承担起责任，人心就会丧失；如果再横加指责，就会产生反作用力。帮助大家积极解决问题，让大家觉得这是一个温暖的团体，才可能（仅仅是可能）有一个好的向心力。唯有团结一致，才能共同向前。

3）知识技能

在我周边的人中，大家有时会讨论这样一个问题：项目经理是否需要是本项目的行业专家？

多数人认为，在技术上能有所把握的，比在过程上能有所把握的，可能更好。诚然，如果各个方面都很好，都能满足项目经理的职责需要，固然是最好的。

但人总是有长则有短，如果有两个人选，一个具有上述的 1）和 2）能力，另一个具有上述的 1）和 3）能力，您会选择哪个人做项目经理？

毫无疑问，选择过程把控能力更强的有利于项目推进。不浮于表面，深入浅出，上下兼顾，对项目负责，对所有人负责，这样的人通常有着做项目所要求的"哲学观、人文观、科学观"，要么是已经有这样的意识，要么是潜意识中有着这样的朴素的思想。

2.3 项目干系人初识

项目干系人是指可能影响项目决策、活动或结果的个人、群体或组织，以及会受或自认为会受项目决策、活动或结果影响的个人、群体或组织。项目干系人可能来自项目内部或外部，可能主动或被动参与项目，甚至完全不了解项目。项目干系人可能对项目施加积极或消极影响，也可能受项目的积极或消极影响。项目干系人包括（但不限于）以下成员。

1）内部干系人
- 发起人（通常是公司 CEO）
- 项目经理
- 项目管理办公室
- 项目组合指导委员会（可能有）
- 项目集经理（可能有）
- 其他项目的项目经理（可能有）
- 团队成员

2）外部干系人
- 客户
- 最终用户
- 供应商
- 股东
- 监管机构
- 竞争者

注意，一个项目可以采用 3 种不同的模式进行管理。作为完全独立的项目（不隶属于任何项目组合或项目集），作为项目集的组成部分，或作为项目组合的组成部分。如果一个项目是项目组合或项目集的组成部分，那么项目管理就需要与项目组合和项目集管理进行互动，那么项目干系人就会有项目组合指导委员会和项目集经理，或者其他项目的项目经理。

有些干系人只是偶尔参与项目调查或焦点小组活动，有些则为项目提供全方位资助，包括资金支持、政治支持或其他类型的支持。在整个项目生命周期内，他们参与项目的方式和程度可能差别很大,因此,在整个项目生命周期中,有效识别和分析干系人,引导他们合理参与,并有效管理他们对项目的期望和参与,对项目成功至关重要。更多干系人管理的详情将在第11章"项目干系人管理"中介绍。

2.4 项目章程制定

项目章程是项目启动阶段正式批准的项目文件。从某种意义上说,项目章程实际上就是有关项目的要求和项目实施者的责、权、利的规定。项目章程多数由项目出资人或项目发起人制定和发布,它给出了关于批准项目和指导项目工作的主要要求,所以它是指导项目实施和管理工作的根本纲领。应尽早确认并任命项目经理,最好在项目章程制定之前就任命,最晚也必须在规划开始之前,以便他们能更好地参与确定项目的计划和目标。所以项目经理应该参与制定项目章程,因为项目章程规定了项目经理的权限及其可使用的资源。

项目启动阶段,由于对项目了解得不深入,此时的项目章程可能还不完善,随着项目进展,需要对项目章程进行完善和更新。

项目章程由项目以外的人员批准,如发起人、项目管理办公室或项目指导委员会。项目启动者或发起人应该有一定的职权,为项目提供资金,他们亲自编制项目章程或授权项目经理代为编制。项目章程经启动者签字,即标志着项目获得批准。可能因为内部经营需要或外部影响而批准项目,故通常需要编制需求分析、商业分析或情况描述。通过编制项目章程,可以把项目与组织的战略及日常运营工作联系起来。

2.4.1 制定项目章程的依据

制定项目章程需要依据如下信息。

1. 项目工作说明

工作说明书(Statement of Work,SOW)是对项目所需交付的产品或服务的叙述性说明。对于内部项目,项目启动者或发起人根据业务需要及对产品或服务的需求提供工作说明书。对于外部项目,工作说明书则由客户提供,可以是招标文件(如建议邀请书、信息邀请书、投标邀请书)的一部分或合同的一部分。SOW涉及以下内容。

(1)商业论证。商业论证中,进行业务需要和成本效益分析,对项目进行论证。

(2)产品范围描述。记录项目所需产出的产品的特征,以及这些产品或服务与项目所对应的业务需求之间的关系。

(3)战略计划。战略计划文件记录了组织的愿景、目的和目标,也可包括高层级的使命阐述。所有项目都应该支持组织的战略计划。确认项目符合战略计划,才能确保每个项目都能为组织的整体目标做贡献。

2. 商业论证

商业论证或类似文件能从商业角度提供必要的信息,决定项目是否值得投资。为证实项目的价值,在商业论证中通常要包含业务需求和成本效益分析等内容。对于外部项目,可以由项目发起组织或客户撰写商业论证。可基于以下一个或多个原因而编制商业论证。

(1)市场需求(如为方便旅客购票,某公司批准一个在线购票软件项目)。

(2)组织需要(如为了提高办公效率,某组织决定开发一个办公自动化系统)。

（3）客户要求（如为了提高销售业绩，某商业公司批准一个电子商务网站建设项目）。

（4）技术进步（如在存储和电子技术取得进步之后，某电子公司批准一个项目，来开发更快速、更便宜、更小巧的笔记本电脑）。

（5）法律要求（如开发一个网站项目，在线指导有毒物质处理）。

（6）生态影响（如某公司实施一个监测系统来减轻对环境的影响）。

（7）社会需要（如为应对霍乱频发，某发展中国家的非政府组织批准一个项目，来为社区建设饮用水系统和公共厕所，并开展卫生教育）。

以上每个例子中都包含风险因素，这些因素应该加以考虑。在多阶段项目中，可通过对商业论证的定期审核，来确保项目能实现其商业利益。在项目生命周期的早期，项目发起组织对商业论证的定期审核，也有助于确认项目是否仍然必要。项目经理负责确保项目有效地满足在商业论证中规定的组织目的和广大干系人的需求。

3. 合同

如果项目是为外部客户而做的，则合同是本过程的依据之一。

4. 其他

可能影响制定项目章程过程的因素还包括政府或行业标准、组织文化、市场条件、组织政策、约束条件、历史项目信息与经验教训。

2.4.2　项目章程

项目章程记录业务需要、对客户需求的理解，以及需要交付的新产品、服务或成果，包括如下内容。

（1）项目目的或批准项目的原因。

（2）可测量的项目目标和相关的成功标准。

（3）项目的总体要求。

（4）概括性的项目描述和边界定义。

（5）项目的主要风险。

（6）总体里程碑进度计划。

（7）总体预算。

（8）项目审批要求（用什么标准评价项目成功，由谁对项目成功下结论，由谁来签署项目结束）。

（9）委派的项目经理及其职责和职权。

（10）发起人或其他批准项目章程的人员的姓名和职权。

上述基本内容既可以直接列在项目章程中，也可以是援引其他相关的项目文件。同时，随着项目工作的逐步展开，这些内容也会在必要时随之更新。

项目章程的主要作用如下。

（1）正式宣布项目的存在，对项目的开始实施赋予合法地位。

（2）粗略地规定项目的范围，这也是项目范围管理后续工作的重要依据。

（3）正式任命项目经理，授权其使用组织的资源开展项目活动。

一个软件项目章程的模板示例如表 2-1 所示。

表 2-1 项目章程的模板示例

1. 项目基本信息

* 项目名称			
项目开始时间		项目完成时间	
* 主要承接部门			
* 参与部门			
* 项目风险等级			
文档历时(版本)	日期	作者	变更原因
*	*	*	*

2. 角色和职责

角色	姓名	职位	联系方式
* 项目经理			
* 系统分析员			
* 需求确认者			
其他人员			
团队成员			
团队成员			
团队成员			
…			
客户代表			
客户代表			
…			

3. 供应商

名称	公司/角色	电话	E-mail

4. 项目描述

项目目标:

项目交付物:

1.

2.

项目不包含内容描述:

项目里程碑:

关键风险:

假设和约束：

外部依赖：

项目验收：

5. 财务/资源信息

项目预算：

项目激励：

资源预算：

角色	小时

6. 签署

	姓名	签署	日期
总经理			
项目经理			
团队成员 1			
团队成员 2			
团队成员 3			
...			
客户代表 1			
...			

7. 备注

在一个基因(DNA)测序仪软件项目启动阶段,其项目章程的一个示例如表 2-2 所示。

表 2-2　DNA 测序仪项目章程(1.0 版)

1. 项目基本信息			
＊项目名称	DNA 测序仪项目		
项目批准时间	2019 年 2 月 1 日		
项目开始时间	2019 年 2 月 1 日	项目完成时间	2019 年 11 月 1 日
2. 项目里程碑			

- 6 月 1 日前,完成软件 1.0 版本
- 11 月 1 日前,完成最终产品版本

续表

3. 项目预算信息
公司已经为本项目分配了 150 万美元,如有需要,会有进一步的资金投入。项目主要成本是公司内部人员薪资开销,所有的硬件外购。

4. 项目经理
尼尔·卡森,(0571)82950123,nearson@dnaconsulting.com

5. 项目目标
该 DNA 测序仪项目对于本公司非常重要,这是本项目的第一版本项目章程。我们的目标是在 4 个月内完成软件第一版本,9 个月内完成最终产品版本。

6. 主要的项目成功评价标准
软件符合书面需求要求,被充分测试,按时完成。CEO 将和其他主要干系人正式审批和验收此项目,并获得通过。

7. 项目实施方法
• 尽快为尼尔·卡森找一名技术助理。
• 一个月之内创建一个清晰的工作分解结构、范围说明,以及详细的工作安排甘特图。
• 两个月内购买所需的硬件设备。
• 每周召开由主要干系人参加的项目进度评审会。
• 为每个测试计划进行充分的软件测试。

8. 干系人

角色	姓名	职位	联系方式
项目发起人	强森	CEO	jonson@dnaconsulting.com
项目经理	尼尔·卡森	项目经理	nearson@dnaconsulting.com
团队成员	苏菲	DNA 专家	sophia@dnaconsulting.com
团队成员	马克	程序员	mack@dnaconsulting.com
团队成员	约瑟夫	测试专家	joseph@dnaconsulting.com
团队成员	大卫	程序员	david@dnaconsulting.com
...			
客户代表	西蒙	客户联系人	simon@dnaconsulting.com

上述干系人签名:

9. 干系人评论
我想深度参与此项目,此项目成功是公司成功的标志,我希望每个人努力使项目成功。 ——尼尔·卡森

项目章程应该通过共享平台分享给项目干系人,使得项目干系人知情项目的主要相关信息,如进度、里程碑、目标等。

2.5 项目启动大会

项目启动大会又称为 Kick off Meeting,就好像足球运动中的开球,告知球员、教练和观众,这场球开始了。而项目启动会议也有类似目的,将项目的相关信息告知相关干系人,宣告这个项目开始了。

2.5.1　召开项目启动大会

召开项目启动大会不仅能够让项目团队成员互相认识,还可以在项目启动大会上介绍项目背景及计划,正式批准综合性项目管理计划,并在干系人之间达成共识。此外,项目启动大会还有助于落实具体项目工作,明确个人和团队职责范围,获得团队成员承诺,为进入项目执行阶段做准备。

那么在这个会议中要做什么呢?

1. 明确参加者

会议的参与者一般分为以下几类。

(1) 出资人,对于项目权利非常高的几类人,以及权力不高,但是项目利益高的一类人。

(2) 对方团队的负责人及其上级。

(3) 已经确定的己方团队的人员。

2. 介绍项目目标

由于这是该项目的第一个正式会议,需要向参会人员介绍项目目标,以确保项目人员对于项目目标有清晰的认识,大家朝着同一个目标努力。

3. 项目里程碑

向相关干系人介绍项目主要里程碑,目的在于让参与会议的人员知道项目的开始和结束时间、项目的大致阶段,以及各个阶段的开始和结束时间。从而做到心里有数,什么时候该做什么事情。

4. 角色与职责

既然相关干系人都参与会议,需要当面对项目角色有明确定义和分工,并且对应的每个角色都有其职责,对于角色的职责也需要在会议中做详细的定义。例如,角色:项目出资人;职责:为项目提供资金角色;对应成员:成员 A、成员 B 等。

这样做的好处如下。

(1) 在项目初期就明确的每个人在项目中的角色以及职责。

(2) 方便相关人员寻找对应的人做对应的事情,即专人做专事。

(3) 职责明确,杜绝遇事踢皮球的情况。

(4) 将团队内的角色职责透明化,任何人都明白自己的任务,也明白遇到问题该找谁。

5. 明确组织架构

这是在明确了项目角色的基础上,如果有外部团队需要合作完成项目,需要将双方组织架构做一个展示,组织架构如下。

(1) 各个层级对应负责人。

(2) 各团队负责联络沟通的人员。

(3) 各团队负责整体协调的人员。

(4) 负责人的上级。

这样做的好处在于在项目初期明确了沟通对象,无论是组内还是组外,都明白什么事情应该由谁去找谁沟通,避免了跨级沟通,或者是小范围的沟通而造成的信息不对称。一般情况下,不同团队之间会指定唯一人员负责与其他团队的沟通。这样做的好处在于一致性和唯一性。在团队间,这个人就代表整个团队的声音,由此可以减少出现相互矛盾的信息在团队间胡乱传递的可能性。同时,对于参与团队间沟通人员的上级也是需要特别注意的,明确此人的邮箱地址,如果遇到超出对方沟通人员权力范围之外的事情,可以交由自己的上级向对方团队上级提出。这样既能解决问题,又是同级别交流,不会造成跨级打小报告的印象。

6. 需求管理计划

需求对项目如此重要,有必要在项目启动大会上对项目需求管理计划进行公开说明。基于明确了的组织架构,可以将需求管理计划交由负责沟通的成员进行维护和沟通,即双方团队只能通过唯一的一个人员进行需求的变更。这样有助于团队间信息传递的一致性和唯一性。需求管理计划包括了甲乙双方发生需求变更时,应该如何应对。在此主张的是依靠流程管理需求,即通过流程将每一次需求的变更规范起来,从而达到项目范围变更对应项目时间和范围一起相应变化的目的。

那么如何召开一个成功的项目启动会呢? 通常包括以下几个流程。

(1) 项目执行经理组织准备启动会所需资料,包括项目启动会汇报材料、会议议程、拟参会人员名单等。

(2) 项目经理审核启动会资料,确定启动会召开时间、地点、参会人员,项目执行经理将会议议程及相关资料发送给参会人员,通知其参会。

(3) 项目执行经理组织参会人员进行会议签到。

(4) 项目经理依据项目启动会汇报材料,介绍项目。介绍内容主要包括: 项目基本信息、项目目标、项目里程碑计划、项目沟通机制、初步项目风险识别清单、项目总体分工、下阶段项目工作任务布置。由合同经理布置具体项目索赔/反索赔管理的相关工作,明确索赔条件。

(5) 与会人员对项目的疑难点进行提问,项目经理进行澄清与答疑。现场不能解答的,由项目执行经理进行记录,并由相关责任人进行开口项管理。

(6) 公司领导进行项目动员,鼓舞项目团队成员士气,激励项目团队成员充分投入项目工作,高质量完成项目任务。

(7) 项目启动会结束后,项目执行经理编制《项目启动会会议纪要》,并经项目经理审核后发布。相关责任人按照纪要要求开展工作。

一个项目启动大会议程示例如表 2-3 所示。

表 2-3 项目启动大会议程

时　间	主 要 内 容	发 言 人
8:30~8:40	公司对项目的期望	李君——副总裁,项目发起人
8:40~8:50	项目经理就职演说	张君——项目经理
8:50~9:10	项目背景介绍	销售经理
9:10~9:50	技术交底	售前技术支持
9:50~10:50	项目介绍 项目管理思路介绍 项目团队结构 成员职责介绍 项目周期和管理活动介绍 范围变更控制流程介绍 沟通计划介绍 问题升级渠道介绍	张君——项目经理

时　　间	主　要　内　容	发　言　人
10:50～11:10	会议间歇,成员互相认识	全体
11:10～11:30	项目风险管理计划讨论	全体
10:30～11:40	相关职能部门表态	各职能部门经理
11:40～12:00	会议总结、致谢	张君——项目经理

2.5.2　项目启动大会的常见误区

我们知道,项目启动会是项目实施方法论中的重要一环,甲乙双方的项目小组进行认识和会面,让客户方领导表达信息化推动的决心,向项目经理和项目小组成员进行授权,调动员工的积极性,让客户方从上到下达成一种共识,为日后开展相关的工作扫除障碍。同时,乙方项目经理向客户方全体项目组成员宣布项目相关实施任务、计划、实施要求,让大家明确未来要做的工作,做好心理准备。

然而在召开项目启动大会过程中,或多或少地会出现如下一些常见误区。

1. 相关领导没请到

领导的参与,就是告诉所有企业人员,这个项目很重要,如果相关领导没来,至少会影响到一部分人对项目的责任心,如分管某块业务的副总没来,相关的人就认为,领导都没来,可能不需要太大的项目支持。

2. 公司内部的相关人员没有请够

在项目实施时,需要大量的、分散到不同专业的领导和员工的支持,如果这些人没请全,在项目实施时,他们对项目的认识还需要进行重新交流,尤其是他们没有看到领导在会上对项目的支持,可能积极性会大打折扣。

3. 没有说明清楚每个人在项目中的职责

如果没有明确责任分工,即使大家都知道要很好地支持项目,也不明白哪些是自己的责任,哪些是别人的责任,就容易一腔热情用不对地方,或者本来是某位经理或员工的责任,他又以为不是自己的责任,就容易推诿。

4. 没有把项目的总体情况和执行计划告诉所有相关人员

项目经理要向相关干系人汇报项目计划,尽管此时的计划非常粗略,还不能用于指导项目执行。但如果不这样做,就容易导致有的人按自己的想法和计划做事,结果影响了总体进度,而这不是他的错,因为他可能并不明确项目的总体进度计划。

2.6　小　　结

在软件项目管理中,项目启动阶段就是识别和开始一个新项目的过程,为了确保以合适的理由开始合适的项目,需要考虑许多因素。

本章讲述了软件项目启动阶段的一系列准备工作,包括项目启动准备、项目干系人识别、选择和任命项目经理、召开项目启动大会,形成标志项目正式存在的第一份档案——项目章程。

45

第2章

项目启动

在一个软件项目启动阶段时获得一定的成功,是整个项目管理迈向成功的重要一步。

2.7 案 例 研 究

案例一：一个失败的项目启动会[①]

做一件事情能否取得成功,关键在于是否提前做好准备。对项目而言,更是如此。

某软件公司老总签了一笔订单。合同签完后,老总指定业绩不错的小李和其他几名员工成立了项目组,让小李担任项目经理。

由于双方老总是非常熟的朋友,所以尽管项目非常重要,但项目启动会还是处理得特别简单:公司老总直接把小李引见给客户老总,客户老总在自己公司安排了一处办公地点,没有邀请其他相关人员参与,客户老总向小李简单了解了一下项目相关情况,鼓励小李好好干,项目就算正式启动了。

小李受到领导的重视与鼓励,工作加倍努力,有事就会及时找客户老总进行沟通。但是,客户老总特别忙,人也经常不在公司。小李只能去找其他部门负责人,可那些负责人有的推托说做不了主,有的说此事与他无关,更有甚者就直接说根本不知道这件事。很多问题无法及时解决,很多手续也没人签字。除此之外,项目组内部也有很多问题。部分成员多次越过小李直接向老总请示问题,关于项目的每笔支出,财务部都要求小李找老总签字,小李只能频繁给老总打电话,而大家还在背后指责小李总是拿老总压人。结果,小李与项目组其他人员以及公司财务部门等都产生了不少摩擦,老总也开始怀疑他的工作能力,小李心中特别憋屈。

【案例问题】

(1) 项目经理小李的困难在哪?

(2) 如果你是小李,你将怎么做?

(3) 通过本案例,简述项目启动阶段的重要意义。

案例二：技术人员想成功转型为项目经理,就得这么做[②]

项目经理是项目的负责人,他要进行项目的计划、组织、协调以及实施工作,以确保项目的成功完成。项目经理在项目管理中起着关键的作用,可以说是项目的灵魂人物。然而现实中,很多项目团队的工作不理想。导致这种情况的原因很多,其中一项重要的原因出在项目经理身上。不称职的项目经理是项目的杀手,而且是职业杀手。

对于大多数项目经理来说,他们曾经是技术专家。换句话说,有相当多(如果不是绝大部分)人成为项目经理的一个重要原因是因为他们具备完成项目任务所需的某项技术,且技术水平较高。由技术专家来对项目团队进行管理有明显的优势:他们熟悉本专业技术,因此不至于犯技术上的低级错误;能够指导下属的专业工作;易于和在项目团队中占大多数的成员(大多为专业人员)沟通并在他们中树立威信,等等。

---

① 引自项目管理者联盟(http://www.mypm.net)。

② 作者:丁荣贵,山东大学管理学院教授。

然而,这些技术专家型项目经理所拥有的优势中也隐藏杀机:懂得项目所需要的某种专业技术性工作并不一定是他们最大的优点,相反有可能会是他们最大的弱点。原先他们还懂得怎样把全部分内的事做得出色,但是现在突然间他们只懂得分内事的某一部分,而常常不懂得怎样去做其余十几个、几十个部分的分内事。更为严重的是,他们常常会以技术人员的心态去处理团队管理问题,而不明白完成技术工作与管理项目团队之间存在很多本质的区别。

技术专家要成为职业项目经理,需要在以下方面做好调整。

1. 由专注技术转向关注拥有技术的人

项目经理首先是通过别人的劳动获得成果的人。这一点反映了项目经理非常重要的特征,就是要借助他人。

很多的项目经理出身于技术人员,这样便很容易陷入做具体工作的陷阱中去,特别是如果遇到项目中一些自己感兴趣的技术问题,他更会爱不释手,而忘记自己的管理职责所在。

然而,如果只会通过别人的劳动获得成果,久而久之会引起下属们的不满,带来很多的麻烦。所以作为项目经理,他还应该知道如何通过别人的成功而使自己获得成功。项目经理要让项目团队成员有成就感,才算是好的经理。项目经理要帮助项目团队成员寻找项目工作的意义,在使项目成功的过程中,让项目团队成员也能体验到工作上的成就感。

遗憾的是,一般而言,技术人员是实干家,对于持有技术人员心态的人来说,除非一个人所思考的是一件需要完成的工作,否则思考是徒劳的。技术专家型项目经理在组织项目团队、选择团队成员时,容易将精力局限于判断候选人是否具备完成项目任务所需要的技术和技能上,这是远远不够的。他必须将注意力从关注项目团队成员的技术能力转移到调动团队成员的工作激情方面来,寻求与他们相兼容的价值观,形成团队的共同愿景。只有这样,才能将他们的潜能激发出来。

2. 由理性转向感性和理性相结合

对技术而言,成果的价值和水平是可以客观评价的,数学模型是技术工作者的有力武器。对持有强烈的技术心态的管理者来说,不能衡量或不能量化的东西的价值值得怀疑,无法量化就无法管理。

然而,在管理实践中,并非所有值得管理的东西都能量化,也并非所有可量化的东西都值得管理。管理本身没有度量单位,它产生的结果往往必须通过其他指标才能反映出来,因此,很容易让技术人员产生管理"虚"的看法。就像在森林中倒下一棵大树,如果没有人听到它倒下的声音,并不能说明它没有倒下;管理产生的效果没有直接的度量指标,并不能说明管理的效果不存在。项目团队成员大多在从事创造性的劳动,我们很难事先将我们所期望的东西定义清楚,更不必说对其进行量化管理了。

量化管理基于逻辑思维方式,这与技术专家所受的教育与训练背景相关,缜密的系统分析、逻辑推理和理性决策是他们走上管理岗位后依然孜孜以求的。然而,正如诺贝尔奖获得者、卡内基·梅隆大学心理学教授赫伯特·西蒙所认为的那样:每个管理者都需要系统地分析问题,但是他们也同样要对形势做出迅速的反应。这一技能需要对直觉的培养以及建立在多年经验和训练基础之上的判断力。

基于逻辑的理性决策必须建立在目标明确、备选方案完备、对备选方案的判断标准(价值观)客观的基础上。显而易见,项目团队所面对的创造性任务很难符合这些要求。此外,世界变化的速度非常快,时间成了最宝贵的资源和竞争武器,人们没有时间去收集所有逻辑思维所必要的信息,也不可能收集到所有这些信息。在管理项目团队时,项目经理只能是有限理性的。技术专家必须将行为方式从完全理性调整到有限理性上来。

3. 由追求完美转向追求满意

在中国的文化中,文人相轻,自古而然。其中一个重要原因就是文科缺乏明确的衡量标准。在技术领域却不然,一般谁的技术水平高低有较明确的衡量标准,因为技术能够做到"丁是丁,卯是卯",对技术而言,一项结论有对错之分。

管理是一种有残缺的美,是一种持续改善的过程。对管理而言只有是否合理、有效之分,而没有对错之别。管理没有标准答案,追求十全十美、完全正确的管理方式,不仅不经济,而且不可能。

技术专家型项目经理要想摆脱在管理中追求标准答案的陷阱,一种有效的途径是记住并灵活使用 20/80 原则,即 80% 的结果产生于 20% 的原因。对于团队管理工作,20/80 原则可以变形为:在制定激励政策时,如果不能做到面面俱到,就要尽量使团队中的关键成员,即那些认同团队价值观又很有能力的员工满意。同样,质量的含义也是"满足项目相关方需要的特征与特性"。

追求标准答案的变形是以过去的成功经验作为指导未来工作的唯一准则。同一技术成果可以得到反复的印证,但是管理却几乎都是独特的、定制的。将技术心态引入到管理上会产生一种思想,即"有一种,或者至少应该有一种正确的管理人的方法"。然而,没有比这个想法与现实更格格不入的了。

在管理中,不同的人需要用不同的管理方式。项目团队的成员不能靠命令,只能靠推销来管理。推销的时候,项目经理必须问对方需要什么。显然,标准答案是不存在的。

4. 由做自己感兴趣的事转向做自己该做的事

拿破仑·波拿巴有句名言"如果你想把事情做得很好,就自己做",这句话被很多技术专家型项目经理自觉或不自觉地作为指导自己工作的原则。

"告诉你怎么干,还不如我自己干更容易"是他们常常说的一句话,尤其在他们看到项目成员中有人的工作令人不满,而这项工作又恰恰是自己的老本行时更是如此。这种做法不能使人们从自己的错误中吸取教训,结果是错误不断重复。这种错误的重复又坚定了技术专家型项目经理事必躬亲的信心,从而陷入了恶性循环。事必躬亲的另一个危害是"费力不讨好"。不让下属自己干,下属就得不到完成任务的满足感,而这种成就感恰恰是对他们的最大激励。

判断项目经理是否有效的标准是项目团队的绩效而不是他个人做了哪些工作。项目团队的业绩就是项目经理的业绩;反之,项目团队的过错也就是项目经理的过错。项目经理应侧重于"做对的事情",而不是像技术人员那样侧重于"把事情做对"。

技术专家型项目经理必须努力学会授权,特别是要将自己所熟悉的、所热爱的技术性工作让团队的其他成员来负责,自己将精力转移到概念思考、获取资源和人际协调等工作上来。

许多技术人员在项目工作中会逆向授权,即将应该享有的权利返还给项目经理。逆向授权的原因很多,其中最常见的是人们怕承担责任。这只是表面现象,在其背后隐藏着如下几种原因。

第一种原因是没有规定与责任相对等的利益,第二种原因是任务、责任定义不明,第三种原因是技术人员未必喜欢权力。

第二种原因对项目团队来说，尤为重要。由于项目团队承担的是一些创新性很强的工作，对它们的工作难以预先设定评价标准，更谈不上量化。而没有客观的评价标准，对项目团队而言，能否获得预期的利益则产生难以把握的不确定性，因此大家不愿承担责任。要消除逆向授权，必须解决好任务和责任的定义问题。

第三种原因与技术人员的特性有关。技术人员的自豪感在很大程度上来自他们在某些方面（常常是技术领域）的专长，而授权所带来的责任常常来自专业领域之外，这不仅挑战了他们的权威，也给他们带来了不安。

许多技术专家在成为项目经理后，这种逆向授权的原因不仅没有引起他们的重视，相反将这种形式进行了变形：他们经常是在放弃，而不是授权。

要想有效运作，一个项目团队需要3种不同技能的人：具有技术专长的人、有解决问题和决策技能的人，以及善于聆听、反馈和具备其他人际关系技能的人。在项目管理过程中，项目经理主要应充当后两种人。然而，相当多的技术专家型项目经理的心理舒适区却落在第一种人身上。与事必躬亲相对应，他们对后两种人应该起的作用采取了放任自流的做法，而他们自己却常常误认为这是现代管理中倡导且非常流行的管理方式——授权。

授权的真正手段是要能够给人以重任、赋予权力，并且要让他们负起责任，以及要保证有一个良好的报告和反馈系统。只有有效的组织系统才能把项目团队成员的专有知识和技能转化为团队绩效。

5. 由着眼于项目工作转向着眼于项目的商业价值

对技术专家来说，技术就是技术，技术本身常常就是目的，能够从事自己热爱的技术工作本身就是一种激励。然而，项目是以目标为导向的，不是以过程、技术或活动为导向的。技术专家型项目经理不要将这一点搞混。

每一个项目的启动都是为了达到一定的商业目的。即使项目是为了解决某个技术问题而发起的，项目经理也不能忽视为达到项目目标所需要的成本和究竟解决技术问题能给企业、客户及其他相关方带来何种价值等问题。比尔·盖茨的表白"技术的唯一目的是赚钱"是对这种价值的极端说明。

技术专家会根据自己对技术假设的理解和爱好推断客户同样有此爱好，同样认可技术的价值，他们所管理的项目团队容易推出没有必要的特色产品或过于追求质量而缺乏财务控制。

6. 由技术权威转向管理能手

在项目团队中，技术水平的高低对能否赢得其他成员的尊重和信任有重要的影响，技术人员一般不崇尚权力而认可权威，因此，技术权威是技术专家型项目经理最看中和引以为傲的资本。但是，如果要永远保持这种技术权威，或在团队管理过程中以此为主要甚至唯一的手段，则会给团队带来极大的负面影响，也给其本人带来痛苦。

目前，知识更新的步伐十分迅速，它超过了任何个人的学习速度，一个人要想在某一领域永葆领先几乎没有可能，项目经理越来越不可能在专业上超过项目团队的其他成员，从而建立专业权威。各类组织的管理者都会不可避免地遇到一个问题：他们必须能够管理在某些专业知识方面超过自己的下属。要管理好这些下属，只能放弃技术权威这个法宝，寻求新的能够对团队成员产生影响力的方式。"外行领导内行"在过去曾受到批评，但在未来却是不可避免的现实,我们所要做的除了尽力去成为内行外,更重要的是要改变我们的管理方式,使"外行能够管理内行"。

项目经理扮演的团队角色应该是谈判者、资源分配者、混乱处理者和评估者,而不是或不仅仅是工作完成者。作为谈判者,项目经理要努力提高项目在企业中的地位,团队成员由此会感到一种自豪感,这种自豪感对他们是一种激励。作为资源分配者,项目经理不仅要将合适的人放在合适的位置上,还要广泛获得团队外部资源的支持。作为混乱处理者,项目经理要建立一种团队秩序,处理好团队成员之间以及团队与外部的冲突。作为评估者,项目经理必须公平、合理地评价每个团队成员的价值并以适当的方式对其进行认可。此外,他们还必须能够保证项目团队的工作没有偏离项目目标方向。

在项目管理过程中,雇用、工作指派、绩效评估、利益分配等职能仍然掌握在企业管理者手中,有效的项目经理需要常常问自己4个问题:客户及项目团队的目的为何?哪些人可成为项目团队成员,他们为何能被选上?此团队如何追求其目的(该采用何种系统、流程或方法)?此团队如何知道成功了?通过提出正确的问题,管理的思想发生了根本的变革:不是"管理"人,而是"领导"人,其目的是让每个团队成员得到发挥,提高团队成员的满意度,提高他们对完成项目任务的承诺和提高团队的生产力。

技术工作对项目团队来说是必要的,但是,要想使项目团队运作有效,除了要有具有技术专长的人以外,还需要有能够解决问题和决策的人以及善于聆听、反馈和具有其他人际关系能力的人。当成为项目经理后,技术专家必须从心态和行动上调整到管理角色上来,变成真正的管理者、真正的团队领袖,而不是从事管理工作的技术专家。只有这样,项目成功才有基本的保障。

【案例问题】

(1) 通过本案例描述,一个合格的项目经理应该具备哪些素质?

(2) 技术专家转型项目经理的困难和挑战有哪些?

(3) 简述你的职业规划,你是否认为项目经理是未来职业的必经之路,如何从现在开始为之准备?

2.8　习题和实践

1. 习题

(1) 项目启动阶段,甲乙双方的主要任务分别是什么?

(2) 作为项目前期负责人,在接到任务后将如何启动项目?

(3) 什么是项目章程?

(4) 软件项目经理的选择和任命应该注意什么?

(5) 召开项目启动大会,应该注意什么?

(6) 简述项目启动对于项目成功的影响。

2. 实践

(1) 选取一个正在进行或计划开展的软件项目,准备并模拟召开一次项目启动会。

(2) 你将如何规划你的职业生涯?结合优秀国内外IT企业项目经理案例,简述如何才能成为一名合格甚至优秀的软件项目经理。

第3章　项目范围管理

很多项目在开始时都会粗略地确定项目的范围、时间以及成本,然而在项目进行到一定阶段之后,往往不知道项目什么时候才能真正结束,到项目结束到底还需要投入多少人力和物力,整个项目就好像一个无底洞,对项目的最后结束,谁的心里也没有底。这对于企业的高层来说,是最不希望看到的,然而这种情况的出现并不罕见。造成这样的结果就是由于没有管理和控制好项目的范围。

视频讲解

一般来说,在启动软件项目初期,客户就应该提出一个相对明确的项目范围,为项目的实施提供一个牢固的前提和框架,同时也是为后期的项目管理画出一个明晰的“圈”,所有项目活动的开展,包括项目成本、质量和时间的控制也应该在此范围内进行。但是,在实际的操作过程中,这个“圈”的边界有可能出现模糊、扩大的现象,这些模糊和扩大的部分会给项目带来风险。

针对上述问题,本章将介绍项目范围管理规划、范围定义、范围分解、范围核实和范围控制等内容。

3.1　范围管理规划

范围管理规划是创建范围管理计划,书面描述将如何定义、确认和控制项目范围的过程。本过程的主要作用是在整个项目中对如何管理范围提供指南和方向。经过范围管理规划,将分别得到一份范围管理计划和需求管理计划。

3.1.1　基本概念

项目范围(Project Scope)是指产生项目产品所包括的所有工作及产生这些产品所用的过程。

这个概念有两种含义,一种是产品范围,另一种是项目工作范围。其中,产品范围(Product Scope)是指客户对产品或服务所期望的特征与功能总和,以产品需求作为衡量标准;项目工作范围(Work Scope)是指为提供客户所期望特征与功能的产品或服务而必须要完成的工作总和,以项目管理计划(实际为其中的范围管理计划)是否完成作为衡量标准。

项目范围管理是指对项目包括什么与不包括什么的定义和控制过程,其任务是界定项目包含且只包含所有需要完成的工作。

上述定义表明了 PMI 的政策,PMI 提倡“不做额外的工作(No Extra),不要镀金(No Gold-Plating)”。项目范围管理是项目能否成功的决定性因素,项目经理在与客户及在组织内界定项目范围时,还必须同时确定项目的假设、限制条件以及排除事项,也就是通常所说的"是什么,不是什么"的问题。

3.1.2　范围管理规划需要弄清楚的7个问题

当项目经理开始一个新项目的时候,首先要做的事情之一就是弄清楚这个项目究竟需要一个什么样的东西。

除了一些明确的客户需求和提供的研讨文档之外,可能还有其他一些事情作为项目范围的一部分,而这些往往需要通过调查才能得出来。

如何调查?需要项目经理和项目的赞助商或项目中的其他主要利益相关者坐下来,按照下面提出的7个问题,逐一进行了解。要让他们明白,现在花费一点时间进行询问来更好地了解他们对于项目的期望,胜过项目不停返工所带来的损失。

1. 谁在定义范围

项目经理需要第一个沟通的对象就是项目赞助商,尽管他们可能不是定义项目细节的正确人选,但从他们口中可以得知能够定义项目正确需求的人。

也可能是另一些人,只要知道了这些人员名单,项目经理就能按图索骥,将这些人列为第二轮沟通的对象。第二轮的沟通可以面对面单独沟通,也可以组织一个项目研讨会,将自己理解的要求和对方进行讨论,看双方是不是在范围的定义上保持一致。

或者采取统一的标准描述和名称,便于后续的审核和验收;又或者如果项目范围过于扩大化,可以建议形成另一个或若干个项目进行。

2. 谁批准范围

不要寄希望于通过一次或几次集体讨论就能确定项目的范围,在此期间总是会不断地出现冲突,这种冲突维持的时间越长,对于项目的启动就会越延误。这个时候需要有人能够在冲突发生的时候进行仲裁,或者当同时存在几个选项的时候进行选择。

这个批准的权力可以交予项目赞助商,如果项目赞助商无法判断,那么可以建立一个委员会进行审核并批准,这种批准需要预留出一定的时间。另外,等到项目正式实施交付的时候,项目范围往往也可能出现变更,这时,委员会也需要进行审核和批准。

3. 项目目标是什么

如果说项目范围是帮助项目经理画了一个"圈"以避免超出范围之外的额外交付,那么了解项目赞助商或主要客户需要通过项目实现的目标则更加重要,这样会更容易帮助对方通过项目来实现。目标和范围是不一样的,目标往往是通过项目最终实现的成果来体现。

如果项目目标较大,则需要和对方沟通,分解确定形成若干个小目标或若干个阶段性目标,这些小目标可以是小的成果,成果可能是有形实体产品,也可能是无形的服务产品。

不管是哪一种,都需要通过相关的文件进行项目总的约定,如果没有最终的文件进行确认,那么项目经理需要开始和项目的关键利益相关者进行沟通并确定。

4. 如何知道是否达成目标

这个问题牵涉到如何衡量目标的达成。想要达成目标,必须制订可实施的计划以及详细的步骤,这些计划要具备可行性,不能脱离实际进行编制。

建议通过专家讨论或经验共享制订项目的目标达成计划,然后从中找出关键步骤,并理清各个关键步骤之间的搭接关系。有了这些关键步骤,就可以整理出完成这些关键步骤的关键因素,通过对关键因素的分析,设定达成目标的衡量标准,通过衡量标准对关键步骤进行监控,或者说通过这些标准制订出关键绩效指标(Key Performance Indicator,KPI)对项目成员进行考核,才能让所有人明白目标是否达成。

5. 项目经理的灵活性有多大

项目经理现在基本上都知道项目管理的三要素(进度、成本和质量),当前的项目需要依赖哪些资源,是不是有足够的成本和时间来完成这个项目。

在正式开始项目之前,项目经理要确定三要素限制是否可以灵活改变,例如在要求加快进度的情况下可以降低质量标准,或增加资源投入。

对于灵活性的把握,往往会涉及范围的变更以及计划的改动,项目经理必须要确定自己的灵活性大小,如果超出自己的范围,那么必须要确定一个更高层的人或委员会支撑自己应对项目中出现的变动,相当于扩展项目经理的灵活性范围。

6. 关键假设是什么

在确定项目范围的时候,每个人都会做出一些关键假设,项目经理这个时候的主要工作就是确保已经全部了解并记录下来,这些关键假设会大大影响到项目。例如,项目赞助商可能会假设用户喜欢项目最终产品的创意,尽管这些产品的对象实际是未成年人。

项目经理需要分析所有的关键假设,通过提出正确的问题找出错误的关键假设,运用好这一点,可以适当地管理项目以及客户的期望。关键假设往往和风险相关联,一旦关键假设没有成立,严重时会导致项目范围的大范围变更甚至失败,项目经理一定要谨慎。

7. 问题解决是否彻底

想要完美地做完一个项目,项目经理要时刻注意反思。每当项目中解决掉一个问题的时候,项目经理需要组织项目团队进行反思,确保他们已经完成了解决这个问题所做的一切。

而且这个问题要不断地让项目的所有利益相关者来考虑,自己是不是为项目做完了一切该做的事情。

综上所述,想要完成项目范围规划需要做的事情比这7个简单的问题还要多得多,但在项目范围管理规划时思考这些问题,是一个很好的开始,项目经理会发现很多自己不知道的事情。项目经理可以帮助团队确定项目中的优先事项,当开始工作的时候,应该共同理解项目中的交付范围,不断地谈论项目范围是让项目受到关注的好方法。

3.1.3 范围管理规划的结果

1. 范围管理计划

根据项目章程、项目管理计划中已批准的子计划、历史项目信息和经验教训等,可以得到项目范围管理计划。项目范围管理计划是项目管理计划的组成部分,描述将如何定义、制定、监督、控制和确认项目范围。项目范围管理计划有助于降低项目范围蔓延的风险,其内容主要包括:

(1) 如何编制详细的范围说明书;

(2) 如何根据项目范围详细说明书制定项目分解结构;

(3) 确定如何审批和维护范围基准;

(4) 确认和验收项目产出物和项目可交付物的过程和方法;

（5）控制项目范围变更的过程和方法等。

根据项目需要,范围管理计划可以是正式或非正式的,详细的或概括性的。

在范围计划的编制过程中,应注意认真做好3方面的工作。其一是拟定计划的工作流程。因为计划工作可看作是项目管理系统的一个子系统,所以必须建立合理的计划工作程序,提出具体的规范化的计划文件要求。其二是做好计划中的协调。按照总目标、总任务和总体计划,起草招标文件、签订合同,注意不同合同的协调和不同层次计划之间的协调。其三是计划编制后的工作。报主管部门批准后,要争取各方面对计划结果达成共识,作为信息提供给相关利益者,争取他们的支持,为计划的实施创造有利条件,也为以后阶段范围管理提供框架性指导。

2. 需求管理计划

作为范围管理计划的另一个结果,需求管理计划描述将如何分析、记录和管理需求。需求管理计划需要根据项目章程、项目管理计划中已批准的子计划、以往项目的经验和教训等信息制订。需求管理计划也是项目管理计划的组成部分,其主要内容包括:

（1）如何规划、跟踪和报告各种需求活动;

（2）配置管理活动,例如,如何启动产品变更,如何分析其影响,如何进行追溯、跟踪和报告,以及变更审批权限;

（3）需求优先级排序过程;

（4）产品测量指标及使用这些指标的理由;

（5）用来反映哪些需求属性将被列入跟踪矩阵的跟踪结构。

3.2 需求收集

需求收集是为实现项目目标而确定、记录并管理干系人的需要和需求的过程。本过程的主要作用是,为定义和管理项目范围(包括产品范围)奠定基础。

3.2.1 需求收集的方法

项目需求收集应该建立在已有的项目文档和项目知识基础上,如项目章程、项目管理计划(范围管理计划、需求管理计划和干系人参与管理计划等)、项目文件、商业文件、协议(项目和产品需求方面的)、事业环境因素和组织过程资产。

以下为常见的几种软件项目需求收集方法。

1. 问卷调查

问卷调查是指设计一系列书面问题,向众多受访者快速收集信息。问卷调查方法非常适用于以下情况:受众多样化,需要快速完成调查,受访者地理位置分散,并且适合开展统计分析。

2. 访谈

访谈是一种通过与干系人直接交谈来获得信息的正式或非正式方法。访谈的典型做法是向被访者提出预设和即兴的问题,并记录他们的回答,通常采取"一对一"的形式,但也可以有多个被访者或多个访问者共同参与。访谈有经验的项目参与者、干系人和领域专家,有助于识别和定义项目可交付成果的特征和功能。

3. 引导式研讨会

引导式研讨会通过邀请主要的干系人一起参加会议,对产品需求进行集中讨论与定义。研讨会是快速定义项目需求和协调干系人差异的重要技术。由于群体互动的特点,被有效引导的研讨会有助于建立信任、促进关系、改善沟通,从而有利于参加者达成一致意见。该技术的另一好处是能够比单项会议更快地发现和解决问题。

例如,在软件开发行业,就有一种称为"联合应用开发(或设计)(Joint Application Development,JAD)"的引导式研讨会。这种研讨会注重把用户和开发团队集中在一起,来改进软件开发过程。在制造行业,则使用"质量功能展开(Quality Function Deployment,QFD)"这种引导式研讨会,帮助确定新产品的关键特征。QFD从收集客户需求(又称为"顾客声音")开始,然后客观地对这些需求进行分类和排序,并为实现这些需求而设置目标。

4. 头脑风暴

头脑风暴法又称为智力激励法、自由思考法或集思广益会,是用来产生和收集对项目需求与产品需求的多种创意的一种技术。头脑风暴法分为直接头脑风暴法(通常简称头脑风暴法)和质疑头脑风暴法(也称为反头脑风暴法)。前者是在专家群体决策时尽可能激发创造性,产生尽可能多的设想的方法,后者则是对前者提出的设想、方案逐一质疑,分析其现实可行性的方法。

头脑风暴法的参加人数一般为5~10人,最好由不同专业或不同岗位者参加,会议时间控制在1小时左右。设主持人一名,主持人只主持会议,对设想不作评论。设记录员1~2人,要求认真将与会者的每一设想不论好坏都完整地记录下来。为了使与会者畅所欲言,互相启发和激励,达到较高效率,头脑风暴法应遵守如下原则。

(1)庭外判决原则:对各种创意(意见、建议)、方案的评判必须放到最后阶段,此前不能对别人的创意提出批评和评价。认真对待任何一种创意,而不管其是否适当和可行。

(2)欢迎各抒己见,自由鸣放:创造一种自由的气氛,激发参加者提出各种荒诞的想法。

(3)追求数量:创意越多,产生好创意的可能性越大。

(4)探索取长补短和改进办法:除提出自己的创意外,鼓励参与者对他人已经提出的创意进行补充、改进和综合。

5. 原型法

软件项目中,原型法是个相对现代的收集需求的方法。该方法中,在获取一组基本的需求定义后,利用高级软件工具可视化的开发环境,快速地建立一个目标系统的最初版本,它使干系人有机会体验最终产品的模型,而不是只讨论抽象的需求陈述。原型法符合渐进明细的理念,因为原型需要重复经过制作、试用、反馈、修改等过程。在经过足够的重复之后,就可以从原型中获得足够完整的需求,进而进入设计或制造阶段。原型法适用于用户需求不明确的场合。

3.2.2 软件项目需求收集的挑战

软件项目的主要目标中进度和成本指标一般都有明确的定义,分歧较少,而对于范围和质量目标弹性较大,不易界定,如果合同签订时这些指标定义模糊不清、主观性较强,会为以后的项目实施埋下隐患。项目纷争的原因很多,有逾期不能完工的,有质量达不到指标的,有甲方不能提供有效支持的,有项目成果不符合实际需求的,等等。从结果上讲,这主要是由其中一方认为项目目标不能达到导致的,当然,由于自身的技术和管理上的原因导致目标不能达到,这部分纷争比较容易沟通、判定和解决,而比较容易引起纷争却又棘手的往往是项目目标理解不一致。

每一个项目管理者都希望尽可能减少纷争,使项目能够顺顺利利地完成。在一些软件项目,由于涉及面广、技术性强、大众对其认识不深等诸多原因,具体需求繁杂多变,质量指标主观性强等不易界定,项目成果难以评估定论。因此,软件项目在管理上矛盾纷争不断。

1. 软件项目需求收集的制约因素

在项目实施之初,做好需求分析是减少软件项目纷争的首要前提。因为只有准确理解并完整描述甲方的需求目标,双方达成共识,才不至于发生矛盾纷争。但是,在实际操作中要真正做到需求分析全面与描述准确并非易事,因为需求分析受以下几方面的影响。

(1) 需求提出的局限性。一般代表甲方(用户单位)提出需求的是技术部门的负责人,大部分对整个企业或其他业务领域并不熟练,造成需求不清。特别是涉及整个组织运作的集成系统,由于负责人职位问题,很少能够熟知全局业务运作,所提出的需求的完整性因人而异。况且,有些业主持有甲方的"霸主"态度,总说"以后不行再改、再加",或者要求加上"一些有关的功能"等模糊意义的需求,这样导致需求分析者未能全面准确地掌握需求源泉。

(2) 需求描述的复杂性。需求的完整描述不仅面面俱到,而且内部的关联性很强,错综复杂。所以需求描述很花费人力和时间,一个稍大一点的软件项目的需求描述就有上百页,并且需求描述粒度会因客户的要求而不同,粒度小的需求描述就更多。

(3) 需求审查的随意性。甲方面对如此繁杂的需求分析与描述举行的需求评审会,专家和各个业务客户往往因为会议组织安排问题和时间仓促问题而流于形式,并不能对需求描述进行深入细致的分析。

(4) 需求分析的时间性。不管是甲方还是乙方的上层,都希望项目能够真刀真枪地干起来,而不想在这样"纸上谈兵"的需求分析上花费太多的时间。一些资深专家普遍认为,需求分析阶段的时间应不少于整个项目阶段的 20%～30%,但迫于各种现实情况,匆匆走过场的大有人在。

2. 减少软件项目纷争的措施

虽然现实困难很多,但是要想避免日后发生矛盾,清除这一主要的矛盾根源,甲乙双方一定要在需求收集和需求分析阶段下足功夫,要有啃硬骨头的精神,不怕繁,不要急,认真沟通协商,千万不要以为只是"纸上谈兵",急于冒进。一个高质量的需求分析是项目后续阶段的基础和依据,是减少纷争以及项目成功的关键。

(1) 减少软件项目纷争的一个重要控制措施是建立严格的变更控制制度。项目进行过程中,项目的环境和条件在不断变化,导致需求和范围也在变,有增、有减也有修正。一般变更对项目都有影响,有时影响是巨大的、严重的,所以变更必须控制。严格的变更控制制度要求甲乙双方的项目经理对每一次变更的必要性和影响评估必须充分论证,并正确认识到变更的影响,正式签字确认。这样可以有效地抑制变更的随意性和变更频度,减少对项目正常实施的干扰和影响,可以避免因变更随意性或项目失控所引发的纷争。

(2) 减少软件项目纷争的一个最有力手段是及时良好的沟通。合同一旦签订,甲乙双方就是"同一战壕的战友",为的是项目成功这一共同目标。项目发生矛盾和困难不可避免,但如果双方能够相互理解,充分沟通,精诚协作,问题是可以解决的。如果只顾自身利益,不懂得合作与妥协,只能两败俱伤。为了达到及时沟通,最好甲乙双方等项目干系人组合成立一个PMO(项目管理办公室),定期举行项目实施会议,依据制定好的时间基线和质量基线实时监督项目进度、质量等目标的实现,发现机会或偏差,认真查找问题,立即采取利用或补救措施,化解矛盾纷争,或扼杀矛盾纷争于萌芽之中。

(3)减少软件项目纷争的一个重要的保障措施是做好风险预算。一旦发生矛盾,必须控制和处理,一般要产生费用,如果没有资金保障,矛盾和纷争难以解决。一种情况是确实因为自身责任问题产生的矛盾纷争,必须支出进行补救或赔偿的,才能够消除和化解;另一种情况是未能确定责任主体,需要借助其他工具手段或第三方认定的,也需要暂时为鉴定付出代价,如项目验收时需聘请第三方评估机构,如果没有资金预留很难执行。这两种情况一般会从风险预算中支出。一些建设单位(甲方)由于缺乏项目管理经验,在建设初期忽视了这份风险预算,只能选择成本低的谈判方式,但这种单一方式有时并不能有效地解决问题,而是陷入了无休止的谈判僵局。

(4)减少软件项目纷争的一个关键步骤是合同中拟定的验收约定。项目矛盾纷争在短兵相接的验收阶段集中爆发,对该阶段事先拟定详细、清晰、平等的约定,是避免项目验收纷争的关键。目前的建设市场是买方市场,甲方占强势地位,验收是其制约项目的"杀手锏"。如果在合同签订之时,同时约束了该"杀手锏"随意的权力,不会因双方地位失衡而产生纷争,有利于项目验收阶段的顺利进行。

(5)要约束甲乙双方权利的主观随意性,必须在验收约定中,条款应尽可能详细清晰,具有可操作性。应该避免诸如"大问题不可验收""小缺陷可以验收""部分验收""其他"等模糊描述,而明确定义何谓"大问题""小缺陷""部分"等具体规定,如"大问题"包括哪些情形直至可操作为止。有必要的话,还可以制定系统验收评价指标体系,给能够预知成果和风险设定分值和权重,这样大大减少因主观认识发生的误差。

再有,条款的约定应平等公正,甲乙双方的权利和义务必须对等,对事情的处理必须公正公平。例如,甲乙双方对聘请的验收专家都有质疑的权力,可以请第三方公正的质量评估机构参与;对乙方逾期未能完工的处罚,甲方接受完工申请后未能及时组织验收的当然也应处罚,等等。

3.2.3 需求收集的结果

1. 需求文件

根据已有的项目文档和项目知识,通过一定的需求收集方法,可得到需求文件和需求跟踪矩阵。

需求文件描述各种单一的需求将如何满足与项目相关的业务需求。一开始,可能只有概括性的需求,然后随着信息的增加而逐步细化。只有明确的(可测量和可测试的)、可跟踪的、完整的、相互协调的且主要干系人认可的需求,才能作为基准。需求文件的格式多种多样,既可以是一份按干系人和优先级分类列出全部需求的简单文件,也可以是一份包括内容提要、细节描述和附件等的详细文件。

需求文件主要内容如下。

（1）业务需求。整个组织的高层级需要，如解决业务问题或抓住业务机会，以及实施项目的原因。

（2）干系人需求。干系人或干系人群体的需要。

（3）解决方案需求。为满足业务需求和干系人需求，产品、服务或成果必须具备的特性、功能和特征。解决方案需求又进一步分为功能需求和非功能需求。

（4）功能需求。功能需求描述产品应具备的功能，如产品应该执行的行动、流程、数据和交互。功能需求通常描述业务流程、信息以及与产品的内在联系，可采用适当的方式，如写成文本式需求清单或制作出模型，也可以同时采用这两种方法。

（5）非功能需求。非功能需求是对功能需求的补充，是产品正常运行所需的环境条件或质量要求，如可靠性、保密性、性能、安全性、服务水平、可支持性、保留或清除等。

（6）过渡和就绪需求。这些需求描述了从"当前状态"过渡到"将来状态"所需的临时能力，如数据转换和培训需求。

（7）项目需求。项目需要满足的行动、过程或其他条件，如里程碑日期、合同责任、制约因素等。

（8）质量需求。用于确认项目可交付成果的成功完成或其他项目需求的实现的任何条件或标准，如测试、认证、确认等。

（9）验收标准。

（10）体现组织指导原则的业务规则。

（11）对组织其他领域的影响，如呼叫中心、销售队伍、技术团队。

（12）对执行组织内部或外部团体的影响。

（13）与需求有关的假设条件和制约因素。

2. 需求跟踪矩阵

需求跟踪矩阵（Requirement Traceability Matrix，RTM）是一张连接需求与需求源的表格，以便在整个项目生命周期中对需求进行跟踪。

需求跟踪矩阵把每一个需求与业务目标或项目目标联系起来，有助于确保每一个需求都具有商业价值。它为人们在整个项目生命周期中跟踪需求提供了一种方法，有助于确保需求文件所批准的每一项需求在项目结束时都得到实现。最后，需求跟踪矩阵为管理产品范围变更提供了框架。

需求跟踪矩阵主要包括：

（1）从需求到业务需要、机会、目的和目标；

（2）从需求到项目目标；

（3）从需求到项目范围/WBS中的可交付成果；

（4）从需求到产品设计；

（5）从需求到产品开发；

（6）从需求到测试策略和测试脚本；

（7）从宏观需求到详细需求。

应在需求跟踪矩阵中记录各项需求的相关属性，这些属性有助于明确各项需求的关键信息。需求跟踪矩阵中的典型属性包括：独特的识别标志、需求的文字描述、收录该需求的理由、所有者、来源、优先级别、版本、现状（如"活跃中""已取消""已推迟""新增加""已批准"

等)和实现日期。为确保干系人满意,可能须补充一些属性,如稳定性、复杂程度和验收标准等。一个软件项目需求跟踪矩阵如表 3-1 所示。

表 3-1　软件项目需求跟踪矩阵

需求跟踪矩阵

项目中心											
项目描述											
成本中心											
编号	关联编号	需求描述	变更标识	需求状态	对应设计	对应代码	对应测试	复杂程度	验收标准	备注
1	1.1	网上审批	增加	已批						
	1.2									
	1.3									
	1.3.1									
2	2.1	打印功能	原始	已批						
	2.1.1									
	2.2									
3	3.1									
4	4.1									

需求跟踪矩阵并没有规定的统一格式,每个团体注重的方面不同,所创建的需求跟踪矩阵也不同,只要能够保证需求链的一致性和状态的跟踪就达到目的了。一个简洁的软件项目需求跟踪矩阵如表 3-2 所示。

表 3-2　简化版软件项目需求跟踪矩阵

需 求 编 号	需 求 名 称	类　别	来　源	状　态
R23	笔记本电脑内存	硬件	项目章程,笔记本电脑规格说明	已完成,已满足用户 4GB 内存需求

需求跟踪矩阵的作用如下。

(1) 在需求变更、设计变更、代码变更、测试用例变更时,需求跟踪矩阵是目前经过实践检验的进行变更波及范围影响分析的最有效工具,如果不借助需求跟踪矩阵,则发生上述变更时,往往会遗漏某些连锁变化。

(2) 需求跟踪矩阵也是验证需求是否得到了实现的有效工具,借助需求跟踪矩阵,可以跟踪每个需求的状态:是否设计了、是否实现了、是否测试了。

有多个角色参与建立需求跟踪矩阵(RTM)。需求开发人员负责 RTM 有关客户需求到产品需求的内容,测试用例的编写人员负责建立 RTM 关于需求到测试用例的内容,设计人员负责需求到设计的 RTM 建立,等等。过程质量保证人员负责检查是否建立了需求跟踪矩阵,是否所有的需求都被覆盖了。

此外,需求跟踪矩阵要纳入范围基线管理。纳入基线后,每次变更都要申请,需求跟踪矩阵的变更一般是和其他配置项的变更一起申请,很少单独申请变更需求跟踪矩阵,除非需求跟踪矩阵有错误。

3.3 范围定义

范围定义是制定项目和产品详细描述的过程。本过程的主要作用是明确所收集的需求哪些将包含在项目范围内,哪些将排除在项目范围外,从而明确项目、服务或成果的边界。

3.3.1 范围定义的方法

项目范围定义应该建立在已有的项目文档和项目知识基础上,如项目章程、项目管理计划、项目文件(如假设日志、需求文件、风险登记册等)、事业环境因素和组织过程资产。

常见的项目范围定义方法有以下几种。

1. 专家判断法

范围管理领域的专家判断常用来分析和定义详细的项目范围说明书,他们的判断和专长可运用于任何技术细节。

2. 产品分析

产品分析可用于定义产品和服务,包括针对产品或服务提问并回答,以描述要交付的产品的用途、特征及其他方面。每个应用领域都有一种或几种公认的方法,用以把高层级的产品或服务描述转变为有意义的可交付成果。首先获取高层级的需求,然后将其细化到最终产品设计所需的详细程度。产品分析技术包括产品分解、系统分析、需求分析、系统工程、价值工程和价值分析等。

3. 引导式研讨会

具有不同期望或专业知识的关键人物参与这些紧张的工作会议,有助于就项目目标和项目限制达成共识。

4. 多标准决策

多标准决策分析是一种借助决策矩阵使用系统分析方法的技术,目的是建立诸如需求、进度、预算和资源等多种标准完善项目和产品范围。

3.3.2 范围说明书

根据项目章程、范围管理计划、需求文件、事业环境因素和组织过程资产中的相关信息,通过一定的范围定义方法,可得到一份项目范围说明书。

项目范围说明书详细描述项目的可交付成果,以及为提交这些可交付成果而必须开展的工作。项目范围说明书也表明项目干系人之间就项目范围所达成的共识。为了便于管理干系人的期望,项目范围说明书可明确指出哪些工作不属于本项目范围。项目范围说明书使项目团队能开展更详细的规划,并可在执行过程中指导项目团队的工作;它还为评价变更请求是否超出项目边界提供基准。

项目范围说明书描述要做和不要做的工作的详细程度,决定着项目管理团队控制整个项目范围的有效程度。详细的项目范围说明书主要包括以下内容(可能直接列出或引用其他文件)。

1. 产品范围描述

逐步细化在项目章程和需求文件中所述的产品、服务或成果的特征。

2. 产品验收标准

定义已完成的产品、服务或成果的验收过程和标准。项目可交付成果既包括组成项目产品或服务的各种结果，又包括各种辅助成果，如项目管理报告和文件。对可交付成果的描述可以详细也可以简略。

3. 可交付成果

在某一过程、阶段或项目完成时，必须产出的任何独特并可核实的产品、成果或服务能力。可交付成果也包括各种辅助成果，如项目管理报告和文件。对可交付成果的描述可略可详。

4. 项目的除外责任

通常需要识别出什么是被排除在项目之外的。明确说明哪些内容不属于项目范围，有助于管理干系人的期望。

5. 项目制约因素

列出并说明与项目范围有关且限制项目团队选择的具体项目制约因素，如客户或执行组织事先确定的预算、强制性日期或强制性进度里程碑。如果项目是根据合同实施的，那么合同条款通常也是制约因素。

6. 项目假设条件

列出并说明与项目范围有关的具体项目假设条件，以及万一不成立而可能造成的后果。在项目规划过程中，项目团队应该经常识别、记录并验证假设条件。

虽然项目章程和项目范围说明书的内容存在一定程度的重叠，但它们的详细程度完全不同。项目章程包含高层级的信息，而项目范围说明书则是对范围组成部分的详细描述，这些组成部分需要在项目过程中渐进明细。一个软件项目范围说明书目录示例如图 3-1 所示。

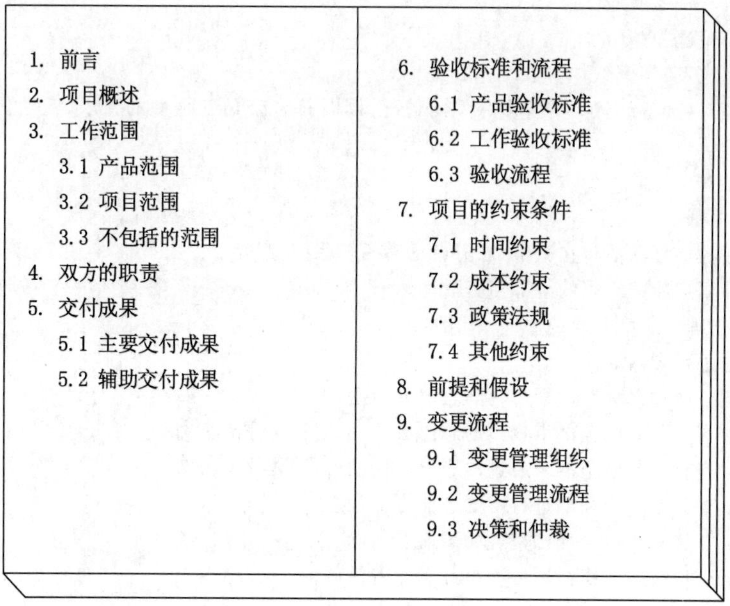

```
1. 前言                          6. 验收标准和流程
2. 项目概述                        6.1 产品验收标准
3. 工作范围                        6.2 工作验收标准
   3.1 产品范围                     6.3 验收流程
   3.2 项目范围                  7. 项目的约束条件
   3.3 不包括的范围                  7.1 时间约束
4. 双方的职责                       7.2 成本约束
5. 交付成果                        7.3 政策法规
   5.1 主要交付成果                  7.4 其他约束
   5.2 辅助交付成果               8. 前提和假设
                              9. 变更流程
                                 9.1 变更管理组织
                                 9.2 变更管理流程
                                 9.3 决策和仲裁
```

图 3-1　项目范围说明书目录示例

项目范围管理

一个软件项目的初步范围说明书如表 3-3 所示。

表 3-3　某软件项目的初步范围说明书

某软件项目范围说明书

1. 项目基本情况

项目名称 project name	某高校志愿者管理系统	项目编号 project code	T0101
制作人 prepared by	张三	审核人 reviewed by	王五
项目经理 project manager	吕四	制作日期 date	2019 年 6 月 28 号

2. 项目描述

2.1 项目背景

2017 年 9 月,民政部发布了《志愿服务信息系统基本规范》,这是我国志愿服务信息化建设领域第一个全国性行业标准,是开发、完善志愿服务信息系统的基础标准和重要参考,是推进志愿服务制度化建设的重要举措。2019 年 12 月 1 日起,国务院《志愿服务条例》将正式实施,其中明确强调了志愿服务信息系统建设的重要性及紧迫性。走访调研众多高校,发现此方向内理论研究较多,实际系统开发较少,绝大部分高校还停留在使用电子邮箱、Excel 等最原始的工具,没有成规模的系统进行广泛应用。现高校志愿服务数字化程度较低,以 QQ 群、短信群发为主。志愿管理和招募方面的研究暂时停留在固定模式,在运行和操作方面还有很大的优化提升空间。杭州志愿者推广的志愿中国平台是数字化的一个代表。志愿中国平台致力于为志愿者提供志愿服务和签到签退等。我们结合高校志愿服务的特殊情况,全面引入志愿者管理系统(VMS)平台,做到结合自身和外部环境结合,为全校志愿者提供更全面的服务和信息来源。

2.2 项目目标

项目总目标:在投资不超过 10 万元成本的前提下,能设计出一款 VMS 系统,满足一般高校青年志愿者协会的需求,有效提高其工作效率。

分目标:

(1) 项目预算不超过 10 万元。

(2) 两个月内完成 VMS 系统的开发工作。

(3) 志愿者管理系统运行流畅,支持多并发的情况,同时符合公司安全性的要求,满足公司提出的项目需求。

实现如下产品特征:

1) 志愿者活动招募

新建招募:新建的招募活动将在微信"志愿者活动招募系统"显示。

我的招募:查看用户所在组织的全部招募活动。

2) 志愿者活动管理

新建活动:新建志愿者活动。

按名称查询活动:通过名称查询平台内的志愿者活动。

审核中的活动:查看平台内全部审核中的志愿者活动(志愿汇平台除外)。

未通过的活动:查看平台内全部未通过的志愿者活动(志愿汇平台除外)。

进行中的活动:查看平台内全部进行中的志愿者活动。

已完成的活动:查看平台内全部已完成的志愿者活动。

我的活动:查看用户所在组织在平台内全部志愿者活动。

3) 志愿者工时查询

一般查询:通过学号、姓名、活动名称对工时进行精确查询、模糊查询。

某软件项目范围说明书

刷卡查询：通过读卡器对工时进行刷卡查询。

4）用户中心

个人信息：查看用户各项基本信息。

修改密码：修改用户密码。

5）维护管理

活动审批：对平台内审核中的志愿者活动进行审批。

开启上传通道：开启不在工时表提交时间的活动的工时表上传权限。

删除工时表：删除已上传的工时表。

同步志愿中国数据：立即同步志愿中国的志愿者活动信息。

显示/隐藏活动：显示或隐藏平台内的志愿者活动。

工时总表：建立工时总表列表，提供下载通道。

工时文件更新：更新志愿者工时文件。

6）红黑名单

功能选项：红名单、黑名单、内部名单。

新增记录：输入相关人员的个人信息。

删除记录：系统根据等级和时间限制自动删除记录或手动删除记录。

记录使用：志愿者报名后，如是名单中的人显示相关记录。

7）超级管理

用户管理：对用户进行添加、修改、删除和权限管理操作。

3. 项目范围

3.1 产品范围（功能及其描述）

1）新建招募

在新建招募过程中，用户需要填写活动名称（不超过 15 字）、活动地址、活动时间（日期及具体时间）、需求人数（数字）、活动详情和联系人及联系方式共 6 项内容。新建成功后，活动立即进入招募状态，微信"志愿者活动招募系统"将显示此活动。

2）招募管理

招募管理功能分别显示正在招募中的活动和已经结束招募的活动，招募中的活动显示实时报名人数。单击"详情"后，进入活动详情页，可进行招募开启/停止，招募信息导出功能。招募停止后，也可再次开启。单击"报名信息"后，将弹出 Excel 下载框，单击即可下载。

3）志愿者活动招募系统

志愿者通过微信平台进入志愿者活动招募系统，进入后即可浏览招募中的全部活动。单击活动后的"详情"可查看活动具体内容。单击"我要报名"，可填写报名表格。单击"返回主页"，返回活动列表页。活动报名信息提交前将进行第一次验证，验证填写内容是否有误。

报名成功后，显示"报名成功"页面，信息保存至系统中。

4）新建活动

用户可通过新建活动功能新增志愿者活动。需要填写的内容有：活动名称、活动地址、开始日期、结束日期、活动策划。开始日期和结束日期点开后将转至日历，通过日历选择日期。活动策划从 Word 文档中复制到编辑框中即可。

5）查询活动

志愿者活动在本平台分为以下 4 类：审核中的活动、未通过的活动、进行中的活动、已完成的活动。用户通过按名称查询活动功能，输入活动名称，将查询出全部包含此关键词的活动。

某软件项目范围说明书

6）跟踪活动

在本平台提交的活动以"审核中的活动"作为初始状态,志愿汇平台提交的活动以"进行中的活动"作为初始状态,活动的最终状态均为已完成的活动。其中,进行中的活动可再细分为审核通过、工时表等待提交、工时表超时未交 3 类。在提交活动后,活动状态成为"审核中"。在活动审核后,活动状态成为"进行中"或"未通过",用户可在活动详情页面中查看其所在组织的活动的审核说明等信息。状态为"进行中"的活动在系统中显示为 3 种情况:在活动结束之日之前,活动状态为"审核通过";在活动结束之日起 3 天内,活动状态为"工时表等待提交";超过活动结束之日起 3 天,活动状态为"工时表超时未交"。若提交工时表,活动状态立即转为"已完成"。在活动流程结束即完成工时表提交后,活动状态成为"已完成",活动周期结束。

7）我的全部活动

在"我的全部活动"功能中,页面显示用户所在组织的全部类型的活动,以便各组织进行排查筛选。

8）上传工时表

在"工时表等待提交"状态或开启上传通道后,用户可单击"活动详情",拉至工时表一栏。此时工时表一栏可对本活动上传工时表。选择本地压缩包文件后单击"提交"按钮,文件上传后显示"上传成功",活动进度栏全蓝,完成工时表提交。请注意,每个活动仅可提交一次工时表,提交后无法进行修改,提交前请仔细核对文件是否有误。

9）一般查询

用户通过"一般查询"功能可实现通过学号、姓名、活动名称的精确、模糊志愿者工时查询。使用时,首先勾选需要选用的查询条件,然后输入关键字,最后勾选是否模糊,单击"查询"即返回查询结果。查询结果显示的为各查询条件查询结果的并集,并非各关键词的交集。

10）刷卡查询

此功能仅限已经连接读卡器的计算机使用,无读卡器无法使用此功能。首先通过读卡器读取卡号。若未绑定,则显示"请绑定学号"字样,此时需要输入此卡需要绑定的学号,并单击"绑定"按钮。单击"绑定"按钮后,弹出蓝色的"绑定成功!"字样,同时显示此卡的志愿者工时信息。此时绑定操作成功。如卡号与学号对应关系有误或因其他原因需要变更绑定关系,单击"解绑"按钮进行解绑操作。单击"解绑"后,弹出蓝色的"解绑成功!"字样,同时志愿者工时信息恢复为空白。此时解绑操作成功。

11）个人信息

个人信息页显示用户唯一序列号(Uid)、姓名、组织和其所有权限。

12）修改密码

用户可在此处修改其密码,密码重新登录后有效。

13）活动审批

具有维护管理权限的用户可通过本功能对待审核的活动进行审批操作。单击功能菜单后,页面列表显示全部待审核的活动。单击活动最右侧"审批"按钮进入活动详情页。填写审批意见并勾选是否通过,单击"审批"按钮,提交审批结果。审批后,活动状态自动变更为"进行中"或"未通过",审批意见及审批人将自动显示在活动详情页中。

14）开启上传通道

在活动状态不处于"工时表等待提交"时,用户无法提交工时表。通过此功能,可开启工时表上传通道。输入活动号后,单击"开启通道"按钮。通道开启后,可随时上传本活动的工时表。

15）删除工时表

在工时表已提交后,通过此功能可删除已上传的工时表。输入活动号后,单击"删除文件"按钮,即可对已经上传的工时表文件进行删除。系统自动每 5 分钟自动同步一次志愿中国数据,如有特殊需要,可自行使用此功能。单击"立即同步"按钮后,系统后台将自动进入志愿中国系统,将已通过审核的活动拉取至本系统。

某软件项目范围说明书

16）显示/隐藏活动

用户可使用本功能将系统中的活动显示或隐藏。隐藏后,用户及管理员将均无法查询到活动的活动号,请谨慎使用此功能。此功能有可能带来不可挽回的损失。

17）工时总表

工时总表功能可将工时表文件按上传时间排序后以列表形式显示。进入功能页面后,单击"生成总表下载列表",页面显示总表下载列表。生成下载列表后,可单击"创建总表下载记录节点"按钮,对下载情况进行标记。标记后则显示为表格中没有"下载表格"按钮的一行。

18）工时文件更新

此模块为工时文件提供更新功能。进入模块后,选择本地计算机文件,单击"上传",完成工时文件更新。使用时请注意备份好文件,新文件上传时将覆盖原有文件,原有文件将无法找回。

19）新增记录

登录成功后选择"红黑名单管理"功能。根据高校具体的(注册)志愿者协会红黑名单方案要求选择红黑名单录入,选择新增记录。

20）删除记录

根据等级要求,在等级设定时间自动删除该条记录,也可以手动单击"删除"按钮删除该记录。

21）报名显示

在红黑名单上的志愿者报名参加活动时,会在他们的报名信息上显示红黑名单记录相关信息。

22）用户管理

进入用户管理功能后,将列表显示系统中全部用户及其部门、权限。单击"新增用户"按钮,可新增用户。新增用户后,初始密码为123456。每个用户后可进行"修改""重置密码""删除"3个操作。"修改"功能可对用户的姓名、部门和权限进行修改。"重置密码"功能可将用户密码重置为123456。"删除"功能可删除此用户(不可恢复)。

3.2 项目工作范围

包含开发出满足用户需求的 VMS 系统,以及针对该系统而进行的用户调研活动和管理活动。该系统的硬件软件配置环境调研,对该系统使用的培训指导工作。

3.3 不包括的范围

(1) 系统应用的软硬件环境的搭建。

(2) 系统布置的服务器的租借与购买。

4. 双方的职责

(1) 甲方应该提供给乙方系统开发的需求,同时提供需求调研的帮助。如有合同外的需求变动应征得乙方评估同意,补充入合同。

(2) 乙方应满足甲方的需求,制定合同文件,按双方协定的开发方案进行开发,开发出符合甲方需求标准的系统,交付包括系统,用户说明,技术文档在内的交付物,如有其他突发情况应及时与甲方联系。

5. 交付成果

5.1 主要交付成果

交付物:VMS 系统安装程序、源代码、系统使用说明书、技术文档

5.2 辅助交付成果

交付物:系统测试报告等

6. 验收标准和验收流程

6.1 产品验收标准

产品应包含合同所签订的所有功能需求。

同时产品应满足以下软硬件环境:

某软件项目范围说明书

硬件配置：

- CPU：Intel 主频 2.33GHz
- 内存：DDR3 1G
- 硬盘：50G

软件配置：

- 操作系统：Windows Server 2008 R2
- 数据库：MySQL 5.7
- 服务器：Tomcat 8.5

系统的可靠性要高,平均故障间隔时间应大于 6 个月,平均修复时间小于一天,不能出现严重错误,千行代码错误数目应小于 2。系统的安全性也需要得到第三方机构的认证鉴定,符合甲方的安全级别。系统的性能应满足 10 万并发量以下能正常运行的标准,吞吐量应满足每秒 1 万以上。获得该高校青年志愿者协会认可后,产品才能够成功验收。

6.2 工作验收标准

在开发过程中,应保留各类开发文档、测试文档等资料,同时应保留各个员工的工作日志,以核定开发工作是否严格按照项目书进行,工作量是否与预计工作量接近。

6.3 验收流程

1）验收申请

开发工作完成后,乙方向甲方提出验收申请。

2）验收准备

根据软件项目的特点,在验收时开发商应收集以下文档。

编　号	名　称	形　式	介　质
1	软件需求说明书	文档	电子、纸质
2	系统概要设计说明书	文档	电子、纸质
3	总体设计说明书	文档	电子、纸质
4	数据库设计说明书	文档	电子、纸质
5	详细设计文档	文档	电子、纸质
6	为本项目开发的软件源代码文档	文档	电子、纸质
7	性能测试报告、功能测试报告文档	文档	电子、纸质
8	维护手册	文档	电子、纸质
9	系统参数配置说明	文档	电子、纸质
10	系统崩溃及恢复步骤文档	文档	电子、纸质
11	技术服务和技术培训等相关资料	文档	电子、纸质
12	项目总结报告	文档	电子、纸质

除上述文档外,还应单独收集、保存各应用软件源程序代码及开发商所用第三方资源信息;对于原始程序代码,要求能够在本地不经过任何特殊设置,即可编译并正常运行。

3）验收测试

验收测试是软件开发结束后,用户对软件产品投入实际应用以前进行的最后一次质量检验活动,它要回答开发的软件产品是否符合预期的各项要求,以及用户能否接受的问题。由于它不只是检验软件某个方面的质量,而是要进行全面的质量检验,并且要决定软件是否合格,因此验收测试是一项严格的正式测试活动。软件验收测试分为 3 部分:文档代码一致性审核、软件配置审核和可执行程序测试,其顺序可分为:文档审核、源代码审核、配置脚本审核、功能测试、性能测试等。

4）文档审核

文档审核的主要要求是确定软件开发的所有过程都在提交文档的控制下,对文档的具体要求如下。

某软件项目范围说明书

- 文档完备性：是否按照合同及其附件要求提交了全部文档。
- 内容针对性：文档是否是甲方要求的文档。
- 内容充分性：该文档全面、详细的程度。
- 文档的价值：文档应该能够反映软件开发的整个过程，即需求中提到的功能在概要设计中体现，在详细设计中实现，在测试计划中检验。
- 内容一致性：是否存在前后矛盾；是否存在需求说明中提到的功能在概要设计、详细设计中没有涉及的情况。
- 文字明确性：不使用"可能""也许""待定"等语义含糊不清的语句。
- 易读性：能够在一篇文档中说明清楚的内容，尽量不要拆分成若干文档，不要循环引用，文档目录一目了然，结构清晰。

5）源代码审核

源代码审核的主要要求是确保开发商将全部源程序交付甲方，并确保交付的代码没有版权问题，对源代码审核的具体要求如下。

（1）版权明晰

- 提交的代码中注释版权的地方均应去掉版权声明，或声明版权为甲方所有。
- 得到甲方允许，可以使用的控件，由开发商提供无版权争议承诺书。使用其他的具有源代码的控件，均需要当作提交代码的一部分，直接置于编译环境的工程文件中，在编译发布时无须额外设置。

（2）代码完整

- 开发商必须将所有实现用户需求的代码交付甲方。
- 除非已经得到甲方的允许，使用的控件也必须有源代码，并得到授权使用证明；
- 包含开发工具的程序文件；要求能够在甲方计算机中正常编译、运行；除非得到甲方允许，在甲方计算机中编译的时候无须额外安装开发工具的插件或控件。

（3）可读性强

注释是软件可读性的具体体现。程序注释量不少于程序编码量的30%。程序注释不能用抽象的语言（如"处理""循环"等），要精确表达出程序的处理说明。为避免每行程序都使用注释，可以在一段程序的前面加一段注释，有明确的处理逻辑。

6）配置文件审核

对于B/S程序，部署维护是软件生存周期中最长的一个过程，配置文件的审核显得尤为重要。对配置文件的审核要求与源代码的审核要求完全一致。

7）测试用例编写及测试程序、脚本审核

这个过程是在文档审核和配置脚本审核后，为了检验通过源代码编译后的程序是否满足设计需求。检验方式主要是功能测试和性能测试；这一阶段应该完成设计及其有关测试所包括的特性，还需要完成测试所需的测试用例和测试规程，并规定特性的通过准则。

（1）测试用例说明：列出用于输入的具体值以及预期的输出结果，并规定在使用具体测试用例时，对测试规程的各种限制。要求将测试用例与测试设计分开，可以使它们用于多个设计并能在其他情形下重复使用。

（2）测试规程说明：规定对于运行系统和执行指定的测试用例来实现有关测试设计所要求的所有步骤。

8）集成测试/压力测试

常见的黑盒测试包括：集成测试、系统测试。程序在某些局部反映不出来的问题，在全局上很可能暴露出来，影响功能的实现。通过一个应用系统的各个部件的联合测试，以决定他们能否在一起共同工作，在协同工作时是否能够达到功能要求。

某软件项目范围说明书

9）验收测试

目的是检验待验收软件是否对平台和其他软件保持良好的兼容性。

10）验收结论（成绩评定标准）

验收结束时，根据以上文档，填写验收结论，对软件的质量做出评价。

（1）优秀

- 材料完整
- 软件可正常运行
- 实现项目软件需求说明书要求的各项功能需求
- 软件界面友好，易于交互
- 软件功能新颖，有较强创新

（2）合格

- 本标准第 2.1 条要求的材料完整
- 可正常运行实现功能达到软件需求说明书要求的 2/3 以上

（3）不合格

- 要求的材料不完整
- 软件不能运行

7. 项目的约束条件

（1）时间约束：必须满足最后期限（两个月内完成）。整个产品包含产品使用说明，将在项目开始后 20 天内交付使用。

（2）成本约束：必须满足预算限制（成本低于 10 万元）。

（3）政策法规：产品符合各项政策法规要求。

（4）其他约束：产品必须是可靠的；结构必须是开放的，以便将来增加额外的功能；产品必须是用户友好的；项目可交互使用。

8. 前提和假设

假定：假定所有资源都能及时提供。

9. 变更流程

9.1 变更管理组织

由 CEO、项目经理、项目组成员等组成变更管理组织。

9.2 变更管理流程

- 建立基线、变更控制系统和变更控制流程
- 识别变更，并以书面格式提出变更请求
- 变更控制委员会（Change Control Board，CCB）审查变更请求
- CCB 批准或否决变更
- 将批准的变更纳入项目管理计划中
- 实施被批准的变更
- 监控被批准变更的实施情况
- 变更验证
- 沟通存档
- 变更日志更新

变更请求流程图（略）

9.3 决策与仲裁

决策与仲裁由变更管理委员会和产品代表共同商议决定。

3.4 WBS 创建

创建工作分解结构（WBS）是把项目可交付成果和项目工作分解成较小的、更易于管理的组件的过程。本过程的主要作用是对所要交付的内容提供一个结构化的视图。

WBS 最低层的工作单元称为工作包，工作包对相关活动进行归类，以便对工作安排进度、进行估算、开展监督与控制。在"工作分解结构"这个词语中，"工作"是指作为活动结果的工作产品或可交付成果，而不是活动本身。

创建项目 WBS 应该基于已有的项目文档和项目知识，如项目管理计划、项目文件、商业文件（如项目范围说明书和需求文件）、事业环境因素和组织过程资产。

3.4.1 WBS 创建的方法

最常用的 WBS 创建方法就是分解，分解就是把项目可交付成果划分为更小的、更便于管理的组成部分，直到可交付成果被定义到最底层的工作包为止，其中工作包是能够可靠地估算工作成本和活动历时的最底层工作单位，工作包的详细程度因项目大小与复杂程度而异。在 WBS 分解过程中，征求具备类似项目知识或经验的专家的意见是很有必要的。

1. 分解包含具体的任务

（1）识别和分析可交付成果及相关工作。

（2）确定工作分解结构的结构与编排方法。

（3）自上而下逐层细化分解。

（3）为 WBS 组成部分制定和分配标识编码。

（4）核实可交付成果分解的程度是否恰当。

2. 分解的方法

（1）把项目生命周期的各阶段作为分解的第二层，把产品和项目可交付成果放在第三层，一个例子如图 3-2 所示。

（2）把主要可交付成果作为分解的第二层，例子如图 3-3 所示。

（3）按子项目进行第二层分解。子项目（如外包工作）可能由项目团队之外的组织实施。然后，作为外包工作的一部分，卖方须编制相应的合同工作分解结构。

（4）对工作分解结构上层的组成部分进行分解，就是要把每个可交付成果或子项目都分解为基本的组成部分，即可核实的产品、服务或成果。工作分解结构可以采用列表式、组织结构图式或其他方式。不同的可交付成果可以分解到不同的层次。

（5）某些可交付成果只需分解一层，即可到达工作包的层次，而另一些则需分解更多层。工作分解得越细致，对工作的规划、管理和控制就越有力。但是，过细的分解会造成管理努力的无效耗费、资源使用效率低下以及工作实施效率降低。

（6）要在未来远期才完成的可交付成果或子项目，当前可能无法分解。项目管理团队通常要等到这些可交付成果或子项目的信息足够明确后，才能制定出工作分解结构中的相应细节。这种技术有时称为滚动式规划。

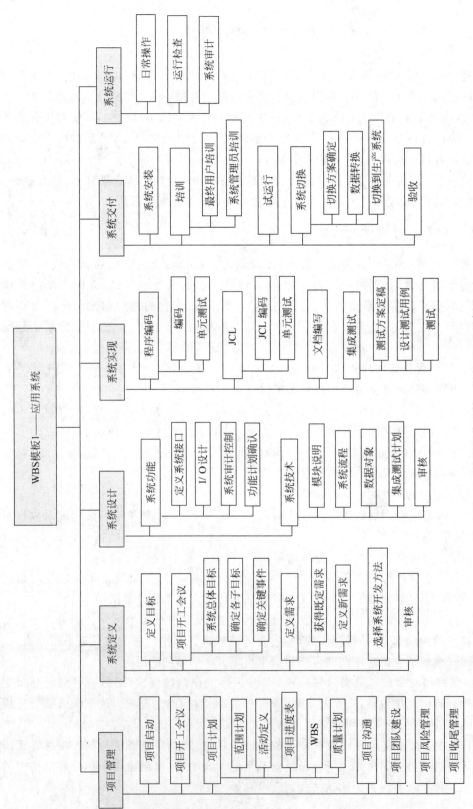

图 3-2 以阶段作为第二层的 WBS 示例

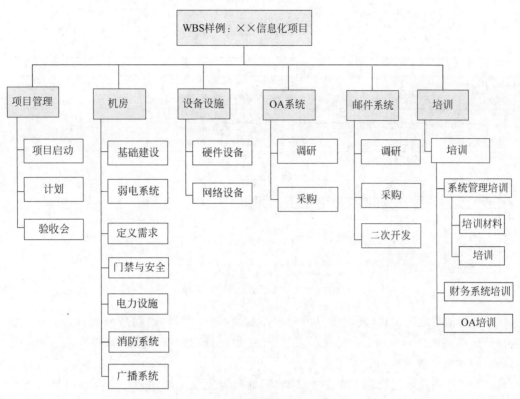

图 3-3　以可交付物作为第二层的 WBS 示例

（7）工作分解结构包含了全部的产品和项目工作，包括项目管理工作。通过把工作分解结构底层的所有工作逐层向上汇总，确保没有遗漏工作，也没有增加多余的工作。这有时被称为100%规则。

3. 一个 WBS 分解实例

一个软件项目 WBS 分解例子如图 3-4 所示，通过 Microsoft 的项目管理工具 Project，可以自动为各个层次的任务编码。

4. 分解结果的检验

在实际项目过程中，进行项目的工作分解是一项比较复杂和困难的任务，工作分解结构的好坏直接关系到整个项目的实施。任务分解后，需要核实分解的正确性。

（1）更低层次的细目是否必要和充分？如果不必要或不充分，这个组成要素就必须重新修改（增加、减少或修改细目）。

（2）最底层的工作包是否有重复？如果存在重复现象就应该重新分解。

（3）每个细目都有明确的、完整的定义吗？如果没有，这种描述需要修改或补充。

（4）是否每个细目可以进行适当估算？谁能担负起完成这个任务？如果不能进行恰当的估算或无人能进行恰当的估算，修正是必要的，目的是提供一个充分的管理控制。

5. WBS 分解注意事项

对于实际的项目，特别是对于较大的项目，在进行工作分解的时候，还要注意以下几点。

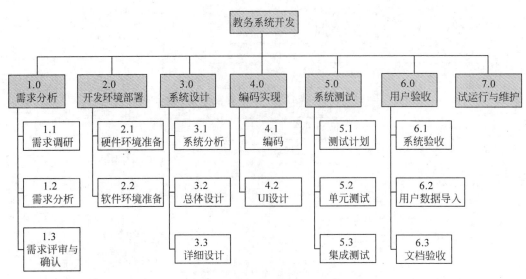

图 3-4　某软件项目 WBS 分解

　　(1) 要清楚地认识到,确定项目的分解结构就是将项目的产品或服务、组织、过程这 3 种不同的结构综合为项目分解结构的过程,也是给项目的组织人员分派各自角色和任务的过程。应注意收集与项目相关的所有信息。

　　(2) 对于项目最底层的工作要非常具体,而且要完整无缺地分配给项目内外的不同个人或组织,以便明确各个工作的具体任务、项目目标和所承担的责任,也便于项目的管理人员对项目的执行情况进行监督和业绩考核。任务分解结果必须有利于责任分配。

　　(3) 对于最底层的工作包,一般要有全面、详细和明确的文字说明,并汇集编制成项目工作分解结构词典,用以描述工作包、提供计划编制信息(如进度计划、成本预算和人员安排),以便在需要时随时查阅。

　　(4) 并非工作分解结构中所有的分支都必须分解到同一水平,各分支中的组织原则可能不同。

　　(5) 任务分解的规模和数量因项目而异,先分解大块任务,然后再细分小的任务;最底层是可控和可管理的,避免不必要的过细,最好不要超过 7 层。按照软件项目的平均规模来说,推荐任务分解时至少分解到一周的工作量(40 小时)。

　　需要注意的是,任何项目不是只有唯一正确的工作分解结构。例如,两个不同的项目团队可能对同一项目做出两种不同的工作分解结构。决定一个项目的工作分解详细程度和层次多少的因素包括:为完成项目工作任务而分配给每个小组或个人的任务和这些责任者的能力;在项目实施期间管理和控制项目预算、监控和收集成本数据的要求水平。通常,项目责任者的能力强,项目的工作结构分解就可以粗略一些,层次少一些;反之,就需要详细一些,层次多一些。而项目成本和预算的管理控制要求水平高,项目的工作结构分解就可以粗略一些,层次少一些;反之,就需要详细一些,层次多一些。因为项目工作分解结构越详细,项目就会越容易管理,要求的项目工作管理能力就会相对低一些。

3.4.2 范围基准

根据项目管理计划、项目范围说明书、需求文件、事业环境因素和组织过程资产等知识信息,通过征询专家意见下的逐步分解,可得到项目范围基准。

范围基准包含经过批准的范围说明书、WBS 和相应的 WBS 词典,它被用作比较的基础。范围基准是项目管理计划的组成部分,包括如下内容。

(1) 项目范围说明书。项目范围说明书包括对项目范围、主要可交付成果、假设条件、制约因素以及验收标准的描述。

(2) WBS。WBS 是对项目团队为实现项目目标、创建所需可交付成果而需要实施的全部工作范围的层级分解。在 WBS 中一般会设置控制账户,控制账户是工作分解结构中的要素,是项目经理对项目的管理控制点,即针对控制账户的要素对项目的执行情况进行检查与考核。可以把工作包作为控制账户,也可以把更高层的要素作为控制账户。

(3) 工作包。WBS 的最低层级是带有独特标识号的工作包。这些标识号为进行成本、进度和资源信息的逐层汇总提供了层级结构,构成账户编码。每个工作包都是控制账户的一部分,而控制账户则是一个管理控制点。在该控制点上,把范围、预算和进度加以整合,并与挣值相比较,以测量绩效。控制账户可以拥有两个或更多工作包,但每个工作包只与一个控制账户关联。

(4) 规划包。一个控制账户可以包含一个或多个规划包,它是一种低于控制账户而高于工作包的工作分解结构组件,工作内容已知,但详细的进度活动未知。

(5) WBS 词典。WBS 词典是针对每个 WBS 组件,详细描述可交付成果、活动和进度信息的文件。WBS 词典对 WBS 提供支持。WBS 词典中的内容可能包括:账户编码标识、工作包描述(内容)、负责的组织、所需资源、成本预算、进度安排、质量标准或验收要求、责任人或部门或外部单位(委托项目)、资源配置情况、其他属性等。

(6) 其他信息。其他信息包括假设条件和制约因素、技术参考文献、协议信息等 WBS 词典之外的其他必要信息。

另外,在创建 WBS 后,应该对项目文件进行更新,需要更新的项目文件如下。

(1) 假设日志。随同本过程识别出更多的假设条件或制约因素而更新假设日志。

(2) 需求文件。可以更新需求文件,以反映在本过程提出并已被批准的变更。

3.5 范围核实

范围核实是正式验收已完成的项目可交付成果的过程。本过程的主要作用是使验收过程具有客观性;同时通过验收每个可交付成果,提高最终产品、服务或成果获得验收的可能性。

软件项目的可交付物包括各工作阶段文档以及最终产品、服务或成果,如项目文件、项目工作说明书、WBS、资源日历、风险登记册、各阶段管理计划、协议、变更请求、软件产品、服务等。

由客户或发起人审查从控制质量过程输出的核实的可交付成果,确认这些可交付成果已经圆满完成并通过正式验收。范围核实与质量控制的不同之处在于,范围核实主要关注对可交付成果的验收,而质量控制则主要关注可交付成果是否正确以及是否满足质量要求。质量控制通常先于范围核实进行,但二者也可同时进行。

项目范围核实应该基于已有的项目文档和项目知识等,如项目管理计划(其中的范围管理计划、需求管理计划和范围基准等)、项目文件(如经验教训登记册、质量报告、需求文件、需求跟踪矩阵等)、核实的可交付成果、工作绩效数据等。

3.5.1 软件项目的范围核实

范围核实包括与客户或发起人一起审查已完成的可交付成果,核实可交付成果的满意完成,并获客户或发起人对已完成的项目可交付成果的正式接受。

1. 范围核实

范围核实过程在项目或项目阶段末尾进行,如果项目提前终止,确认范围过程应当把项目完成的水平和程度记录下来。因为该过程在项目的每个阶段末尾发生,因此是贯穿整个项目生命期的过程。

范围核实通常和项目验收同时进行,一个范围核实示例如表 3-4 所示。

表 3-4　项目范围核实(验收)表

WBS 编号	交付物名称	验收标准	验收方式	验收签署人员
3.1.1	设计方案	见文件设计方案审查标准	会审	A——项目经理 B——客户方项目经理
	服务器一台	该型号服务器的到货加电测试标准	测试	C——测试工程师 B——客户方项目经理
(略)				

2. 范围核实与质量控制的区别

(1) 范围核实主要强调可交付成果的接受,质量控制强调可交付成果的正确并符合为其制定的具体质量要求。

(2) 质量控制一般在确认范围前进行,但也可同时进行。

(3) 范围核实一般在阶段末尾进行,质量控制并不一定在阶段末尾进行。

(4) 质量控制属内部检查,由执行组织的相应质量部门实施,范围核实则是由外部利害关系者(客户或发起人)对项目可交付成果检查验收。

3. 范围核实与项目收尾的区别

虽然范围核实与项目收尾工作都在阶段末尾进行,但范围核实强调的是核实与接受可交付成果,项目收尾则强调结束项目或阶段所要做的程序工作。

二者都有验收工作,范围核实强调验收项目可交付成果,项目收尾强调验收产品。

4. 范围审查

范围审查是指开展测量、检查与核实等活动,判断工作和可交付成果是否符合要求及产品验收标准。审查有时也称为检查、产品审查、审计和巡检等。在软件项目领域,审查包括各种确认和验收测试(如 Alpha/Beta 测试等)。

表 3-5 是软件项目范围审查表,表 3-6 是软件项目 WBS 审查表。

表 3-5　项目范围审查表

项目范围审查条目	审 查 状 态	审 查 结 果
项目目标是否准确和完整？		
项目目标的度量指标是否可靠和有效？		
项目的约束条件和假设前提是否真实和符合实际？		
项目的风险是否可以接受？		
项目范围能否保证项目目标的实现？		
项目范围定义下的项目工作效益是否高于项目成本？		
项目范围是否需要进一步研究和定义？		

表 3-6　WBS 审查表

项目 WBS 审查条目	审 查 状 态	审 查 结 果
项目目标和目标层次描述是否清楚？		
项目产出物描述是否清楚？		
项目产出物及其分解是否都是为实现项目目标服务的？		
项目产出物是否被作为项目工作分解的基础？		
项目 WBS 层次划分是否与项目目标层次描述统一？		
WBS 中的各工作包是否都是为形成项目产出物服务的？		
WBS 中各工作包之间的相关关系是否合理？		
WBS 中各工作包所需资源是否明确和合理？		
WBS 中各工作包的考核指标是否合理？		

5. 范围核实中可能出现的问题及应对方法

（1）范围核实通过：先正式记录在文件中，并作为依据，继续进入项目或阶段收尾过程。

（2）范围核实未通过：无论何种原因被拒绝或未核实，都要记录下来，并附未验收通过的理由，一般需要继续进入整体变更控制过程处理。

6. 范围核实未通过的原因

范围核实未通过几乎都与当初的定义范围过程有关，可分为以下几种情况。

（1）最初 SOW 不完整、理解错误。

（2）定义范围时漏项。

（3）制定定义范围和验收标准时未让重要利害关系者参与，也未得到利害关系者批准。

3.5.2　范围核实的结果

1. 验收的可交付物

符合验收标准的可交付成果应该由客户或发起人正式签字批准。应该从客户或发起人那里获得正式文件，证明干系人对项目可交付成果的正式验收。这些文件将提交给项目收尾管理过程。

验收通过的可交付物，双方可能需要签署范围承诺书，以便在范围变更时进行规范化管理。

2. 变更请求

对已经完成但未通过正式验收的可交付成果及其未通过验收的原因，应该记录在案，并提出适当的变更请求,以便进行缺陷补救。范围变更,应该交由项目整体变更控制过程管理。

3. 工作绩效信息

工作绩效信息包括项目进展信息,例如,哪些可交付成果已经开始实施,它们的进展如何,哪些可交付成果已经完成,或者哪些已经被验收。这些信息应该被记录下来并传递给干系人。

4. 项目文件更新

需要更新的项目文件包括经验教训登记册、需求文件和需求跟踪矩阵。

3.6 范围控制

一个软件项目的范围计划可能制订得非常好,但是想不出现任何改变几乎是不可能的,因此范围变更是不可避免的,关键问题是如何对范围变更进行有效控制。

3.6.1 软件项目范围失控原因

1. 需求范围不明确

合同中规定的内容往往都是模糊不清的,需求不明确,或者只有几行说明,而且还可能有大段的套话、官话。项目参与者对客户业务不一定了解,如果对客户真正想要的需求没有真正了解,往往会导致后期无止境的修改。

2. 需求理解不一致

我们经常会遇到,按照客户书面上记录的需求进行开发后,客户却并不认可,而实际情况中,客户对自己写的书面内容也并无异议。原因是对于同样的内容,客户的理解与我们的理解不同。例如,需求中写道:"购物后付款",开发人员开发出来的是用户选择好商品进入购物车直接付款,而客户实际想要的是到购物车付款前先向客户发送一条短信验证码,让购买人二次确认无误后再付款。同样的文字,对细节的理解可能就是不同的,但实现的细节在客户提供的需求里可能根本就没有提。

3. 有些需求并没有直接写出来

中国人喜欢儒家思想,话多为隐晦而不直白地说出,客户提的多是自己期望解决的需求,而对于最基本需求往往不说,因为他认为你就应该有。例如做一款手机,手机打电话的功能是不用说的;再如智能面包机,做面包的功能也是不需要说的,他只会说如何智能。

4. 项目结束前客户总有提不完的需求

客户总是会在结项前提出各种需求,前期没有讨论过的各种需求都会在这个时候冒出来,让项目被动受制。这种情况的原因一般有两种,一种是在项目开发过程中没有与客户充分沟通;另一种就是客户生怕项目一结束付款,乙方就不会再很好地支持甲方了。那么所有需求不论重要与否,都要在结束前做完。

5. 项目经理无条件迁就客户

虽然项目成功的标志是客户满意度,但无条件迁就客户最终可能导致项目预算超标或时间超期,反而会导致项目失败。客户在提一条新需求时可能自己都没有想清楚,也可能只是他的灵光一现,许多需求可能只是冗余需求。客户往往不懂程序,随便说出的需求,可能让我们付出很大的代价。

6. 沟通不顺畅

进行软件项目管理时,可能会遇到完全不懂计算机专业知识的客户,他们的许多想法根本无法实现向他解释,又很难理解,似乎我们什么都做不了。这种客户有时会让我们有一种无力感。

3.6.2　范围控制的方法

项目范围控制应该建立在已有的项目文档和项目知识基础上,如项目管理计划(其中的范围管理计划、需求管理计划、变更管理计划、配置管理计划和绩效测量基准等)、项目文件(如经验教训登记册、需求文件、需求跟踪矩阵等)、工作绩效数据(如收到的变更请求的数量、接受的变更请求的数量,或者核实、确认和完成的可交付成果的数量)和组织过程资产。常见的范围控制方法如下。

1. 偏差分析

偏差分析又称为挣值法,是一种确定实际绩效与基准的差异程度及原因的技术。在范围控制中,可利用项目绩效测量结果评估偏离范围基准的程度,确定偏离范围基准的原因和程度,并决定是否需要采取纠正或预防措施,是项目范围控制的重要工作。此外,根据历史偏差分析,可以对今后的范围变化趋势进行分析,趋势分析旨在审查项目绩效随时间的变化情况,以判断绩效是正在改善还是正在恶化。

2. 范围计划调整

为有效进行项目范围的变更与控制,应不断进行项目工作任务的再分解,并以此为基础,建立多个可供选择及有效的计划更新方案。

3. 范围变更控制系统

该系统由来自多方的项目干系人组成,他们在变更过程中所承担的角色各有不同,是整个项目变更控制系统的组成部分,主要包括:控制程序、控制方法和控制责任体系;文档记录系统;变更跟踪监督系统;变更请求的审批授权系统。

3.6.3　项目范围变更控制

项目范围变更控制是指为使项目向着有利于项目目标实现的方向发展而变动和调整某些方面因素而引起项目范围发生变化的过程。项目范围变化及控制不是孤立的,它与项目的工期、费用和质量密切相关。因此,在进行项目范围变更控制的同时,应全面考虑对其他因素的控制。

对项目范围进行控制,就必须确保所有范围变更的请求、推荐的纠正措施或预防措施都经过项目整体变更控制程序(详见12.6节)的处理。变更不可避免,因而必须强制实施某种形式的变更控制。在变更实际发生时,也要采用范围控制过程来管理这些变更,控制范围过程需要与其他控制过程整合在一起,未得到控制的变更通常被称为项目范围蔓延。

1. 范围变更控制程序

变更控制的目的不是控制变更的发生,而是对变更进行管理,确保变更有序进行。为执行变更控制,必须建立有效的范围变更流程,项目范围变更控制流程如图3-5所示。它对管好项目至关重要。在变更过程中要跟踪和验证,确保变更被正确执行。

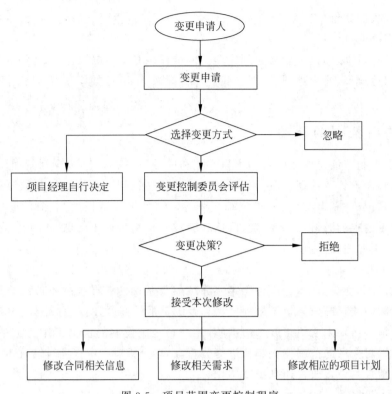

图 3-5　项目范围变更控制程序

2. 范围变更的权衡因素

项目范围变更不仅涉及项目范围,而且会对项目的时间、费用、质量等因素产生影响,如图 3-6 所示。这就需要进行权衡,在确定的需求范围内,全方位满足干系人的要求。

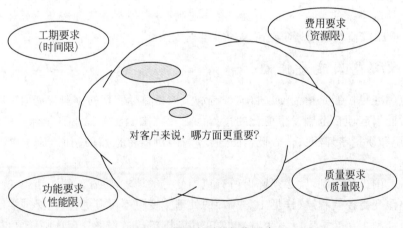

图 3-6　范围变更的权衡因素

3. 范围变更控制的作用

项目范围变更控制的作用主要体现在以下几个方面。

1) 合理调整项目范围

范围变更是指对已经确定的、建立在已审批通过的 WBS 基础上的项目范围所进行的调整与变更。项目范围变更常常伴随着对成本、进度、质量或项目其他目标的调整和变更。

2）纠偏行动

由于项目的变化所引起的项目变更偏离了计划轨迹，从而产生了偏差。为保证项目目标的顺利实现，就必须进行纠正。所以，从这个意义上来说，项目变更实际上就是一种纠偏行动。

3）总结经验教训

导致项目范围变更的原因、所采取的纠偏行动的依据及其他任何来自变更控制实践中的经验教训，都应该形成文字、数据和资料，以作为项目组织保存的历史资料。

3.6.4　软件项目范围控制的方法

对于一名项目经理来说，做出让客户满意的产品是他的终极目标。在 3.6.1 节中我们已经提到了可能导致需求失控的原因，下面给出几个具体可操作的解决办法。

1. 明确项目范围

项目一定要有清晰的目标、准确的方向，大海航行靠舵手，项目经理要有把握好项目范围的能力，尽量将项目需求让所有项目干系人（范围相关的所有人）知晓，尤其要得到客户的认可，必要时要让客户确认。以前经常听有的项目经理说："需求最后一定要让客户领导签字"，这有点难度，如果你真有这个能力，能弄到客户签字，这对项目是极大的帮助。

2. 多问问为什么

对于客户每次提出的新需求，我们尽量多了解他的目的是什么，多问，多想，当我们知道客户的终极目标时，就可以主导客户需求了。同时，了解客户提出此需求的目的也有利于我们对需求的更好把握，不至于项目需求出现偏差。

3. 需求理解要一致

项目经理要对项目进行跟进和监控，需求要很好地贯彻到每个人，不要出现理解偏差。记得有一篇图文的短文，大致意思是客户想要的产品、项目经理理解的产品、设计人员设计的产品、开发人员要做成的产品、开发人员最后做出来的产品、测试人员看到的产品都不一致。每个人在信息传递过程中让需求不断出现损耗和变形。需求理解的一致性是项目成功的基础，在项目管理的各个阶段，要让所有相关人正确的了解和把握需求。

4. 要让客户参与到项目的各个阶段

项目经理要拉着客户参与到项目的各个阶段：需求分析、总体设计、详细设计、编码、测试，要让客户参与到项目的每个阶段，并随时让客户了解和提出自己的真实想法。这样就不会导致客户在项目最后时提出各种需求。尤其是在需求分析和设计阶段，当整理完需求文档和设计文档时，一定要请客户一起参与评估，以避免需求理解不一致、需求范围不确定等问题。我们以前常提敏捷软件开发方法，敏捷开发又不至于项目出现更大问题的办法就是让客户随时参与项目的各个阶段，让客户与我们的项目管理人员一起把关。

要让客户对需求进行确认。当多次与客户确认需求后，尽量让客户签字认可，如不能签字，也尽量让客户方领导在正式场合当面确认。这样做的好处有：

（1）可以有效地控制需求，当客户再有想加的需求时总不至于那么理直气壮；

（2）如客户真要加需求时，我们可以因需求变更而提出一定的经济补偿；

（3）如果需求增加了，项目经理可以凭借签字在公司内部规避自己的责任，毕竟客户以

前是认可的,这回再提增加需求,就不是项目经理能力范围了,可以请领导出面;

(4) 有了客户确认的需求,项目组可以放心地去完成项目,以减少需求变更所带来的影响。

5. 做好服务,要让客户信任我们

客户之所以在项目结束前让我们尽量把所有能想到的做好,有时还提出各种刁难,就是怕我们在项目结束后就不能很好地给予支持了。对于公司和团队,我们要建立完整的服务机制,要让客户看到我们的服务。如果客户对我们公司和团队认可了,相信以后的服务过程中有了问题,我们还会及时处理,那么客户会允许我们把部分非核心需求放到将来处理。信任是一种力量,让客户信任我们就要始终如一地做好服务。

6. 做好需求变更机制

有时需求的变更是不可避免的,当发生需求变更时,我们要有一定的需求变更机制。首先要冷静看待需求的变更,与客户沟通好,要对需求变更的工作内容、工作量进行评估、因变更所产生的费用、针对需求变更提出的方案,并填写需求变更文件让客户签字,要让客户知道需求变更对项目产生的影响,对于需求的变更,客户也要承担一定的责任(时间或经济)。

7. 条条大路通罗马

对于客户提出的需求,不要一味迁就,"客户永远是对的"的思想在项目开发过程中不一定正确。项目成功的标志应该是在规定的时间内利用有效的资源完成项目并使客户满意,为了一味满足客户的需求,而使项目进度超期、预算超期都不能算成功的项目。当客户提出一个不好解决的需求时,我们只要了解客户的目的,帮助客户分析后应该可以找出其他同样能达到相应效果的方案,并让客户知道他的方案会给项目带来什么样的影响,客户最终还是会接受我们的意见,这样比与客户直接冲突要明智。

综上,项目需求的管理是一个复杂的过程,它涉及项目所有相关人的利益。有效地避免与客户的冲突,多给客户一些中肯的意见,同时也要让客户参与到项目的各个阶段,要让客户了解项目的各个过程,让客户了解我们的公司和团队,建立起信任度,在有信任的前提下做事,友好沟通,会让我们工作起来更加舒畅。

3.6.5 范围控制的结果

项目范围控制通常可以得到如下几个结果。

1. 工作绩效信息

本过程产生的工作绩效信息是有关项目和产品范围实施情况(对照范围基准)的、相互关联且与各种背景相结合的信息,包括收到的变更的分类、识别的范围偏差和原因、偏差对进度和成本的影响,以及对将来范围绩效的预测。

2. 变更请求

分析项目绩效后,可能会就范围基准和进度基准,或项目管理计划的其他组成部分提出变更请求。变更请求需要经过实施整体变更控制程序(见 12.6 节)的审查和处理。

3. 项目管理计划更新

项目管理计划的任何变更都以变更请求的形式提出,且通过组织的变更控制过程进行处理。范围变更引起的需要变更的项目管理计划组成部分如下。

(1) 范围管理计划。可以更新范围管理计划,以反映范围管理方式的变更。

（2）范围基准。在针对范围、范围说明书、WBS 或 WBS 词典的变更获得批准后，需要对范围基准做出相应的变更。有时范围偏差太过严重，以致需要修订范围基准，以便为绩效测量提供现实可行的依据。

（3）进度基准。在针对范围、资源或进度估算的变更获得批准后，需要对进度基准做出相应的变更。有时进度偏差太过严重，以致需要修订进度基准，以便为绩效测量提供现实可行的依据。

（4）成本基准。在针对范围、资源或成本估算的变更获得批准后，需要对成本基准做出相应的变更。有时成本偏差太过严重，以致需要修订成本基准，以便为绩效测量提供现实可行的依据。

（5）绩效测量基准。在针对范围、进度绩效或成本估算的变更获得批准后，需要对绩效测量基准做出相应的变更。有时绩效偏差太过严重，需要提出变更请求来修订绩效测量基准，以便为绩效测量提供现实可行的依据。

4. 项目文件更新

本过程可能需要更新的项目文件如下。

（1）经验教训登记册。更新经验教训登记册，以记录控制范围的有效技术，以及造成偏差的原因和选择的纠正措施。

（2）需求文件。可以通过增加或修改需求来更新需求文件。

（3）需求跟踪矩阵。应该随同需求文件的更新而更新需求跟踪矩阵。

3.7　小　　结

本章介绍了软件项目产品范围、项目工作范围、需求获取的常用方法、创建 WBS 的分解方法、软件项目范围核实、范围控制的任务以及它与变更控制的关系等内容。

项目范围对项目的影响是决定性的，它确定了软件项目工作内容的多少，也是后续开发的依据，更是系统测试的依据。没有它，很多扯皮的事情就要发生；没有它，系统测试都无所适从。有效的范围管理可以保证项目只做必须做的事情，避免范围蔓延和做无用功，同时也避免不清晰的需求所导致的严重的系统缺陷。

3.8　案例研究

案例一：如何面对需求变更[①]

小王的公司最近遇到的两个颇为有趣的项目。据小王介绍，这两个项目分别由两个项目经理负责。其中，项目经理 A 属于"谦虚"型，对于客户提出的问题，无论大小都给予解决，客户对此非常满意，然而，项目进度却拖得比较长，而且，客户总想把所有的问题都改完再说，项目已经一再延期。相比之下，项目经理 B 显得有些"盛气凌人"，对于客户提出的问题，大多都不予理睬，客户对此不是很满意，不过，该项目的进度控制得比较好，基本能够按

---

① http://www.leadge.com/news_list/100592.html

期完成项目。

话刚一说完，小李就抢着说："A比较像我，一般在和我的一些战略客户打交道的时候，我基本是有求必应，与客户的关系处得如鱼得水，这样做肯定不会错。就像前天我连合同都写错了，找到客户，人家二话没说就同意改了。你说如果是B的话可能吗？"

小王对此不以为然，"对项目经理来说，成本、质量和时间是最为重要的三要素。与客户的关系当然很重要，但也要全盘考虑项目的各要素。对于客户的要求，应该在有限的范围内给予解决，但不可以做出太大的牺牲。一味迁就客户将会使整个项目失败。"

小林接着小王的话说："当前，国内的项目一般情况下是由销售出面签单，再由项目经理接手后续的工作，因此客户关系多在事前已经搞定。发生新的情况后，可以由公司的公关部出面与客户进行协调，项目经理可以在此过程中坚持一下原则，与公司的公关部一个红脸，一个白脸，唱出一出好戏。"

小赵反驳道："不管怎样，客户才是第一位的。客户可以给你带来收入，也可以给你带来更多的客户和工作，有什么道理不多配合一下他们呢？说实话我对B的做法蛮欣赏的，可惜行不通。因为客户是上帝，如果照B的做法，会造成做一次项目丢掉一个客户，太不划算了。"

【案例问题】

(1) 小王公司的项目经理A和项目经理B哪一个做法更好？请说明理由。

(2) 小李和小王，你更同意哪个人说的？为什么？

(3) 怎么理解小林的"一个唱白脸，一个唱红脸"？

(4) 怎样理解小赵的"顾客是上帝"，你有没有更好的对策？

案例二：范围管理100%原则：苹果公司完成了99%，少了1%①

大家都知道，iPhone手机给苹果公司带来了巨大的成功，可以说让其他手机制造商只能去模仿而无法去超越。但是，有些人可能不知道，在研发第一代iPhone时，苹果公司竟然出现了可能是消费电子市场上最尴尬的一个失误：已经投入生产的iPhone手机没有电话功能！这款手机，或者已经不能称为手机，叫作最酷的手持计算设备可能更贴切一些，竟然不能打电话，着实给期待它的全球消费者开了一个大大的玩笑！

2007年年初，苹果公司宣布召回所有正在生产的iPhone手机，因为它发现这款大肆炒作的便携设备竟然漏掉了"电话"功能！苹果公司创始人史蒂夫·乔布斯在公司总部为这个荒唐的失误发表了致歉辞，脸色通红的乔布斯在与华尔街分析师召开的电话会议上说："首先，我们表示十分的歉意。因为我们在iPhone这款产品中漏掉了电话功能。"他解释道，苹果的设计工程师们一直在琢磨那些与电话无关的功能，如照相机、MP3播放器、跟踪天线系统以及其他高级功能等。虽然乔布斯表示首批已经运送到全球各地的零售店的九百万台iPhone手机大部分已经"打道回府"，重新运回苹果的生产厂，但是他还是建议那些通过某种方式已经拿到iPhone手机的消费者"拿起iPhone手机，然后放在耳边，假装在打电话。"

现在iPhone手机已风靡全球，再听到上面这个故事可能都无法相信，但这是真的！

在研发这款革命性的手机产品时，项目团队可能太过于关注那些令人激动的额外功能，

---

① http://www.zpedu.org/Infor-neirongye-1217_114.html

却把最基本的通话功能给遗漏了,毫无疑问的是,这个项目团队在制定项目范围时绝对忽略了这1％的功能,我想他们肯定在研发中不断地核实项目范围,却从未发现,甚至在投产的产品测试时也没有把这1％加到试验计划中,最终导致在量产时才尴尬地发现了这个致命疏忽!

【案例问题】

(1) 你怎么看苹果公司"完成了99％,少了1％"?

(2) 怎样理解范围管理的100％原则? 101％行不行?

(3) 项目范围管理中的"No More,No Less(不多,不少)",怎样才能做到?

3.9　习题和实践

1. 习题

(1) 什么是项目范围管理? 主要包括哪些过程?

(2) 简述需求收集对于范围管理的影响。

(3) 创建 WBS 是项目范围管理中的重要过程,一个详细的工作分解结构对项目管理有哪些好处?

(4) WBS 创建方法和原则是什么?

(5) 如何进行范围变更控制?

(6) 软件项目范围控制的挑战有哪些? 如何应对?

2. 实践

(1) 面对干系人不断提出的变更要求,作为项目经理如何应对?

(2) 从以下几个软件项目选择一个,创建 WBS,并定义项目的初步范围说明书。

- 校内二手物品交易系统
- 图书管理系统
- 校园周边服务推荐系统
- 网上订餐服务 App
- 学工处就业指导网站

第4章　项目进度管理

视频讲解

　　按时、保质完成项目是对项目的基本要求,但软件项目工期拖延的情况时常发生,因此,合理地安排项目时间是项目管理中的一项关键内容。项目进度管理就是采用科学的方法确定项目进度,编制进度计划和资源供应计划,进行进度控制,在与质量、费用目标协调的基础上,实现项目的进度目标。

　　项目进度管理包括进度管理规划、活动定义、活动排序、活动资源估算、活动历时估算、制订进度计划和进度控制等管理过程。这些过程相互作用,而且还与其他知识域中的过程相互作用。在某些小的软件项目中,定义活动、排列活动顺序、估算活动资源、估算活动历时及制订进度计划等过程之间的联系非常密切,以至于可视为一个过程,由一个人在较短时间内完成。

4.1　进度管理规划

　　进度管理规划是为规划、编制、管理、执行和控制项目进度而制定政策、程序和文档的过程。本过程的主要作用是为如何在整个项目期间管理项目进度提供指南和方向。

　　进度管理规划的任务是根据项目章程、项目管理计划(范围管理计划和开发方法等)、事业环境因素和组织过程资产等,通过征询专家意见和备选方案分析等方法,得到一份进度管理计划。进度管理计划是项目管理计划的组成部分,为编制、监督和控制项目进度建立准则和明确活动,其中应包括合适的控制临界值。根据项目需要,进度管理计划可以是正式或非正式的,详细或概略的。软件项目进度管理计划通常会做以下规定。

　　(1)制定项目进度模型。需要规定用于制定项目进度模型的进度规划方法论和工具。

　　(2)进度计划的发布和迭代长度。使用适应型生命周期时,应指定固定时间的发布时段、阶段和迭代。固定时间段指项目团队稳定地朝着目标前进的持续时间,它可以推动团队先处理基本功能,然后在时间允许的情况下再处理其他功能,从而尽可能减少范围蔓延。

　　(3)准确度。需要规定活动历时估算的可接受区间,以及允许的应急储备数量。

　　(4)计量单位。需要规定每种资源的计量单位,如用于测量时间的人时数、人天数或周数;用于计量数量的升、吨、米、千米等。

　　(5)组织程序链接。WBS为进度管理计划提供了框架,保证了与估算及相应进度计划的协调性。

（6）项目进度模型维护。需要规定在项目执行期间，将如何在进度模型中更新项目状态，记录项目进展。

（7）控制临界值。可能需要规定偏差临界值，用于监督进度绩效。它是在需要采取某种措施前，允许出现的最大偏差。通常用偏离基准计划中的参数的某个百分数表示。

（8）绩效测量规则。需要规定用于绩效测量的挣值管理（Earned Value Management，EVM）（详见5.4.1节）规则或其他测量规则。例如，进度管理计划可能规定拟用的挣值测量技术（如基准法、固定公式法、完成百分比法等）以及进度绩效测量指标（如进度偏差（Schedule Variance，SV）和进度绩效指数（Schedule Performance Index，SPI））等。

（9）报告格式。需要规定各种进度报告的格式和编制频率。

（10）过程描述。对每个进度管理过程进行书面描述。

4.2　活 动 定 义

活动定义是识别和记录为完成项目可交付成果而须采取的具体行动的过程。本过程的主要作用是将工作包分解为活动，作为对项目工作进行估算、进度规划、执行、监督和控制的基础。

4.2.1　活动定义的方法

项目活动定义应该基于项目管理计划（其中的进度管理计划和范围基准等）、事业环境因素和组织过程资产等已有文档和知识，常用的活动定义方法有以下几种。

1. 分解

采用分解技术定义活动，就是要把项目范围和项目可交付成果逐步划分为更小、更便于管理的组成部分——活动，活动定义的结果是活动，而非可交付成果（可交付成果是创建WBS的结果）。

WBS、WBS词典和活动清单可依次或同时编制，其中WBS和WBS词典是制定最终活动清单的基础。WBS中的每个工作包都须分解成活动，以便通过这些活动来完成相应的可交付成果。让团队成员参与分解过程，有助于得到更好、更准确的结果。

2. 滚动式规划

滚动式规划是一种渐进明细的规划方式，即对近期要完成的工作进行详细规划，而对远期工作则暂时只在WBS的较高层次上进行粗略规划。因此，在项目生命周期的不同阶段，工作分解的详细程度会有所不同。例如，在早期的战略规划阶段，信息尚不够明确，工作包也许只能分解到里程碑的水平；随着了解到更多的信息，近期即将实施的工作包就可以分解成具体的活动。

3. 专家判断

富有经验并擅长制定详细项目范围说明书、工作分解结构和项目进度计划的项目团队成员或其他专家，可以为定义活动提供专业知识。

4. 会议

会议可以是面对面或虚拟会议，正式或非正式会议。参会者可以是团队成员或主题专家,目的是定义完成工作所需的活动。

4.2.2 活动定义的结果

根据进度管理计划、范围基准和以往项目信息,通过相应的活动定义方法,得到活动清单和活动属性。

1. 活动清单

活动清单是一份包含项目所需的全部进度活动的清单。活动清单中应该包括每个活动的标志和足够详细的工作描述,使项目团队成员知道应当完成哪些工作。

一个软件项目活动清单如表 4-1 所示。

表 4-1　软件项目活动清单

活动编号	活动名称	输　入	输　出	内　容	负责人	目前状态	验收评价
2	需求分析	可行性研究	需求报告	手机用户需求	李达	已完成	良好
5	编码	设计报告	程序	编写程序	陈宫	已完成	合格
6.2	集成测试	单元测试	测试报告	系统功能测试	张飞	已完成	优秀
6.3	验收测试	集成测试	测试报告	用户测试	王猛	进行中	
...							

2. 活动属性

活动属性是指每项活动所具有的多种属性,用来扩展对该活动的描述。

活动属性随时间演进。在项目初始阶段,活动属性包括唯一活动标志(ID)、WBS 标识和活动标签/名称;当活动完成时,活动属性则可能还包括活动编码、活动描述、紧前活动、紧后活动、逻辑关系、时间提前与滞后量、资源需求、强制日期、制约因素和假设条件。活动属性还可用于识别工作执行负责人、实施工作的地点,以及活动类型,如人力投入量(Level of Effort,LoE)、分立型投入(Discrete Effort,DE)与分摊型投入(Apportioned Effort,AE)。活动属性可用于编制进度计划,还可基于活动属性,在项目报告中以各种方式对进度活动进行选择、排序和分类。活动属性的数量因应用领域而异。

3. 里程碑清单

里程碑是项目中的重要时间点或事件。里程碑清单列出了项目所有里程碑,并指明每个里程碑是强制性的(如合同要求的)还是选择性的(如根据历史信息确定的)。里程碑与常规的进度活动类似,有相同的结构和属性,但是里程碑的持续时间为零,因为里程碑代表的是一个时间点。

里程碑也是有层次的,在父里程碑层次可以定义子里程碑,不同规模项目的里程碑,其数量也是不一样的,里程碑可以合并或分解。例如,在软件测试周期中,可以定义 5 个父里程碑和十几个子里程碑。

- M1:测试计划和设计
  M11:测试计划制订
  M12:测试计划审查
  M13:测试用例设计

　　　　　M14：测试用例审查
- M2：代码（包括单元测试）完成
- M3：测试执行
　　　　　M31：集成测试完成
　　　　　M32：功能测试完成
　　　　　M33：系统测试完成
　　　　　M34：验收测试完成
　　　　　M35：安装测试完成
- M4：代码冻结
- M5：测试结束
　　　　　M51：为产品发布进行最后一轮测试
　　　　　M52：写测试和质量报告

4. 变更请求

一旦定义项目的基准后，在将可交付成果渐进明细为活动的过程中，可能会发现原本不属于项目基准的工作，这样就会提出变更请求。在这种情况下，应该通过实施整体变更控制过程对变更请求进行审查和处理。

5. 项目管理计划更新

项目管理计划的任何变更都以变更请求的形式提出，且通过组织的变更控制过程进行处理。可能需要变更请求的项目管理计划组成部分如下。

（1）进度基准。在整个项目期间，工作包逐渐细化为活动。在这个过程中可能会发现原本不属于项目基准的工作，从而需要修改作为进度基准一部分的交付日期或其他重要的进度里程碑。

（2）成本基准。在针对进度活动的变更获得批准后，需要对成本基准做出相应的变更。

4.3　活动排序

活动排序是识别和记录项目活动之间的关系的过程。本过程的主要作用是，定义工作之间的逻辑顺序，以便在既定的所有项目制约因素下获得最高的效率。

除了首尾两项外，每项活动都至少有一项紧前活动和一项紧后活动，并且逻辑关系适当。通过设计逻辑关系创建一个切实的项目进度计划，可能有必要在活动之间使用提前量或滞后量，使项目进度计划更为切实可行；可以使用项目管理软件、手动技术或自动技术排列活动顺序。活动排序过程旨在将项目活动列表转化为图表，作为发布进度基准的第一步。

4.3.1　活动排序的方法

项目活动排序应该基于项目管理计划（其中的进度管理计划和范围基准等）、项目文件（其中的活动属性、活动清单、假设日志和里程碑清单等）、事业环境因素和组织过程资产等已有文档和知识，常用的活动排序方法有以下几种。

1. 紧前关系绘图法

紧前关系绘图法(Precedence Diagramming Method,PDM)是创建进度模型的一种技术,用节点表示活动,用一种或多种逻辑关系连接活动,以显示活动的实施顺序。活动节点法(Activity-on-Node,AON)是紧前绘图法的一种展示方法,是大多数软件项目管理所使用的方法。

紧前活动是在进度计划的逻辑路径中,排在非开始活动前面的活动。紧后活动是在进度计划的逻辑路径中,排在某个活动后面的活动。PDM包括如下4种逻辑关系,如图4-1所示。

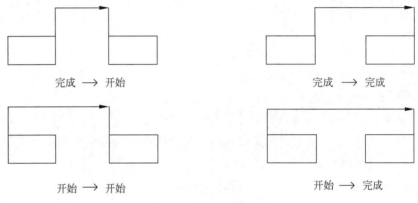

图 4-1　活动之间的关系

(1) 完成到开始(Finish-Start,FS)。只有紧前活动完成,紧后活动才能开始的逻辑关系。例如,软件项目中,只有编码(紧前活动)结束,测试(紧后活动)才能开始。

(2) 完成到完成(Finish-Finish,FF)。只有紧前活动完成,紧后活动才能完成的逻辑关系。例如,只有完成测试报告的编写(紧前活动),才能完成测试报告的编辑(紧后活动)。

(3) 开始到开始(Start-Start,SS)。只有紧前活动开始,紧后活动才能开始的逻辑关系。例如,开始单元测试之后,才能开始集成测试。

(4) 开始到完成(Start-Finish,SF)。只有紧前活动开始,紧后活动才能完成的逻辑关系。例如,只有第二位保安人员开始值班(紧前活动),第一位保安人员才能结束值班(紧后活动)。

在PDM图中,"完成到开始"是最常用的逻辑关系类型,"开始到完成"关系则很少使用。为了保持4种逻辑关系类型的完整性,这里也将"开始到完成"列出。

虽然两个活动之间可能同时存在两种逻辑关系(如SS和FF),但不建议相同的活动之间存在多种关系。因此,必须做出选出影响最大关系的决定。此外,也不建议采用闭环的逻辑关系。

2. 确定和整合依赖关系

如下所述,依赖关系可能是强制或选择的,内部或外部的。这4种依赖关系可以组合成强制性外部依赖关系、强制性内部依赖关系、选择性外部依赖关系或选择性内部依赖关系。

(1) 强制性依赖关系。强制性依赖关系是法律或合同要求的或工作的内在性质决定的依赖关系,强制性依赖关系往往与客观限制有关。例如,在建筑项目中,只有在地基建成后,才能建立地面结构;在电子项目中,必须先把原型制造出来,然后才能对其进行测试。强制性依赖关系又称为硬逻辑关系或硬依赖关系,技术依赖关系可能不是强制性的。在活动排序过程中,项目团队应明确哪些关系是强制性依赖关系,不应把强制性依赖关系和进度计划编制工具中的进度制约因素相混淆。

（2）选择性依赖关系。选择性依赖关系有时又称为首选逻辑关系、优先逻辑关系或软逻辑关系。即便还有其他依赖关系可用,选择性依赖关系应基于具体应用领域的最佳实践或项目的某些特殊性质对活动顺序的要求来创建。例如,根据普遍公认的最佳实践,在建造期间,应先完成卫生管道工程,才能开始电气工程。这个顺序并不是强制性要求,两个工程可以同时（并行）开展工作,但如按先后顺序进行可以降低整体项目风险。应该对选择性依赖关系进行全面记录,因为它们会影响总浮动时间,并限制后续的进度安排。如果打算进行快速跟进,则应当审查相应的选择性依赖关系,并考虑是否需要调整或去除。因此,在排列活动顺序过程中,项目团队应明确哪些依赖关系属于选择性依赖关系。

（3）外部依赖关系。外部依赖关系是项目活动与非项目活动之间的依赖关系,这些依赖关系往往不在项目团队的控制范围内。例如,软件项目的测试活动取决于外部硬件的到货;建筑项目的现场准备,可能要在政府的环境听证会之后才能开始。因此,在排列活动顺序过程中,项目管理团队应明确哪些依赖关系属于外部依赖关系。

（4）内部依赖关系。内部依赖关系是项目活动之间的紧前关系,通常在项目团队的控制之中。例如,只有机器组装完毕,团队才能对其测试,这是一个内部的强制性依赖关系。同样地,在排列活动顺序过程中,项目管理团队应明确哪些依赖关系属于内部依赖关系。

3. 提前量和滞后量

提前量是相对于紧前活动,紧后活动可以提前的时间量。例如,在某软件项目中,系统测试可以在收尾清单编制完成前10天开始,这就是带10天提前量的完成到开始关系,如图 4-2 所示。

滞后量是相对于紧前活动或紧后活动需要推迟的时间量。例如,对于一个大型技术文档,编写小组可以在编写工作开始后2周,开始编辑文档草案。这就是带2周滞后量的开始到开始关系,如图 4-2 所示。项目管理团队应该明确哪些逻辑关系中需要加入提前量或滞后量,以便准确地表示活动之间的逻辑关系。

图 4-2 提前量和滞后量示例

4. 项目管理信息系统

项目管理信息系统（Project Management Information System,PMIS）包括进度计划软

件(如 Microsoft Project),这些软件有助于规划、组织和调整活动顺序,插入逻辑关系、提前量和滞后量,以及区分不同类型的依赖关系。

4.3.2 活动排序的结果

1. 项目活动网络图

根据项目管理计划、活动清单、活动属性、里程碑清单、项目范围基准、事业环境因素和组织过程资产等信息,通过一定的活动排序方法,可以得到项目进度网络图。

项目活动网络图是表示项目活动之间的逻辑(依赖)关系的图形。图 4-3 是项目活动网络图的一个示例。项目活动网络图可手工或借助项目管理软件(如 Visio、Project 等)绘制。网络图可包括项目的全部细节,也可只列出一项或多项概括性活动。项目活动网络图应附有简要文字描述,说明活动排序所使用的基本方法。在文字描述中,还应该对任何异常的活动序列做详细说明。

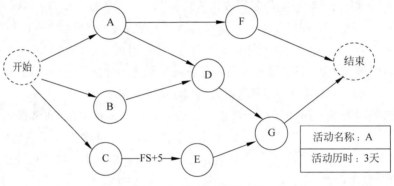

图 4-3 项目活动网络图

【例 4-1】 某校园综合服务 App 是以人脸识别为技术核心,结合移动互联和大数据分析手段,从考勤、办公、教学、家校互联 4 方面为学校打造的高效、实时的管理系统。该软件项目的项目活动网络图如图 4-4 所示。

【例 4-2】 某网上书城系统,能实现用户注册、用户登录、修改个人资料、浏览搜索图书、购物车、留言、管理员对网站的用户进行管理、管理员对订单进行管理、管理员个人信息管理、管理员对图书进行分类管理功能。该软件项目活动网络图如图 4-5 所示。

2. 项目文件更新

可在本过程更新的项目文件如下。

(1) 活动属性。活动属性可能描述了事件之间的必然顺序或确定的紧前或紧后关系,以及定义的提前量与滞后量,以及活动之间的逻辑关系。

(2) 活动清单。在排列活动顺序时,活动清单可能会受到项目活动关系变更的影响。

(3) 假设日志。根据活动的排序、关系确定以及提前量和滞后量,可能需要更新假设日志中的假设条件和制约因素,并且有可能生成一个会影响项目进度的风险。

(4) 里程碑清单。在排列活动顺序时,特定里程碑的计划实现日期可能会受到项目活动关系变更的影响。

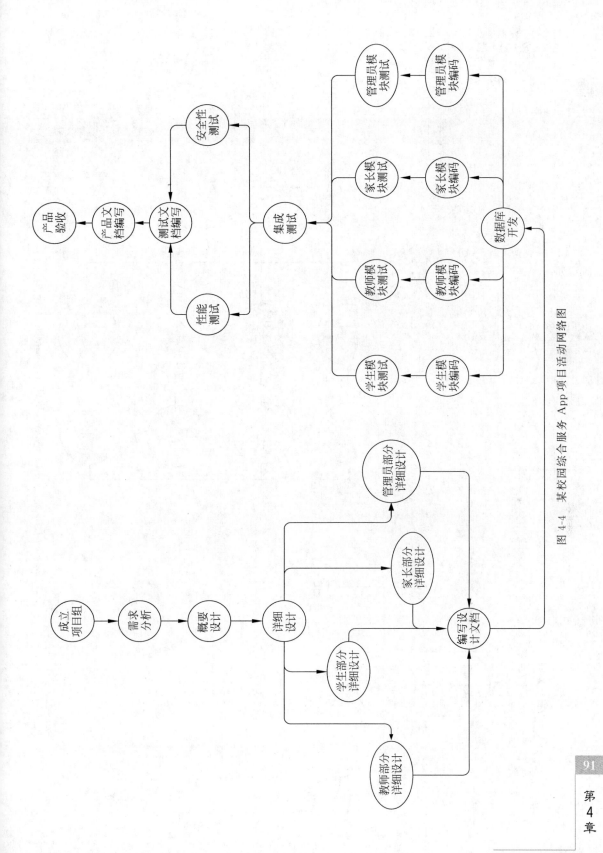

图 4-4 某校园综合服务 App 项目活动网络图

项目进度管理

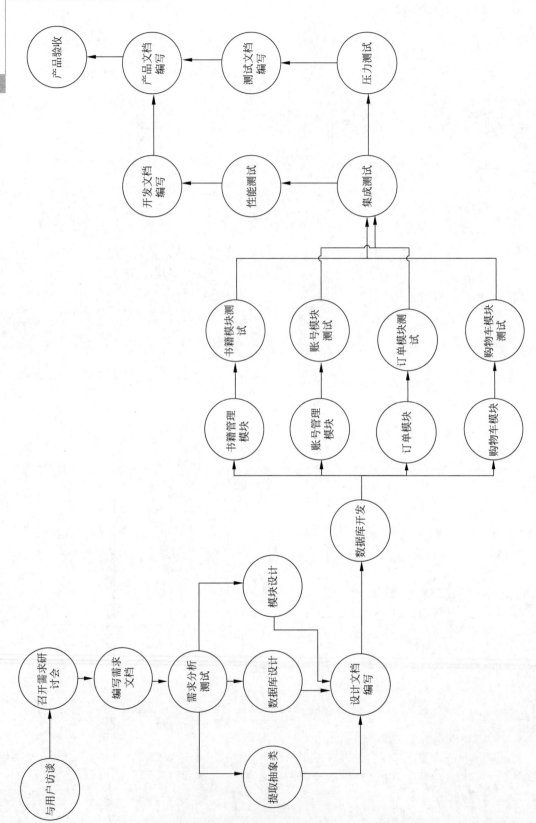

图 4-5 网上书城软件项目活动网络图

4.4　活动历时估算

活动历时估算是根据资源估算的结果,估算完成单项活动所需工作时段数的过程。本过程的主要作用是确定完成每个活动所需花费的时间量,为制订进度计划过程提供主要依据。

4.4.1　活动历时估算的方法

项目活动历时估算应该基于项目管理计划(其中的进度管理计划和范围基准等)、项目文件(活动属性、活动清单、假设日志、经验教训登记册、里程碑清单、项目团队派工单、资源情况和风险登记册等)、事业环境因素和组织过程资产等已有文档和知识。其中假设日志所记录的假设条件和制约因素有可能生成一个会影响项目进度的风险;项目团队派工单将合适的人员分派到团队,为项目配备人员;大多数活动的时间将受到分配给该活动的资源情况的影响。例如,当人力资源减少一半时,活动的历时一般来说会增加一倍;风险登记册中的单个项目风险可能影响资源的选择和可用性。

常用的历时估算方法有以下几种。

1. 专家判断

通过借鉴历史信息,专家判断能提供持续时间估算所需的信息,或根据以往类似项目的经验,给出活动历时的上限。专家判断也可用于决定是否需要联合使用多种估算方法,以及如何协调各种估算方法之间的差异。

2. 类比估算

类比估算是一种使用相似活动或项目的历史数据估算当前活动或项目的持续时间或成本的技术。类比估算以过去类似项目的参数值(如持续时间、预算、规模、复杂性等)为基础,估算未来项目的同类参数或指标。在估算持续时间时,类比估算技术以过去类似项目的实际持续时间为依据,估算当前项目的持续时间。这是一种粗略的估算方法,有时需要根据项目复杂性方面的已知差异进行调整。在项目详细信息不足时,就经常使用这种技术估算项目持续时间。

相对于其他估算技术,类比估算通常成本较低、耗时较少,但准确性也较低。可以针对整个项目或项目中的某个部分,进行类比估算。类比估算可以与其他估算方法联合使用。如果以往活动是本质上而不是表面上类似,并且从事估算的项目团队成员具备必要的专业知识,那么类比估算就最为可靠。

3. 参数估算

参数估算是一种基于历史数据和项目参数,使用某种算法计算成本或持续时间的估算技术。参数估算是指利用历史数据之间的统计关系和其他变量(如软件项目中的代码行数)估算诸如成本、预算和持续时间等活动参数。

把需要实施的工作量乘以完成单位工作量所需的工时,即可计算出活动历时。例如,在软件项目中,将某个模块的代码行数乘以每行代码所需的工作量,就可以得到该模块活动的持续时间。

参数估算的准确性取决于参数模型的成熟度和基础数据的可靠性。参数估算可以针对整个项目或项目中的某个部分,并可与其他估算方法联合使用。

4. 三点估算

三点估算的概念来自计划评审技术(Program Evaluation and Review Technique, PERT),在估算中考虑不确定性和风险,可以提高活动历时估算的准确性。在活动历时估算中,首先需要估算出进度的 3 个估算值,然后使用这 3 种估算值界定活动历时的近似区间。

最可能时间(T_M):对所需进行的工作和相关时间进行比较现实的估算,所估算的活动历时。

最乐观时间(T_O):基于最好的情况,所估算的活动历时。

最悲观时间(T_P):基于最差的情况,所估算的活动历时。

三点估算即根据以上 3 个值进行加权平均,计算活动的持续时间(T_E),使估算更加准确。

$$T_E = (T_O + 4T_M + T_P)/6$$

此外,我们也可以根据 3 个估算值计算其标准差,即 $\sigma = (T_O - T_P)/6$,据此界定活动历时的近似区间。例如,某活动的历时估算范围为 3 周±2 天,表明活动至少需要 13 天,最多不超过 17 天(假定每周工作 5 天)。

基于三点估算法,例 4-1 校园综合服务 App 项目中各活动历史估算结果如表 4-2 所示。

表 4-2　例 4-1 校园综合服务 App 项目活动历时估算

项目活动	时间(单位:天)			
	最乐观时间	最可能时间	最悲观时间	活动持续时间
概要设计	1	3	5	3
学生部分详细设计	3	6	10	6
教师部分详细设计	3	6	10	6
家长部分详细设计	3	5	8	5
管理员部分详细设计	3	5	8	5
资料下载功能	1	3	5	3
成绩查询功能	0.5	2	4	2
签到功能(人脸识别)	3	5	7	5
校园卡查询、充值功能	3	5	7	5
课堂互动功能	3	5	7	5
学生公共查询功能	1	3	5	3
教师作业发布功能	1	3	5	3
教师点到功能	2	4	6	4
教师资料上传功能	3	5	7	5
课堂互动功能	3	5	7	5
教师公共查询功能	0.5	2	3	2
校园卡查询、充值功能	2	5	7	5
查询学生情况功能	1	2	3	2
家校互联功能	1	4	7	4
家长公共查询功能	1	2	3	2
查询用户信息功能	1	3	5	3

项目活动	时间(单位：天)			
	最乐观时间	最可能时间	最悲观时间	活动持续时间
管理用户信息功能	1	3	5	3
管理用户权限	1	3	5	3
学生模块测试	1	3	5	3
教师模块测试	1	3	5	3
家长模块测试	1	3	5	3
管理员模块测试	1	3	4	3
性能测试	1	3	4	3
安全性测试	1	3	4	3
用户使用文档	1	2	3	2

基于三点估算法,例 4-2 网上书城软件项目中各活动历时估算结果如表 4-3 所示。

表 4-3 例 4-2 网上书城软件项目活动历时估算

项目活动	时间(单位：天)			
	最乐观时间	最可能时间	最悲观时间	活动持续时间
与用户访谈	1	2	4	2
召开需求研讨会	1	2	4	2
编写需求文档	1	2	3	2
需求分析测试	2	3	4	3
数据库设计	1	2	3	2
抽取抽象类	1	2	4	2
模块设计	1	3	5	3
设计文档编写	1	2	3	2
数据库开发	2	3	4	3
账号管理模块开发	1	2	4	2
书籍管理模块开发	1	2	4	2
购物车模块开发	1	3	5	3
订单模块开发	1	3	4	4
账号管理模块测试	0.5	1	2	1
书籍管理模块测试	1	2	4	2
购物车模块测试	2	3	5	3
订单模块测试	2	3	4	3
集成测试	2	3	5	3
压力测试	1	2	3	2
性能测试	1	3	4	3
设计文档编写	1	2	3	2
开发文档编写	1	3	4	3
测试文档编写	1	2	3	2
产品文档编写	1	2	3	2
产品验收	0.5	1	2	1

5. 自下而上估算

自下而上估算是一种估算项目持续时间或成本的方法,通过从下到上逐层汇总 WBS 组成部分的估算而得到项目估算。如果无法以合理的可信度对活动持续时间进行估算,则应将活动中的工作进一步细化,然后估算具体的持续时间,接着再汇总这些资源需求估算,得到每个活动的持续时间。活动之间可能存在影响资源利用的依赖关系,如果存在,就应该对相应的资源使用方式加以说明,并记录在活动资源需求中。

6. 数据分析

本过程的数据分析技术如下。

(1) 备选方案分析。备选方案分析用于比较不同的资源能力或技能水平、进度压缩技术、不同工具(手动和自动),以及关于资源的创建、租赁和购买决策。这有助于团队权衡资源、成本和持续时间变量,以确定完成项目工作的最佳方式。

(2) 储备分析。储备分析用于确定项目所需的应急储备量和管理储备。在进行持续时间估算时,需考虑应急储备(有时称为"进度储备"),以应对进度方面的不确定性。应急储备是包含在进度基准中的一段持续时间,用来应对已经接受的已识别风险。应急储备与"已知—未知"风险相关,需要加以合理估算,用于完成未知的工作量。应急储备可取活动持续时间估算值的某一百分比或某一固定的时间段,也可把应急储备从各个活动中剥离出来并汇总。随着项目信息越来越明确,可以动用、减少或取消应急储备,应该在项目进度文件中清楚地列出应急储备。

7. 会议和决策

项目团队可能会召开会议来估算活动持续时间。如果采用敏捷方法,则有必要举行冲刺或迭代计划会议,以讨论按优先级排序的产品未完项(用户故事),并决定团队在下一个迭代中会致力于解决哪个未完项。然后,团队将用户故事分解为按小时估算的底层级任务,根据团队在持续时间(迭代)方面的能力确认估算可行。该会议通常在迭代的第一天举行,参会者包括产品负责人、开发团队和项目经理,会议结果包括迭代未完项、假设条件、关注事项、风险、依赖关系、决定和行动。

举手表决是从投票方法衍生出来的一种形式,经常用于敏捷项目中。采用这种技术时,项目经理会让团队成员针对某个决定示意支持程度,举拳头表示不支持,伸 5 个手指表示完全支持,伸出 3 个以下手指的团队成员有机会与团队讨论其反对意见。项目经理会不断进行举手表决,直到整个团队达成共识(所有人都伸出 3 个以上手指)或同意进入下一个决定。

4.4.2 活动历时估算的结果

1. 估算依据

活动历时估算所需的支持信息的数量和种类因应用领域而异。不论其详细程度如何,支持性文件都应该清晰、完整地说明持续时间估算是如何得出的。历时估算的支持信息包括:

(1) 关于估算依据的文件(如估算是如何编制的);

(2) 关于全部假设条件的文件;

(3) 关于各种已知制约因素的文件;

(4) 对估算区间的说明(如"$\pm 10\%$"),以指出预期持续时间的活动区间;

(5) 对最终估算的置信水平的说明;

（6）有关影响估算的单个项目风险的文件。

2. 活动历时估算

历时估算是对完成某项活动、阶段或项目所需的工作时段数的定量评估，其中并不包括任何滞后量，但可指出一定的变动区间，例如：

（1）2 周±2 天，表明活动至少需要 8 天，最多不超过 12 天（假定每周工作 5 天）；

（2）超过 3 周的概率为 15%，表明该活动将在 3 周内（含 3 周）完工的概率为 85%。

3. 项目文件更新

可在本过程更新的项目文件如下。

（1）活动属性。本过程输出的活动持续时间估算将记录在活动属性中。

（2）假设日志。这包括为估算持续时间而提出的假设条件，如资源的技能水平、可用性，以及估算依据，此外还记录了进度计划方法论和进度计划编制工具所带来的制约因素。

（3）经验教训登记册。在更新经验教训登记册时，可以增加能够有效和高效地估算人力投入和持续时间的技术。

4.5　进度计划制订

进度计划制订是分析活动顺序、持续时间、资源需求和进度制约因素，创建项目进度模型的过程。本过程的主要作用是把进度活动、持续时间、资源、资源可用性和逻辑关系代入进度规划工具，从而形成包含各个项目活动的计划日期的进度模型。

制订可行的项目进度计划是一个反复进行的过程。基于获取的最佳信息，使用进度模型确定各项目活动和里程碑的计划开始日期和计划完成日期。编制进度计划时，需要审查和修正持续时间估算、资源估算和进度储备，以制订项目进度计划，并在经批准后作为基准用于跟踪项目进度。关键步骤包括定义项目里程碑、识别活动并排列活动顺序，以及估算持续时间。一旦活动的开始和完成日期得到确定，通常就需要由分配至各个活动的项目人员审查其被分配的活动。之后，项目人员确认开始和完成日期与资源日历没有冲突，也与其他项目或任务没有冲突，从而确认计划日期的有效性。最后，分析进度计划，确定是否存在逻辑关系冲突，以及在批准进度计划并将其作为基准之前是否需要资源平衡。同时，需要修订和维护项目进度模型，确保进度计划在整个项目期间一直切实可行。

4.5.1　进度计划制订的方法

项目进度计划制订应该基于项目管理计划（其中的进度管理计划和范围基准等）、项目文件（活动属性、活动清单、假设日志、估算依据、历时估算、经验教训、里程碑清单、项目进度网络图、项目团队派工单、资源情况和风险登记册等）、供应商供货协议、事业环境因素（行业标准和沟通渠道等）和组织过程资产等已有文档和知识，常用的项目进度计划制订方法有以下几种。

1. 关键路径法

关键线路法（Critical Path Method，CPM）是一种运用特定的、有顺序的进度网络图和活动历时估算值，确定项目每项活动最早开始时间（Early Start，ES）、最早结束时间（Early Finish，EF）、最晚开始时间（Late Start，LS）和最晚结束时间（Late Finish，LF），并制订项目进度网络计划的方法。关键路径法关注的是项目活动网络中关键路径的确定和关键路径总工期的计算,其目的是使项目工期能够达到最短。因为只有时间最长的项目活动路径完成之后,项目才能够完成,所以一个项目中最长的活动路径称为"关键路径"。

图 4-6 是一个项目进度网络图,实线节点为活动,包括活动名称和活动历时估算值,不难得到,C-E-G 就是一条关键路径,如图 4-6 中加粗线条所示。

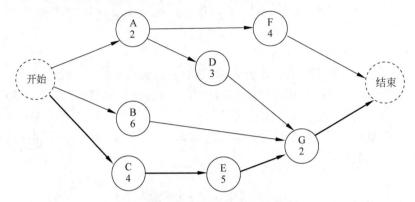

图 4-6　项目活动网络图中的关键路径

在关键路径方法中,需要确定每个活动的最早开始时间(ES)、最早结束时间(EF)、最晚开始时间(LS)和最晚结束时间(LF),这 4 个时间可以通过下列规则计算得到。

规则 1:除非另外说明,项目起始时间定于时刻 0。

规则 2:任何节点最早开始时间等于最邻近紧前活动节点最早完成时间的最大值。

规则 3:活动的最早完成时间是该活动的最早开始时间与其历时估算值之和。

规则 4:项目的最早完成时间等于项目活动网络中最后一个节点的最早完成时间。

规则 5:除非项目的最晚完成时间明确,否则就定为项目的最早完成时间。

规则 6:如果项目的最终期限为 tp,那么 LF(项目)=tp。

规则 7:活动的最晚完成时间是该活动的最邻近后续行动的最晚开始时间的最小值。

规则 8:活动的最晚开始时间是其最晚完成时间与历时估算值之差。

基于以上规则,可以得到上述项目活动图的最早开始时间、最早结束时间、最迟开始时间、最迟结束时间的进度网络图,如图 4-7 所示。

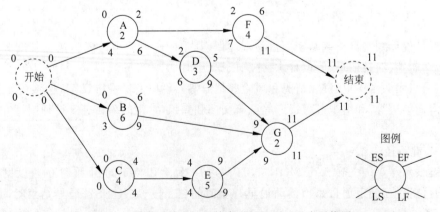

图 4-7　附带开始时间和结束时间的项目进度网络图

在不影响项目最早结束时间的条件下,活动最早开始(或结束)时间减去可以推迟的时间,称为该活动的机动时间。不难发现,关键路径上所有活动的机动时间都为零。

在图 4-7 中,项目最早完工的时间为 11 天,假设用户可以接受的合同完工时间为 18 天,那么根据上面的计算方法,可以得到上面例子中各个活动的最迟时间(LS 和 LF),如图 4-8 所示。

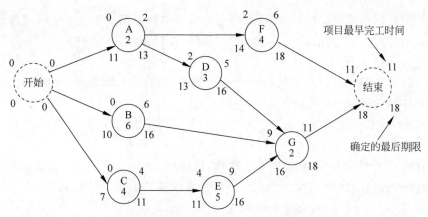

图 4-8　有最后期限的项目进度网络图

上述方法没有考虑资源受限的情况,很多情况下,项目资源是有限制的。例如,软件项目最重要资源——人力资源受限的情况下,如何得到项目的进度计划呢?

假如某项目的活动网络图如图 4-9 所示,各活动人力资源需求和历时估算值分别如表 4-4 中第 3 列和第 4 列所示,假设人力资源受限,只有 10 人,每人都能胜任各活动的工作,那么在此人力资源受限的情况下如何计算得到项目进度安排?

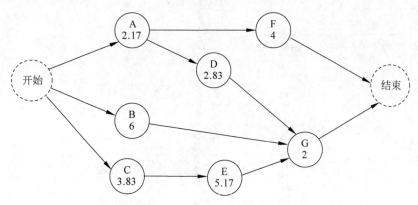

图 4-9　项目活动网络图

表 4-4　某项目各活动数据

活　　动	紧 前 活 动	需要的操作人员数	历时估算值
A	—	3	2.17
B	—	5	6
C	—	4	3.83
D	A	2	2.83

活　　动	紧 前 活 动	需要的操作人员数	历时估算值
E	C	4	5.17
F	A	2	4
G	B,D,E	6	2

最长历时的活动优先安排资源,那么根据表 4-4 中的数据和图 4-8 中活动的逻辑关系可以得到人力资源为 10 人的情况下,活动开工顺序为 BCEADFG。在此活动顺序下该项目各活动的进度安排如下。

(1) 时间 0.0,最先可以开工的活动为 A、B 和 C,历时最长的活动 B 和 C 先开工,且人力资源需求不超过限制,活动 A 等待。

(2) 时间 3.83,活动 C 结束,此时 5 人可用,可以开工的活动为 A 和 E,选择历时较大的 E 开工,A 等待。

(3) 时间 6.0,活动 B 结束,此时 6 人可用,可以开工的活动只有 A,因此 A 开工。

(4) 时间 8.17,活动 A 结束,此时 6 人可用,可以开工的活动有 D 和 F,且 D 和 F 的人力资源需求总和为 6,此时,D 和 F 同时开工。

(5) 时间 9.0,活动 E 结束,此时 4 人可用,但没有可以开工的活动,继续等待。

(6) 时间 11.0,活动 D 结束,此时 6 人可用,活动 G 开工。

(7) 时间 12.17,活动 F 结束,没有活动等待开工。

(8) 时间 13.0,活动 G 结束,整个项目完成。

根据以上步骤,可得如图 4-10 所示的各活动进度安排。

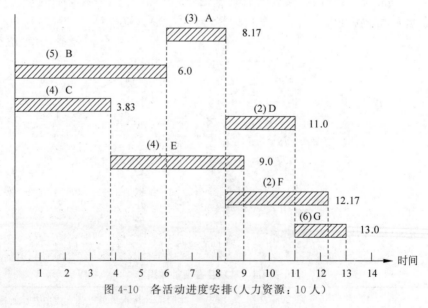

图 4-10　各活动进度安排(人力资源:10 人)

【思考题 4-1】　如果要保证 11 天完成项目,最少的人力资源需求是多少呢?

提示:要 11 天完成任务,要满足以下 3 个条件。

(1) 所有活动必须要在 11 天内完成。

(2) 关键路径上的活动不能被耽误。

（3）所有关键活动的紧前活动不能晚于最晚开工时间开始。

根据以上 3 点分析，可以得到如图 4-11 所示的一个进度安排(答案不唯一)。

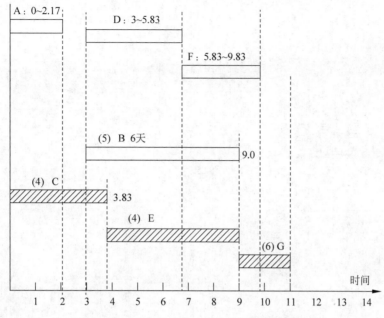

图 4-11　11 天完工且最少人力资源下的进度分析

【思考题 4-2】　还有一种资源分配方案，即活动历时最短优先安排人力资源，读者按此法进行项目活动进度安排，然后比较这两种方案，并思考在资源受限的条件下，如何分配资源，可以使得项目工期最短。

提示：软件项目中，在人力资源受限的条件下，要使项目工期最短，应该优先安排资源在关键路径上的活动，其次是为关键活动的紧前活动安排人力资源。

例 4-1 中的校园综合服务 App 项目实例，根据表 4-2 的活动历时估算，应用关键路径法可以得到该软件项目的进度网络图，如图 4-12 所示。

例 4-2 中的网上书城软件项目实例，根据表 4-3 的活动历时估算，应用关键路径法可以得到该软件项目的进度网络图，如图 4-13 所示。

2. 资源优化

资源优化用于调整活动的开始和完成日期，以调整计划使用的资源，使其等于或少于可用的资源。资源优化技术根据资源供需情况调整进度模型的技术，包括资源平衡与资源平滑两种技术。

（1）资源平衡是为了在资源需求与资源供给之间取得平衡，根据资源制约因素对开始日期和完成日期进行调整的一种技术。如果共享资源或关键资源只在特定时间可用，数量有限，或被过度分配，如一个资源在同一时段内被分配至两个或多个活动，就需要进行资源平衡。

（2）资源平滑是对进度模型中的活动进行调整，从而使项目资源需求不超过预定的资源限制的一种技术。相对于资源平衡而言，资源平滑不会改变项目关键路径，完工日期也不会延迟。也就是说，活动只在其自由和总浮动时间内延迟，但资源平滑技术可能无法实现所有资源的优化。

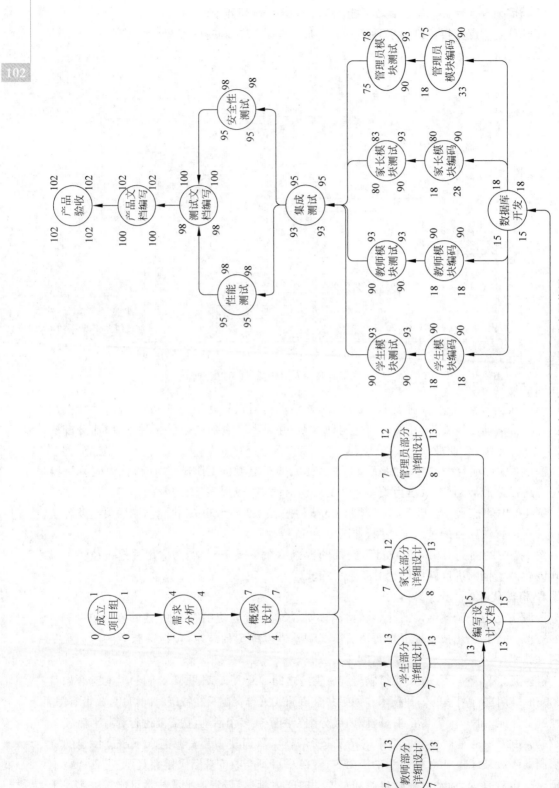

图 4-12　例 4-1 校园综合服务 App 项目进度网络图

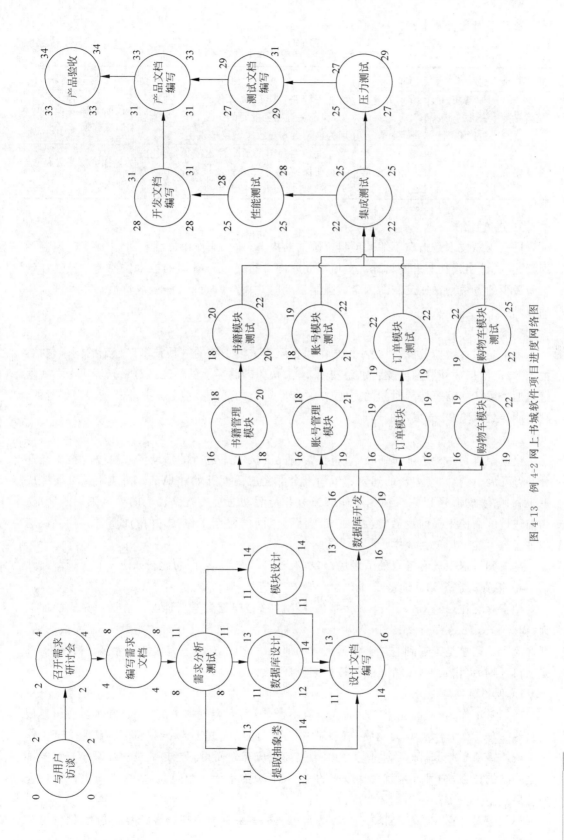

图 4-13 例 4-2 网上书城软件项目进度网络图

资源平衡和资源平滑的区别如表 4-5 所示。

表 4-5　资源平衡和资源平滑的区别

优化技术	关 键 字	目　　的	方　　法	影　　响
资源平衡	关键资源，资源有限，过度分配	解决关键路径上的资源不足	将非关键路径上的资源借调到关键路径上，保证关键路径的时间进度，但是可能会因为借调太多导致关键路径发生改变	可能导致关键路径发生改变
资源平滑	忽高忽低，波动大	解决资源负荷忽高忽低的问题	将非关键路径上的活动推迟或提前，让资源负荷保持在一个平稳或波动较小的水平，不会导致关键路径发生改变	不会导致关键路径发生改变

3. 进度压缩

进度压缩技术是指在不缩减项目范围的前提下，缩短或加快进度工期，以满足进度制约因素、强制日期或其他进度目标。负值浮动时间分析是一种有用的技术。关键路径是浮动时间最少的方法。在违反制约因素或强制日期时，总浮动时间可能变成负值。两种进度压缩技术如下。

1) 赶工

赶工是通过增加资源，以最小的成本代价压缩进度工期的一种技术。赶工的例子包括：批准加班、增加额外资源或支付加急费用，来加快关键路径上的活动。赶工只适用于那些通过增加资源就能缩短持续时间的，且位于关键路径上的活动。但赶工并非总是切实可行的，它可能导致风险和/或成本的增加。

2) 快速跟进

快速跟进是一种进度压缩技术，将正常情况下按顺序进行的活动或阶段改为至少是部分并行开展。例如，在大楼的建筑图纸尚未全部完成前就开始建地基。快速跟进可能造成返工和风险增加，所以它只适用于能够通过并行活动缩短关键路径上的项目工期的情况。为加快进度而使用提前量通常会增加相关活动之间的协调工作量，并增加质量风险。快速跟进还有可能增加项目成本。

赶工和快速跟进有各自的适用场合，也有各自的弊端，它们的比较如图 4-14 所示。

4. 帕肯森定律和关键链

帕肯森定律(Parkinson's Law)指的是工作总是拖延到它所能够允许最迟完成的那一天(Work expands to fit the allotted time.)。也就是说，如果工作允许拖延、推迟完成的话，往往这个工作总是推迟到它能够最迟完成的那一天，很少有提前完成的。大多数情况下，都是项目延期、工作延期，或者是勉强按期完成任务。

1) 项目延期原因分析

在通常工作中，提前完成工作的人不但不受奖，反而会受罚。例如，如果你的公司老板交给你一项工作，计划 10 天完成，结果你用一周时间完成了任务，老板可能会认为这个工作本来就不需要 10 天时间，因此你不会因为提前完成工作而得到老板表扬。如果第二次安排一个同样的任务，项目计划就会从原来的 10 天缩短为 7 天。也就是说，提前完成任务带来的结果是给下一个任务增加了难度。

类似情况也存在于产品销售中，有些销售人员本来有能力把销售额做得更大，销售更多

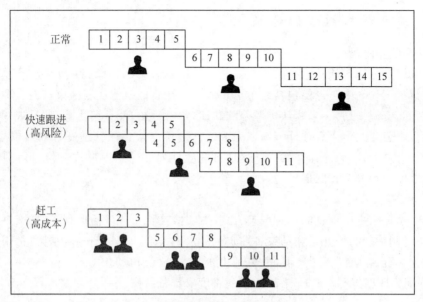

图 4-14　两种进度压缩技术的比较

的产品,但是他不会选择这种做法,而是有所保留。因为他担心如果今年销售额突破一个新高,很可能会导致明年有一个更高的绩效作为考核的基本水平,由于这种担心,每个人工作都会有一定保留,存在一定的安全裕量或隐藏安全裕量。

2) 关键链法

那么,根据帕肯森定律,如何改进项目的管理? 关键链法就是针对以上情况的解决办法。

关键链法和关键路径法的区别是:关键路径法是工作安排尽早开始,尽可能提前,而关键链法是尽可能推迟。

关键链法的提出主要基于两方面的考虑。

(1) 如果一项工作尽早开始,往往存在着一定的松弛量、时间浮动和安全裕量,那么这个工作往往推迟到它最后所允许的那一天为止。这一期间整个工作就没有充分发挥它的效率,造成了人力、物力的浪费。如果按照最迟的时间开始做安排,没有浮动和安全裕量,无形中对从事这个项目的工作人员施加了压力,他没有任何选择余地,只有尽可能努力地按时完成既定任务。这是关键链法所采用的一种思路。

(2) 在进行项目估算的时候,需要设法把个人估算中的一些隐藏的裕量剔除。经验表明,人们在进行估算的时候,往往是按照能够 100% 所需要的时间进行时间估算。在这种情况下,如果按照 50% 的可能性,只有一半的可能性能够完成任务,有 50% 的可能性又要延期,这样就大大缩短原来对工作的时间估算。

按照平均规律,把项目中所有的任务都按照 50% 的规律进行项目的时间估算,结果使项目整个估算时间总体压缩了 50%,如果把富余的时间压缩出来,作为一个统一的安全备用,作为项目管理的一个公共资源统一调度、统一使用,使备用的资源有效运用到真正需要它的地方,这样就可以大大缩短项目的整体工期。

4.5.2 进度计划制订的结果

1. 项目进度计划

项目进度计划展示活动之间的相互关联,以及开始结束日期、持续时间、里程碑和所需资源。项目进度计划中至少要包括每个活动的计划开始日期与计划结束日期。即使在早期阶段就进行了资源规划,在未确认资源分配和计划开始与结束日期之前,项目进度计划都只是初步的。一般要在项目管理计划编制完成之前进行确认。项目进度计划可以是概括(有时称为里程碑进度计划)或详细的。虽然项目进度计划可用列表形式,但图形方式更常见,可以采用以下一种或多种图形呈现。

1) 甘特图

甘特图是展示进度信息的一种图表方式。在甘特图中,进度活动列于纵轴,日期排于横轴,活动历时则表示为按开始和结束日期定位的水平条形。甘特图相对易读,常用于向管理层汇报情况。绘制甘特图的工具很多,常用的有微软公司的 Project 和 Visio,图 4-15 和图 4-16 分别为使用 Visio 和 Project 绘制的进度安排甘特图。

ID	任务名称	开始时间	完成	持续时间	2018年02月	2018年03月	2018年04月
1	启动项目	2018/1/29	2018/2/1	4天			
2	制订计划,确定分工	2018/2/2	2018/2/2	1天			
3	与发包商交流	2018/3/5	2018/3/6	2天			
4	分析需求	2018/3/7	2018/3/14	6天			
5	产品概要设计	2018/3/16	2018/3/19	2天			
6	功能详细设计	2018/3/20	2018/3/27	6天			
7	实现基本功能	2018/3/28	2018/4/10	10天			
8	改进需求	2018/4/11	2018/4/12	2天			
9	迭代开发	2018/4/13	2018/4/20	6天			
10	系统测试	2018/3/28	2018/4/20	18天			
11	后期材料准备	2018/4/20	2018/4/30	7天			

图 4-15 Visio 绘制甘特图示例

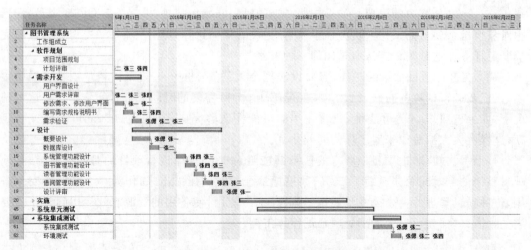

图 4-16 Project 绘制甘特图示例

2）里程碑图

与甘特图类似，里程碑图仅标示出主要可交付成果和关键外部接口的计划开始或完成日期。图 4-17 为一个软件项目的里程碑图示例，图中的方块符号为里程碑，里程碑所指示的时间通常为关键活动的完成时间。

图 4-17   里程碑图示例

里程碑是一种受到推崇的方法，它用来激发人们向同一个目标前进，这种动力可以在很短的时间内得到重大成果。然而，每个人都必须承认里程碑所界定的时间并不是每次都能实现，这时就必须要做出新的决定。

项目经理们必须要在团队中树立里程碑的目标，以此激励他们前进。但是，当里程碑确立的日期并不现实，而且队员们一再出错，那就应该重新评估这个计划了。如果因为某种特殊情况可以使这个日期不再重要，那么当这个重要日期真正来临的时候，整个团队就只有很小的动力来实现这个里程碑日期。当整个团队连续错过了 10 个日期，那么第 11 个日期还重要吗？这就像喊着“狼来了”的孩子一样，因此通常需要维护里程碑的权威性。

2. 进度基准

进度基准是经过批准的进度计划，只有通过正式的变更控制程序才能进行变更，用作与实际结果进行比较的依据。它被相关干系人接受和批准，其中包含基准开始日期和基准结束日期。在监控过程中，将实际开始和结束日期与批准的基准日期进行比较，以确定是否存在偏差。进度基准是项目管理计划的组成部分。

项目进度模型中的进度数据是用以描述和控制进度计划的信息集合。进度数据至少包括进度里程碑、进度活动、活动属性，以及已知的全部假设条件与制约因素。所需的其他数据因应用领域而异。经常可用作支持细节的信息如下。

（1）按时段计划的资源需求，往往以资源直方图表示。

（2）备选的进度计划，如最好情况或最坏情况下的进度计划、经资源平衡或未经资源平衡的进度计划、有强制日期或无强制日期的进度计划。

（3）进度应急储备。

进度数据还可包括资源直方图、现金流预测，以及订购与交付进度安排等其他相关信息。

4.5.3 项目进度计划不被尊重的原因和对策

项目进度计划是项目经理管理项目最重要的文件之一，甚至可以省略“之一”。它可以被看成是项目管理的总纲，清晰地展现在项目的整个生命周期中，有哪些任务要做，什么时候做，由谁来做，以及这些任务之间的逻辑关系。

项目进度计划如此重要，但是有不少项目经理抱怨“项目进度计划只有项目经理自己看，其他人包括项目组成员根本不关心，对于任务安排还是习惯问项目经理”。自己辛苦做的进度计划不被尊重,项目经理很受伤。项目进度计划不被尊重和重视,有以下几种原因。

1) 项目经理自己没有认识到进度计划的重要性

对于简单的项目,几件事情掰着手指头都数得过来,所以项目经理就觉得没有必要做正式的进度计划,弄个 Excel 表列出来主要任务和开始/结束时间就算完事。有经验的项目经理总觉得自己身经百战,只要管理好几个大的项目节点,便一切尽在掌控之中。俗话说:"淹死的都是会游泳的",魔鬼往往藏在细节中,常常由于遗漏或疏忽某个小的任务,而打乱了整个项目计划。

2) 项目进度计划不及时更新

在进行项目报价时,由于客户的要求,所以不得不做项目进度计划,这个时候的计划还主要关注里程碑事件。拿到项目后,进行内部的项目立项和项目启动会议,根据公司流程的要求,项目经理必须提交详细的进度计划。可是项目一旦正式启动,项目经理就开始按照自己脑子里的时间节点管理项目,除非由于阶段评审或客户、领导要求,否则很少再更新进度计划。

3) 项目进度计划可读性差

对于比较复杂的项目,进度计划可达三五百行,如果没有很好的条理结构,别说其他人,恐怕项目经理自己也会被任务之间的各种依赖关系搞得晕头转向。还有的项目经理不使用 Project 软件提供的任务依赖关系功能,每个任务都是独立的,手工设置它们的起始和完成时间,不仅让人不容易理解任务之间的相互关系,后期维护和调整也非常麻烦。

4) 项目进度计划没有考虑不同群体的需要

项目进度计划涵盖所有相关职能部门的任务,站在某个职能部门或某个项目组成员的角度去看进度计划,只有那么几个任务和自己相关,所以对其他不相关的部分就不感兴趣,认为是浪费时间,进而抵制整个项目计划。

5) 项目经理独自完成项目进度计划

项目经理独自完成进度计划,大多属于无奈,因为团队成员不积极提供输入,也没有时间参加评审,项目经理迫于时间压力,不得不自己完成进度计划,然后发给团队成员,如果没有任何反馈,即视为同意。这样做的后果是,团队成员对项目经理做的进度计划没有提出异议,可能因为他们根本就没有看,即使看了也不代表完全赞同,大家抱着"反正我们没有赞同也没有反对,遇到问题再说"的心态。

针对上面这些原因,采取如下措施可以改善这种状况。

(1) 项目经理首先自己要重视项目进度计划,不能敷衍了事。应该把进度计划看成是有效管控项目的工具,而不是为了完成一份文档。把制订和管理进度计划比作项目经理吃饭的饭碗,很难相信管理不好进度计划的项目经理可以成为一名优秀的项目经理。

对于不同复杂程度的项目,可以对进度计划进行剪裁和简化,但是不能跳过制订项目进度计划这个过程。我们可以借用其他成熟项目的进度计划,但是不能生搬硬套,必须进行适用性评审,并做适当的调整。

(2) 项目经理一定要让团队成员参与项目进度计划的制订管理。没有人喜欢别人给自己安排任务,而自己只能被动地去执行。团队成员的参与,不仅能给出他们专业的输入信息(没有谁比他们自己更了解自己的能力和工作负荷),而且能够识别出潜在的风险。一旦对任务的安排达成共识,他们也能够心甘情愿地予以履行。

团队成员的充分参与还有另外一个好处,在制订进度计划的过程中,每个职能部门有机会知道谁给他们提供输入,谁是他们输出的接受者;一旦计划有变,谁是源头而谁又是受影响者。这将会促使项目组成员去关心其他职能部门的工作,以至于关心整个项目的进度计划。

(3)项目进度计划要详略得当、层次分明,并且要考虑不同职能部门的实际需要。只制订一份项目进度计划,当然省时省力,维护起来也简单方便。但是考虑到不同干系人的关切点会有不同,项目经理也需要做不同的进度计划。例如,在报价阶段,没有必要关注太多细节,只要做大的节点计划即可,在形式上最好采用 Excel 格式,用图形和条状块标示出关键节点和重要进程。这种类型的进度计划,也适用于和客户交流项目的状态和给管理层做项目汇报。

对于项目的整体进度和资源规划,当然需要详细的进度计划,通常用 Project 软件完成。由于这种计划篇幅较长,所以对整个计划的结构和层次设计就很重要。建议把客户要求的时间节点放在最上面,下部按职能或项目的阶段划分不同的段落,并列出详细的任务。在中间部分为详细计划的输出结果,重点列出和客户相关的以及和内部评审相关的节点,这样很容易和客户要求的节点进行比较,评估是否能满足客户的要求或内部评审的要求。只有想知道细节时,才需要看下面的详细计划,提高了整个项目计划的可读性。

除了上面两种进度计划外,有时候我们还需要给个别部门"开小灶"。例如物流计划部门,他们负责样件原材料的准备以及样件的生产和交付,对保障样件的准时交付至关重要;另一方面,他们需要的输入信息比较简单且固定,如物料清单(Bill of Material,BOM)、图纸、需求的数量,以及交付地点等。所以我们可以给他们单独做一个样件生产和交付计划,简单明了地列出"什么时间,交什么状态的样件,多少个,送到哪里"即可,简单有效。

(4)项目进度计划要及时更新,并以适当的频度对外发布。无论哪种形式的进度计划,只要对外发布,就要始终保持它的时效性,否则大家自然就会忽视它而直接去问项目经理。对于关键节点的变更,有时候还需要得到客户和公司管理层的批准,并通过正式的文件发放流程进行发布。

项目进度计划的更新,不仅对任务、任务的开始和结束时间和依赖关系进行更新,还需要对任务的进展进行更新,也就是任务的完成百分比。如何定义百分比不是特别重要,重要的是让所有人知道任务是否有进展,以便评估进度风险和资源的消耗是否合理。另外,也可以对整个团队起到正向激励的作用,当看到某个任务被完成时,"100%"这个符号立即给人带来成就感,对比较困难的任务更是如此。

项目进度计划需要及时更新,也不是有一点变更就立即更新,更新太频繁会给人一种不稳定感,也会认为每个版本的发布不够慎重,从而让人产生不信任感,总想着明天可能又会有新版本,当然就不会那么重视今天的版本了。

归纳起来,如果想让项目进度计划受到尊重,项目经理先从自己这里找原因,首先自己重视,其次让团队成员参与,做到进度计划清晰明了、因人而异和及时适度更新。

4.6　进 度 控 制

进度控制是监督项目活动状态,更新项目进展,管理进度基准变更,以实现计划的过程。本过程的主要作用是提供发现计划偏离的方法,从而可以及时采取纠正和预防措施,以降低风险。

进度控制的主要工作包括：分析偏离进度基准的原因与程度，评估这些偏差对未来工作的影响，确定是否需要采取纠正或预防措施。例如，非关键路径上的某个活动发生较长时间的延误，可能不会对整体项目进度产生影响；而某个关键或次关键活动的稍许延误，却可能需要立即采取行动。对于不使用挣值管理的项目，需要开展类似的偏差分析，比较活动的计划开始和结束时间与实际开始和结束时间，从而确定进度基准和实际项目绩效之间的偏差。还可以进一步分析，以确定偏离进度基准的原因和程度，并决定是否需要采取纠正或预防措施。

4.6.1 软件项目进度控制常见问题

要有效地进行进度控制，必须对影响进度的因素进行分析，事先或及时采取必要的措施，尽量缩小计划进度与实际进度的偏差，实现对项目的主动控制。软件开发项目中影响进度的因素有很多，如人为因素、技术因素、资金因素、环境因素等。在软件开发项目的实施中，人为因素是最重要的因素，技术的因素归根到底也是人为因素。软件开发项目进度控制常见问题主要是体现在对一些因素的考虑上。常见的问题有以下几种情况。

1. 80-20 原则与过于乐观的进度控制

80-20 原则在软件开发项目进度控制方面体现在：80%的项目工作可以在 20%的时间内完成，而剩余的 20%的项目工作需要 80%的时间。这个 80%的项目工作不一定是在项目的前期，而可能是分布在项目的各个阶段，但是剩余的 20%左右的项目工作大部分是在后期。所以软件开发在进入编码阶段后会给人一种"进展快速"的感觉，使项目经理、项目团队成员、用户以及高层领导产生了过于乐观的估计。有些领导看到软件交付给用户了，就心里一块石头落地"总算交差了"，同时又可能撤出一些认为不必要的人力资源。但很多情况下这是为了对付用户不合理的交付期限要求而采取的不得已的措施。这样的结果会拖延后期的工作，同时，如果软件还不成熟，会给用户造成不好的影响。

2. 范围、质量因素对进度的影响

软件开发项目比其他任何建设项目都会有更经常的变更，大概是因为软件程序是一种"看不见"又"很容易修改"的东西吧，用户"想改就改"，造成需求的蔓延，项目经理有时还不知如何拒绝，加上要说"我能"的心理因素，一般都会答应修改。这样积少成多，逐渐影响了项目进度。如果某项工作在进度表面上达到目标了，但经检验其质量没有达到要求，则必然要通过返工等手段，增加人力资源的投入，增加时间的投入，实际上是拖延了进度。不管是从横向或纵向来看，部分任务的质量会影响总体项目的进度，前面的一些任务质量终会影响到后面的一些任务质量。

3. 资源、预算变更对进度的影响

资源中最主要的还是人力资源，有时某方面的人员不够到位，或在多个项目的情况下某方面的人员中途被抽到其他项目，或身兼多个项目，或在别的项目不能自拔无法投入本项目。还有一个很重要的资源，就是信息资源，如某些国家标准、行业标准，用户可能提供不了，而是需要去收集或购买，如果不能按时得到，就会影响需求分析、设计或编码的工作。另外，其他资源，如开发设备或软件没有到货，也会对进度造成影响。

预算其实就是一种资源，它的变更会影响某些资源的变更，从而对进度造成影响。

4. 低估了软件开发项目实现的条件

低估软件开发项目实现的条件表现在低估技术难度、低估协调复杂度、低估环境因素这几个方面。

首先，低估了技术难度。软件开发项目团队成员，有时甚至是企业的高级项目主管也经常会低估项目技术上的困难。低估技术难度实际上也就是高估人的能力，认为或希望项目会按照已经制订的乐观项目计划顺利地实施，实际则不然。软件开发项目的高技术特点本身说明其实施中会有很多技术的难度，除了需要高水平的技术人员来实施外，还要考虑为解决某些性能问题而进行科研攻关和项目实验。

其次，低估了协调复杂度，也低估了多个项目团队参加项目时工作协调上的困难。软件开发项目团队成员比较强调个人的智慧，强调个性，这给项目工作协调带来更高的复杂度。当一个大项目由很多子项目组成时，不仅会增加相互之间充分沟通交流的困难，更会增加项目协调和进度控制上的困难。

另外，企业高级项目主管和项目经理也经常低估环境因素，这些环境因素包括用户环境、行业环境、组织环境、社会环境、经济环境。低估这些环境因素，既有主观的原因，也会有客观的原因。对项目环境的了解程度不够，造成没有做好充分的准备。

5. 项目状态信息收集的失真

由于项目经理的经验或素质原因，对项目状态信息收集和掌握不足，项目状态信息的及时性、准确性、完整性可能比较差。另外，其他一些原因也会造成这种现象。某些项目团队成员报喜不报忧，不希望别人知道自己工作得不好，例如软件程序的编制，可能会先编制一些表面的东西，看起来好像完成任务了，实际上只是一个"原型系统"或演示系统，给领导造成比较乐观的感觉。

如果项目经理或管理团队没有及时检查并发现这种情况，将对项目的进度造成严重的影响。当然，如果出现这种需要时时刻刻都互相提防的氛围，管理人员就应该从管理的角度和制度的角度检讨一下，进行改进，让大家实事求是地进行沟通。温伯格说："无论你多么聪明，离开了信息，对项目进行成功的控制就是无源之水、无本之木。"

6. 执行计划的严格程度

没有把计划作为项目过程行动的基础，而是把计划放在一边，比较随意去做。例如，对于项目团队内部沟通或外部沟通，在计划中要说明清楚人员、周期、方式、方法，不能遗漏，但在实际项目过程中，可能出现沟通没有按时或没有完整地达到所有项目干系人的情况。

若项目计划本身有错误，执行错误的计划肯定会产生错误的结果。例如，计划制订者在计划系统框架设计考虑上的错误、进度安排上的失误等。实际的项目实施中，除了这种错误之外，还可能因为项目执行上的错误，造成项目的麻烦。例如，项目的客户及其他项目干系人没有及时为项目中出现的情况采取必要的措施，或者所采取的措施的不适合具体的情况、没有效果或有副作用等。另外，如果在项目中的某项工作(如某个子系统或模块、组件)被转包给第三方开发后，不能进行有效的管理，也会造成进度上的延误。

7. 计划变更调整的及时性

渐近明细是项目的特点，特别是软件开发项目，并不是一个一成不变的过程。开始时的项目计划可以先制订得比较粗一些，随着项目的进展，特别是需求明确以后，项目的计划就可以进一步明确，这时候应该对项目计划进行调整修订，通过变更手续取得项目干系人的共识。计划应该随着项目的进展而逐渐细化、调整、修正。如果项目的计划是随意制订的,或者计划没有及时调整,将使项目难以控制。在 IT 行业,技术日新月异是主要特点,因此计划的制订需要在一定条件的限制和假设之下采用渐近明细的方式,随着项目的进展进行不断细化、调整、修正、完善,对于较大型的软件开发项目,工作分解结构可采用二次甚至多次 WBS 方法,即根据总体阶段划分的总体 WBS,需求调研阶段结束、概要设计完成后专门针对详细设计或编码阶段的二次 WBS。由于需求的功能点和设计的模块或组件之间并不是一一对应的关系,所以只有在概要设计完成以后才能准确地得到详细设计或编码阶段的二次 WBS,根据代码模块或组件的合理划分而得出的二次 WBS 才能在详细设计、编码阶段乃至测试阶段起到有效把握和控制进度的作用。有些项目的需求或设计做得不够详细,无法对工作任务的分解、均衡分配和进度管理起参考作用,因此要随着需求的细化和设计的明确,对项目的分工和进度进行及时的调整,使项目的计划符合项目的变化,使项目的进度符合项目的计划。

8. 未考虑不可预见事件发生造成的影响

假设、约束、风险等考虑"不周"造成在项目进度计划中未考虑一些不可预见的事件发生。例如,软件开发项目还会因为项目资源特别是人力资源缺乏、人员生病、人员离职、项目团队成员临时有其他更紧急的任务造成人员流动等不可预见的事件,对项目的进度控制造成影响(即项目按时完成是基于如下假设:人力资源不会缺乏、人员不会生病、人员不会流动)。企业环境、社会环境、天灾人祸等事件对项目的进度控制也会造成影响。对项目的假设条件、约束条件、风险及其对策等对于进度的影响在项目计划要进行充分的考虑,在项目进展过程中也要不断地重新考虑有没有新的情况、新的假设条件、约束条件、潜在风险会影响项目的进度。假设是通过努力可以直接解决的问题,而这些问题是一定要解决才能保证项目按计划完成;约束一般是难以解决的问题,但可以通过其他途径回避或弥补、取舍,如牺牲进度、质量等。假设与约束是针对比较明确会出现的情况,如果问题的出现具有不确定性,则应该在风险分析中列出,分析其出现的可能性、造成的影响、采取的措施。实际上像没有考虑人员的疾病、人员流动这些情况本身也不是什么问题,因为任何人都不可能把所有的情况都考虑完整,实际上也没有必要。诸如下班或节假日的加班时间都被安排用于项目工作的情况就会造成更多的项目不确定性。在可能的情况下,当然要对所有可能情况都做到有备无患,但是有的时候也要冒一定的风险,同时对于风险的防范也需要考虑,如果防范的成本大于风险本身造成的损失和影响,则这种防范是没有必要的。

9. 程序员方面的因素对进度的影响

程序员方面有两种常见的心态影响了进度的控制:一是技术完美主义,二是自尊心。

技术完美主义的常见现象是,有些程序员由于进度压力、经验等方面的原因,会匆忙先做编码等具体的事情,等做到一定程度后会想到一些更好的构思,或者看到一些更好的技术的介绍,或者是觉得外部构架可以更加美化,或者是觉得内部构架可以更加优化,他们会私下或公开对软件进行调整,去尝试一下新的技术。而是否使用这些新的技术对完成项目本身的目标并没有影响,相反可能带来不确定的隐患。这种做法不是以用户的需求为本,或以项目团队的总体目标为本,可能对软件开发进度造成较大的影响。

自尊心的常见现象是,有些程序员在遇到一些自己无法解决的问题时,倾向于靠自己摸索,而不愿去问周围那些经验更为丰富的人。有些人也许会通过聊天室等方式匿名地向别人求教,如果运气好会很快地解决,否则要花很多时间实践摸索。而如果向周围的人求教,可能摸索几天的问题早就解决了。

10. 未考虑软件开发过程的循环、迭代特性

对软件开发的各个过程分类过于精细,制订进度计划时各项工作过于紧凑、没有弹性,造成的后果是,定期提交项目进度阶段报告的制度只在表面上起到作用,按照计划的时间表提交阶段成果也只在表面上起到作用。因为"上有政策,下有对策",强行的规定会使人产生一些错误的认识:如在项目计划中"规定"某个时间只能做某类别的事情,那么严格执行的后果就是编码阶段就不能修改文档;另外,错误的"里程碑"概念可能会使大家轻易地相信上一个阶段的工作成果都是"通过评审"最终定稿了,而实际上可能只是因为时间到了,该提交的人提交,该评审的人评审了。如果上下阶段是不同的人,就根本不会去检查其中是否还有错误;如果上下阶段是同一个人,就可能非正式地修改上一阶段的错误,但占用的时间和精力却是下一阶段的,并且这样的修改是没有记录的。这样关于阶段进度控制的措施实际上只是在表面上有效。最为普遍的情况是,用户在合同中限定了提交软件系统的时间,实际上这个时间对完成项目任务来说是远远不够的,但计划只能按照合同进行,所以要么用户让步,要么只能按照时间的约定提交实际上还未完成的软件系统,完成系统的安装,但这时候的"完成阶段任务"只是一个表面现象,系统虽然安装了,但可能是没有经过严格彻底测试的,也可能是只完成了部分的功能,省略了某些功能,有些是整块功能省略,有些是省略了某些功能的某个过程,如数据录入里面隐含的数据录入前缺省值设置、数据录入检验等功能,而只实现了比较粗糙的功能。这样,系统交付并不意味着项目的完成,而在项目交付之后还要花更多的时间。

11. 其他因素

以上这些因素是影响项目进度的几个主要方面,除此之外,还有很多其他的影响因素。其实最主要的因素还是人为因素,这里的人包括所有与项目相关的人。项目经理的素质、管理者的水平、用户的因素、项目成员的因素等,都会对项目进度造成影响。因为篇幅有限,无法一一列举,只能在此分析一些常见的因素。

不可否认,软件开发项目进度可控性还是带有一定运气成分的。特别是需要用户配合的那些软件开发项目,其可控性与用户的成熟度、软件应用领域的成熟程度和行业标准规范的完备程度有很大关系。关于可控性方面,会涉及与客户打交道经验,虽然我们说"顾客是上帝、以顾客为中心",但并不是说我们要把主导权交给他们,关键是如何去主导、引导、把握。因此,项目控制的好坏与相关人员人际关系方面的经验也有关系。

尽管存在很多不可控的因素,我们的任务是首先分清哪些是可以控制的,哪些是不能控制的,项目经理一是要尽量扩大可控的领域,减少不可控的领域。不要在"不可控"上花太多时间,而是多花一些时间把可控的工作控制好,做好防范措施,减少不可控因素对项目进度的影响。

项目进入实施阶段后,项目经理几乎所有的活动都是围绕进度展开的。进度控制的目标与成本控制的目标、质量控制的目标是对立统一的关系。项目的进度、质量和成本构成一个相互制约的三角关系,需要项目经理去平衡。

4.6.2 进度控制的方法

项目进度控制应该基于项目管理计划(其中的进度管理计划、进度基准、范围基准和绩效测量基准等)、项目文件(经验教训登记册、项目日历、项目进度计划、资源日历和进度数据等)、工作绩效数据(工作绩效数据包含关于项目状态的数据,如哪些活动已经开始,它们的进展如何,如实际持续时间、剩余持续时间和实际完成百分比)和组织过程资产等已有文档和知识,常用的活动定义方法如下。

1. 数据分析

可用作本过程的数据分析技术如下。

(1) 挣值分析。进度绩效测量指标,如进度偏差(SV)和进度绩效指数(SPI)用于评价偏离初始进度基准的程度。针对 WBS 组件,特别是工作包和控制账户,计算出进度偏差(SV)与进度绩效指数(SPI),并记录在案,传达给干系人。当进度绩效指数 SPI 小于 1 时,表示进度延误,即实际进度比计划进度拖后;当进度绩效指数 SPI 大于 1 时,表示进度提前,即实际进度比计划进度快。由于挣值分析是一个综合了进度、成本等绩效的测量技术,我们将在第 5 章中详细介绍。

(2) 迭代燃尽图。这类图用于追踪迭代未完项中尚待完成的工作。它基于迭代规划中确定的工作,分析与理想燃尽图的偏差。可使用预测趋势线来预测迭代结束时可能出现的偏差,以及在迭代期间应该采取的合理行动。在燃尽图中,先用对角线表示理想的燃尽情况,再每天画出实际剩余工作,最后基于剩余工作计算出趋势线以预测完成情况。图 4-18 是迭代燃尽图的一个例子。

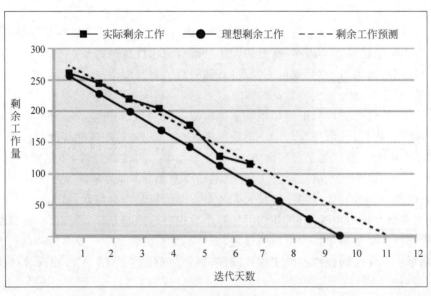

图 4-18　迭代燃尽图

(3) 绩效审查。绩效审查是指根据进度基准,测量、对比和分析进度绩效,如实际开始和完成日期、已完成百分比,以及当前工作的剩余持续时间。

(4) 趋势分析。趋势分析检查项目绩效随时间的变化情况,以确定绩效是在改善还是在恶化。图形分析技术有助于理解截至目前的绩效,并与未来的绩效目标(表示为完工日期)进行对比。

(5)偏差分析。偏差分析关注实际开始和完成日期与计划的偏离、实际持续时间与计划的差异,以及浮动时间的偏差。它包括确定偏离进度基准的原因与程度,评估这些偏差对未来工作的影响,以及确定是否需要采取纠正或预防措施。

(6)假设情景分析。假设情景分析基于项目风险管理过程的输出,对各种不同的情景进行评估,促使进度模型符合项目管理计划和批准的基准。

2. 关键路径法

通过比较关键路径的进展情况来确定进度状态。关键路径上的差异将对项目的结束日期产生直接影响。评估次关键路径上的活动的进展情况,有助于识别进度风险。

3. 资源优化

资源优化技术是在同时考虑资源可用性和项目时间的情况下,对活动和活动所需资源进行的进度规划。

4. 提前量和滞后量

提前量和滞后量是网络分析中使用的一种调整方法,通过调整紧后活动的开始时间来优化进度计划。提前量用于在条件许可的情况下提早开始紧后活动;而滞后量是在某些限制条件下,在紧前和紧后活动之间增加一段不需工作或资源的自然时间。例如,在大型技术文件编写项目中,通过消除或减少滞后量,把草稿编辑工作调整到草稿编写完成之后立即开始。在网络分析中调整提前量与滞后量,可使进度滞后的活动赶上计划。

5. 进度压缩

采用进度压缩技术使进度落后的项目活动赶上计划,可以对剩余工作使用快速跟进或赶工方法。

4.6.3 进度控制的结果

1. 工作绩效信息

工作绩效信息包括与进度基准相比较的项目工作执行情况。可以在工作包层级和控制账户层级,计算开始和完成日期的偏差以及持续时间的偏差。对于使用挣值分析的项目,进度偏差(SV)和进度绩效指数(SPI)将记录在工作绩效报告中。

2. 进度预测

进度预测指根据已有的信息和知识,对项目未来的情况和事件进行的估算或预计。

随着项目执行,应该基于工作绩效信息,更新和重新发布预测。这些信息基于项目的过去绩效,并取决于纠正或预防措施所期望的未来绩效,可能包括挣值绩效指数,以及可能在未来对项目造成影响的进度储备信息。

3. 变更请求

通过分析进度偏差,审查进展报告、绩效测量结果和项目范围或进度调整情况,可能会对进度基准、范围基准和项目管理计划的其他组成部分提出变更请求。应该把变更请求提交给项目整体变更控制过程审查和处理。预防措施可包括推荐的变更,以消除或降低不利进度偏差的发生概率。

4. 项目管理计划更新

项目管理计划的任何变更都以变更请求的形式提出,且通过组织的变更控制过程进行处理。可能需要变更请求的项目管理计划组成部分如下。

(1)进度管理计划。可能需要更新进度管理计划,以反映进度管理方法的变更。

(2)进度基准。在项目范围、活动资源或活动持续时间估算等方面的变更获得批准后,可能需要对进度基准做相应变更。另外,因进度压缩技术或绩效问题造成变更时,也可能需要更新进度基准。

(3)成本基准。在针对范围、资源或成本估算的变更获得批准后,需要对成本基准做出相应的变更。

(4)绩效测量基准。在范围、进度绩效或成本估算的变更获得批准后,需要对绩效测量基准做出相应的变更。有时绩效偏差太过严重,需要提出变更请求,修订绩效测量基准,以便为绩效测量提供现实可行的依据。

5. 项目文件更新

进度控制可能会导致更新的项目文件如下。

(1)假设日志。进度绩效可能表明需要修改关于活动排序、持续时间和生产效率的假设条件。

(2)估算依据。进度绩效可能表明需要修改持续时间的估算方式。

(3)经验教训登记册。更新经验教训登记册,以记录维护进度的有效技术,以及造成偏差的原因和用于应对进度偏差的纠正措施。

(4)项目进度计划。把更新后的进度数据代入进度模型,生成更新后的项目进度计划,以反映进度变更并有效管理项目。

(5)资源日历。更新资源日历,以反映因资源优化、进度压缩,以及纠正或预防措施而导致的资源日历变更。

(6)风险登记册。采用进度压缩技术可能导致风险,也就可能需要更新风险登记册及其中的风险应对计划。

(7)进度数据。可能需要重新绘制项目进度网络图,以反映经批准的剩余持续时间和经批准的进度计划修改。有时,项目进度延误非常严重,以致必须重新预测开始与完成日期,编制新的目标进度计划,才能为指导工作、测量绩效和度量进展提供现实的数据。

4.6.4 软件项目的进度控制

在软件项目管理工作中,对软件项目的进度安排有时比对软件成本的估算要求更高。成本的增加可以通过提高产品定价或通过大批量销售得到补偿,而项目进度安排不当会引起客户不满,影响市场销售。制订软件项目进度表有两种途径:其一是软件开发小组根据提供软件产品的最后期限从后往前安排时间;其二是软件项目开发组织根据项目和资源情况制订软件项目开发的初步计划和交付软件产品的日期。多数软件开发组织当然希望按照第二种方式安排自己的工作进度。然而遗憾的是,大多数场合遇到的都是比较被动的第一种方式。软件项目的进度控制必须妥善处理以下几个问题。

1. 任务分配、人力资源分配、时间分配要与工程进度相协调

在小型软件开发项目中,一个程序员能够完成从需求分析、设计、编码,到测试的全部工作。随着软件项目规模的扩大,人们无法容忍一个人花 10 年时间去完成一个需要十几个人一年就能完成的软件项目。大型软件的开发方式必然是程序员们的集体劳动。由于软件开发是一项复杂的智力劳动,在软件开发过程中加入新的程序员往往会对项目产生不良影响。因为新手要从了解这个系统和以前的工作做起,当前正在从事这项工作的"专家"不得不停下手中的工作,抽出时间对他们进行培训。于是,在一段时间内,工作进度便拖后了。软件开发人数的增加将导致信息交流路径和复杂性的增加,项目进行中盲目增加人员可能造成事倍功半的效果。适用于大型项目的 Rayleigh-Norden 曲线表明,完成软件项目的成本与时间的关系不是线性的,使用较少的人员,在可能的情况下,相对延长一些工作时间可以取得较大的经济效益。然而,值得指出的是,程序员小组的正常技术交流能改进软件质量,提高软件的可维护性,减少软件错误,降低软件测试和正确性维护的开销。任务、人力、时间三者之间存在最佳组合,必须引起项目负责人的足够重视。

2. 任务分解与并行化

软件工程项目既然需要软件开发人员集体的劳动,就需要采取一定的组织形式,将软件开发人员组织起来。软件开发人员的组织与分工是与软件项目的任务分解分不开的。为了缩短工程进度,充分发挥软件开发人员的潜力,软件项目的任务分解应尽力挖掘并行成分,以便项目进行时采用并行处理方式。

3. 工作量分布

用前几节介绍的软件估算技术可以估算出软件开发各个阶段所需要的工作量,通常用人月或人年表示。软件在需求分析和设计阶段占用的工作量达到总工作量的 40%～50%,说明软件开发前期的活动多么重要。当然这也包括分阶段开发原型的开销。大家熟悉的编码工作只占全部工作量的 10%～20%,而软件测试和调试的工作量占到总工作量的 30%～40%。这对于保证软件产品质量是十分必要的,实时嵌入式系统软件的测试和调试工作量所占的比例还要高些。

4. 工程进度安排

软件项目的工作安排与其他工程项目的进度安排十分相似,通常的项目进度安排方法和工具稍加改造就可以用于软件项目的进度安排。目前,程序评估与审查技术(PERT)和关键路径方法(CPM)是两种比较常用的项目进度安排方法。两种方法都生成描述项目进展状态的任务网络图。网络图中按一定的次序列出所有的子任务和任务进展的里程碑,它表示各子任务之间的依赖关系。网络图也是作业分解结构(WBS)的发展。20 世纪 70年代,作业分解结构就已广泛应用于航天、航空、航海、雷达、通信、火控系统等领域的基于计算机项目的分解,并用以命名各项子任务,这些子任务不仅可以用网络图的形式表示,还可以用树型或层次结构图表示。PERT 和 CPM 方法为软件规划人员提供了定量描述工具。

(1)关键路径。完成关键路径上所有任务时间的总和,就是项目开发所需要的最短时间。

(2)用统计模型估算开发每个子任务需要的工作量和时间。

(3)计算各子任务的最早开始时间和最迟开始时间,即确定开始子任务的时间窗口边界。

某个子任务的最早开始时间被定义为该子任务的所有前导任务完成的最早时间。反之,某个子任务的最迟开始时间被定义为在保证项目按时完成的前提下,最迟启动该子任务的时间。与最早开始时间和最迟开始时间对应的概念是最早完成时间和最迟完成时间,它们分别是最早开始时间和最迟开始时间与完成该子任务所需要时间的和。

采用这些工具可以大大减少软件项目管理人员在制订软件项目进度表方面的工作量,并可提高工作质量。在任务进度安排过程中,应先寻求关键路径并在关键路径上安排一定的机动时间和节假日,以便应付意想不到的困难和问题。

4.7 小 结

本章主要讨论了如何对软件项目的进度进行计划、管理和控制。在制订计划前,要先分解项目活动,确定活动之间的关系,进行活动排序,估算活动历时,再利用一些策略和方法对软件项目的进度进行统一的规划,制订合理的详细进度实施计划和控制过程中需要用到的进度基准。

项目进度计划的制订并不是精确的科学,不同的项目团队对一个项目可以产生不同的项目进度计划。对大多数项目而言,在项目进度计划制订过程中,存在清楚的依赖关系,要求它们按照基本相同的顺序进行。一般人认为直到签了合同,项目走上正轨,才开始制订项目进度计划,但事实上很少如此。经常是在项目定义过程之前就已经进行了很多的制订计划工作,包括项目进度计划,因此,项目计划(包括项目进度计划)是一个逐步完善的过程。项目进度计划的开发可以是渐进式进行,例如,初始进度计划可能包含未定义资源属性和项目日期的活动排序,而后可以细化项目计划,包括具体的资源和明确的项目日期等。项目网络图是非常有用的进度表达方式,在网络图中可以通过正推法确定各个活动的最早开始时间和最早完成时间,通过逆推法确定各个活动的最晚开始时间和最晚完成时间。进度编制的主要方法有关键路径法、时间压缩法、资源调整尝试法等。

4.8 案 例 研 究

案例一：软件外包项目中的进度管理实例[①]

软件外包是现在软件工程中较常见的做法。在软件外包工程中,保证质量的进度是很难控制的。对于项目经理来说,需要一整套能力,如制订计划、确定优先顺序、干系人的沟通、评价等,每一种能力都与项目的最终结果有直接或间接的关系。

A公司是一家美资软件公司在华办事机构,其主要的目标是开拓中国市场,服务中国客户,做一些本地化和客户化的工作。它的主要软件产品是由总部在硅谷的软件开发基地完成,然后由世界各地的分公司或办事机构进行客户化定制、二次开发和系统维护。这些工作除了日常销售和系统核心维护之外,都是外包给本地的软件公司来做。东方公司是A公司在中国的合作伙伴,主要负责软件的本地化和测试工作。

---

① 作者:韩春生。

Bob 先生是 A 公司中国地区的负责人,Henry 则是刚刚加入 A 公司的负责此外包项目的项目经理。东方公司是由 William 负责开发和管理工作,William 本身是技术人员,并没有项目管理的经验。

当 Henry 接手这项工作后,发现东方公司的项目开发成本非常高,每人每天 130 美元,但客户的满意度较差,并且每次开发进度都要拖后,交付使用的版本也不尽如人意。而且,东方公司和 A 公司硅谷开发总部缺乏必要的沟通,只能把问题反馈给 Henry,由 Henry 再反馈给总部。但由于 Henry 本身并不熟悉这个软件的开发工作,也造成了很多不必要的麻烦。

为此,Bob 希望 Henry 和 William 用项目管理的方法对该项目进行管理和改进。随后,Henry 和 William 召开了一系列的会议,提出了新的做法。

首先,他们制订了详细的项目计划和进度计划;其次,成立了单独的测试小组,将软件的开发和测试分开;并且,在硅谷和东方公司之间建立了一个新的沟通渠道,一些软件问题可以与总部直接沟通;同时,还采用了里程碑管理。

6 个月后,软件交付使用。但是客户对这个版本还是不满意,认为还有很多问题。为什么运用了项目管理的方法,这个项目还是没有得到改善呢?

Henry 和 William 又进行了反复探讨,发现主要有 3 个方面的问题:(1)软件本地化产生的问题并不多,但 A 公司提供的底层软件本身存在一些问题;(2)软件的界面也存在一些问题,这是由于测试的项目不够详细引起的;(3)开发的周期还是太短,没有时间完成一些项目的调试,所以新版本还是有许多的问题。

此时,Henry 向 Bob 提出是否采用公开招标的方式,选择新的、实力更强的合作伙伴。但 Bob 认为,与东方公司合作时间已经很长了,如果选择新的伙伴又需要较长的适应期,而且成本可能会更高。于是,Henry 向东方公司提出一些新的管理建议。首先,他们采用大量的历史数据进行分析,制订出更详细的进度计划;其次,要求东方公司提供详细的开发文档和测试文档(之前 William 的团队做的工作没有任何文档,给其他工作带来了很多困难);最后,重新审核开发周期,对里程碑进行细化。

又过了 6 个月,新的版本完成了。这一次,客户对它的评价比前两个版本高得多,基本上达到项目运行的要求。但客户还是对项目进度提出了疑问,认为实时推出换代产品不需要那么长的时间。

【案例点评】

这是一个比较典型的软件外包项目的案例。在这个案例中,我们可以看到现在 IT 业内许多外包项目的影子。在该案例中,东方公司没有专门的项目经理,是由技术人员 William 兼做管理。这是国内软件公司经常会出现的问题。最初,出现进度落后的问题时,A 公司的 Henry 与东方公司的 William 讨论后决定采用项目管理中计划管理等手段,其中包括里程碑管理,这是控制进度较常见的做法。

【案例问题】

(1) 在本案例中,采用里程碑管理后仍没有达到客户的要求,进度依然拖后,是什么原因造成的?

(2) 本案例中质量管理出了什么问题? 对进度的影响如何?

(3) 在本案例中,Henry 发现东方公司进度一直拖后,成本却居高不下,为什么?

案例二：工期拖了怎么办[①]

某公司准备开发一个软件产品。在项目开始的第一个月，项目团队给出了一个非正式的、粗略的进度计划，估计产品开发周期为 12～18 个月。一个月以后，产品需求已经写完并得到了批准，项目经理制订了一个 12 个月期限的进度表。因为这个项目与以前的一个项目类似，项目经理为了让技术人员去做一些"真正的"工作（设计、开发等），在制订计划时就没让技术人员参加，自己编写了详细进度表并交付审核。每个人都相当乐观，都知道这是公司很重要的一个项目，然而没有一个人重视这个进度表。公司要求尽早交付客户产品的两个理由是：（1）为下一个财年获得收入；（2）有利于确保让主要客户选择这个产品而不是竞争对手的产品。团队中没有人对尽快交付产品产生怀疑。

在项目开发阶段，许多技术人员认为计划安排得太紧，没考虑节假日，新员工需要熟悉和学习的时间也没有考虑进去，计划是按最高水平的员工的进度安排的。除此之外，项目成员也提出了其他一些问题，但基本都没有得到相应的重视。

为了消除技术人员的抱怨，计划者将进度表中的工期延长了两周。虽然这不能完全满足技术人员的需求，但这还是必要的，在一定程度上减少了技术人员的工作压力。技术主管经常说："产品总是到非做不可时才做，所以才会有现在这样一大堆要做的事情。"

计划编制者抱怨说："项目中出现的问题都是由于技术主管人员没有更多的商业头脑造成的，他们没有意识到为了把业务做大，需要承担比较大的风险，技术人员不懂得做生意，我们不得不促使整个组织去完成这个进度。"

在项目实施过程中，争论一直很多，几乎没有一次能达成一致意见。商业目标与技术目标总是不能达成一致。为了项目进度，项目的规格说明书被匆匆赶写出来。单提交评审时，意见很多，因为很不完善，但为了赶进度，也只好接受。

在原来的进度表中有对设计进行修改的时间，但因前期分析阶段拖了进度，即使是加班加点工作，进度也很缓慢。之后的编码、测试计划和交付产品也因为不断修改规格说明书而不断进行修改和返工。

12 个月过去了，测试工作的实际进度比计划进度落后了 6 周，为了赶进度，人们将单元测试与集成测试同步进行。但麻烦接踵而来，由于开发小组与测试小组同时对代码进行测试，两个组都会发现错误，但是测试人员发现的错误响应很迟缓，开发人员正忙于自己的工作。为了解决这个问题，项目经理命令开发人员优先解决测试组提出的问题，而项目经理也强调测试的重要性，但最终的代码还是问题很多。

现在进度已经拖后 10 周，开发人员加班过度，经过如此长的加班时间，大家都很疲惫，也很灰心和急躁。而工作还没有结束，如果按照目前的方式继续的话，整个项目将比原计划拖延 4 个月的时间。

【案例问题】

（1）俗话说"计划赶不上变化"，软件需求又总是变化，制订项目进度计划有意义吗？

（2）编制计划时，邀请项目组成员参与有哪些好处？

（3）对于软件项目应制订怎样的进度计划？应细化到何种程度？

---

① 引自项目管理者联盟(http://www.mypm.net)，作者：随缘。

（4）编制项目进度时,重点应该考虑哪些因素?

4.9　习题与实践

1. 习题

（1）简述进度管理包括哪些内容。

（2）如何理解项目进度管理的重要性,以及其他管理过程对进度管理的影响?

（3）请描述项目进度控制中的甘特图及进度网络图,并比较甘特图与进度网络图的区别。

（4）编制项目进度计划应该注意什么?

（5）作为软件项目经理,项目进度控制中的重点是什么?

（6）简述软件进度失控的可能原因。

2. 实践

（1）如果被总经理要求项目提前完工,作为项目经理将如何处理?

（2）接续第3章实践环节确定的项目,利用 Visio 或 Project 软件,完成以下任务。

- 根据上一 WBS 结构,了解影响活动排序的因素,并估算活动历时。
- 编制项目网络图,并识别关键路径。
- 创建甘特图。
- 创建里程碑。

第5章 项目成本管理

在计算机发展的早期,硬件成本在整个计算机系统中占很大的比例,而软件成本占很小的比例。随着计算机应用技术的发展,特别是在今天,在大多数应用系统中,软件已成为开销最大的部分。为了保证软件项目能在规定的时间内完成任务,而且不超过预算,成本的估算和管理控制非常关键。本章将介绍软件项目成本管理规划、成本估算、预算及成本控制方法等内容。

视频讲解

软件项目成本管理的主要过程有:成本管理规划、成本估算、制订预算以及成本控制。这些过程不仅彼此相互作用,而且还与其他知识域中的过程相互作用。在某些项目,特别是范围较小的软件项目中,成本估算和成本预算之间的联系非常紧密,以致可视为一个过程,由一个人在较短时间内完成。

5.1 成本管理规划

成本管理规划是为规划、管理、花费和控制项目成本而制定政策、程序和文档的过程。本过程的主要作用是在整个项目中为如何管理项目成本提供指南和方向。

应该在项目规划阶段的早期就对成本管理工作进行规划,建立各成本管理过程的基本框架,以确保各过程的有效性及各过程之间的协调性。

5.1.1 软件项目成本的特点

软件项目造价昂贵,并以经常超过预算著称。由于软件项目成本管理自身的困难所致,许多软件项目在成本管理方面都不是很规范。尽管软件项目成本超支的原因复杂,但并非没有解决办法。实际上结合软件项目的成本特点,应用恰当的项目成本管理技术和方法可以有效地改变这种情况。

软件项目成本有以下特点。

(1) 人工成本高。由于软件项目具有知识密集型特点,对项目实施人员的专业技术水平要求较高,这种高层次的专业人员的脑力劳动的报酬标准通常远高于一般的体力劳动者。所以,员工的薪金通常占到整个项目预算较高的比例。

(2) 直接成本低,间接成本高。项目的直接成本主要是指与项目有直接关系的成本费用,是与项目直接对应的,包括直接人工费用、直接材料费用、其他直接费用等;项目间接成本是指不直接为某个特定项目,而是为多个项目发生的支出,如办公楼租金、水电费等。与一般工程项目相比,软件项目成本的直接成本在总成本中所占的比例相对较低,而间接成本却占到较高的比例。软件行业成本管理本身就处于较低的水平,没有相对统一的间接成本分摊标准和依据,所以,对于多项目间接成本的划分和归属就非常不清晰,严重影响了对项目成本的有效监控管理。

(3)维护成本高且较难确定。维护成本的高低与项目实施的结果是密切相关的。一个成功的软件项目的后期维护成本较低。但通常在软件项目实施过程中的干扰因素很多,项目的变更也时常出现,使得项目的执行结果通常与预期存在较大的偏差,这就会给后期维护工作带来很多麻烦。一些项目在实际的使用过程中通常会出现预先没有料到的问题,维护工作相当复杂,费用也就居高不下。

(4)成本变动频繁,风险成本高。所谓风险成本,是指项目的不确定性带来的额外成本。软件项目的多变性是其实施过程中的重要特点之一。项目变更后,其成本范围就可能超出了原先的项目计划和预算,这样很不利于项目的整体控制。因此产生的沟通、协调费用,甚至项目返工等风险,都给成本控制增加了难度,从而大大增加了项目的总成本。

5.1.2 成本管理计划

可以根据项目章程、项目管理计划(主要包括进度管理计划和风险管理计划)、事业环境因素和组织过程资产中与成本有关的内容,通过一定的规划分析方法,包括专家判断和会议讨论进行成本管理规划,得到成本管理计划,为稍后的成本管理提供参考和指导。

成本管理计划是项目管理计划的组成部分,描述将如何规划、安排和控制项目成本。成本管理计划通常规定以下内容。

(1)计量单位。需要规定每种资源的计量单位,如用于测量时间的人时数、人天数或周数,或者用哪种货币表示总价。

(2)精确度。根据活动范围和项目规模,设定成本估算向上或向下取整的程度。例如,100.49 美元取整为 100 美元,995.59 美元取整为 1000 美元。

(3)准确度。为活动成本估算规定一个可接受的区间(如±10%),其中可能包括一定数量的应急储备。

(4)组织程序链接。WBS 为成本管理计划提供了框架,以便据此规范地开展成本估算、预算和控制。在项目成本核算中使用的 WBS 组件称为控制账户(Control Account,CA)。每个控制账户都有唯一的编码或账号,直接与执行组织的会计制度相联系。

(5)控制临界值。可能需要规定偏差临界值,用于监督成本绩效。它是在需要采取某种措施前,允许出现的最大偏差,通常用偏离基准计划的百分数来表示。

(6)绩效测量规则。需要规定用于绩效测量的挣值管理(EVM)规则,例如,成本管理计划应该:

- 定义 WBS 中用于绩效测量的控制账户;
- 确定拟用的挣值测量技术(如加权里程碑法、固定公式法、完成百分比法等);
- 规定跟踪方法,以及用于项目完工估算(Estimate At Completion,EAC)的挣值管理公式,该公式计算出的结果可用于验证通过自下而上方法得出的完工估算。

(7)报告格式。需要规定各种成本报告的格式和编制频率。

(8)过程描述。对其他每个成本管理过程进行书面描述。

(9)其他细节。关于成本管理活动的其他细节,如对战略筹资方案的说明、处理汇率波动的程序,以及记录项目成本的程序。

5.2　成 本 估 算

成本估算是对完成项目活动所需资金进行近似估算的过程。本过程的主要作用是,确定完成项目工作所需的成本数额。

成本估算是在某特定时间点,根据已知信息所做出的成本预测。在估算成本时,需要识别和分析可用于启动与完成项目的备选成本方案,需要权衡备选成本方案并考虑风险,如比较自制成本与外购成本、购买成本与租赁成本及多种资源共享方案,以优化项目成本。

通常用某种货币单位(如美元、欧元、日元等)进行成本估算,但有时也可采用其他计量单位,如人时数或人天数,以消除通货膨胀的影响,便于成本比较。

5.2.1　成本估算的方法

项目成本估算应该基于项目管理计划(成本管理计划、质量管理计划、范围基准、项目范围说明书 WBS、WBS 词典等)、项目文件(经验教训登记册、项目进度计划、资源需求、风险登记册等)、事业环境因素(市场条件、商业信息、汇率和通货膨胀率等)和组织过程资产(成本估算政策、成本估算模板、历史信息和经验教训知识库等)等已有文档和知识,常用的成本估算方法如下。

1. 自下而上估算

自下而上估算是对工作组成部分进行估算的一种方法。首先对单个工作包或活动的成本进行最具体、细致的估算;然后把这些细节性成本向上汇总或"滚动"到更高层次,用于后续报告和跟踪。自下而上估算的准确性及其本身所需的成本,通常取决于单个活动或工作包的规模和复杂程度。

一个自下而上的成本估算例子如图 5-1 所示,其中控制账户是一个管理控制点,在该控制点上,将范围、预算和进度加以整合,并与挣值比较,以测量绩效。控制账户可以拥有两个或以上的工作包,但每个工作包只与一个控制账户关联。

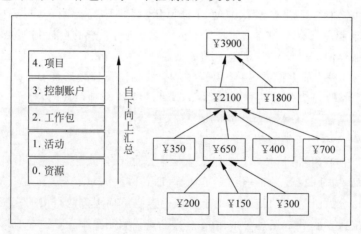

图 5-1　自下而上的成本估算

2. 类比估算

成本类比估算是指以过去类似项目的参数值(如范围、成本、预算和持续时间等)或规模指标(如尺寸、重量和复杂性等)为基础,来估算当前项目的同类参数或指标。在估算成本时,这项技术以过去类似项目的实际成本为依据,来估算当前项目的成本。这是一种粗略的估算方法,有时需要根据项目复杂性方面的差异进行调整。

在项目详细信息不足时,例如在项目的早期阶段,就经常使用这种技术估算成本数值。该方法综合利用历史信息和专家判断。

相对于其他估算技术,类比估算通常成本较低、耗时较少,但准确性也较低。可以针对整个项目或项目中的某个部分进行类比估算。类比估算可以与其他估算方法联合使用。如果以往项目是本质上而不只是表面上类似,并且从事估算的项目团队成员具备必要的专业知识,那么类比估算就最为可靠。

3. 代码行估算

代码行(Line of Code,LOC)是衡量软件项目规模最常用的概念,指所有的可执行的源代码行数,包括可交付的工作控制语言语句、数据定义、数据类型声明、等价声明、输入/输出格式声明等。可以利用三点估算法(详见 4.4.1 节),分别估算极好、正常和极差情况下的源代码行数(分别为 L_O、L_M 和 L_P),得到活动的期望代码行数(L_E),再转换成对应的工作量(人月),最后乘以每人月的费用,就可以计算出活动的期望成本,并说明期望成本的不确定区间(标准差 σ)。

4. 参数估算

参数估算是指利用历史数据之间的统计关系和其他变量(如软件开发的代码行的平方英尺)进行项目工作的成本估算。参数估算的准确性取决于参数模型的成熟度和基础数据的可靠性。参数估算可以针对整个项目或项目中的某个部分,并可与其他估算方法联合使用。

下面简单介绍两种成本估算模型,若需要详细了解,请参阅相关资料。

(1) SLIM 模型

1979 年前后,Putnam 在美国计算机系统指挥中心资助下,对 50 个较大规模的软件系统花费估算进行研究,并提出 SLIM 商业化的成本估算模型,SLIM 基本估算方程(又称为动态变量模型)为

$$L = cK^{\frac{1}{3}}t_d^{\frac{4}{3}}$$

其中,L 和 t_d 分别表示可交付的源指令数和开发时间(单位为年);K 是整个生命周期内人的工作量(单位为人年);c 是根据经验数据而确定的技术状态常数,表示开发技术的先进性级别。如果软件开发环境较差(没有一定的开发方法,缺少文档,采用评审或批处理方式),取 $c=6500$;如果开发环境正常(有适当的开发方法、较好的文档和评审及交互式的执行方式),取 $c=10000$;如果开发环境较好(自动工具和技术),则取 $c=12500$。

变换上式,可得开发工作量为

$$K = \frac{L^3}{c^3 t_d^4}$$

（2）COCOMO 模型

由 TRW 公司开发的结构性成本模型 COCOMO(Constructive Cost Model)是最精确、最易于使用的成本估算方法之一。该模型按其详细程度分为 3 级：基本 COCOMO 模型、中级 COCOMO 模型和高级 COCOMO 模型。基本 COCOMO 模型是一个静态单变量模型，它用一个以已估算出来的源代码行数（LOC）为自变量的函数计算软件开发工作量。中级 COCOMO 模型则在用 LOC 为自变量的函数计算软件开发工作量的基础上，再用涉及产品、硬件、人员、项目等方面属性的影响因素来调整工作量的估算。高级 COCOMO 模型包括中级 COCOMO 模型的所有特性，但用上述各种影响因素调整工作量估算时，还要考虑对项目过程中分析、设计等各步骤的影响。

COCOMO 模型的核心是方程 $ED=rS^c$ 和 $TD=a(ED)^b$ 给定的幂定律关系定义。其中，ED 为总的开发工作量（到交付为止）；TD 为开发进度，单位为月；S 为源指令数（不包括注释，但包括数据说明、公式或类似的语句）；常数 r 和 c 为校正因子。若 S 的单位为 10^3，ED 的单位为人月。经验常数 r、c、a 和 b 取决于项目的总体类型（结构型、半独立型或嵌入型），见表 5-1。工作量和进度的 COCOMO 模型见表 5-2。

表 5-1　项目总体类型

特　性	结　构　型	半　独　立　型	嵌　入　型
对开发产品目标的了解	充分	很多	一般
对软件系统有关的工作经验	广泛	很多	中等
为软件一致性需要预先建立的需求	基本	很多	完全
为一致性需要的外部接口规格说明	基本	很多	完全
关联的新硬件和操作过程的并行开发	少量	中等	较高
对改进数据处理体系结构算法的要求	极少	少量	很多
早期实施费用	极少	中等	较高
产品规模（交付的源指令数）	少于 5 行	少于 30 万行	任意
实例	批数据处理、事务模块、熟悉的操作系统、编译程序、简单的编目生产控制等	大型事务处理系统、新的操作系统数据管理系统、大型编目生产控制、简单的指挥系统等	大而复杂的事务处理系统、大型的操作系统、宇航控制系统、大型指挥系统等

表 5-2　工作量和进度的基本 COCOMO 方程

开发类型	工　作　量	进　度
结构型	$ED=2.4S^{1.05}$	$TD=2.5(ED)^{0.38}$
半独立型	$ED=3.0S^{1.12}$	$TD=2.5(ED)^{0.35}$
嵌入型	$ED=3.6S^{1.20}$	$TD=2.5(ED)^{0.32}$

5. 质量成本

质量对成本的影响可以用图 5-2 表示。质量成本由质量故障成本和质量保证成本组成。质量故障成本是指为了排除产品质量原因所产生的故障,保证产品重新恢复功能的费用;质量保证成本是指为了保证和提高产品质量而采取的技术措施所消耗的费用。质量保证成本与质量故障成本是相互矛盾的,项目产品的质量越低,由质量不合格引起的损失就越大,即质量故障成本越高;质量越高,相应的质量保证成本也越高,故障就越少,由故障引起的损失也相应越少。因此,需要建立一个动态平衡关系。

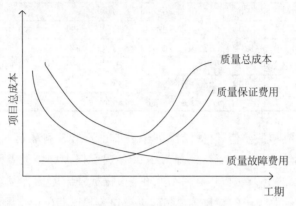

图 5-2　质量与成本的关系

在估算活动成本时,可能要用到关于质量成本的各种假设。

6. 综合成本估算方法

这是一种自下而上的成本估算方法,即从模块开始进行估算,步骤如下。

(1) 确定代码行。首先将功能反复分解,直到可以对为实现该功能所要求的源代码行数做出可靠的估算为止。对各个子功能,根据经验数据或实践经验,可以给出极好、正常和较差 3 种情况下的源代码估算行数期望值,分别用 L_O、L_M、L_P 表示。

(2) 求期望值 L_E 和偏差(标准差 σ)。

$$L_E = (L_O + 4L_M + L_P)/6$$

其中,L_E 为源代码行数据的期望值,如果其概率遵从 β 分布,并假定实际的源代码行数处于 L_O、L_M、L_P 以外的概率极小,则估算的偏差 σ 取标准形式,即

$$\sigma = \frac{L_P - L_O}{6}$$

其中,n 表示软件功能数量。

(3) 根据经验数据,确定各个子功能的代码行成本。

(4) 计算各个子功能的成本和工作量,并计算任务的总成本和总工作量。

(5) 计算开发时间。

(6) 对结果进行分析比较。

【例 5-1】　下面是某个 CAD 软件包的开发成本估算。

这是一个有各种图形外部设备(如显示终端、数字化仪和绘图仪等)接口的微机系统,其代码行的成本估算如表 5-3 所示。

第一步,列出开发成本表,表中的源代码行数是开发前的估算数据。观察表 5-3 的前 3 列数据(L_O、L_M、L_P)可以看出,外部设备控制功能所要求的极好与较差的估算值仅相差 450 行,而三维几何图形分析功能相差达 4000 行,这说明前者的估算把握性比较大。

表 5-3　代码行的成本估算

功　能	L_O	L_M	L_P	L_E	σ	每行代码成本/美元	每人月完成代码行数	成本/美元	工作量/人月
用户接口控制	1800	2400	2650	2342	142	14	315	32788	7.4
二维几何图形分析	4100	5200	7400	5383	550	20	220	107660	24.5
三维几何图形分析	4600	6900	8600	6800	670	20	220	136000	30.9
数据结构管理	2950	3400	3600	3358	108	18	240	60444	14.0
计算机图形显示	4050	4900	6200	4975	360	22	200	108900	24.7
外部设备控制	2000	2100	2450	2140	75	28	140	59920	15.3
设计分析	6600	8500	9800	8400	533	18	300	151200	28.0
总计				33398	2438			656912	144.8

第二步,求期望值和偏差值,计算结果列于表 5-3 的第 5 列和第 6 列。整个 CAD 系统的源代码行数的期望值为 33398 行,偏差为 2438。假设把极好与较差两种估算结果作为各软件功能源代码行数的上、下限,其概率为 0.99,根据标准方差的含义,可以假设 CAD 软件需要 32000~34500 行源代码的概率为 0.63,需要 26000~41000 行源代码的概率为 0.99。可以应用这些数据得到成本和工作量的变化范围,或者表明估算的冒险程度。

第三步和第四步,对各个功能使用不同的生产率数据,即每行代码成本和每人月完成代码行数,也可以使用平均值或经调整的平均值。这样就可以求得各个功能的成本和工作量。表 5-3 中的最后两项数据是根据源代码行数的期望值求出的结果。计算得到总的任务成本估算值为 657000(表中为 656912,此处取 657000)美元,总工作量为 144.8 人月。

第五步,使用表 5-3 中的有关数据求出开发时间。假设此软件处于"正常"开发环境,即 $c = 10000$,并将 $L \approx 33000$,$K = 144.8$(人月)≈ 12(人年),代入方程

$$t_d = (L^3/c^3K)^{1/4}$$

则开发时间为

$$t_d = (33000^3/10000^3 \times 12)^{1/4} \approx 1.3(年)$$

第六步,分析 CAD 软件的估算结果。这里要强调存在标准方差 1100 行,根据表 5-3 中的源代码行估算数据,可以得到成本和开发时间偏差,它表示由于期望值之间的偏差所带来的风险。由表 5-4 可知,源代码行数在 30000~36700 之间变化(准确性概率保持在 0.99 之内),成本在 597273~730664 美元之间变化。同时,如果工作量为常数,则开发时间为 1.2~1.4 年。这些数值的变化范围表明了与项目有关的风险等级。由此,项目管理人员能够在早期了解风险情况,并建立对付偶然事件的计划。最后还必须通过其他方法来交叉检验这种估算方法的正确性。

表 5-4　成本和开发时间偏差

范围	源代码/行	成本/美元	开发时间/年
$-3 \times \sigma$	30000	597273	1.2
期望值	33000	657000	1.3
$3 \times \sigma$	36700	730664	1.4

5.2.2 成本估算表

成本估算表是对完成项目工作可能需要的成本的量化估算。成本估算表可以是汇总的或详细分列的。成本估算应该覆盖活动所使用的全部资源，主要包括直接人工、材料、设备、服务、设施、信息技术，以及一些特殊的成本种类，如融资成本（包括利息）、通货膨胀补贴、汇率或成本应急储备。如果间接成本也包含在项目估算中，则可在活动层次或更高层次上计算间接成本。

表 5-5 是某网站开发项目的成本估算表示例。

表 5-5　某网站开发项目的成本估算表示例

名　　称	系统安装、配置	软件开发费用	总价	备注
WWW 服务				
DNS 服务				
数据库服务				
目录服务				
计费服务				
DHCP 服务				
Proxy 服务				
E-mail 服务				
软件部分总计				
培训				
维护				

表 5-6 是某没有外包部分的软件项目的成本估算表示例。

表 5-6　某没有外包部分的软件项目的成本估算表示例

	产品或服务	目录价	折扣率	折扣价	项目经理在成本估算中的任务
1	硬件产品 1	4000	75％	3000	产品定价和价格折扣是公司商务部门的职责，他们会根据不同的市场策略做决定。这不在项目经理控制范围之内，但是项目经理要对照项目范围检查硬件产品是否全面、是否正确、是否能满足客户期望。由此造成的成本增加在实施过程中很难被客户接受，是项目超支的一个重要因素
	硬件产品 2				
	硬件产品 3				
	硬件产品 4				
	硬件产品 5				
	硬件产品合计				
2	软件产品 1	24000	75％	18000	同硬件产品一样，项目经理要检查软件产品是否能满足客户要求，同时，要确定软件运行的环境并和客户取得一致。界面不清或需求不清晰会导致成本超支
	软件产品 2				
	软件产品 3				
	软件产品 4				
	软件产品合计				

	产品或服务	目录价	折扣率	折扣价	项目经理在成本估算中的任务
3	现场安装督导费用(12%)	5600	100%	5600	公司会有标准的费率,这个费率是根据以往项目的统计数字得出的。项目经理应该根据本项目的实际情况进行独立估算。如果预计费用会超出标准的费率,则项目经理应该提出增加费用的建议,避免项目实际成本超支
	项目管理费用(12%)				
	服务合计				
4	风险预留			1000	根据对项目风险的评估,留取适当的比例
5	总价格				

成本估算所需的支持信息的数量和种类,因应用领域而异。不论其详细程度如何,支持性文件都应该清晰、完整地说明成本估算是如何得出的。

活动成本估算的支持信息可包括:

(1) 关于估算依据的文件(如估算是如何编制的);

(2) 关于全部假设条件的文件;

(3) 关于各种已知制约因素的文件;

(4) 对估算区间的说明(如"10000元±10%"就说明了预期成本的所在区间);

(5) 对最终估算的置信水平的说明。

5.3 制订预算

制订预算是汇总所有单个活动或工作包的估算成本,建立一个经批准的成本基准的过程。本过程的主要作用是确定成本基准,可据此监督和控制项目绩效。

5.3.1 预算制订的方法

制订项目预算应该基于项目管理计划(其中的成本管理计划和资源管理计划和范围基准等)、项目文件(估算依据、成本估算表、项目进度计划、风险登记册等)、商业文件(商业论证书和效益管理计划等)、协议(如采购协议)、事业环境因素和组织过程资产(现有的正式和非正式的与成本预算有关的政策、历史信息和经验教训知识库、成本预算方法、报告方法等)等已有相关文档和知识,常用的预算制订方法如下。

1. 成本分摊

先把成本估算分摊到 WBS 中的工作包,再由工作包汇总至 WBS 更高层次(控制账户),最终得出整个项目的总预算。

【例 5-2】 某软件项目的需求分析活动成本估算的结果是 2.4 万元,那么可以把这个总成本估算分摊到各个子活动中,分摊到各部分的数字(单位:万元)表示为完成所有与各部分有关活动的总预算成本,如图 5-3 所示。无论是自上而下法还是自下而上法,都被用来建立每一项任务的总预算成本,所以所有活动的总预算不能超过项目总预算成本。

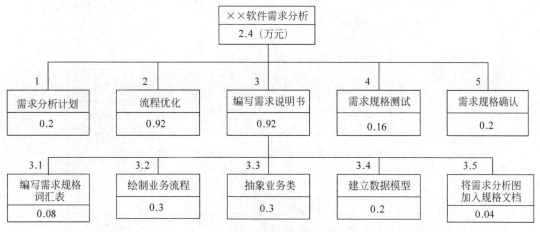

图 5-3　预算分解示例

2. 历史信息审核

历史信息审核有助于进行参数估算或类比估算。历史信息可包括各种项目特征(参数),它们用于建立数学模型预测项目总成本。这些数学模型可以是简单的(例如,建造住房的总成本取决于单位面积建造成本),也可以是复杂的(例如,软件开发项目的成本模型中有多个变量,且每个变量又受许多因素的影响)。

类比和参数模型的成本及准确性可能差别很大。在以下情况下,它们将最为可靠。

(1) 用来建立模型的历史信息准确。

(2) 模型中的参数易于量化。

(3) 模型可以调整,以便对大项目、小项目和各项目阶段都适用。

3. 资金限制平衡

应该根据对项目资金的任何限制,来平衡资金支出。如果发现资金限制与计划支出之间的差异,则可能需要调整工作的进度计划,以平衡资金支出水平。这可以通过在项目进度计划中添加强制日期来实现。

4. 专家判断

基于应用领域、知识领域、学科、行业或相似项目的经验,专家判断可对制订预算提供帮助。

5.3.2　制订预算的结果

1. 成本基准

成本基准是经过批准的、按时间段分配的项目预算,不包括任何管理储备,只有通过正式的变更控制程序才能变更,用作与实际结果进行比较的依据。成本基准是不同进度活动经批准的预算的总和。

项目预算和成本基准的各个组成部分如图 5-4 所示。先汇总各项目活动的成本估算及其应急储备,得到相关工作包的成本。然后汇总各工作包的成本估算及其应急储备,得到控制账户的成本。再汇总各控制账户的成本,得到成本基准。由于成本基准中的成本估算与进度活动直接关联,因此可按时间段分配成本基准,得到一条 S 曲线,如图 5-5 所示。

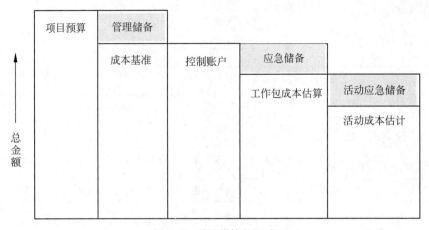

图 5-4　项目预算的组成

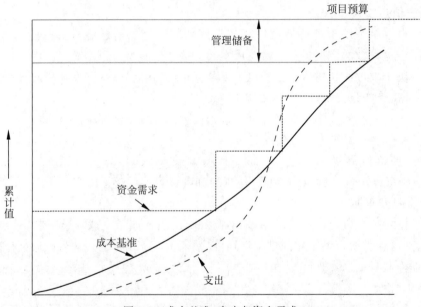

图 5-5　成本基准、支出与资金需求

最后,在成本基准之上增加管理储备,得到项目预算。当出现有必要动用管理储备的变更时,则应该在获得变更控制过程的批准之后,把适量的管理储备移入成本基准中。

2. 项目资金需求

根据成本基准,确定总资金需求和阶段性(如季度或年度)资金需求。成本基准中既包括预计的支出,也包括预计的债务。项目资金通常以增量而非连续的方式投入,并且可能是非均衡的,呈现出如图 5-4 所示的阶梯状。如果有管理储备,则总资金需求等于成本基准加管理储备。在资金需求文件中,也可说明资金来源。

3. 项目文件更新

可在本过程更新的项目文件如下。

（1）成本估算。更新成本估算，以记录任何额外信息。

（2）项目进度计划。项目进度计划可能记录了各项活动的估算成本。

（3）风险登记册。用于记录本过程中识别的新风险，并通过风险管理过程进行管理。

5.4　成本控制

成本控制是监督项目状态，以更新项目成本，管理成本基准变更的过程。本过程的主要作用是发现实际与计划的差异，以便采取纠正措施，降低风险。

要更新预算，就需要了解截至目前的实际成本。只有经过项目整体变更控制过程的批准，才可以增加预算。只监督资金的支出，而不考虑由这些支出所完成的工作的价值，对项目没有什么意义，最多只能使项目团队不超出资金限额。所以在成本控制中，应重点分析项目资金支出与相应完成的实际工作之间的关系。有效成本控制的关键在于，对经批准的成本基准及其变更进行管理。

项目成本控制包括：

（1）对造成成本基准变更的因素施加影响；

（2）确保所有变更请求都得到及时处理；

（3）当变更实际发生时，管理这些变更；

（4）确保成本支出不超过批准的资金限额，既不超出按时段、按 WBS 组件、按活动分配的限额，也不超出项目总限额；

（5）监督成本绩效，找出并分析与成本基准间的偏差；

（6）对照资金支出，监督工作绩效；

（7）防止在成本或资源使用报告中出现未经批准的变更；

（8）向有关干系人报告所有经批准的变更及其相关成本；

（9）设法把预期的成本超支控制在可接受的范围内。

5.4.1　成本控制的方法

项目成本控制应该基于项目管理计划（其中的成本管理计划、成本基准、绩效测量基准等）、项目文件、项目资金需求、工作绩效数据和组织过程资产等已有相关文档和知识，常用的成本控制方法如下。

1. 挣值管理

挣值管理（EVM）是把范围、进度和资源绩效综合起来考虑，以评估项目绩效和进展的方法。它是一种常用的项目绩效测量方法。它把范围基准、成本基准和进度基准整合起来，形成绩效基准，以便项目管理团队评估和测量项目绩效和进展。作为一种项目管理技术，挣值管理要求建立整合基准，用于测量项目期间的绩效。EVM 的原理适用于所有行业的所有项目，它针对每个工作包和控制账户，计算并监测以下关键指标。

• 计划价值

计划价值（Planned Value，PV）是为计划工作分配的经批准的预算。它是为完成某活动或工作分解结构组件而准备的一份经批准的预算，不包括管理储备，应该把该预算分配至项目生命周期的各个阶段。在某个给定的时间点，计划价值代表着应该已经完成的工作。

PV 的总和有时称为绩效测量基准(Performance Measurement Baseline,PMB),项目的总计划价值又称为完工预算(Budget at Completion,BAC)。

- 挣值

挣值(Earned Value,EV)是对已完成工作的测量值,用分配给该工作的预算来表示。它是已完成工作的经批准的预算。EV 的计算应该与 PMB 相对应,且所得的 EV 值不得大于相应组件的 PV 总预算。EV 常用于计算项目的完成百分比。应该为每个 WBS 组件规定进展测量准则,用于考核正在实施的工作。项目经理既要监测 EV 的增量,以判断当前的状态,又要监测 EV 的累计值,以判断长期的绩效趋势。

- 实际成本

实际成本(Actual Cost,AC)是在给定时段内执行某工作而实际发生的成本,是为完成与 EV 相对应的工作而发生的总成本。AC 的计算口径必须与 PV 和 EV 的计算口径保持一致(例如,都只计算直接小时数,都只计算直接成本,或都计算包含间接成本在内的全部成本)。AC 没有上限,为实现 EV 所花费的任何成本都要计算进去。

- 完工预算

完工预算(BAC)是对完成该项目的计划预算,也就是完成整个项目计划多少预算,是一直不变的;在计划时就可以有 BAC 了,执行时也有 BAC,是作为比较基准的。

举个例子来更通俗地说明一下以上几个概念。假设我们现在要做一个项目,就是砌一堵长度为 100m 的围墙,为了方便计算,我们假设总的预算是 100 元/m,共计 $100 \times 100 = 10000$ 元,我们还计划项目工时 10 天(每天砌墙 10m)来完成这个项目。

为了顺利完成该项目,在项目中途需要对项目绩效做监控,于是我们在第四天工作结束的时候对该项目进行绩效评估。本来第四天工作结束的时候我们计划是要完成 40m 的任务的(因为每天计划是 10m),这个 40m 的工作量的价值是 $40m \times 100$ 元/m$=4000$ 元,这个 4000 元就是计划价值 PV(计划做多少事)。实际完成了多少呢?我们发现第四天工作结束实际才完成了 30m 砌墙任务,这个 30m 围墙对应的价值是 $30m \times 100$ 元/m$=3000$ 元,这个 3000 元就是挣值 EV(实际做了多少事),也就是我们在第四天结束只完成了 3000 元的工作量。到第四天结束这个时间点,我们实际却花了 5000 元,这个 5000 元就是实际成本 AC(实际花了多少钱)。总的预算 10000 元就是我们的完工预算 BAC。总结一下就是一共计划 10000 元 10 天完成这个项目,在第四天结束的时候去检查项目绩效,发现到这个时间点为止本来应该完成 4000 元的项目工作量(PV),结果只完成了 3000 元的工作(EV),却花了 5000 元的成本(AC)。为了更直观地表示这几个概念,可以用图 5-6 表示这几个概念。

图中 AC 线表示截止到某个时间点花了多少钱(成本),斜率表示花钱的速度;PV 线表示截止某个时间点项目计划花的钱和做的项目量;EV 线表示截止到某个时间点做了多少事(多少钱的工作),斜率表示做事的速度。图 5-6 中,我们可以看出花钱的速度比计划的要快(AC 线比 PV 线更陡,斜率更大),而做事的速度却比计划的要慢(EV 线比 PV 线更缓,斜率更小),项目进度和成本绩效都不好。

同时也应该监测项目实际绩效与基准之间的偏差。

- 成本偏差

成本偏差(Cost Variance,CV)是在某个给定时间点的预算亏空或盈余量,它是测量项目成本绩效的一种指标,等于挣值(EV)减去实际成本(AC),公式为 $CV = EV - AC$。项目

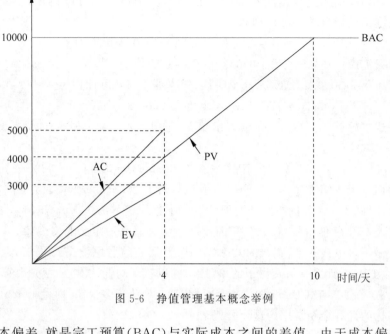

图 5-6　挣值管理基本概念举例

结束时的成本偏差,就是完工预算(BAC)与实际成本之间的差值。由于成本偏差指明了实际绩效与成本支出之间的关系,所以非常重要。负的 CV 一般都是不可挽回的。还可以把 SV 和 CV 转化为效率指标,以便把项目的成本和进度绩效与任何其他项目进行比较,或在同一项目组合内的各项目之间进行比较。可以通过偏差来确定项目状态。

- 进度偏差

进度偏差(SV)是截止到某时间点的实际进度与计划进度的偏差,等于挣值(EV)减去计划成本(PV),公式为 SV=EV−PV。

- 成本绩效指数

成本绩效指数(Cost Performance Index,CPI)是测量预算资源的成本效率的一种指标,表示为挣值与实际成本之比,公式为 CPI=EV/AC。它是最关键的 EVM 指标,用来测量已完成工作的成本效率。当 CPI<1 时,说明已完成工作的成本超支;当 CPI>1 时,则说明到目前为止成本有结余。该指标对于判断项目成本状态很有帮助,并可为预测项目成本的最终结果提供依据。

- 进度绩效指数

进度绩效指数(SPI)为截止到某时间点衡量进度绩效的一种指标,也就是实际完成的工作量与计划完成工作量之比,用来测量项目的进度效率,公式为 SPI=EV/PV。当 SPI<1 时,说明项目进度落后预期;当 SPI>1 时,则说明到目前为止进度绩效好于进度基准。该指标对于判断项目进度状态很有帮助,并可为预测项目进度的最终结果提供依据。

以前面砌墙的项目为例子,第四天结束去评估项目绩效的时候,本来计划完成 40m 4000 元的工作量(PV),结果只砌了 30m,只完成了 3000 元的工作量(EV),那么进度偏差可计算为

$$SV = EV - PV = 3000 - 4000 = -1000 \text{ 元}$$

这说明相比计划我们的进度落后 1000 元的工作量（负值表示进度落后，正值表示进度超前），因此进度绩效指数 SPI 可计算为

$$SPI = EV/PV = 3000/4000 = 0.75$$

这说明当前只完成了计划任务量的 75%，成本绩效的检查结果是：只完成 3000 元的工作量（EV），实际却花了 5000 元（AC）。这个时候，成本偏差 CV 可计算为

$$CV = EV - AC = 3000 - 5000 = -2000 \text{ 元}$$

这说明现在成本超支了 2000 元（负值表示超支，正值表示节约），这时成本绩效指数 CPI 可计算为

$$CPI = EV/AC = 3000/5000 = 0.6$$

这意味着前面 4 天我们实际花了 5000 元，但是只做了 3000 元的工作，相当于前面 4 天我们每花 1 元钱，只做了 0.6 元的事。这里要强调一下这个成本绩效指数 CPI 值，因为后面很多指标都与这个 CPI 息息相关，对于 CPI 的计算方法和意义一定要非常熟悉。CPI 的意义是每花 1 元钱做了多少钱的事（花钱的效率），CPI 为 0.6 的意思就是每花 1 元钱只做了 0.6 元的事，所以 CPI 的计算方法是做了的事（EV）除以花了的钱（AC）。不光会算 CPI，大家还要能举一反三，例如知道 CPI 和做了多少事，也要会算花了多少钱，即做了多少事除以 CPI，后面相关指标的计算会经常用到这个公式。

对于计划价值、挣值和实际成本这 3 个参数，既可以分阶段（通常以周或月为单位）进行监测和报告，也可以针对累计值进行监测和报告。图 5-7 以 S 曲线展示某个项目的 EV 数据，该项目预算超支且进度落后。

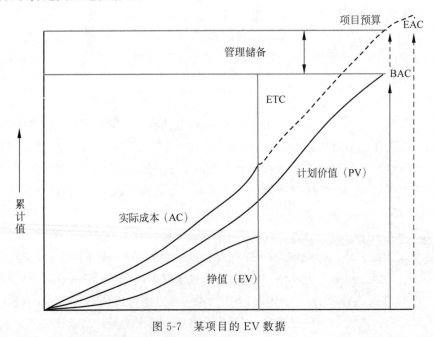

图 5-7　某项目的 EV 数据

挣值管理各术语解释和使用方法见表 5-7。

表 5-7　EVM 术语解释和使用方法

缩写	名称	术语词典定义	使用方法	公式	对结果的解释
PV	计划价值	为计划工作分配的预算	在某一时间点上,通常为数据日期或项目完工日期,计划完成工作的价值		
EV	挣值	对已完成工作的测量,用该工作的批准预算来表示	在某一时间点上,通常为数据日期,全部完成工作的计划价值,与实际成本无关	挣值＝完成工作的计划价值之和	
AC	实际成本	在给定的时间段内,因执行项目活动而实际发生的成本	在某一时间点上,通常为数据日期,全部完成工作的实际成本		
BAC	完成预算	为将要执行的工作所建立的全部预算的总和	全部计划工作的价值,项目的成本基准		
CV	成本偏差	在某个给定时间点的预算亏空或盈余量,表示为挣值与实际成本之差	在某一时间点上,通常为数据日期,完成工作的价值与同一时间点上实际成本之间的差异	CV＝EV－AC	大于 0 表示在计划成本之内;0 表示与计划成本持平;小于 0 表示落后于进度计划
SV	进度偏差	在给定的时间点上,项目进度提前或落后的情况,表示为挣值与计划进度之差	在某一时间点上,通常为数据日期,完成工作的价值与同一时间点上实际成本之间的差异	SV＝EV－PV	大于 0 表示在计划成本之内;0 表示在进度计划上;小于 0 表示落后于进度计划
VAC	完工偏差	对预算亏空量或盈余量的一种预测,是完工预算与完工估算之差	项目完工成本的估算差异	VAC＝BAC－EAC	大于 0 表示在计划成本之内;0 表示与计划成本持平;小于 0 表示超过计划成本
CPI	成本绩效指数	度量预算资源的成本效率的一种指标,表示为挣值与实际成本之比	CPI 等于 1 说明项目完全按预算进行,到目前为止完成的工作的成本与预计使用的成本一样。其他数值则表示已完工作的成本高于或低于预算的百分比	CPI＝EV/AC	大于 1 表示在计划成本之内;等于 1 表示与计划成本持平;小于 1 表示超过计划成本
SPI	进度绩效指数	测量进度效率的一种指标,表示为挣值与计划价值之比	SPI 等于 1 说明项目完全按照进度计划执行,到目前为止,已完成工作与计划完成的工作完全一致。其他数值则表示已完工作落后或提前于计划工作的百分比	SPI＝EV/PV	大于 1 表示提前于进度计划;等于 1 表示在进度计划内;小于 1 表示落后于进度计划

缩写	名称	术语词典定义	使用方法	公式	对结果的解释
EAC	完工成本估算	完成所有工作所需的预期总成本,等于截至目前的实际成本加上完工尚需估算	预计剩余工作的CPI与当前的一致	$EAC=BAC/CPI$	
			剩余工作将以计划效率完成	$EAC=AC+BAC-EV$	
			原计划不再有效	$EAC=AC+$ 自上而下估算的ETC	
			如果CPI和SPI同时影响剩余工作	$EAC=AC+[(BAC-EV)/(CPI\times SPI)]$	
ETC	完工尚需成本估算	完成所有剩余项目工作的预计成本	工作正按计划执行	$ETC=EAC-AC$	
			对剩余工作进行自下而上重新估算	$ETC=$再估值	
TCPI	完工尚需绩效指数	为了实现特定的管理目标,剩余资源的使用必须达到的成本绩效指标,是完成剩余工作所需的成本与剩余预算之比	为了按计划完成,必须维持的绩效	$TCPI=(BAC-EV)/(BAC-AC)$	大于1表示很难完成;等于1表示正好完成;小于1表示很容易完成
			为了实现当前的完工估算(EAC),必须维持的效率	$TCPI=(BAC-EV)/(EAC-AC)$	

【例5-3】 某软件项目进度计划为10天,其进度安排和成本基准计划如表5-8所示。

表5-8 某软件项目的成本基准计划表

WBS项	1	2	3	4	5	6	7	8	9	10	合计
1. 需求分析											
1.1 需求调研	1000										1000
1.2 需求分析	1000										1000
1.3 需求评审与确认	420										420
2. 开发准备											
2.1 开发技术调研		400									400
2.2 开发环境调研		200									200
2.3 开发语言调研		0									
3. 系统设计											
3.1 数据库设计				1000							1000
3.2 功能模块设计				800							800
3.3 UI设计				800							800
4. 编码实现											
4.1 UI编码					800						800
4.2 后台交互编码					800						800
4.3 资料展示子系统				400							400

WBS项	1	2	3	4	5	6	7	8	9	10	合计
4.4 资源搜集子系统						800					800
4.5 个人信息子管理						400					400
5. 系统测试											
5.1 单元测试							1000				1000
5.2 集成测试								600			600
6. 文档编写											
6.1 系统使用说明编写									200		200
6.2 测试文档编写									200		200
7. 平台测试										1000	1000
合计	2420	600	0	2600	2000	1200	1000	600	400	1000	11820

每天记录项目的挣值情况,有关项目进度和成本的绩效信息如表 5-9 所示。

表 5-9 项目挣值情况记录和计算表

天 \ 项	1	2	3	4	5	6	7	8	9	10
PV	2420	3020	3020	5620	7620	8820	9820	10400	10800	11820
EV	2200	2620	2620	5020	7400	8900	10000	11000	11600	12000
AC	2500	3100	3100	5500	7600	8800	9900	10400	10600	11000
CV	−300	−480	−480	−480	−200	100	100	600	1000	1000
SV	−220	−400	−400	−600	−220	80	180	600	800	180
CPI	0.88	0.85	0.85	0.91	0.97	1.01	1.01	1.06	1.09	1.09
SPI	0.91	0.87	0.87	0.89	0.97	1.01	1.02	1.06	1.07	1.02

从表 5-8 的进度和成本绩效信息可以得到如下结论。

第一天,项目实际进度落后计划进度 10% 左右,成本超支 12% 左右。

第二天,项目的 CPI 和 SPI 继续恶化,应该引起警惕和采取一些措施,以改进项目的进度和成本方面的绩效。

第三天,没有工作安排,也没有实际工作。

第四天,项目的进度和成本绩效信息有所好转,进度落后和项目超支在 10% 左右。

第五天,项目的进度和成本绩效有了很大提高,CPI 和 SPI 分别接近 1,表示项目的进度和成本绩效和它们的基准偏差很小,项目进度和成本按计划进行。

第六天,项目的进度和成本绩效继续改善,变得比预期的计划还好,这时不用采取干预手段。

第七天至第十天,项目的进度和成本绩效好于预期,最后项目好于预期的进度和成本安排。

由此可见,挣值管理(EVM)是项目成本和进度监控的有效方法,同时 PMBOK 推荐使用挣值管理,因为 EVM 综合了范围、时间和成本数据的项目绩效测量技术,根据基准(原计划+批准的变更),你可以知道离项目目标有多远,但是使用 EVM,你必须周期性更新实际项目绩效信息。世界范围内,越来越多的组织使用 EVM 来控制项目成本和进度。

2. 预测

随着项目进展,项目团队可根据项目绩效对完工成本估算(EAC)进行预测,预测的结果可能与完工成本预算(BAC)存在差异。如果 BAC 已明显不再可行,则项目经理应考虑对 EAC 进行预测。预测 EAC 是根据当前掌握的绩效信息和其他知识,预计项目未来的情况和事件。预测要根据项目执行过程中所提供的工作绩效数据来产生、更新和重新发布。工作绩效信息包含项目过去的绩效,以及可能在未来对项目产生影响的任何信息。

在计算 EAC 时,通常用已完成工作的实际成本加上剩余工作的完工尚需估算(Estimate To Complete,ETC)。完工尚需估算是在某个时间点预测完成剩余的工作还需要多少成本,这个时候算预测数据的时候就要分情况了,主要取决于我们以后的工作花钱的效率与以前比是否会发生变化,也就是考查以后工作的 CPI 值会不会发生变化。根据剩余部分工作 CPI 的变化情况,有几种计算方法。

(1) 如果还是以当前的成本绩效完成剩余的工作,则 ETC=(BAC−EV)/CPI,也就是剩余的工作量除以成本绩效指数。

(2) 如果以计划的成本绩效(其实就是 1)完成剩余的工作,则 ETC=BAC−EV,也就是剩余的工作量,实际上也是用第一种情况的公式。

(3) 如果进度绩效指标 SPI 也会影响完成剩余工作的成本,意思是如果严格规定必须要在计划的截止时间之前完成项目,那么可能就还需要额外的成本来赶工进度,这个时候就需要同时考虑 CPI 和 SPI 对于剩余工作的影响,一般计算公式为 ETC=(BAC−EV)/(CPI×SPI),也就是剩余的工作量除以成本绩效指数与进度绩效指数的乘积,其中 CPI×SPI 又叫作"关键比率"(Critical Ratio,CR)。

(4) 在某个时间点,预测完成整个项目需要的成本,当然就是实际已经花掉的成本加上前面那个完工尚需估算 ETC,即 EAC=AC+ETC;如果剩余工作还是以当前成本绩效指数来完成,那么也可以这么计算:EAC=BAC/CPI,这个公式也好理解,其实就是整个项目工作量除以成本绩效指数;完工估算 EAC 实际上就是预测项目完工时候的实际成本 AC。

项目团队要根据已有的经验,考虑实施 ETC 工作可能遇到的各种情况。把 EVM 方法与手工预测 EAC 方法联合起来使用,效果更佳。由项目经理和项目团队手工进行的自下而上汇总方法,就是一种最普通的 EAC 预测方法。

项目经理所进行的自下而上 EAC 估算,就是以已完成工作的实际成本为基础,并根据已积累的经验为剩余项目工作编制一个新估算。公式为:EAC=AC+自下而上的 ETC。

可以很方便地把项目经理手工估算的 EAC 与计算得出的一系列 EAC 进行比较,这些计算得出的 EAC 代表了不同的风险情景。在计算 EAC 值时,经常会使用累计 CPI 和累计 SPI 值。尽管可以用许多方法计算基于 EVM 数据的 EAC 值,但下面只介绍最常用的 3 种方法。

假设将按预算单价完成 ETC 工作。这种方法承认以实际成本表示的累计实际项目绩效(不论好坏),并预计未来的全部 ETC 工作都将按预算单价完成。如果目前的实际绩效不好,则只有在进行项目风险分析并取得有力证据后,才能做出"未来绩效将会改进"的假设。公式为:EAC=AC+(BAC−EV)。

假设以当前 CPI 完成 ETC 工作。这种方法假设项目将按截至目前的情况继续进行,即ETC 工作将按项目截至目前的累计成本绩效指数(CPI)实施。公式为:EAC=BAC/CPI。

假设 SPI 与 CPI 将同时影响 ETC 工作。在这种预测中,需要计算一个由成本绩效指数与进度绩效指数综合决定的效率指标,并假设 ETC 工作将按该效率指标完成。如果项目进度对 ETC 有重要影响,这种方法最有效。使用这种方法时,还可以根据项目经理的判断,分别给 CPI 和 SPI 赋予不同的权重,如 80/20、50/50 或其他比例。公式为:$EAC=AC+[(BAC-EV)/(CPI \times SPI)]$。

上述 3 种方法都可用于任何项目。如果预测的 EAC 值不在可接受范围内,就是给项目管理团队发出了预警信号。

3. 完工尚需绩效指数

完工尚需绩效指数(To Complete Performance Index,TCPI)是一种为了实现特定的管理目标,剩余资源的使用必须达到的成本绩效指标,是完成剩余工作所需的成本与剩余预算之比。TCPI 是指为了实现具体的管理目标(如 BAC 或 EAC),剩余工作的实施必须达到的成本绩效指标。如果 BAC 已明显不再可行,则项目经理应考虑使用 EAC 进行 TCPI 计算。经过批准后,就用 EAC 取代 BAC。基于 BAC 的 TCPI 公式为:$TCPI=(BAC-EV)/(BAC-AC)$。

TCPI 的概念可用图 5-8 表示。其计算公式在图的下方,用剩余工作($BAC-EV$)除以剩余资金(可以是 $BAC-AC$,或 $EAC-AC$)。

如果累计 CPI 低于基准(如图 5-8 所示),那么项目的全部剩余工作都应立即按 TCPI(BAC)(图 5-7 中最高的那条线)执行,才能确保实际总成本不超过批准的 BAC。至于所要求的这种绩效水平是否可行,就需要综合考虑多种因素(包括风险、进度和技术绩效)后才能判断。如果不可行,就需要把项目未来所需的绩效水平调整为如 TCPI(EAC)线所示。

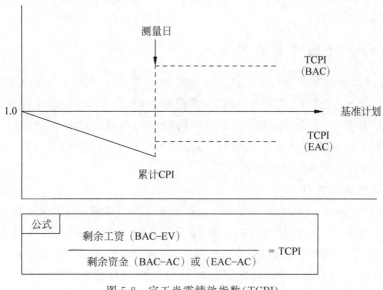

图 5-8 完工尚需绩效指数(TCPI)

5.4.2 成本控制的结果

1. 工作绩效信息

WBS 各组件(尤其是工作包和控制账户)的 CV、SV、CPI、SPI、TCPI 和 VAC 值,都需要记录下来,并传达给干系人。

2. 成本预测

无论是计算得出的 EAC(完工成本估计)值,还是自下而上估算的 EAC 值,都需要记录下来,并传达给干系人。

3. 变更请求

分析项目绩效后,可能会就成本基准或项目管理计划的其他组成部分提出变更请求。变更请求可以包括预防或纠正措施,变更请求需经过项目整体变更控制的审查和处理。

4. 经验教训

成本控制中涉及的各种情况,如导致费用变化的各种原因、各种纠正措施等,对以后的项目实施与执行是一个非常好的案例,应该以文档的形式保存下来,供以后参考。

5.5 软件项目的成本控制

随着 IT 企业市场在不断拓展,大多数企业的 IT 项目成本面临难题,IT 管理者应从成本动因的角度出发来控制 IT 项目成本,避免损害那些决定企业 IT 核心价值的要素,但是由于缺乏科学的管理经验,即使是最富经验的成本控制高手,IT 项目成本也居高不下。尤其是中国的中小型企业,全凭主观直觉削减 IT 项目成本也无异于一场高风险的赌博。企业在削减 IT 项目成本时,不应对各种开支不加辨别,一视同仁。因为如果不分青红皂白,把每一项看似多余的 IT 项目开支都削减掉,很可能会削弱企业的 IT 竞争力而影响到持续经营的能力,结果得不偿失。

5.5.1 破解软件项目的成本难题

随着信息化经济的发展,IT 建设在为企业带来生产和管理能力提升的同时,也带来了 IT 成本的居高不下。虽然市场在不断拓展,但是由于缺乏科学的管理经验,我国的中小型企业 IT 成本居高不下,大多数企业的 IT 成本管理面临难题。近年来,许多知名企业已经开始充分利用 IT 建设所形成的核心竞争力,不断推进产品创新、管理创新、流程创新。那么,如何有效破解 IT 成本控制的难题呢?

1. IT 项目高成本的原因

造成 IT 成本居高不下的原因有很多,从企业整体的信息化来看,包括 IT 规划不到位、系统重复建设、风险控制不到位等许多原因,造成了大量的 IT 资源和投入的浪费。具体到每个 IT 项目,则包括诸如需求蔓延、技术银弹、重复返工、贪多求全等原因造成的人员和资金浪费。无论原因为何,高 IT 成本已经日益成为企业推行信息化建设的主要阻碍之一。许多管理者因此而头痛:批准一个待建的 IT 项目,意味着大量的资金占用、人员投入和业务间歇性停顿,风险极大;若是保守不批,仍然依靠现有的管理水平和生产力,又无力应对激烈的竞争和危机下的寒冬,真是左右为难!

很自然地,管理者们在犹豫不决之际,便不禁会问:IT 成本为何如此高昂?是否有办法控制和降低 IT 成本呢?要回答这个问题,还得从 IT 项目的目标本身说起,我们究竟要开发什么样的系统才能满足客户的要求。

2. "好"系统的标准

想解题，先破题。IT 成本复杂多样，IT 系统各不相同，要想找出控制成本的有效途径，必须正确认识 IT 项目的特性，了解造成 IT 成本过高的原因，才能对症下药。

从前面罗列的部分原因来看，片面追求理念和技术的先进性，忽视直接用户的使用体验，对系统升级和维护的成本估计不足，是造成 IT 项目超支、IT 资源浪费和使用成本过高的主要原因。要走出这些 IT 建设中的误区，控制和降低 IT 项目的成本，就涉及另外一个问题——什么样的 IT 系统，才是好系统？只有正确认识这个问题，才能在降低 IT 成本的道路上迈出第一步。

我们用这样 3 个词来回答这个问题：适用、好用、耐用。

首先，IT 系统要适用。企业上马一个 IT 项目，就好像买一顶帽子，大了不合适，小了也不合适。IT 系统必须要符合企业的现状和特点，从实际需要出发进行系统选型。既不能盲目追求系统功能的大而全，也不能盲从于超前的管理理念。罔顾企业实际情况的结果，要么是花了许多钱买回一堆用不上的功能，要么是系统"看上去很美"，却因管理不到位等其他原因而无法真正推行下去，不得不忍痛放弃。

IT 系统同时也要保持一定的先进性，为以后的业务发展预留升级空间。不能完全从现有的需求出发，简单地把手工流程搬到计算机里，仅仅实现一个"电子化办公"。虽然这也算是一次进步，但相对于高昂的投入来说，缺乏先进性的 IT 系统等于是在浪费企业的资源，不但不能有效地提升效率，反而会丧失一部分手工操作的灵活性，制约企业的发展。因此，一个好的 IT 系统，先决条件就是要适用，"不大不小刚刚好"。

其次，IT 系统要好用。没有调查就没有发言权，IT 系统是否真的好用，唯一有投票权的就是直接使用这套系统的用户。直接用户不仅限于通过系统管理生产和运营的管理层，同样包括为管理提供基础数据和原始资料的一线员工。只有让这些用户满意了，系统才能真正发挥出所有的潜能，促使企业的运营管理顺畅运转。

怎样才是好用呢？简单来说，就是让用系统工作的人觉得舒服，操作简单、顺手，能解决实际问题，能提高工作效率，能让他们从繁杂的手工劳动中解放出来，有更多的时间处理更重要的事情，这样的系统才是好用的系统。

无论一个 IT 系统的理念有多完美，技术有多先进，流程有多敏捷，如果不能帮助用户解决问题，使用起来觉得别扭，那它就一文不值，就不是"好系统"。解决问题才是硬道理。信息系统归根结底是为了帮助企业解决管理当中的问题和瓶颈，如果不能有效解决问题，就不能称得上是一个好系统呢。

最后，IT 系统要耐用。就 IT 系统的投入来看，它应该是一件耐用消费品，而非快速消费品。既然是耐消品，就应该具备一定的扩展性、灵活性和柔韧性，能够在一定的范围内允许即时的调整，适应变化的需求。而且，IT 系统创造效益需要一个较长的周期，如果频繁上线新系统，废弃旧系统，势必造成 IT 资源的大量浪费，既不利于企业的知识积累，也不利于企业的平稳发展和业务提升。

市场在变，企业也在变，一套不具备灵活性和扩展性的 IT 系统，将很难适应国内企业快速发展的现实情况。当系统无法满足企业的业务需要时，升级换代在所难免，如果系统的使用周期太短，或者后续的升级成本太大，无疑会给企业带来许多不必要的成本负担。因此，一个好的 IT 系统，必然是一个长期耐用的系统，能够为企业带来稳定的回报。

我们讨论"好"系统的标准,终归还是为了解决 IT 成本控制的问题,使 IT 项目摆脱"成本黑洞"的恶劣名声。

3. 降低运行成本

系统建设在初期阶段的投入比较集中,显得数额庞大,因而吸引了企业更多的关注,不断想方设法降低这笔投入,而对于系统投入运行之后的运维费用,企业却远没有像对初期投入的那般关切。

IT 系统的特点决定了信息化建设绝不是一锤子买卖,系统上线之后,还要定期对软硬件进行维护,为新进的用户提供培训,根据业务发展调整系统的功能,等等。这些工作都是保证 IT 系统正常运行而必需的投入,也是 IT 成本的组成部分,但是往往因为运维费用分散、小额、多量的特点,反而不为企业所重视。

其实,IT 运维因难见巧。种种原因造成了 IT 系统让人又爱又恨的局面。爱的是,系统上马了,确实明显提高了工作效率和管理水平;恨的是,一旦系统出现问题,想要快速准确地排除故障,还真是不容易。而一旦业务部门想要改点什么,更是难上加难,哪怕一个小小的打印格式,也得找软件供应商的工程师来调整,花费高昂不说,还得整个系统停工来升级,耽误了正常生产,若是升级过程中遇到点意外和麻烦,耽误的时间就会更多。所以,细水长流的运维成本,也是企业在控制和降低 IT 成本时必须要关注的内容之一。

企业能够在保证信息化建设的效果的同时,有效控制 IT 成本上升,压缩 IT 资本投入,更好地利用 IT 带来的便捷来提升核心竞争力。在竞争激烈的市场环境中,企业要能及时扭转观念,正确认识 IT 手段在企业管理中的重要性,并进行适当科学的运维,便可有效地减少总拥有成本。

4. 控制 IT 项目成本三步走

我们讨论好系统的标准,终归还是为了解决 IT 成本控制的问题。想要控制和降低 IT 成本,我们需要从 3 个步骤循序渐进地努力,只有把每一步都做好了,IT 成本才能应声而落。

那么,需要哪 3 个步骤呢?其实就是回答 3 个问题:第一,这笔钱该不该花?第二,要花多少钱?第三,如何花好钱?下面我们来逐一分析。

1) 问题一:该不该花?

决策者在确定启动一个 IT 项目之前,首先要问的就是这个问题。决定问题答案的因素,不是 IT 系统的理念超前与否、技术先进与否、功能完善与否,而是企业是否真的需要这样一套系统,这套系统是否真的能帮企业解决问题,企业当前是否能够承担这笔投入。

前些年国内也曾出现过几次信息化的热潮,企业争先恐后砸了血本下去,买最贵的软硬件,请最贵的专家顾问,搭进大把的时间和人员,期盼这把"米"洒下去,就能换回"一只会下金蛋的母鸡"。结果如何呢?大半血本无归吧,即使系统勉强上线,磕磕绊绊地用起来,也是不尽人意,离预期的收益更是大相径庭。

真正成功利用 IT 系统创造价值的企业,是那些在引入 IT 系统的同时,充分考虑了企业现状,并且为了 IT 系统的实施展开了适当的管理变革的企业,他们利用 IT 系统的实施过程,完成了管理和流程的创新,提高了企业的竞争力,使 IT 投入真正获得了丰厚的回报。

所以,控制 IT 成本节节攀升的第一步,就是在启动 IT 项目之前把好关。那些华而不实的面子工程就算了,无论如何不能批;那些缺乏规划的临时起意先放一放,待仔细斟酌了再决定;只有那些真正能为企业解决问题、创造效益的项目,才是值得大力投入的。

2) 问题二:要花多少?

是与非的判断做好了,接下来就该解决多与少的问题了。在解决花多花少的问题上,企业需要秉承前面得出的"适用、好用、耐用"的原则,认真评估自身需要。许多企业就是由于盲目追求不切实际的标准,如技术先进、理念超前、功能完善,反而忽略了企业在现阶段的真实需要,导致高价采购回来的系统"大材小用",许多功能用不上,许多资源被闲置,造成 IT 投入的极大浪费。

当然,IT 成本的控制不等于一味省钱。就像采购成本一样,除了价格,还有质量、交货能力这些其他因素影响整体的采购成本,IT 项目的建设成本也要同时考虑这些因素的影响。企业不能为了压低价格而逼着软件供应商降低服务品质,更不能为了压缩人员支出而缩短工期进度,这些都会造成企业在金钱之外的成本损失,有时甚至会得不偿失。正如帕累托原理所讲,一个项目有大约 80% 的成本投入到了 20% 的活动上,想要有效降低成本,就必须在那 20% 和 80% 之间做出取舍,达到一个最合理的平衡,才能使成本得到控制和降低。因此,在 IT 系统的选择上,企业既不能盲目追求一步到位,也不能为求稳妥故步自封,而是要在二者之间,寻求一个恰当的平衡点。

3) 问题三:如何花好?

花一样的钱,得不一样的"果"。IT 成本是可以用具体的数字来衡量的,然而项目的实施效果,却因为项目的千差万别而变得难以衡量。不同的项目经理对资源有不同的使用偏好,不同的项目团队对项目有不同的完成习惯,而这些不同之处,很可能就是"花费一样,但效果不同"的根源。

对于企业,作为合同的甲方,应当从自身的特点出发,恰当选择 IT 项目的合同种类,利用不同的合同规定,敦促乙方自觉降低项目成本,节约资金投入。例如,在需求明确、工期可控的前提下,可以采用费用偿还合同的形式,用实际费用+酬金的方式降低项目的成本;在需求不定、范围不清的情况下,用固定总价合同来减低甲方费用超标的风险。

对于项目经理,作为团队的领导者,应当适度利用绩效奖金激励项目组成员不断提高积极性,提升项目的质量水平,加强团队成员的合作,使项目取得一个良好的实施效果。好钢用在刀刃上,如何把有限的项目资金花在最需要的地方,利用有限的资源获得最大的回报,考验的是企业和项目经理的智慧和气魄。

5.5.2 软件项目隐性成本控制

项目经理或首席信息官(Chief Information Officer,CIO)关注的话题之一,就是如何降低 IT 成本。这却是一个复杂的问题,虽然不少项目经理或 CIO 都确定了 IT 成本控制目标,但近期有调查报告显示许多企业的 IT 成本削减计划依然没有达到预期的效果。

在调查中,许多企业的项目经理或 CIO 都表示经常会低估或漏掉某些 IT 项目成本。究其原因,IT 项目成本管理的"黑洞"主要存在于隐性成本中,而在粗放式的 IT 项目成本管理中,大家往往又对隐性成本缺乏足够的重视和认识,结果自然就使得 IT 成本控制始终不尽人意。通常 IT 项目成本包含显性成本和隐性成本两部分,其中显性成本包括硬件成本、软件成本、实施费用、维护成本、升级成本及内部人员的工资福利费用等。这些因素项目经理或 CIO 在进行 IT 项目管理规划时通常会考虑得非常清楚,而对于隐藏于管理细节的隐性成本则往往会有所忽视。

1. 软件项目的隐性成本

一般来说,IT 项目成本可分为显性成本和隐性成本,而隐性成本是指在 IT 项目管理过程中如冰山底下隐藏的那块成本。要想知道什么是隐性成本,就先要了解什么是显性成本。显性成本是指可入账的、看得见的实际支出,如支付的各种 IT 项目费用(硬件设备费用、软件费用、网络成本等)、工资费用和各种 IT 项目运维费用等。它们的特点是有形的成本,也是大部分人在账面上能看到的成本。

但是,从更加开阔的视野来分析 IT 项目成本,就会发现许多 IT 项目成本尚未被重视,如 IT 项目资源使用效率低下带来的成本增加、IT 项目决策执行偏差造成的不一致成本、IT 项目工作流程效率低造成的成本等。相对于显性成本,这些成本隐蔽性大,难以避免,不易量化,因此被称为隐性成本,这种隐性成本大部分是由于管理机制不完善或管理水平不高所导致的。

一般来说,成本应该是能产生收益的必要费用开支。因此,从这个定义上来看,隐性成本其实并不是有效成本,隐性成本最令人迷惑的地方是它冠以"成本"的称谓,其本质却是浪费的、无效的费用和付出。因此,在经济学上一般认为隐性成本是一种隐藏在总成本之中,但游离于财务审计监督之外的成本。它是企业在运营过程中有意或无意的行为造成的、具有一定隐蔽性的成本。这种隐性成本对 IT 项目成本管理是一种严峻的挑战,因为隐性成本的存在必然会直接导致 IT 总成本的增加,并会使 IT 项目成本的真实性存在失真。

2. 软件项目隐性成本的隐藏地

从上述的定义和描述中,我们知道 IT 隐性成本是一种无效的成本支出,并不是我们在 IT 管理中的期望支出。因此,这些隐性成本往往是隐藏的、不容易被人发现的成本。经过我们的研究和调查,发现 IT 隐性成本主要是隐藏在 IT 管理活动的细节之中,主要有以下几种情况。

1) IT 项目资源使用效率存在的隐性成本

在进行 IT 项目成本核算时,许多项目经理或 CIO 认为只要 IT 项目规划决策正确,就应该会实现 IT 项目成本最小化和资源的最优化配置,但事实上当 IT 项目资源利用效率不高时,就会有隐性成本损失。例如,在 IT 项目技术平台选择方面,即使决策正确,但如果在技术使用深度不够时就不会发挥出技术平台应有的优势,其潜在产出与实际产出之间的差距,就是一种隐性成本。IT 项目资源利用的低效率还表现为骨干技术人员的流失或错位使用,而这些都会令企业产生巨额的培训支出。另外,从企业 IT 项目需求与效率的关系来看,未达到或超过企业需求的 IT 项目或技术显然也会存在资源使用的低效率问题,也会在某种程度上使企业支付了不必要的 IT 项目隐性成本。

2) IT 项目决策执行偏差造成的隐性成本

项目经理或 CIO 常常遇到这样的情况,IT 项目决策从事前和事后来看都没有问题,但在执行中却走了样。而且,执行的环节越多,决策能够不走样也就越困难。因此,为了保证 IT 决策的执行效果,许多项目经理或 CIO 和 IT 部门会通过召开会议、加强培训、宣传教育等手段来灌输 IT 决策意图,结果使这部分 IT 隐性成本占到内部管理运营成本很高的比例。而且更为严重的是,这些 IT 项目成本可能会分摊到其他部门或一般运营费用上,并没有在 IT 成本核算上显示出来,使所有人都忽视了它们的存在,但实际上其成本却是由于 IT

项目决策执行偏差或执行过程中走样所造成的。

3）IT 工作流程落后带来的隐性成本

一般来说，更好的方法意味着更少的成本，更合理的流程代表着更高的效率。一个高效率的 IT 项目部门，除了 IT 技术创新外，还必须高度重视工作流程创新和具体工作方法的创新。这方面的潜力是无穷的，少花冤枉钱的潜力也是很大的。但有的项目经理或 CIO 在谈及 IT 项目成本控制时，首先想到的只是应用最新的 IT 技术来节省成本，或直接取消某些 IT 项目以节省费用的方法，而没有更多地考虑如何控制 IT 项目工作流程上无效的隐性成本。结果是只能减少有用的显性的 IT 项目成本，而对无效隐性成本鲜有涉及。只有当转变了对隐性成本的观念后，相信许多项目经理或 CIO 对如何花钱和如何省钱的态度会有所转变。

4）IT 项目员工有效工作时间的隐性成本

许多项目经理或 CIO 忽视了 IT 项目人员有效工作时间的隐性成本。表现出来的现象是正常上班时间时，IT 项目人员工作效率很差，结果就用加班的方式来补救，但事实上表面看似忙忙碌碌的工作氛围的背后却是工作效率的低下。这是由于考核制度和激励机制没有针对 IT 项目活动的特点所造成的管理细节问题。例如，对于 IT 项目管理，绝大多数公司的 IT 项目岗位只能实行计时上班，但计时最大的弊端是无法保证被考核对象单位时间的产出。因此，在缺乏合理的考核制度和激励方式时，许多 IT 项目人员会倾向于追求闲暇而无效率的工作方式，结果是有效工作时间的减少带来了巨大的无效的隐性成本开支。

5）信息资源过多带来的隐性成本

在某种程度上，IT 技术越是先进和全面，它们带来的信息就会越多和越全面，就会出现俗话所说的过犹不及的现象。也就是，一方面是项目经理或 CIO，以及 IT 项目部门投入巨大努力将企业方方面面的信息汇集起来，并利用各种先进的 IT 项目系统对海量信息进行加工和维护；而另一方面却是各业务部门对 IT 项目信息有不同认识，导致了许多 IT 项目部门花大量时间和精力收集和处理的数据，业务部门根本没有用上，或者说业务部门根本就没有关注过。因此，由于 IT 项目部门和业务部门对 IT 信息理解的差异，使 IT 项目部门许多的工作都是无效的工作，这些无效的成本自然就成了浪费的隐性成本开支。

3. 避免软件项目隐性成本泛滥成灾的对策

IT 项目成本管理不但是纵向贯穿企业 IT 活动的全过程，而且横向涉及 IT 项目部门、业务部门、财务部门等职能部门。因此，IT 项目成本削减并不只是 IT 项目部门的事情，而是需要全企业所有人员共同努力的事情。一般来说，要想解决好 IT 项目隐性成本问题，就必须要不断挖掘影响隐性成本的因素，逐步把企业总体 IT 项目成本控制在一个合适的范围。

1）树立新的软件项目成本观

长期以来，一说到 IT 项目成本管理，大家就想到这是成本核算人员的事情，简单地将成本管理的责任归于成本核算主管或财务人员。例如，IT 项目人员只负责 IT 项目活动管理，成本人员只负责成本核算管理工作。这样表面上看起来分工明确，职责清晰，各司其职，却唯独没有了成本责任。所以，这种 IT 项目成本认识是错误的。因为在这种成本观念中 IT 项目人员只是 IT 项目成本管理的参与者，而不是 IT 项目成本管理的主体，不走出这个认识上的误区，就不可能搞好 IT 项目成本管理。

因此,IT 项目人员要树立和正确认识 IT 项目隐性成本观念,同时还要树立有效成本和无效成本的观念。所谓无效成本是指对于业务价值的增值和利润的获取没有帮助的成本投入。只有有效成本才是对企业具有意义的,无效成本一般会以隐性成本的方式存在,这就要求企业在成本管理中应该要尽量避免无效的支出,也就是要求 IT 部门必须要与业务部门全力合作,以业务需求为导向来规划 IT 项目成本的有效使用。

另外,还要树立全员 IT 项目成本的观念,各个部门、全体人员都是 IT 成本的控制者,IT 项目成本管理不只是 IT 部门和核算部门的事情,也是企业内部所有会对 IT 成本产生影响的人员的职责。因此,必须要对所有相关人员进行 IT 项目成本教育,使员工能掌握更多的控制隐性成本的技巧和技能。

2) 强化细节管理,建立 IT 成本责任制

任何活动都应建立责、权、利相结合的管理制度,才能取得成效,IT 项目成本管理也不例外。而现在许多 IT 项目团队并没有很好地将责、权、利三者结合起来,只是简单地将 IT 成本管理的责任归于 IT 项目成本核算主管,没有形成完善的 IT 成本管理体系。结果是使得在 IT 项目实施和管理中成本高和成本低一个样,这不仅严重挫伤了 IT 项目人员节约成本的积极性,而且也给成本管理带来了不可估量的损失。

因此,在 IT 项目成本管理中必须要建立 IT 项目成本责任制,把 IT 项目成本控制作为重要内容加以重视。要着眼于把 IT 项目隐性成本纳入到成本控制的战略规划之内,制订行之有效的各种 IT 隐性成本控制计划。例如,明确项目经理或 CIO,以及各部门的 IT 项目成本责任不同于工作责任,即使有时工作责任已经完成,甚至还完成得相当出色,但如果 IT 项目成本责任没有完成也是不合格。简单地说,实行 IT 项目成本责任制,就是按照不同的 IT 需求要求将目标成本进行细分,纵向分解到各技术人员,横向分解到各职能部门,形成全员、全方位、全过程的 IT 项目成本管理格局,以建立长期有效的隐性成本控制与评价机制。

3) 建立隐性成本明细列表,减少隐性成本的发生

建立明细的 IT 项目隐性成本清单,把隐性成本置于阳光之下。因为只有明确了 IT 项目隐性成本的构成,才能分析和弄清隐性成本产生的原因,才能切实掌握隐性成本。建立隐性成本明细列表管理一般包括隐性成本识别、隐性成本分析、隐性成本监控 3 个过程。

隐性成本识别是管理 IT 项目隐性成本的第一步,即识别整个 IT 项目活动过程中可能存在的隐性成本。隐性成本分析是指确定了 IT 项目活动的成本列表之后,要对各种隐性成本进行详细分析。目的是要确定每种隐性成本在 IT 项目管理活动中的影响和大小,故一般要对已经识别出来的隐性成本进行量化估计。隐性成本监控是指制订了隐性成本防范计划后,隐性成本在 IT 项目活动管理过程中还是可能会出现的。因此,在 IT 项目活动中需要时刻监督隐性成本的发展与变化情况。最后,还应该不断丰富隐性成本数据库,更新隐性成本识别检查列表,注意 IT 项目隐性成本管理经验的积累和总结。

4) 软件项目成本管理由事后审计改为动态控制

最后,除了日常的 IT 项目活动管理成本外,在 IT 成本管理中占大部分的还有 IT 项目的实施和建设成本。而在传统 IT 项目成本核算模式中,虽然会在 IT 项目初期制定一个简单的成本预算目标,但更多的 IT 项目成本核算只会在项目结束后才对实际发生的显性成本进行审计和核算。

实际上,这种事后式的核算方式根本就没有体现出 IT 项目隐性成本的存在,当然也就不能分析 IT 项目亏损是由于显性成本控制不严还是隐性成本没有控制所导致。所以,传统模式下的 IT 项目成本核算方式并不能真正体现出 IT 项目的真实成本构成,它只是在项目结束后审查项目盈亏状况而已。因此,为了避免 IT 隐性成本泛滥成灾,需要把 IT 项目的成本核算方式改为按实际进展分解 IT 项目成本指标,并列明显性成本和隐性成本的分类,这样才能真实、动态地控制和管理 IT 项目成本。

5.6　小　　结

成本管理是软件项目管理的一个薄弱环节,许多软件的成本都超过了原来的预算,软件项目经理必须充分认识成本管理的重要性。项目规模成本估算是项目规划的基础,也是项目成本管理的核心。通过成本估算方法,分析并确定项目的估算成本,并以此为基础进行项目成本预算和计划编排,开展项目成本控制等管理活动。

估算方法分为基于分解技术的估算方法和基于经验模型的估算方法两大类。分解技术需要划分出主要的软件功能,然后估算实现每个功能所需的程序规模或工作量。经验模型计算使用根据经验导出的公式来预测工作量和项目时间。

挣值分析法是一种能全面衡量项目进度状态、成本趋势的科学方法,它不以项目投入资金的多少来反映项目的进展,而是以投入资金已经转化为项目成果的量来衡量,是一种完整和有效的项目监控方法。利用挣值分析法对项目成本进行管理和控制的基本原理是根据预先制订的项目成本计划和控制基准,在项目工程实施后,定期进行比较分析,然后调整相应的工作计划并反馈到实施计划中去。有效地进行项目成本、进度管理的关键是监控项目实际成本及工程进度的状况,及时、定期地与控制基准相比照,并结合其他可能改变的因素,及时采取必要的纠正措施,修正或更新项目计划,预测出在项目完成时工程成本是否会超出预算,工程进度会提前还是落后。这种监控必须贯穿于项目实施的整个过程之中。

5.7　案 例 研 究

案例一:IT 公司不可小视的人力成本

浙大网新是中国名列前茅的 IT 服务提供商和服务外包商,浙大网新执行总裁钟明博曾经表示,目前国内软件外包企业面临的最大问题是人力资源成本上升过快,每年可以达到 10%～15% 的上升速度。钟明博还指出了当前中国 IT 公司面临的一些问题,这些问题和成本管理有着直接和间接的关系。

(1) 中国的外包公司长期以来在面向日本市场的时候,没有接触最终用户,是通过日本顶级的 IT 厂商、IT 服务商承接第二包的业务。现在有了一些变化,日本的最终用户开始寻求直接向中国的外包厂商发包,排在日本顶级的前五名的 IT 企业,指富士通、NEC、日立、日本 IBM 和日本 HP,这几个企业加起来占据了日本的半壁江山,这几家市场在扩大面向中国的发包量。其次,他们在大力地加强自己在中国的力量,把更多的发包业务集中到自己的子公司,这样其实对独立的中国的软件外包企业的成长空间带来了挤压。

（2）国内 IT 公司目前的商务环境应该说是趋于恶化的。首先,这几年物价的上涨带来商务成本的提升,无论是房租还是日常生活的成本都在上升,经济增长下滑,还有房地产的调控,使得地方政府的财政状况不如以前,很多地方对软件行业扶持的政策落实上出现了一些问题,税收减少也为软件行业的税收政策优惠方面的具体落实带来了一些问题。其他还有一些问题,比如说人民币汇率的上升,客观上使得整个行业的运营成本提高。还有社保的问题,大家都知道,IT 行业主要的资本是人力资源,在中国社保占企业支出的比例远远大于国际上的一些竞争对手,比如说印度企业,一些小公司可能还打擦边球,通过调低一些社保基数做控制成本的举动。虽然来自国内的市场需求在迅速增加,如以金融、通信、电商、航空旅游还有医疗健康这些行业为代表的国内市场的需求,但是国内 IT 市场价格的竞争是非常激烈的,资金回收的周期也比较长,商业信誉的问题也存在。

（3）IT 行业内部最大的问题就是人力资源成本上升的问题。以浙大网新为例,人力成本以每年 $10\% \sim 15\%$ 的速度在上升,该公司承接的来自日本、美国的离岸业务市场报价,在过去 20 年里几乎没有变化,但这 20 年来人力工资上升的速度越来越快,就是这种价格和成本已经使得做离岸外包业务的中国公司的利润空间受到极大的挤压。而与这个问题相匹配的另一个问题也出现了,85 后甚至 90 后的员工开始进入这个行业,过去 10 年我国软件行业的高速发展其实是牺牲了一代人的健康,有一代人为了公司牺牲自己的个人时间,去拼命加班,拼命工作,但是新一代的员工价值观、生活观发生了很大的变化,不会再像原来的员工那样拼命加班,他们要追求个人的价值和自己的生活体验,这样就使得现在这些软件外包公司不得不思考自己的管理模式和业务模式。

（4）服务外包行业核心的竞争还是成本的竞争,所以所有的创新几乎都离不开成本控制,但是控制成本首先要控制哪里? 外包公司最大的成本是人力资源的成本,要控制人力资源的成本,不是一个简单的降低工资,而是提供具有吸引力的薪酬,组织一个合理的人力资源的架构,合理的人才配置。一个最关键的问题就是离职率,因为一个工程师的成长是有周期的,企业培养一个人要花大量的时间成本和金钱成本,降低离职率是最有效的控制人力资源成本的方法。浙大网新为了降低离职率做了不少努力,比如探索与一些地方政府合作,为员工提供一个安居乐业的环境,企业提供好的工作环境,和地方政府合作,力争能为员工提供一个比较好的居住环境,使员工能够安心、舒适地工作。

（5）IT 外包公司流程管理也是成本控制非常重要的手段,通过流程管理,来提高生产效率,客观上达到降低成本的需要。另外,优化组织内部结构也可以有效控制成本。以浙大网新为例,该公司进行了内部的垂直分工,如将咨询和设计工作放在北京、上海、杭州,把详细设计、编程到单体测试这些相对低端的工作转移到二三线城市,通过集团内部的垂直产业分工,来实现控制成本的目的。除了差异化之外,浙大网新也在考虑多元化,首先是市场的多元化,该公司多年来一直坚持美国、日本和国内市场三分天下,一直在 3 个市场搞平衡发展,另外也追求离岸业务和在岸业务的均衡发展。中国绝大多数外包公司可能都比较注重离岸,因为离岸价格差比较大,容易产生利润,但是单纯做离岸成本,带来很大的问题就是你的前端业务和后端业务很难拿到离岸来做。另外一个就是很难更迅速、更准确地把握客户的需求,很难接到一些有更大金额、质量更高的项目。所以,浙大网新坚持在岸业务和离岸业务均衡发展,该公司在日本和美国都各自建立了超过 100 人的团队,并在未来几年里团队能够迅速扩大。

【案例问题】

（1）针对浙大网新所面临的成本问题，你有何感想？

（2）分析人力成本管理对于软件（外包）企业的重要性。

（3）外包软件项目开发中，如何有效进行成本控制？

案例二：IT 项目管理预算的削减难题①

IT 项目管理预算日益受到关注，让 IT 经理们最头疼的问题是，如何在预算范围内按时完成项目，同时尽量减少最终用户的埋怨。IT 经理们认为项目预算难题的原因很多，包括：越来越迅猛的全球化、IT 预算削减、项目复杂性总体加大以及最终用户一味提出更高的要求。

IT 部门的"钱袋子"在几年前就开始放松了，IT 预算不像以往那样经常被削减，但最近两年，这种情况有所转变。IT 管理顾问兼 *ComputerWorld* 专栏作家 Paul Glen 说："通常而言，IT 预算往往滞后于实际的 IT 需求，我们一下子认识到削减 IT 预算行不通。"

1. 填补缺口

美国加利福尼亚州圣拉蒙的项目管理中心主任 Gopal Kapur 表示："以往，许多公司实际上选择了最容易见效的 IT 项目，如今开始着手比较庞大、比较复杂的项目。大项目往往面临高风险，复杂性增加，但 IT 人员的技能并没有提高的问题，这就产生了落差或缺口。"打比方说，"如果你的梯子不够牢固，就摘不到更上面的果子"。

John Bruggeman 是辛辛那提希伯来联合学院犹太宗教研究所的 IT 主管，他手里的那个"梯子"很短。他算得上是幸运儿之一，因为最近得到了专门拨给 IT 项目的几笔大额捐款。这些 IT 项目包括：学生信息系统(SIS)、IT 基础设施升级或翻新、在 4 个校园部署教室视频会议系统。Bruggeman 说："在过去的 5 年里，我一直在进行 IT 运营和维护，现在却要着手开展这三大项目，时间和人力都很紧张。"

Bruggeman 建议，如果有充足的资金，但人手不够，不妨求助于 IT 厂商，特别是在 IT 项目管理预算方面。Bruggeman 说，他曾接到了两家公司争夺 SIS 项目的投标，一家公司口头承诺会管理项目，后来却拒绝把这项承诺添加到合同中；中标的那家公司则愿意保证管理项目，甚至没有为这项服务加收费用。

2. 拆分全球项目

孟山都公司是一家年收入高达 85 亿美元的农业生物科技公司，该公司的 CIO Mark Showers 认为，越来越迅猛的全球化提高了项目及项目管理的复杂性。他说："我们最终抛弃了实施很多孤立项目的做法，譬如说，孟山都使用了单一版本的 SAP 软件系统，这样来自世界各地的人就能共同实施某个项目。"

至于地域分散的庞大项目，其成本通常超过 500 万美元，孟山都公司发现了一种新颖的项目管理方法，Showers 称之为"三人领导小组"。这个"三人领导小组"的成员包括：来自所在国家、被收购公司或将是新系统首要用户的业务部门的业务经理；来自孟山都圣路易斯总部的企业经理；与用户所在国家、被收购公司或业务部门有关的 IT 经理。这种人员安排让更多的人肩负领导责任，并且加大参与力度。Showers 强调，这表明公司认识到"IT 项

---

① 引自项目管理者联盟(http://www.mypm.net)。

目不再只是事关 IT,因为项目很少由于技术原因而失败"。

作为得克萨斯州阿灵顿 Wall Homes 公司的 CIO,Andrew Brimberry 不得不面对人手不足的现实。他说,这家最近才成立的小型住宅建筑公司为了简化内部沟通,并且减轻项目经理的负担,想出了一个办法,那就是让编程人员坐下来,与最终用户一起参加需求定义会议。"这虽然减少了编写代码的时间,但编程人员直接从用户处明白了项目有哪些具体目标后,工作效率大大提高。对我们来说,做出这样的牺牲也是值得的。"

Brimberry 表示,深入了解业务对 Wall Homes 的 IT 人员来说至关重要,因为每个大城市的施工经理们只要觉得合适,就有权管理各自的工作。正因如此,面对不断变化、有时前后冲突的需求时,系统才能够随时灵活应变。

3. 在预算范围内管理项目

辉瑞公司负责全球技术工程的主管 Danny Siegel 表示,有些公司的 IT 项目可能会迅猛增长,这种苗头已经显露出来了。那么,这些公司的 IT 经理们就会遇到一个难题:项目需求增加与 IT 费用削减的矛盾。

最近 4 年来,辉瑞公司的销售额一直持平,一部分重要药品的销售额最近还出现了急剧下跌的颓势。"在这种形势下,使用 IT 系统的业务部门减少了人手,同时面临预算紧张的问题。于是,业务部门为 IT 项目提供重要支持的能力有所减弱。"Siegel 表示,"某位项目经理去找客户服务部门,请其帮忙明确项目的目标,对方的答复是'我们缺少人手'。"

面对项目支持不足的窘境,辉瑞想方设法解决这一难题,他们的办法就是把大部分 IT 工作外包出去。Siegel 说:"昔日的项目管理如今成了供应商管理。内部 IT 经理的工作内容是制定标准,并且确保所有项目的一致性和可重复性,譬如'工具在这里,平台在这里,请实现这个目标'。我们不再在项目层面管理我们的供应商,而是在供应商层面对它们的资格进行审查。"

管理 IT 项目向来就不是一件容易的事,如果有一套严谨的 IT 项目管理预算方法已经普遍应用于各业务部门,那么这家公司就有了优势。加拿大的 PCL 建筑公司就是这样。PCL 公司负责系统和技术的总经理 Brian Ranger 说:"我们公司的业务范围包括建筑桥梁、大楼和机场等,这些业务人员在日常工作当中已普遍运用预算编制、项目规划、项目进度、工作流程跟踪及成本控制等基本的项目管理方法。"

PCL 并非一开始就有强有力的 IT 项目管理,但后来发生了改变。Ranger 说:"我们的业务经理过去很沮丧,因为 IT 部门无法承担起安排进度、编制预算等工作。但在过去的两年里,IT 人员对项目管理开始重视起来。如今,IT 人员使用对方明白的术语与用户交流,我们正在努力像业务部门那样来运作。"

为了培养更优秀的项目经理,Ranger 将他的"得力干将"派送到项目管理协会(PMI)深造;学业结束后,成绩合格者可以获得项目管理专业证书。这样一来,每个人大概要花 6000 美元。Ranger 说:"费用不小,但完全值得。"Ranger 认为,所有 IT 员工都应该接受一定的 PMI 培训,至少能够阐述项目的管理理念;这些理念既适用于施工项目,也适用于 IT 项目管理预算。Ranger 解释:"我希望每个人都明白这些理念及其工作原理,这样他们才能成为对方的其中一员。"

【案例问题】

(1) 为什么会出现本案例中的项目预算削减难题?

（2）IT 预算往往滞后于实际的 IT 需求，为什么？

（3）作为项目经理，IT 预算控制应该怎么做？

案例三：TCL 项目研发的成本控制经验[①]

TCL 集团有限公司创于 1981 年，是广东省最大的工业制造企业之一和最有价值品牌之一。TCL 的发展不仅有赖于敏锐的观察力和强劲的研发力、生成力、销售力，还得益于对项目研发成本的有效控制和管理，使产品一进入市场便以优越的性能价格比迅速占领市场，实现经济效益的稳步提高。

很多产品在设计阶段就注定其未来制造成本会高过市场价格。只要提出成本控制，很多人便会产生加强生产的现场管理、降低物耗、提高生产效率的联想，人们往往忽略了一个问题：成本在广义上包含了设计（研发）成本、制造成本、销售成本三大部分，也就是说，很多人在成本控制方面往往只关注制造成本、销售成本等方面的控制。如果将目光放得更前一点，以研发过程的成本控制作为整个项目成本控制的起点，才是产品控制成本的关键。

我们知道，一个产品的生命周期包含了产品成长期、成熟期、衰退期几个阶段，这些阶段的成本控制管理重点是不同的。实际上，产品研发和设计是生产、销售的源头所在，一个产品的目标成本其实在设计成功后就已经基本成型，作为后期的产品生产等制造工序（实际制造成本），其最大的可控度只能是降低生产过程中的损耗及提高装配加工效率（降低制造费用）。有一个观点是被普遍认同的，及时产品成本的 80% 是约束性成本，并且在产品的设计阶段就已经确定。也就是说，一个产品一旦完成研发，其目标材料成本、目标人工成本便已基本定型，制造中心很难改变设计留下的先天不足。目标价格－目标利润＝目标成本，研发成本必须小于目标成本。至于如何保证设计的产品在给定的市场价格、销售量、功能的条件下取得可以接受的利润水平，TCL 在产品设计开发阶段引进了目标成本和研发成本的控制。

目标成本的计算又称为"由价格引导的成本计算"，它与传统的"由成本引导的价格计算"（即由成本加成计算价格）相对应。产品价格通常需要综合考虑多种因素影响，包括产品的功能、性质及市场竞争力。一旦决定了产品的目标，包括价格、功能、质量等，设计人员将以目标价格扣除目标利润得出目标成本。目标成本就是在设计、生产阶段关注的中心，也是设计工作的动因，同时也为产品及工序的设计指明了方向和提供了衡量的标准。在产品和工序的设计阶段，设计人员应该使用目标成本的计算来推动设计方案的改进工作，以降低产品未来的制造成本。

1. 研发（设计）过程中的三大误区

（1）过于关注产品性能，忽略了产品的经济性（成本）。设计工程师有一个通病：他们往往仅为了产品的性能而设计产品。也许是由于职业上的习惯，设计师经常容易将其所负责的产品项目作为一件艺术品或科技品来进行开发，这就容易陷入对产品的性能、外观追求尽善尽美，却忽略了许多部件在生产过程中的成本，没有充分考虑到产品在市场上的性能价格比和受欢迎的程度。实践证明，在市场上功能最齐全、性能最好的产品往往并不一定就是最畅销的产品，因为它必然也会受到价格及顾客认知水平等因素的制约。

---

① http://blog.itpub.net/7839396/viewspace-9420221

153

第 5 章

项目成本管理

（2）关注表面成本，忽略隐含（沉没）成本。公司有一个下属企业曾经推出一款新品，该新品总共用了 12 枚螺钉进行外壳固定，而同行的竞争对手仅用了 3 枚螺钉就达到了相同的外壳固定的目的！当然，单从单位产品 9 枚螺钉的价值来说，最多也只不过是几毛钱的差异，但是一旦进行批量生产后就会发现，由于多了这 9 枚螺钉而相应增加的采购成本、材料成本、仓储成本、装配（人工）成本、装运成本和资金成本等相关的成本支出便不期而至，虽然仅仅是比竞争对手多了 9 枚螺钉，但是带来的隐含（沉没）成本将是十分巨大的。

（3）急于新品开发，忽略了原产品替代功能的再设计。一些产品之所以昂贵，往往是由于设计不合理，在没有作业成本引导的产品设计中，工程师们往往忽略了许多部件及产品的多样性和复杂的生产过程的成本。而这往往可以通过对产品的再设计来达到进一步削减成本的目的，但是很多时候，研发部门开发完一款新品后，往往都会急于将精力投放到其他正在开发的新品上，以求加快新品的推出速度。

2．研发（设计）过程中成本控制的 3 个原则

（1）以目标成本作为衡量的原则。目标成本一直是 TCL 关注的中心，通过目标成本的计算有利于在研发设计中关注同一个目标：将符合目标功能、目标品质和目标价格的产品投放到特定的市场。因此，在产品及工艺的设计过程中，当设计方案的取舍会对产品成本产生巨大的影响时，就采用目标成本作为衡量的标准。在目标成本计算的问题上，没有任何协商的可能。没有达到目标成本的产品是不会也不应该被投入到生产的。目标成本最终反映了顾客的需求，以及资金供给者对投资合理收益的期望。因此，客观上存在的设计开发压力，迫使开发人员必须去寻求和使用有助于他们达到目标成本的方法。

（2）别除不能带来市场价格却增加产品成本的功能。顾客购买产品，最关心的是"性能价格比"，也就是产品功能与顾客认可价格的比值。任何给定的产品都会有多种功能，而每一种功能的增加都会使产品的价格产生一个增量，当然也会给成本方面带来一定的增量。虽然企业可以自由地选择所提供的功能，但是市场和顾客会选择价格能够反映功能的产品。因此，如果顾客认为设计人员所设计的产品功能毫无价值，或者认为此功能的价值低于价格所体现的价值，则这种设计成本的增加即是没有价值或者说是不经济的，顾客不会为他们认为毫无价值或与产品价格不匹配的功能支付任何款项。因此，在产品的设计过程中，需要把握的一个非常重要的原则就是：别除那些不能带来市场价格却又增加产品成本的功能，因为顾客不认可这些功能。

（3）全方位考虑成本的下降与控制。一个新项目的开发，TCL 认为应该组织相关部门人员进行参与（起码应该考虑将采购、生产、工艺等相关部门纳入项目开发设计小组），这样有利于大家集中精力从全局的角度去考虑成本的控制。正如前面所提到的问题，研发设计人员往往容易踏入过于重视表面成本而忽略隐含成本的误区。正因有了采购人员、工艺人员、生产人员的参与，可以基本上杜绝为了降低某项成本而引发其他相关成本增加这种现象的存在。因为在这种内部环境下，不允许个别部门强调某项功能的固定，而是必须从全局出发来考虑成本的控制问题。

3．在设计阶段降低成本的五大措施

一般情况，根据大型跨国企业的基本经验，在设计开发阶段通常采取以下步骤对成本进行分析和控制。

（1）价值工程分析。价值工程分析的目的是分析是否有可以提高产品价值的替代方

案。我们定义产品价值是产品的功能与成本的比值,即性能价格比。因此,有两种方法提高产品价值:一是维持产品的功能不变,降低成本;二是维持产品成本不变,增加功能。价值工程的分析从总体上观察成本的构成,包括原材料制造过程、劳动力类型、使用的装备及外购与自产零部件之间的平衡。价值工程按照两种方式实现,来预定设定目标成本。

(2)工程再造。在产品设计之外,还有一个因素对产品成本和质量有决定性作用,这就是工序设计。工程再造就是对已经设计完成或已经存在的加工过程进行再设计,从而直接消除无附加值的作业,同时提高装配过程中有附加值作业的效率,降低制造成本。对于新产品,如果能在进入批量生产阶段对该产品的初次设计进行重新审视,往往会发现,在初次设计过程中,存在一些比较昂贵的复杂部件及独特或繁杂的生产过程,然而它们很少增加产品的绩效和功能,可以被删除或修改。因此,重视产品及其替代功能的再设计,不但具有很大的空间,而且经常不会被顾客发现,如果设计成功,公司也不必进行重新定价或替代其他产品。

(3)加强新产品开发成本分析,达到成本与性能的最佳结合点。加强性能成本比的分析。性能成本比也就是目标性能跟目标成本之间的比值,通过对该指标的分析可以看出,新开发出来的产品是否符合原先设定的目标成本、目标功能和目标性能等相关目标。假如实际的成本性能比高于目标的成本性能比,在设计成本与目标成本相一致的前提下,说明新产品设计的性能高于目标性能,但还可以通过将新产品的性能调整到目标性能相符达到降低和削减成本的目的。

(4)考虑扩展成本。在开发设计某项新品时,除了应该考虑材料成本外,还要更深远地考虑到,该项材料的应用是否会导致其他方面的成本增加。譬如说,所用的材料是否易于采购、便于仓储、装配和装运。事实上,研发(设计)人员在设计某项新产品时,如欠缺全面的考虑,往往不得不在整改过程中临时增加某些物料或增加装配难度来解决它所存在的某些缺陷。而这些临时增加的物料不仅会增加材料成本,还会增加生产过程中的装配复杂度,因而间接影响到批量生产的效率,而且这也容易造成相关材料、辅料等物耗的大幅上升等,而这些沉没的成本往往远大于其表面的成本。

(5)减少设计交付生产前需要被修改的次数。设计交付生产(正常量产)前需要被修改(甚至细微修改)的次数,是核算新产品开发成本投入的一个指标。很多事实显示,许多时候新产品往往要费很长时间才能批量投入市场,最大的原因是因为产品不能一次性达到设计要求,通常需要被重新设计并重新测试好几次。假定一个公司估计每个设计错误的成本是1500元,如果从新产品开发设计到生产前,每个新产品平均需要被修改的次数为5次,每年引进开发15个新项目,则其错误成本为112500元。从这个简单的算术就可以看出,在交付正常批量生产的过程中,每一点错误(每次修改)都势必给公司带来一定的损失(物料、人工、效率的浪费等)。而为减少错误而重新设计产品的时间延误将会使产品较晚打入市场,错失良机而损失的销售额更是令人痛心的。因此,研发设计人员的开发设计,在不影响成本、性能的情况下,应尽量提高一次设计的成功率。

【案例问题】

(1)TCL认为项目成本控制的关键是什么?

(2)目标成本和研发成本的含义是什么?引入目标成本的意义是什么?

(3)TCL在研发过程中的成本控制采用哪些原则?

（4）在降低成本方面，TCL 采取了哪些措施？

（5）从本案例中你获得了哪些启发？

5.8 习题与实践

1. 习题

（1）影响软件项目成本的因素有哪些？

（2）软件项目成本估算有哪些方法？比较各方法的适用范围及特点。

（3）简述类比估算法的优点。

（4）在估算软件项目成本时应注意哪些问题？

（5）如何用挣值分析法控制项目的成本和进度？

（6）成本的估算和预算有什么区别？

（7）简述成本控制的原则和依据。

2. 实践

（1）结合你负责的软件项目，周期性地记录项目挣值信息，并分析进度和成本方面的绩效信息，如 CPI、SPI 等。

（2）利用 Project 软件，完成以下任务。

- 创建资源工作表（人力、设备、材料），为资源添加备注，说明每个组员在组内的分工。
- 为资源分配费率（应采用多套费率：生效日期、标准费率、加班费率、每次使用成本）和成本，然后自定义资源排序方式。
- 为任务分配资源。
- 审阅项目成本（每项任务的成本和每项资源的成本），设置成本的累算方式（开始、按比例、结束）。
- 对项目分别按工时、成本、资源类型等进行排序。
- 预览工作分配报表和现金流量报表。

第6章 项目质量管理

项目质量管理包括执行组织确定质量政策、目标与职责的各过程和活动,从而使项目满足其预定的需求。项目质量管理在实施组织的质量管理体系的同时,适当支持持续的过程改进活动,以确保项目需求和产品需求得到满足和确认。

视频讲解

项目质量管理需要兼顾项目管理与项目可交付成果质量管理两个方面。它适用于所有项目,无论项目的可交付成果具有何种特性。质量的测量方法和技术则根据项目所产生的可交付成果类型而定。对于软件项目的可交付成果,各种测试技术是测量和提高质量的有效方法。无论什么项目,未达到质量要求,都会给某个或全部项目干系人带来严重的负面后果。例如,为满足客户要求而让项目团队超负荷工作,就可能导致利润下降、项目风险增加;为满足项目进度目标而仓促完成预定的质量检查,就可能造成检验疏漏以及后续维护成本增加。

在与国际标准化组织(International Organization for Standardization,ISO)保持兼容性的前提下,现代质量管理方法力求缩小差异,交付满足既定要求的成果。现代质量管理方法承认以下几方面的重要性。

1. 客户满意

了解、评估、定义和管理要求,以便满足客户的期望。这就需要把"符合要求"(确保项目产出预定的成果)和"适合使用"(产品或服务必须满足实际需求)结合起来。

2. 预防胜于检查

预防错误的成本通常远低于在检查或使用中发现并纠正错误的成本。

3. 持续改进

由休哈特提出并经戴明完善的"计划-实施-检查-改进(Plan-Do-Check-Act,PDCA)"循环是质量改进的基础。另外,诸如全面质量管理(Total Quality Management,TQM)、六西格玛和精益六西格玛等质量管理举措,也可以改进项目的管理质量及项目的产品质量。常用的过程改进模型包括马尔科姆·波多里奇模型和能力成熟度集成模型(Capability Maturity Model Integration,CMMI)。

4. 管理层的责任

项目的成功需要项目团队全体成员的参与。然而,管理层在其质量职责内,肩负着为项目提供具有足够能力的资源的相应责任。

5. 质量成本

质量成本(Cost of Quality,COQ)是指一致性工作和非一致性工作的总本。一致性工作是为预防工作出错而做的附加努力,非一致性工作是为纠正已经出现的错误而做的附加努力。质量工作的成本在可交付成果的整个生命周期中都可能发生。

6.1 质量管理规划

质量管理规划是识别项目及其可交付成果的质量要求或标准,并书面描述项目将如何证明符合质量要求的过程。本过程的主要作用是为整个项目中如何管理和确认质量提供了指南和方向。

6.1.1 软件质量

1. 软件质量定义

20世纪90年代,Norman和Robin等将软件质量定义为:表征软件产品满足明确的和隐含的需求的能力的特性或特征的集合。

1994年,国际标准化组织公布的国际标准ISO 8042综合将软件质量定义为:反应实体满足明确的和隐含的需求的能力的特性的总和。

GB/T 11457—2006《软件工程术语》中定义软件质量为:

(1) 软件产品中能满足给定需要的性质和特性的总体;

(2) 软件具有所期望的各种属性的组合程度;

(3) 顾客和用户觉得软件满足其综合期望的程度;

(4) 确定软件在使用中将满足顾客预期要求的程度。

2. 软件质量要素

影响软件质量的主要因素,这些因素是从管理角度对软件质量的度量。McCall等1979年提出的质量要素模型得到普遍认可,该模型将影响软件质量的因素划分为3组,如图6-1所示,分别反映用户在使用软件产品时的3种观点:(1)产品运行(正确性、健壮性、效率、完整性、可用性、安全性);(2)产品修改(可理解性、可维修性、灵活性、可测试性);(3)产品转移(可移植性、可重用性、互运行性)。

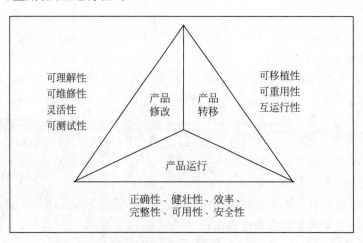

图 6-1 McCall 软件质量要素模型

图 6-1 中各因素的含义分别如下。

（1）正确性。系统满足规格说明和用户的程度，即在预定环境下能正确地完成预期功能的程度。

（2）健壮性。在硬件发生故障、输入的数据无效或操作错误等意外环境下，系统能够做出适当响应的程度。

（3）效率。为了完成预定的功能，系统需要的计算资源的多少。

（4）完整性。系统完成用户全部功能要求的程度。

（5）可用性。用户能否用产品完成他的任务，以及令人满意的程度。

（6）安全性。系统向合法用户提供服务的同时能够阻止非授权用户使用的企图或拒绝服务的能力。

（7）可理解性。理解和使用该系统的难易程度。

（8）可维修性。诊断和改正在运行现场发生的错误的概率。

（9）灵活性。修改或改正在运行的系统需要的工作量的多少。

（10）可测试性。软件容易测试的程度。

（11）可移植性。把程序从一种硬件配置或软件环境转移到另一种硬件配置或软件环境时，需要的工作量的多少。

（12）可重用性。在其他应用中该程序可以被再次使用的程度（或范围）。

（13）互运行性。把该系统和另外一个系统结合起来的工作量的多少。

3. 软件质量标准

软件项目常见遵循的质量标准体系有以下两种。

1）CMM/CMMI

CMM/CMMI（Capability Maturity Model/Capability Maturity Model Integration），即能力成熟度模型/能力成熟度模型集成，其思想来源于已有多年历史的产品质量管理和全面质量管理，即只要不断地对企业的软件工程过程的基础结构和实践进行管理和改进，就可以克服软件生产中的困难，增强开发制造能力，从而能按时地、不超预算地制造出高质量的软件。CMM 模型基于众多软件专家的实践经验，是组织进行软件过程改善和软件过程评估的一个有效的指导框架。CMMI 项目更为工业界和政府部门提供了一个集成的产品集，其主要目的是消除不同模型之间的不一致和重复，降低基于模型改善的成本。CMMI 将以更加系统和一致的框架指导组织改善软件过程，提高产品和服务的开发、获取和维护能力。CMM 或 CMMI 不仅是一个模型，一个工具，它更代表了一种管理哲学在软件工业中的应用。

CMM/CMMI 主要应用在两大方面：能力评估和过程改进。

（1）能力评估。CMM/CMMI 是基于政府评估软件承包商的软件能力发展而来的，有两种通用的评估方法用以评估组织软件过程的成熟度：软件过程评估和软件能力评价。

- 软件过程评估：用于确定一个组织当前的软件工程过程状态及组织所面临的软件过程的优先改善问题，为组织领导层提供报告以获得组织对软件过程改善的支持。软件过程评估集中关注组织自身的软件过程，在一种合作的、开放的环境中进行。评估的成功取决于管理者和专业人员对组织软件过程改善的支持。

- 软件能力评价：用于识别合格的软件承包商或监控软件承包商开发软件的过程状态。软件能力评价集中关注识别在预算和进度要求范围内完成制造出高质量的软件产品的软件合同及相关风险。评价在一种审核的环境中进行，重点在于揭示组织实际执行软件过程的文档化的审核记录。

（2）过程改进。软件过程改进是一个持续的、全员参与的过程。CMM/CMMI建立了一组有效描述成熟软件组织特征的准则。该准则清晰地描述了软件过程的关键元素，并包括软件工程和管理方面的优秀实践。企业可以有选择地引用这些关键实践指导软件过程的开发和维护，以不断地改善组织软件过程，实现成本、进度、功能和产品质量等目标。

2）ISO9000标准体系

最初的软件质量保证系统是在20世纪70年代由欧洲首先采用的，其后在美国和世界其他地区也迅速地发展起来。目前，欧洲联合会积极促进软件质量的制度化，提出了如下ISO9000软件标准系列：ISO9001、ISO9000-3、ISO9004-2、ISO9004-4、ISO9002。这一系列现已成为全球的软件质量标准。除了ISO9000标准系列外，许多工业部门、国家和国际团体也颁布了特定环境中软件运行和维护的质量标准，如IEEE729-1983、IEEE730-1984、Euro Norm EN45012等。

ISO9001在软件行业中应用时一般会配合ISO9000-3作为实施指南，需要参照ISO9000-3的主要原因是软件不存在明显的生产阶段，故软件开发、供应和维护过程不同于大多数其他类型的工业产品。例如，软件不会"耗损"，所以设计阶段的质量活动对产品最终质量显得尤其重要。

ISO9001和CMMI均是国际上高水准的质量评估体系。两者既有区别又相互联系，且有不同的注重点，不可简单地互相替代。

4.5位质量管理大师的观点

1）戴明环（PDCA环）

PDCA循环是由美国质量管理专家休哈特博士首先提出的，由爱德华兹·戴明（W·Edwards Deming）采纳、宣传，获得普及，所以又称为戴明环。PDCA循环就是按照"Plan，Do，Check，Act"的顺序进行质量管理，并且循环不止地进行下去的科学程序，如图6-2所示，PDCA环包括如下4个步骤。

（1）P（Plan）——规划，包括方针和目标的确定，以及活动规划的制订。

（2）D（Do）——实施，根据已知的信息，设计具体的方法、方案和计划布局；再根据设计和布局，进行具体运作，实现计划中的内容。

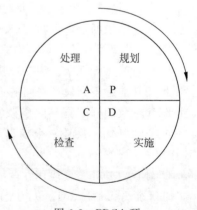

图 6-2　PDCA 环

（3）C（Check）——检查，总结执行计划的结果，分清哪些对了，哪些错了，明确效果，找出问题。

（4）A（Act）——处理，对总结检查的结果进行处理，对成功的经验加以肯定，并予以标准化；对于失败的教训也要总结，引起重视。对于没有解决的问题，应提交给下一个PDCA循环去解决。

2）朱兰的质量改进法

约瑟夫·莫西·朱兰（Joseph M·Juran）的质量改进法是通过逐个项目有针对性地解决问题和团队合作的方式进行的，是高层管理所必备的。他坚信质量不是偶然产生的，它的产生必定是有策划的，并断言质量改进是用逐个项目的方法进行。

朱兰认为大部分质量问题是管理层的错误而并非工作层的技巧问题。总的来说，他认为管理层控制的缺陷占所有质量问题的80％甚至还要多。

朱兰首创将人力与质量管理结合起来，如今，这一观点已包含于全面质量管理的概念之中。朱兰观念的发展过程是逐步进行的。最高管理层的参与，质量知识的普及培训，质量实用性的定义，质量改进逐个项目的运作方法，"重要的少数"与"有用的多数"及"三部曲"（质量策划、质量控制、质量改进）之间的区别——朱兰就是因这些观点而闻名的。

3）克劳斯比的零缺陷

菲利浦·克劳斯比（Philip Crosby）被美国《时代》杂志誉为"本世纪伟大的管理思想家""品质大师中的大师""零缺陷之父""一代质量宗师"。

克劳斯比认为，在质量管理的现实世界中最好视质量为诚信，即说到做到，符合要求。产品或服务质量取决于对它的要求。质量（诚信）就是严格按要求去做。高级管理人员必须通过让每个人都知道其组织的政策从而达到按要求去做的目的。其他人不能这么做，它是一个非常私人化的行动。靠颁发一套程序来实现质量的做法就像是把一本《圣经》放在旅馆房间一样。这种做法对那些出门在外忘带《圣经》的人们来说是某种祝福，却未必能使入住该房间的人们产生良好的行为。因此，质量即符合要求，而管理者的任务是带来符合要求的质量。任何组织一旦形成说到做到的习惯，所有事情都会变好，会议按时开始和结束，雇员按时上班，回函按要求发送，所有人都变得更加可靠，认真坚守自己的岗位。

4）石川馨的质量控制

石川馨（Ishikawa Kaoru）被誉为品管圈（Quality Control Circle，QCC）之父、日本式质量管理的集大成者，出生于日本，毕业于东京大学工程系，主修应用化学。石川馨是20世纪60年代初期日本"品管圈"运动的最著名的倡导者。他是因果图的发明者，因果图又叫鱼骨图、鱼刺图、石川图等。

石川馨强调有效的数据收集和演示，他以促进质量工具（如帕累托图和因果图）用于优化质量改进而著称。石川馨认为因果图和其他工具一样都是帮助人们或质量管理小组进行质量改进的工具。正因如此，他主张公开的小组讨论与绘制图表有同等的重要性。因果图作为系统工具是有用的，可以用它查找、挑选和记录生产中质量变化的原因，也可以使它们之间的相互关系有条理。

5）田口玄一的品质观

田口玄一（Genichi Taguchi）博士是享誉全球的质量大师，品管界大概无人不知这位大名鼎鼎的田口博士。他创造了田口方法（Taguchi Method），是品质工程的奠基者。

田口方法的基本思想是把产品的稳健性设计到产品和制造过程中，通过控制源头质量来抵御大量的下游生产或顾客使用中的杂讯以及不可控因素的干扰，这些因素包括环境湿度、材料老化、制造误差、零件间的波动等。田口方法不仅提倡充分利用廉价的元件设计和制造出高品质的产品，而且使用先进的试验技术降低设计试验费用，这也正是田口方法对传统思想的革命性改变，为企业增加效益指出了一个新方向。与传统的质量定义不同，田口玄一博士将产品的质量定义为：产品出厂后避免对社会造成损失的特性，可用"质量损失"对产品质量进行定量描述。质量损失是指产品出厂后"给社会带来的损失"，包括直接损失(如空气污染、杂讯污染等)和间接损失(如顾客对产品的不满意以及由此导致的市场损失、销售损失等)。质量特性值偏离目标值越大，损失越大，即质量越差；反之，质量就越好。对待偏差问题，传统的方法是通过产品检测剔除超差部分或严格控制材料、工艺以缩小偏差。这些方法一方面很不经济，另一方面在技术上也难以实现。田口方法通过调整设计参数，使产品的功能、性能对偏差的起因不敏感，以提高产品自身的抗干扰能力。为了定量描述产品质量损失，田口提出了"质量损失函数"的概念，并以信噪比来衡量设计参数的稳健程度。

6.1.2 质量管理规划的方法

质量管理规划应该基于项目章程、项目管理计划(其中的需求管理计划、风险管理计划、干系人参与计划、范围基准等)、项目文件(其中的假设日志、需求文件、需求跟踪矩阵、干系人登记册等)、事业环境因素(其中的政策法规、软件领域的相关规则/标准/指南、组织结构、市场条件、工作条件和文化观念等)和组织过程资产(组织的质量管理体系、质量模板、历史数据等)等已有相关文档和知识，常用的质量管理规划方法如下。

1. 成本效益分析

成本效益分析(Cost-Benefit Analysis)是通过比较项目的全部成本和效益评估项目价值的一种方法。成本效益分析作为一种经济决策方法，将成本费用分析法运用于政府部门的计划决策之中，以寻求在投资决策上如何以最小的成本获得最大的收益。

成本效益分析的基本原理是：针对某项支出目标，提出若干实现该目标的方案，运用一定的技术方法，计算出每种方案的成本和收益，通过比较方法，并依据一定的原则，选择出最优的决策方案。

达到质量要求的主要效益包括减少返工、提高生产率、降低成本、提升干系人满意度及提升赢利能力。对每个质量活动进行成本效益分析，就是要比较其可能成本与预期效益。

2. 质量成本

质量成本的概念是由美国质量专家 A. V. 菲根堡姆于 20 世纪 50 年代提出来的。其定义是：为了保证满意的质量而发生的费用以及没有达到满意的质量所造成的损失，是企业生产总成本的一个组成部分。他将企业中质量预防和鉴定成本费用与产品质量不符合企业自身和顾客要求所造成的损失一并考虑，形成质量报告，为企业高层管理者了解质量问题对企业经济效益的影响，进行质量管理决策提供重要依据。此后，人们充分认识了质量成本和保证质量有一个平衡关系，可以在质量和成本之间取得一个良好平衡，如图 6-3 所示。

值得注意的是，质量形成于产品或服务的开发过程中，而不是事后的检查、测试、把关等。如果开发人员认为可以通过后期的测试提高产品的质量，这是个错误的想法。一个高质量的产品是开发出来的，后期的测试不能真正提高产品的质量，只能靠前期的质量预防和质量检测，如代码走查、单元测试、对等评审等。所以，在安排质量计划的时候，应该注意质量活动的时间安排和质量成本的合理安排，尽量在项目的前期安排质量活动。质检过失比是一个有用的质量测量方法，它可以说明质量管理的程度。质检过失比＝预防成本/缺陷成

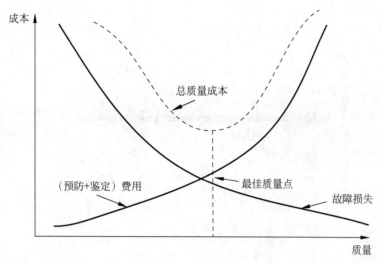

图 6-3　质量成本

本,这个比值大于 2 是努力达到的目标,如果质检过失比小于 1,则后期测试阶段会发现很多错误。质量管理中的过程审计、产品审计以及质量控制中的测试、对等评审等就是预防成本,而出错后的返工、缺陷跟踪以及诉讼和维护费用等都是缺陷或故障成本。质量成本还包括项目返工的管理时间、丧失的信誉、丧失的商机和客户好感、丧失的财产等,也许还有更多的其他费用。克鲁斯比的质量理论认为质量要用预防成本来衡量,即一致性成本,因为质量的形成不能靠缺陷成本来弥补。

3. 六西格玛(零缺陷)

最近 20 年,有一个词汇牢牢吸引了公司的 CEO 们,这个词汇就是六西格玛(6σ)。六西格玛作为一套非常严密的业务过程系统,可以说是集所有先进质量管理手段于一身,能够帮助企业真正实现产品的零缺陷。σ 是一个统计学术语,用来衡量一个过程的质量。σ 的量级为 2～6,代表百万个产品之中可能有多少个缺陷。对于一般公司,能够达到 4σ 就是一个不错的成绩了,这相当于每百万个产品中有 6000 个缺陷(合格率为 99.4%)。我们的奋斗目标是 6σ,相当于每百万个产品中有 3.4 个缺陷,即合格率达到 99.9997%。合格率越高,经济效益自然越高。

六西格玛不仅是一种质量管理技术,更是一种崭新先进的经营管理理念和方法。

4. 标杆对照

标杆对照将实际或计划的项目实践与可比项目的实践进行对照,以便识别最佳质量实践,形成改进意见,并为质量绩效考核提供依据。作为标杆的项目可以来自执行组织内部或外部,或者来自同一应用领域。标杆对照也允许用不同应用领域的项目类比。

5. 流程图

流程图也称为过程图,用来显示在一个或多个输入转化成一个或多个输出的过程中所需要的步骤顺序和可能分支。流程图可以包括原因分析图(见图 6-4)、系统流程图、处理流程图等。因此,流程图经常用于项目质量控制过程中,其主要目的是确定和分析问题产生的原因。

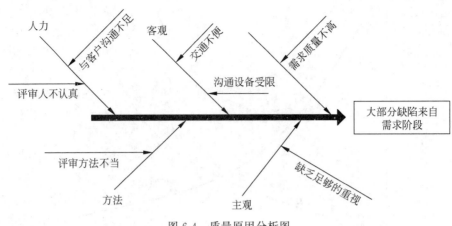

图 6-4　质量原因分析图

6. 实验设计

实验设计对于分析整个项目的输出结果是最有影响力的因素,它可以帮助管理者确认哪个变量对一个过程的整体结果影响最大,如成本、进度和质量之间的平衡。初级程序员的成本比高级程序员要低,但你不能期望他们在相同的时间内完成相同质量的工作。适当设计一个实验,在此基础上计算初级和高级程序员的不同组合的成本、工时和质量,这样可以在给定的有限资源下确定一个最佳的人员组合。这种技术对于软件开发、设计原型解决核心技术问题和获得主要需求也是可行和有效的。但是,这种方法存在费用与进度交换的问题。

6.1.3　质量管理规划的结果

1. 质量管理计划

质量管理计划描述项目的质量管理体系,即实施质量管理所需要的组织结构、责任、程序、过程和资源。质量管理计划根据质量规划得到,其内容包括质量方针、质量目标、界定说明和项目描述。

项目的质量方针是由高层管理部门提出的关于质量的意图和方针,此政策应该描述质量目标、质量层次、执行政策以及项目组中各成员的责任。项目的质量方针主要包括一个总的提纲、明确合理的责任分工和权限,以及一个严密的管理程序,并为项目配备训练有素的人力和相应的设备。统一的纲领能够使所有的员工在它的指导下工作,在保证工作质量的前提下,保证产品质量。用规范化的管理程序来指挥各项业务活动,能保证项目有秩序地进行。员工在上岗之前必须进行培训,只有保证员工的质量才能保证项目的质量。

质量的目标由一些特殊的目标组成,必须认真定义质量目标,不切实际的目标只能导致项目的失败。在定义质量目标时,必须做到目标可以实现,目标易于理解,目标尽量详细,目标要有一定的基准。

项目的界定说明是项目立项时将项目的可交付成果记录下来的项目目标文件。随着项目的进展,该说明可能细化或修改。项目的界定说明应该包括项目论证文件、项目的最后成果和项目的质量目标。

项目描述按照项目立项时确定的产品说明为基础,随着项目发展阶段逐渐深化、细化,直至包含技术问题的细节和影响质量的具体问题。项目的质量管理计划是由项目经理和项目组成员共同制订的。在编制过程中,需要识别组织内外所有的项目利益相关人,考虑他们的意见,制订设计过程满足用户的需求;同时,组织也要对不断变化的客户需求做出反应,以保证程序工作正常,满足质量目标。

应该在项目早期就对质量管理计划进行评审,以确保决策是基于准确信息的。这样做的好处是,更加关注项目的价值定位,降低因返工而造成的成本超支金额和进度延误次数。

2. 质量测量指标

非常具体的语言描述项目或产品属性,在控制质量过程中如何对其进行测量?质量测量指标通常不是一个固定值,而是一个变动范围,如果实测数据或结果在"范围"内,即被认为是符合要求的。例如,对于把成本控制在预算的±10%之内的质量目标,就可依据这个具体指标测量每个可交付成果的成本并计算偏离预算的百分比。软件项目质量测量指标通常包括准时性、成本控制、缺陷频率、故障率、可用性、可靠性和测试覆盖度等,可用于软件项目质量保证和控制过程。

3. 质量核对单

质量核对单是一种结构化工具,通常具体列出项目活动需要完成的工作细目(注意:仅仅是工作描述,而不是质量标准),用来核实所要求的一系列工作步骤是否已经被执行。基于项目需求和实践,质量核对单可简可繁。许多组织都有标准化的核对单,用来规范地执行经常性任务。在某些应用领域,核对单也可从专业协会或商业性服务机构获取。质量核对单应该涵盖范围基准中定义的验收标准。

4. 过程改进计划

软件过程(Software Process)是指开发和维护软件产品的活动、技术、实践的集合。软件过程描述了为了开发和维护用户所需的软件,什么人(Who)、在什么时候(When)、做什么事(What)以及怎样做(How)。

软件开发的过程观认为,软件是由一组软件过程生产的,因此软件质量和生产率在很大程度上是由软件过程的质量和有效性决定的,而软件过程可以被定义、控制、度量和不断改进。

所谓软件过程改进是指根据实践中对软件过程的使用情况,对软件过程中的偏差和不足之处进行不断优化。

软件过程改进是面向整个软件组织的。一个成熟的软件组织应该对其软件过程进行定义,形成一套规范的、可重用的软件过程,称为组织级过程资产。软件过程改进示意图如图6-5所示。

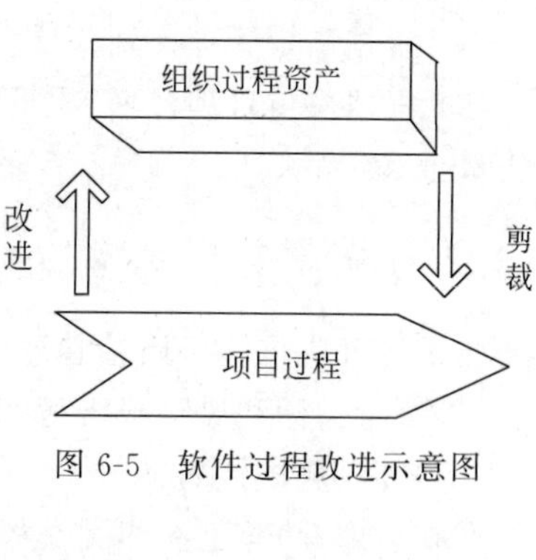

软件过程改进可遵循某种过程改进模型(如CMMI)来执行。

图6-5 软件过程改进示意图

5. 项目管理计划和项目文件更新

经过质量管理规划,可能需要变更请求的项目管理计划组成部分如下。

(1)风险管理计划。在确定质量管理方法时可能需要更改已商定的项目风险管理方法,这些变更会记录在风险管理计划中。

（2）范围基准。如果需要增加特定的质量管理活动,范围基准可能因本过程而变更,WBS 词典记录的质量要求也可能需要更新。

经过质量管理规划,可能需要更新的项目文件如下。

（1）经验教训登记册。在质量管理规划过程中遇到的挑战需要更新在经验教训登记册中。

（2）需求跟踪矩阵。质量管理规划指定的质量要求,记录在需求跟踪矩阵中。

（3）风险登记册。在质量管理规划过程中识别的新风险记录在风险登记册中,并通过风险管理过程进行管理。

（4）干系人登记册。如果在质量管理规划过程中收集到有关现有或新干系人的其他信息,则记录到干系人登记册中。

6.2 质量管理

项目质量管理是把组织的质量政策用于项目,并将质量管理计划转化为可执行的质量活动的过程。本过程的主要作用是,提高实现质量目标的可能性,以及识别无效过程和导致质量低劣的原因。

6.2.1 质量管理过程

项目质量管理重视过程胜于关注结果,它关注管理的过程,因为一个好的质量结果必然需要一个好的质量管理过程。

质量管理的 5 个主要过程如下。

（1）让主要干系人确信将会达到质量要求,从而能够满足他们的需要、期望和需求。

（2）执行质量管理计划中规定的质量管理活动,确保项目工作过程和工作成果达到具体的质量测量指标和高层级质量标准。

（3）编制将用于控制质量的质量测试与评估文件。这是把质量标准和质量测量指标转化为质量测评工具(如质量核对单)。

（4）根据质量管理计划和质量控制测量结果,提出变更,实施过程改进。

（5）根据质量管理计划、质量测量指标、本过程的实施情况,以及质量控制测量结果,编制质量报告。

6.2.2 质量管理的方法

质量管理应该基于质量管理计划、项目文件(其中的经验教训登记册、质量控制测量结果、质量测量指标和风险报告等)和组织过程资产(组织质量管理体系;质量模板,如核查表、跟踪矩阵、测试计划、测试文件及其他模板;以往审计的结果;包含类似项目信息的经验教训知识库等)等已有相关文档和知识,常用的质量管理方法如下。

1. 数据分析

这里的数据分析主要指根本原因分析(Root Cause Analysis,RCA),根本原因分析是确定引起偏差、缺陷或风险的根本原因的一种分析技术。RCA 用于识别问题的根本原因并解决问题,消除所有根本原因可以杜绝问题再次发生。因果图、树状图、关联图等工具常用于 RCA。

根本原因分析法最常见的一项内容是，提问为什么会发生当前情况，并对可能的答案进行记录，然后再逐一对每个答案问一个为什么，并记录下原因。根本原因分析法的目的就是要努力找出问题的作用因素，并对所有的原因进行分析。这种方法通过反复问为什么，能够把问题逐渐引向深入，直到你发现根本原因。

找到根本原因后，就要进行下一个步骤：评估改变根本原因的最佳方法，从而从根本上解决问题。这是另一个独立的过程，一般称为改正和预防。当我们在寻找根本原因的时候，必须记住对每一个已找出的原因也要进行评估，给出改正的办法，因为这样做也将有助于整体质量的改善和提高。

2. 数据表现

数据表现使用直观的图形或统计图，常用的数据表现图形包括因果图、流程图、直方图、控制图、散点图等。

1）因果图

因果图又称为特性要因图，主要用于分析品质特性与影响品质特性的可能原因之间的因果关系，通过把握现状、分析原因、寻找措施促进问题的解决，是一种用于分析品质特性（结果）与可能影响特性的因素（原因）的一种工具，又称为鱼骨图、Why-Why 分析或石川图计数表。例如，一个 IT 系统中用户无法进入系统的因果图如图 6-6 所示。

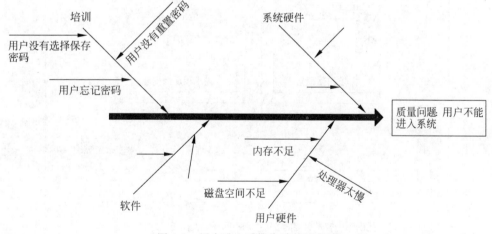

图 6-6　用户进入系统失败的因果图

软件项目门禁管理系统中，需要扫描二维码，造成二维码识别成功率低的因果分析图如图 6-7 所示。

2）流程图

流程图不仅可以用于质量规划过程，也可以用于质量管理过程中的数据表现。它通过映射 SIPOC（Supplier：供应商；Input：输入；Process：过程；Output：输出；Customer：客户）中的水平价值链的过程细节，显示活动、决策点、分支循环、并行路径及整体处理顺序。SIPOC 模型如图 6-8 所示。

流程图还有助于了解和估算一个过程的质量成本，如图 6-9 所示。通过工作量的逻辑分支及其相对频率估算质量成本。这些逻辑分支，是为完成符合要求的成果而需要展开的

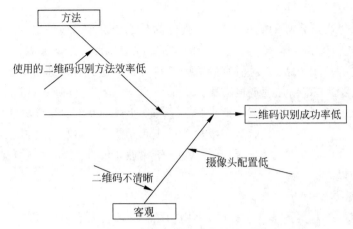

图 6-7　二维码识别成功率低的因果图

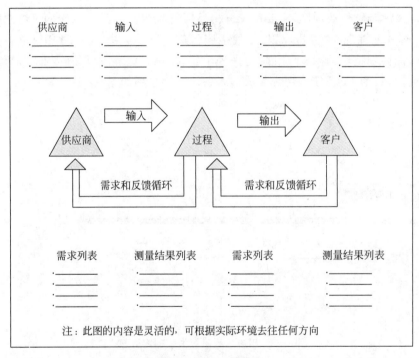

图 6-8　SIPOC 模型

一致性工作和非一致性工作的细分。

3) 直方图

直方图(Histogram)又称为质量分布图,它是表示资料变化情况的一种主要工具。用直方图可以解析出资料的规则性,比较直观地看出产品质量特性的分布状态,对于资料分布状况一目了然,便于判断其总体质量分布情况。

在质量管理中,如何预测并监控产品质量状况? 如何对质量波动进行分析? 直方图是能一目了然地把这些问题图表化处理的工具。它通过对收集到的貌似无序的数据进行处理反映产品质量的分布情况,判断和预测产品质量及不合格率。

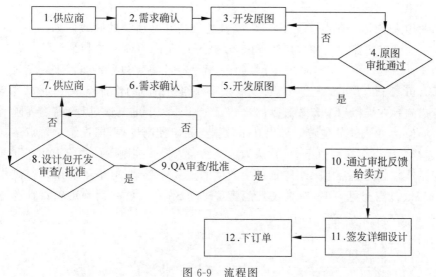

图 6-9　流程图

在制作直方图时,涉及统计学的概念,首先要对资料进行分组,因此,如何合理分组是其中的关键问题。按组距相等的原则进行的两个关键数位是分组数和组距。直方图是一种几何形图表,它是根据从生产过程中收集来的质量数据分布情况,画成以组距为底边、以频数为高度的一系列连接起来的直方型矩形图,如图 6-10 所示。

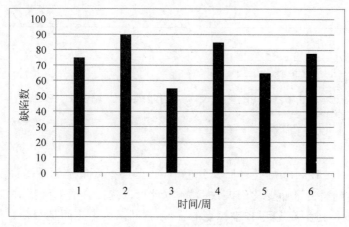

图 6-10　直方图示例

作直方图的目的就是通过观察图的形状,判断生产过程是否稳定,预测生产过程的质量。具体来说,作直方图的目的有:

(1) 显示数据的波动状态,判断一批已加工完毕的产品;

(2) 直观地传达有关过程情况的信息,如验证工序的稳定性;

(3) 为计算工序能力搜集有关数据;

(4) 决定在何处集中力量进行改进;

(5) 观察数据真伪,用以确定规格界限。

4）控制图

控制图用来确定一个过程是否稳定，或者是否具有可预测的绩效。如图 6-11 所示，根据协议要求而确定的控制上限和控制下限，反映了可允许的最大值和最小值。控制界限根据标准的统计原则，通过标准的统计计算确定，代表一个稳定过程的自然波动范围。项目经理和干系人可基于计算出的控制界限，发现须采取纠正措施的检查点，以便预防非自然的绩效。纠正措施旨在维持一个有效过程的自然稳定性。对于重复性过程，控制界限通常设置在离过程均值（0σ）$\pm 3\sigma$ 的位置。如果某个数据点超出控制界限，即连续 7 个点落在均值上方，或者连续 7 个点落在均值下方，就认为过程已经失控。控制图可用于监测各种类型的输出变量。虽然控制图最常用来跟踪批量生产中的重复性劳动，但也可以用来监测成本与进度偏差、产量、范围变更频率、质量或其他管理工作成果，以便帮助确定项目管理过程是否受控。

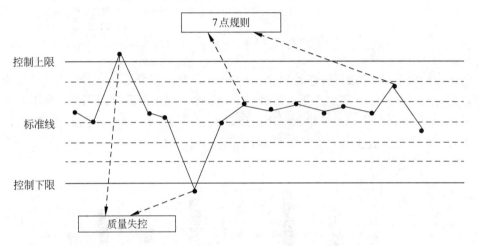

注：过程处于正常范围内，就不用对其进行调整；过程如果失控，则必须对其调整

图 6-11　控制图

5）散点图

散点图（Scatter Diagram）是在回归分析中，数据点在直角坐标系平面上的分布图。散点图表示因变量随自变量而变化的大致趋势，据此可以选择合适的函数对数据点进行拟合。用两组数据构成多个坐标点，考查坐标点的分布，判断两变量之间是否存在某种关联或总结坐标点的分布模式。散点图将序列显示为一组点，值由点在图表中的位置表示，类别由图表中的不同标记表示。散点图通常用于比较跨类别的聚合数据。

例如，要想知道用户满意度等级与受访者年龄之间的关系，可用散点图来表示，如图 6-12 所示。

散点图可以提供以下 3 类关键信息。

（1）变量之间是否存在数量关联趋势。

（2）如果存在关联趋势，是线性还是曲线的。

（3）如果有某一个点或某几个点偏离大多数点，也就是离群值，通过散点图可以一目了然。可以进一步分析这些离群值是否可能在建模分析中对总体产生很大影响。

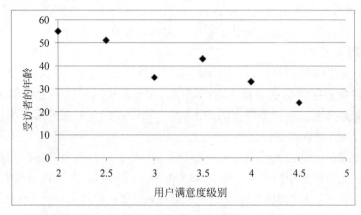

图 6-12　散点图示例

3. 审计

审计是用来确定项目活动是否遵循了组织和项目的政策、过程与程序的一种结构化且独立的过程。质量审计通常由项目外部的团队开展,如组织内部审计部门、项目管理办公室或组织外部审计师进行。

审计的目标包括:

（1）识别全部正在实施的良好及最佳实践;

（2）识别全部违规做法、差距及不足;

（3）分享所在组织和/或行业中类似的良好实践;

（4）积极、主动地提供协助,以改进过程的执行,从而帮助团队提高生产效率;

（5）强调每次审计都应对组织经验教训知识库的积累做出贡献。

审计的内容如下。

1) 对项目日常活动与过程的符合性进行检查

这部分的工作内容是质量审计的日常工作内容。由于审计独立于项目实施组,如果只是参与阶段性的检查和审计,很难及时反映项目组的工作过程,所以质量审计也要在两个里程碑之间设置若干小的跟踪点,来监督项目的进行情况,以便能及时反映项目中存在的问题,并对其进行追踪。如果只在里程碑进行检查和审计,即便发现了问题也难免过于滞后,不符合尽早发现问题、把问题控制在最小范围之内的整体目标。

2) 对项目阶段和阶段产品进行评审和审计

在审计计划中通常已经根据项目计划定义了与项目阶段相应的阶段检查,包括对其阶段产品的审计。对于阶段产品的审计通常是检查其阶段产品是否按计划、按规程输出并且内容完整,这里的规程包括企业内部统一的规程,也包括项目组内自己定义的规程。但是审计对于阶段产品内容的正确性一般不负责检查,对于内容的正确性通常交由项目中的评审来完成。参与评审是从保证评审过程有效性方面入手,如参与评审的人是否具备一定资格、是否规定的人员都参加了评审、评审中对被评审的对象的每个部分都进行了评审并给出了明确的结论等。

3) 对配置管理工作的检查和审计

审计要对项目过程中的配置管理工作是否按照项目最初制订的配置管理计划进行监

督,包括配置管理人员是否定期进行该方面的工作、是否所有人得到的都是开发过程产品的有效版本。这里的过程产品包括项目过程中产生的代码和文档。

4）跟踪问题的解决情况

对于评审中发现的问题和项目日常工作中发现的问题,要进行跟踪,直至解决。对于在项目组内可以解决的问题就在项目组内部解决;对于在项目组内部无法解决的问题,或是在项目组中催促多次也没有得到解决的问题,可以利用其独立汇报的渠道报告给高层经理。

5）收集新方法,提供过程改进的依据

此类工作很难具体定义在质量审计计划当中,但是审计有机会直接接触很多项目组,对于项目组在开发管理过程中的优点和缺点都能准确地获得第一手资料。他们有机会了解项目组中管理好的地方是如何做的,采用了什么有效的方法,在质量审计小组的活动中与其他过程共享。这样,好的实施实例就可以被传播到更多的项目组中。对于企业内过程规范定义得不准确或是不方便的地方,也可以通过审计小组反映到软件工程过程小组,便于下一步对规程进行修改和完善。

以软件项目质量审计为例,通常会得到软件质量管理过程审计报告和产品审计报告,分别如表 6-1 和表 6-2 所示。

表 6-1　过程审计报告

项目名称	××软件系统	项目标识	
软件质量管理		评审时间	
参加人员			
评审过程			
检查表			
评审使用的规程或标准			
评审结果			

不符合的问题				
#	问题描述	纠正措施	计划解决时间	实际解决时间
1				
2				

表 6-2　产品审计报告

项目名称	××软件系统	项目标识	
软件质量管理		审计时间	
参加人员			
审计产品	《功能测试报告》		
审查标准			

审计项与结论	
审计项	审计结果
测试报告与产品标准的符合程度	与产品标准存在如下不符合项: 1）封面的面积 2）目录 3）第 2 章和第 4 章(内容与标准有一定出入)

测试执行情况	打印模块没有测试局域网打印功能
审核意见	

审计项和结论基本属实,审计有效!

审核人:

审核日期:

4. 软件质量保证

对于软件质量保证(Software Quality Assurance,SQA),一个正规的定义是:软件质量保证是一系列活动,这些活动能够提供整个软件产品的适用性的证明。要实现软件质量保证,就需要使用为确保一致性和延长的软件周期而建立的质量管理规则。

软件质量保证是一种计划好的行为,它可以保证软件满足评测标准,并且具有具体项目所需要的特性,如可移植性、高效性、复用性和灵活性。质量保证是一些活动和功能的集合,这些活动和功能用来监控软件项目,从而能够实现预计的目标。质量保证不仅是软件质量保证管理小组的责任,项目经理、项目组长、项目人员以及用户都可以参与其中。

质量保证的基本思想是强调对用户负责,其思路是为了确立项目的质量能满足规定的质量要求,必须提供相应的证据。而这类证据包括项目质量管理证据或产品质量测定证据,以证明供方有足够的能力满足需方要求。

质量保证有以下 3 种策略。

(1)以检测为重。产品制成之后进行检测,只能判断产品质量,不能提高产品质量。

(2)以过程管理为重。把质量保证工作的重点放在过程管理上,对开发过程中的每一道工序都要进行质量控制。

(3)以产品开发为重。在产品的开发设计阶段,采取强有力的措施消灭由于设计原因而产生的质量隐患。

除了遵循以上一般项目质量保证的思想,软件项目质量保证的思想还体现在下述理念上。

1) 在产品开发的同时进行产品测试

在产品特性开发完成以后就立即对其进行测试的过程称为平行测试过程。对项目产品中的问题发现得越早,对偏差纠正得越早,就可以越有效地避免"失之毫厘,谬以千里"的严重后果。例如,如果软件产品的某个特性被开发出来,质量保证小组的成员紧跟着就应对其进行测试。

2) 在项目的各个阶段保证质量的稳定性

每隔一段时期,项目组织就应花费相应的时间对当期完成的产品特性进行测试、稳定和集成。这种周期性的性能稳定和集成方法,可以帮助开发小组、产品特性和产品质量监控小组实行步调一致。

3) 尽可能早地使项目质量测试自动化

平行测试的关键之一是尽可能早地使测试过程自动化。利用自动化测试平台不仅可以降低测试成本,而且可以提高测试效率。自动化测试的过程应该集中在非用户界面的特性上，即将自动化过程集中在核心的产品性能上，避免花费更大的成本。软件项目质量自动化测试工具非常多，IBM Rational Quality Manager 就是其中的佼佼者。

4) 确保项目成员和企业文化都重视质量

质量观念是否已经成为每个项目成员对产品开发过程认识中的一部分？项目组织将如何追求项目和项目产品质量的提高？追求质量是每一个项目成员源自内在的激励，还是总把它看作"别人的工作"？以上问题都是在质量保证中非常重要的问题。它们有助于揭示一个 IT 企业在创造合格的软件产品时取得了什么程度的成功。建立使项目成员和企业文化都认可和重视的质量保证体系，寻求更好的质量保证方法是最终形成提高项目质量的良性循环的基础。

5. 持续改进

持续改进(Continual Improvement)，也叫持续改善(Kaizen)，最初是一个日本管理概念，指逐渐、连续地增加改善，是日本持续改进之父今井正明在《改善——日本企业成功的关键》一书中提出的。Kaizen 意味着改进，涉及每一个人、每一环节的连续不断的改进，从高层管理人员、中层管理人员到工人。

持续改进的关键因素是质量，以及所有雇员的努力、介入、自愿改变和沟通。提出持续改进的原因是在做项目的过程中，如果发现一个问题，要在吸取经验教训之后进行改正，主要用于推动事情发展。项目不能反复地踩同一个坑，大家如果遇到了一次问题，下次再遇到同样的问题就不会再犯错误，这时候就已经叫作改进了。从这个角度来说，持续改进是质量管理重点关注的内容。

项目管理有一个很重要的原则叫作吸取经验教训，吸取经验教训的背后其实就是要持续改进。每次我们吸取了经验教训，下次不犯了，这个就叫持续改进。在软件项目管理中，如何持续改进软件质量呢？常见的持续改进方法如下。

1) 测试改进

从测试阶段来说，通常包括单元测试、系统测试(System Integrate Test，SIT)和验收测试(User Acceptance Test，UAT)，每个测试阶段的关注点不同，但相同的目标都是检查产品质量，找出产品存在的缺陷。所以，我们欢迎测试人员在项目的各个阶段发现缺陷，提出问题，但我们更欢迎在早期发现问题。发现越早，改造成本越小。

从测试手段来说，包括手工测试和自动化测试。手工测试由测试人员依据需求、设计编写案例，采用脚本或客户端操作的方式进行验证。自动化测试是把以人为驱动的测试行为转化为机器执行的一种过程。通常，在设计了测试用例并通过评审之后，由测试人员根据测试用例中描述的规程一步步执行测试，得到实际结果后，与预期结果进行比较。

手工测试更多依赖测试人员的经验和责任心，而自动化测试可以集大众经验，且节省人力、时间和硬件资源，提高了测试效率，目前比较受推崇。

遇到问题后，我们需要做测试改进，更新测试案例或测试手段，如增加死循环检查的案例、超时的案例、边界值的案例等。在这个问题上，自动化测试更占优势。

2) 直面问题

我们需要创造一种直面问题、不避讳、不隐瞒的工作氛围。

这个事情说起来容易，做起来难。通常出问题后，我们总是希望知道的人越少越好，以免给部门带来不好的影响。通常来说，隐瞒是为了考核、为了绩效。大部分公司都有健全的绩效考核制度,出现生产问题时,会扣责任人的考评分数或工资。倒不是说应该取消这项制度,而是人力部门最好能将两个事情结合起来考虑,建立一种合理的考评机制,能让大家敢于直面问题。

让应该知道的人知道。哪些人是应该知道的人呢?项目团队,与你从事同一个工作、负责同一个系统的小伙伴们。有了问题,出了事情,怎么解决的,原因是什么,等等,这些一定要让这些小伙伴们了解清楚。

3)建立问题对比机制

从某个角度讲,犯过的错误也是一种资产、一种财富,当然要对这些错误充分分析,提出改进措施。我们将团队成员犯过的错误登记下来,在团队范围内共享,并且在投产评审时,要将这些问题比对一遍,确保历史问题没有出现。

在有的公司里,将历史问题登记在代码走查单中,做代码评审时,逐项勾对。刚开始的时候还好,后期可能就变成一种形式,起不到预想的作用。

4)搭建问题墙

我们已经相当习惯搭建荣誉墙,这样看着舒服,团队成员面子上也有光,但成绩都是历史,这些还是放在晋升报告里写吧。在这里,我们要搭建问题墙,将团队成员犯过的错误张贴在墙上。当然,匿名比较好,只谈问题、谈原因、谈解决办法,也就是对事不对人。问题上墙的前提还是团队要有直面问题、不避讳、不隐瞒的工作氛围,这个时候团队经理要起表率作用,可以将自己以前犯过的错、踩过的坑都贴出来,让大家引以为戒,并鼓励团队成员贡献自己的"历史问题"。

有新问题产生时,团队经理带领大家分析、解决问题后,将问题贴上墙,一来让大家学习,二来起到警示作用。

以上是在软件项目管理中常用的质量管理方法,应用这些方法后,可有效提升软件质量。然而,提升软件质量无止境,方法也必然很多,需要项目经理们不断总结经验教训,不断提升。

6.2.3　质量管理的注意事项

大多数软件开发人员本能地认为,项目经理所要确保的项目按时完工与实现高质量的软件是矛盾的。这并不是因为项目经理们不想要高质量的软件,他们只是想在质量的基础之上,能够按时完工和低于或等于预算的情况下,实现这个软件。尽管以下的这些项目管理技巧是很有意义的,它们可以成功地在降低成本和开发时间的同时不会对质量造成影响,然而,项目经理们有可能过度地使用了这些技巧。在某些情况下,它们甚至是受到尊敬的技巧,但是它们都有造成灾难的潜在可能。

1. 时间盒

在破坏软件质量的事件列表上,时间盒(Time Boxing)的应用排在第一位,当告诉某人在任务必须移交之前,他拥有多长时间来完成这项工作,这里说"移交"而不是"完成",因为在极端情况下,这经常意味着代码并不完善,仅仅是抓紧时间去完成这项工作。

在大多数情况下,时间盒是有效的,因为它可以做到以下4件事。

(1)它迫使开发者能够富有创造性地在他们的预算之内发现解决方案。

(2)它排除了经常添加在软件中不必要的虚饰,而这些虚饰往往并不能增加软件的价值。

（3）它防止开发者过度测试。

（4）目的只是要得到这件产品，在完整的质量评价阶段将会有详细的测试，希望在此阶段中能够发现代码中存在的问题。

当存在未知问题，或技术没有经受检验，或没有正确的方法来检验结果的时候，时间盒就无能为力了；当时间盒很小，而且在分配的时间之内并没有可能的办法来实现目标时，这种方法也是无效的。换句话说，时间盒可以很好地解决一些问题，如充分理解、谨慎评估和执行类的任务。然而，也确实存在时间盒方法不能很好解决的问题，如研究和发展，还有解决问题等。

如果时间盒是正确使用的，那么不应当导致测试到很糟糕的代码，这些糟糕的代码可能会导致数百个小时的诊断和返工。时间盒应当被适度使用来确保软件最低的成本、最快的开发和最高的质量。

2. 误期

项目经理必须要在团队中树立里程碑的目标，以此来激励他们前进。如果在延误设定的时间线（里程碑）之后并没有任何处罚，那么当错过这个时间的时候就应该强制执行或者移动整个时间线。

长远来看，不断创造持续的压力和令人迷惑的环境并不能创造出好的软件，开发人员需要能够专心工作的环境。完成项目的日期和关于里程碑日期是否真实的混乱，经常会导致开发人员在开发过程中跳过关键步骤或造成难以发现的问题。

3. 忽视相关性

在软件开发中，我们有很多技巧可以用来忽视相关性，可以停用一些函数、移动相连的基本架构，或者绕开众多的错误处理。在正确使用的情况下，所有这些技巧都可以帮助推进一个项目，然而，当为了完成项目，而这些技巧的成本因素又没有被考虑到整个计划当中时，就埋下了烦恼的种子。

很多时候，在项目中排列软件开发的顺序是非常具有挑战的事情，相关性并不容易被发现，因此也就不可避免地有很多相关性因素没有被安排到计划当中。为这些不可预见的相关性安排日程表可以让人变得疯狂，因此，压制相关性的方法是经常使用的。但是，如果过度使用了这些技巧，这些费用可能经常会占据项目总成本中很大的一部分，而且直到项目的最后才会被发现。

所以，要确信现在所做的对于管理相关性是必需的，不会添加过多的成本，而且是整个软件开发项目中必不可少的一部分。当项目经理不能在成本与降低相关性的便利中取得平衡，那么他们草率组装的代码将出现质量问题。

4. 假装没有错误

在项目管理中，忽视并不是一种幸福。为了成功地完成项目，除了不可阻挡的政治压力外，向公司其他的员工介绍项目的风险也是必需的。几乎每个软件开发项目都有延期或超出预算或同时出现这两种情况的风险。

问题在于，当最终这些风险真正变为现实的时候，会引起恐慌，每个人都在混乱中将项目其余的部分组装在一起，整个项目的质量将因为最终轻率的装配而遭受损失。

当然，在整个项目还没有落后于计划之前，这一问题还不会充分暴露出来，然而，大多数项目都有办法只让项目的某些部分落后一点点,而几乎每个项目都有过于仓促的风险,这是因为管理层在很长一段时间之内都在项目没有任何问题之后得知项目的真实状态。

6.2.4　质量管理的结果

1. 质量报告

质量报告可能是图形、数据或定性文件,其中包含的信息可帮助其他过程和部门采取纠正措施,以实现项目质量期望。质量报告的信息可以包含团队上报的质量管理问题,针对过程、项目和产品的改善建议,纠正措施建议(包括返工、缺陷/漏洞补救、100%检查等),以及在控制质量过程中发现的情况的概述。

一份软件项目质量报告可以从以下6方面考虑。

(1)软件计划的特性完成了多少,即产品完成情况。

(2)已完成的功能特性好不好用,即产品有没有什么问题。

(3)工作完成情况,测试没有完成的部分可能存在风险。

(4)研发过程质量如何。过程质量也是质量,实际上我们认为产品质量源于过程质量而非测试。

(5)产品研发计划是否存在偏离,如果计划出现偏离,则须引起重视并施加措施。

(6)产品的质量呈现怎样的趋势。产品质量走势分析,可以帮助对项目接下来的走向做出预测和问题防范。

接下来,可以通过使用数据去度量以上6个考量指标。

1) 产品完成情况度量

主要采用功能点通过率作为统计,以某软件项目质量月报为例,如表6-3所示。

表 6-3　功能点完成度统计报告

	功能点完成率	测试通过功能点数	待测已完成功能点数	未完成功能点数	功能点总数
模块 A	51.2%	42	18	22	82
模块 B	61.4%	62	20	19	101
模块 C	73.2%	41	7	8	56
总体	60.7%	145	45	49	239

2) 产品质量度量

产品质量度量包括测试通过率、缺陷密度、缺陷严重级别分布、缺陷类型分布、缺陷模块分布、缺陷修复率等统计。一个软件项目月缺陷密度统计如表6-4所示;月缺陷严重级别统计如表6-5所示;月缺陷类别分布如表6-6所示(注:表格数据参考 https://www.cnblogs.com/yingyingja)。

表 6-4　月缺陷密度统计

	缺陷密度	缺陷总数	功能点总数
模块 A	27.78%	20	72
模块 B	28.71%	29	101
模块 C	26.79%	15	56
总体	27.95%	64	229

表 6-5　月缺陷严重级别统计

	致命缺陷	严重缺陷	其他缺陷	缺陷总数
模块 A	1	13	6	20
模块 B	3	18	8	29
模块 C	1	5	10	16
总体	5	36	24	65

表 6-6　缺陷类型分布

	功能缺陷	界面缺陷	设计缺陷	其他缺陷	缺陷总数
模块 A	15	3	1	1	20
模块 B	19	4	2	4	29
模块 C	16	0	0	0	16
总体	50	7	3	5	65

3）测试完成度

可以结合测试执行率与通过率进行统计，如表 6-7 所示。

表 6-7　测试执行率统计

	测试执行率	测试通过率	测试通过	测试失败	测试阻塞	测试未执行	测试用例总数
模块 A	61.97%	45.54%	97	27	8	81	213
模块 B	69.73%	53.41%	180	36	19	102	337
模块 C	78.65%	60.67%	108	21	11	38	178
总体	69.64%	52.88%	385	84	38	221	728

4）产品质量趋势

可以结合缺陷到达率和遗留率进行统计，一个例子如表 6-8 所示。

表 6-8　缺陷收敛度

	第一周	第二周	第三周	第四周
缺陷到达率	3	18	31	12
缺陷遗留率	33	21	30	19

质量报告以报告产品质量为目的，不同于测试总结报告，因此并未包含人员安排、问题罗列、风险预估和未来计划等内容，如果需要综合汇报，可以添加整合进去。

2. 变更请求

如果管理质量过程中出现了可能影响项目管理计划任何组成部分、项目文件或项目/产品管理过程的变更，项目经理应提交变更请求并遵循整体变更控制过程。

3. 项目管理计划和项目文件更新

质量管理过程中，可能需要变更请求的项目管理计划组成部分包括质量管理计划、范围基准、进度基准和成本基准。

在本过程可能需要更新的项目文件如下。

（1）问题日志。在本过程中提出的新问题，需要记录到问题日志中。

（2）经验教训登记册。项目中遇到的挑战、本可以规避这些挑战的方法，以及良好的质量管理方式，需要记录在经验教训登记册中。

（3）风险登记册。在本过程中识别的新风险记录在风险登记册中，并通过风险管理过程进行管理。

6.3　质　量　控　制

质量控制是为评估绩效，确保项目输出完整、正确且满足客户期望，而监督和记录质量管理活动执行结果的过程。

控制质量过程使用一系列操作技术和活动核实已交付的输出是否满足需求。在项目规划和执行阶段开展质量保证，建立满足干系人需求的信心；在项目执行和收尾阶段开展质量控制，用可靠的数据证明项目已经达到发起人或客户的验收标准。

质量控制主要工作包括：

（1）检查具体的工作过程的质量，并记录检查结果（质量控制测量结果）；

（2）检查已完成的可交付成果是否符合质量要求，并记录检查结果（质量控制测量结果）；

（3）检查已批准的变更请求是否实施到位，并记录结果（质量控制测量结果）；

（4）基于检查结果和相关计划，整理出工作绩效信息，并提出变更请求。

质量控制与质量管理的区别在于：

（1）管理质量针对过程，旨在建立满足干系人需求的信心；

（2）控制质量针对结果，旨在证明项目已经达到发起人和/或客户的验收标准。

6.3.1　软件项目常见质量问题

软件项目质量问题表现的形式多种多样，究其原因可以归纳为以下几种。

（1）违背软件项目规律。例如，未经可行性论证；不做调查分析就启动项目；任意修改设计；不按技术要求实施；不经过必要的测试、检验和验收就交付使用等蛮干现象，致使不少项目留有严重的隐患。

（2）技术方案本身的缺陷。系统整体方案本身有缺陷，造成实施中的修修补补，不能有效地保证目标实现。

（3）基本部件不合格。选购的软件组件、中间件、硬件设备等不稳定、不合格，造成整个系统不能正常运行。

（4）实施中的管理问题。许多项目质量问题往往是由于人员技术水平、敬业精神、工作责任心、管理疏忽，沟通障碍等原因造成的。

出现上述质量问题的原因可以归纳为以下几个方面。

（1）人的因素。在软件项目中，人是最关键的因素。人的技术水平直接影响项目质量的高低，尤其是技术复杂、难度大、精度高的工作或操作，经验丰富、技术熟练的人员是项目质量高低的关键。另外，人的工作态度、情绪、协调沟通能力也会对项目质量产生重要的影响。

（2）资源要素。在项目实施过程中，如果使用一些质量不好的资源，如劣质交换机，或者按计划采购的资源不能按时到位等，会对项目质量产生非常不利的影响。

（3）方法因素。不合适的实施方法会拖延项目进度、增加成本等，从而影响项目的质量控制的顺利进行。

6.3.2 质量控制的方法

项目质量控制应该基于项目管理计划、项目文件(其中的经验教训登记册、质量测量指标和质量报告等)、批准的变更请求、可交付成果、与质量管理有关工作绩效数据、事业环境因素和组织过程资产(如质量标准和政策、质量模板和缺陷报告程序与沟通政策等)等已有相关文档和知识,常用的软件项目质量控制的主要方法有技术评审、代码走查、代码会审、软件测试和缺陷追踪等。

1. 技术评审

技术评审的目的是尽早发现工作成果中的缺陷,并帮助开发人员及时消除缺陷,从而有效地提高产品的质量。软件项目中主要的评审对象有:软件需求规格说明书、软件设计方案、测试计划、用户手册、维护手册、系统开发规程、产品发布说明等。技术评审应该采取一定的流程,这在企业质量管理体系或项目计划中都有相应的规定。下面是一个技术评审的建议流程。

(1) 召开评审会议。一般应有 3～5 名相关领域的人员参加,会前每个参加者做好准备,评审会每次一般不超过 2 小时。

(2) 在评审会上,由开发小组对提交的评审对象进行讲解。

(3) 评审组可以对开发小组进行提问,提出建议和要求,也可以与开发小组展开讨论。

(4) 会议结束时必须做出以下决策之一:接受该产品,不需要做修改;由于错误严重,拒绝接受;暂时接受该产品,但需要对某一部分进行修改,开发小组还要将修改后的结果反馈至评。

(5) 评审报告与记录。对所提供的问题都要进行记录,在评审会结束前产生一个评审问题表,另外必须完成评审报告。

同行评审是一种特殊类型的技术评审,是由与工作产品开发人员具有同等背景和能力的人员对产品进行的一种技术评审,目的是在早期有效地消除软件产品中的缺陷,并更好地理解软件工作产品和其中可预防的缺陷。同行评审是提高生产率和产品质量的重要手段。

技术评审的注意事项如下。

(1) 评审产品,而不是评审人。评审会议的气氛要轻松愉快,注意提出问题时的方式和态度,不要让产品开发者产生被审问的感受。

(2) 制定评审会议的议程并遵守进度,不要让会议过分拖延。问题的具体解决方案可以在会后讨论。

(3) 使用检查清单。为不同的软件产品(需求、设计、代码等)开发检查清单,在检查清单中列出所有重要的、常见的问题,这样可以使评审会议聚焦于一些重要问题。

2. 代码走查

代码走查也是一种非常有效的方法,就是由审查人员“读”代码,然后对照“标准”进行检查。它可以检查到其他测试方法无法监测到的错误,好多逻辑错误是无法通过其他测试手段发现的,代码走查是一种很好的质量控制方法。代码走查的第一个目的是通过人工模拟执行源程序的过程,特别是一些关键算法和控制过程,检查软件设计的正确性;第二个目的是检查程序书写的规范性,如变量的命名规则、程序文件的注释格式、函数参数定义和调用的规范等,以利于提高程序的可理解性。

3. 代码会审

代码会审是由一组人通过阅读、讨论和争议对程序进行静态分析的过程。会审小组由组长、2~3 名程序设计和测试人员及程序员组成。会审小组在充分阅读待审程序文本、流程图及有关要求和规范等文件的基础上,召开代码会审会,程序员逐句讲解程序的逻辑,并展开讨论甚至争议,以揭示错误的关键所在。实践表明,程序员在讲解过程中能发现许多自己原来没有发现的错误,而讨论和争议则进一步促使了问题的暴露。例如,对某个局部性小问题修改方法的讨论,可能发现与之有牵连的甚至涉及模块的功能、模块间接口和系统结构的大问题,导致对需求进行重定义、重新设计和验证。

4. 软件测试

软件测试所处的阶段不同,测试的目的和方法也不同。单元测试是指对软件中的最小可测试单元进行检查和验证。对于单元测试中单元的含义,一般来说,要根据实际情况去判定其具体含义,如 C 语言中的单元指一个函数,Java 里的单元指一个类,图形化的软件中的单元可以指一个窗口或一个菜单等。总的来说,单元就是人为规定的最小的被测功能模块,一旦模块完成就可以进行单元测试。集成测试是测试系统各个部分的接口及在实际环境中运行的正确性,保证系统功能之间接口与总体设计的一致性,而且满足异常条件下所要求的性能级别。系统测试是检验系统作为一个整体是否按其需求规格说明正确运行,验证系统整体的运行情况,在所有模块都测试完毕或集成测试完成之后,可以进行系统测试。验收测试是在客户的参与下检验系统是否满足客户的所有需求,尤其是在功能和使用的方便性上。

5. 缺陷跟踪

IEEE(1983)729 对软件缺陷一个标准的定义为:从产品内部看,软件缺陷是软件产品开发或维护过程中所存在的错误、毛病等各种问题;从外部看,软件缺陷是系统所需要实现的某种功能的失效或违背。

软件缺陷现象包括:

(1) 功能、特性没有实现或部分实现;

(2) 设计不合理,存在缺陷;

(3) 实际结果和预期结果不一致;

(4) 运行出错,包括运行中断、系统崩溃、界面混乱;

(5) 数据结果不正确、精度不够;

(6) 用户不能接受的其他问题,如存取时间过长、界面不美观。

在以往的统计中,软件缺陷构成大致如图 6-13 所示。

在真正的程序测试之前,通过审查、评审会可以发现更多的缺陷。规格说明书的缺陷会在需求分析审查、设计、编码、测试等过程中会逐步发现,而不能在需求分析一个阶段中全部被发现。

从缺陷发现开始,一直到缺陷改正为止的全过程称为缺陷追踪。缺陷追踪要一个缺陷、一个缺陷地加以追踪,也要在统计的水平上进行,包括未改正的缺陷总数、已经改正的缺陷百分比、改正一个缺陷的平均时间等。缺陷追踪是可以最终消灭缺陷的一种非常有效的控制手段。可以采用工具追踪测试的结果,常用的工具有 Bugzilla、ClearQuest、JIRA、TrackRecord等。表 6-9 就是一个缺陷追踪工具的表格形式。

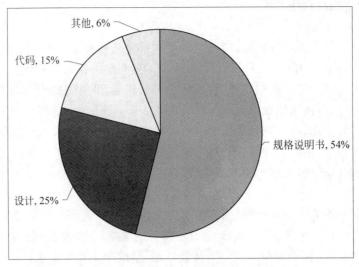

图 6-13　软件缺陷构成

表 6-9　测试错误追踪记录表

序号	时间	事件描述	描述类型	状态	处理结果	测试人	开发人
1							
2							

6.3.3　质量控制的结果

1. 质量控制测量结果

质量控制测量结果是对质量控制活动的结果的书面记录,应以质量管理计划所确定的格式加以记录。

2. 核实的可交付成果

控制质量过程的一个目的就是确定可交付成果的正确性。开展控制质量过程的结果是核实的可交付成果,它又是范围核实过程的重要依据(输入),以便正式验收。如果存在任何与可交付成果有关的变更请求或改进事项,可能会执行变更、开展检查并重新核实。

3. 工作绩效信息

工作绩效信息包含有关项目需求实现情况的信息、拒绝的原因、要求的返工、纠正措施建议、核实的可交付成果列表、质量测量指标的状态,以及过程调整需求。

4. 变更请求

如果控制质量过程期间出现了可能影响项目管理计划任何组成部分或项目文件的变更,项目经理应提交变更请求,且应该通过实施整体变更控制过程对变更请求进行审查和处理。

5. 项目管理计划和项目文件更新

可能需要变更项目管理计划中的质量管理计划。

可能需要更新的项目文件如下。

(1)问题日志。多次不符合质量要求的可交付成果通常被记录为问题。

（2）经验教训登记册。质量缺陷的来源、本可以规避它们的方法，以及有效的处理方式，都应该记录到经验教训登记册中。

（3）风险登记册。在本过程中识别的新风险，记录在风险登记册中，并通过风险管理过程进行管理。

（4）测试与评估文件。本过程可能导致测试与评估文件修改，使未来的测试更加有效。

6.4　小　　结

相对于制造业、建筑业等项目，软件项目成功率公认较低，如何保障软件项目的成功率及软件质量成为我们面临的一个重要课题。21世纪的中国软件业正处在全球竞争的时代，提高软件产品质量对企业的生存与竞争具有举足轻重的意义。近年来，国外软件产业发展迅速，主要是研究并利用了软件过程管理的思想，许多的过程控制理论应运而生并应用于管理实践，这些管理理论十分注重产品的标准化程度，其中以美国卡内基·梅隆大学软件工程研究所提出的软件能力成熟度模型（CMM）与ISO9000标准族最为典型。

此外，戴明环（又名PDCA循环）作为有效的管理工具，在质量管理中得到广泛应用，它为企业实施质量改进提供了一个周期性模型。类似的质量管理方法和理念应该在软件项目质量管理中灵活应用。

6.5　案例研究

案例一：IBM的过程质量管理[①]

IBM公司利用过程质量管理方法解决许多公司经理都曾经遇到过的问题：如何使一个项目组就目标达成共识并有效地完成一个复杂项目。在企业内部团队活动日益增多的情况下，这种方法无疑可以帮助一个项目小组确定工作目标、统一意见并制订具体的行动计划，而且可以使小组所有成员统一目标，集中精力于对公司或小组具有重要意义的工作上。当然，这种方法也可以为面临困难任务、缺乏共识或在主次工作确定及方向上有分歧的工作组提供冲破疑难的方法和动力。

IBM的过程质量管理的基础是召开一个为期两天的会议，所有小组成员都在会议上参与确定项目任务及主次分配。具体的步骤如下。

（1）建立一个工作小组。工作小组应至少由与项目有关的12人组成。该组成员可包括副总裁、部门经理及其手下高层经理，也可包括与项目有关的其他人员。工作小组的组长负责挑选组员，并确定一个讨论会主持人。主持人应持中立立场，他的利益不受小组讨论结果的影响。

（2）召开一个为期两天的会议。每一个组员及会议主持人必须到会，但非核心成员或旁听不允许参加。最好避免在办公室开会，以免别人打扰。

（3）写一份清楚简洁且征得每个人同意的任务说明。如果工作小组仅有"为欧洲市场

---

① 引自MBA智库百科(http://wiki.mbalib.com)IBM的过程质量管理简介。

制订经营战略计划"这样的开放性指示,编写任务说明就比较困难。如果指示具体一些,如"在所有车间引进 JIT 存货控制",那么编写任务说明就较简单,但仍需小组事先讨论;而在会议中,应由会议主持人而不是组长来掌握进程。

（4）进行头脑风暴式的讨论。组员将所有可能影响工作小组完成任务的因素列出来。主持人将所提到的因素分别用一个重点词记录下来。每个人都要贡献自己的想法,在讨论过程中不允许批评和讨论。

（5）找出重要成功因素。这些因素是工作小组要完成的具体任务。主持人将每一重要因素记录下来,通常可以是"我们需要…"或"我们必须…"。列重要成功因素表有 4 个要求:第一,每一项都得到所有组员的赞同;第二,每一项确实是完成工作小组任务所必需的;第三,所有因素都集中起来,足以完成该项任务;第四,表中每一项因素都是独立的,即不用"和"来表述。

（6）为每一个重要成功因素确定业务活动过程。针对每一个重要成功因素,列出实现它的所有因素及其所需的业务活动过程,求出总数。之后用下列标准评估本企业在现阶段执行每一业务活动过程的情况:a＝优秀;b＝好;c＝一般;d＝差;e＝尚未执行。

（7）填写优先工作图。先将业务活动过程按重要性排序,再按其目前在本企业的执行情况排列。以执行情况(质量)为横轴,以优先程度(以每一业务活动相关的重要成功因素的数目为标准,涉及的数目越多越优先)为纵轴,在优先工作图上标出各业务活动过程。然后在图上划出第一、二、三位优先区域。应由工作小组决定何处是处于首要地位的区域,但一般来说,首要优先工作区域是能影响许多重要成功因素且目前执行不佳的区域。但是,如果把第一位优先区域划得太大,囊括了太多业务活动,就不能迅速解决任何一个过程了。

（8）后续工作。工作小组会议制定了业务过程,并列出了要优先进行的工作,组长则应做好后续工作,检查组员是否改进了分配给他的业务过程,看企业或其工作环境中的变化是否要求再开过程质量管理会议来修改任务、重要成功因素或业务活动过程表的内容。

近年来,过程管理成为许多优秀企业改进绩效、不断进步的重要改革举措,它使整个企业的管理更具系统性和全局性。在这样的环境变化趋势下,IBM 的过程质量管理的确对中国企业的现代管理具有重要的指导意义和实用价值。

【案例问题】

（1）在复杂项目开发中一般会遇到哪些问题？IBM 是如何解决这些问题的？
（2）质量管理工作小组的人员构成有哪些特点？
（3）工作小组的会议为什么最好不在办公室召开？
（4）"任务说明"具有哪些特点？它起什么作用？
（5）IBM 的过程质量管理可以应用于企业管理的很多方面吗？

案例二：暴雪公司如何保证高质量游戏的制作①

为什么暴雪出品,必属精品呢？一个用心做游戏的公司,其产品起码对得起自己的汗水,也对得起玩家的期待,而暴雪就是这么一家良心企业。

一款好游戏的产生,要有 3 点来支持。

---

① 引自每日科技网游戏快问社区。

1) 游戏理念

赋予游戏生命是一种游戏开发的理念,只有在游戏理念存在的情况下,一款高质量的游戏才能完成,而游戏理念也是在游戏开发前就要确定的,一款游戏从设计到制作,任何一个细节都会影响游戏的整体质量。如果游戏理念开始就无法确定,那么在图纸的修修改改中,要么房子变成四不像,要么就是奇丑无比,要么只能推倒重盖,这样就大大增加了开发成本。

就拿《魔兽世界》来说,暴雪非常钟情于对自己的作品进行延续和再开发,对于暴雪而言,游戏产品需要不断地进行"生长"才会有生命力,也就是说要赋予游戏一种生命力才可以,只有一款"活着的"游戏,才生动,可爱,受玩家喜欢。又如暴雪的《炉石传说》,从对战类卡牌游戏的角度切入游戏设计,而当时市场上还没有相同设计理念,这样一款有着独特设计理念的产品立即在市场上迅速站稳脚跟。

2) 游戏设计

游戏设计就需要根据游戏理念来具体地设计内容了,游戏设计具体还要分成几个部分,如游戏场景设计、游戏结构设计、人物设计、场景设计等,设计要贯穿理念,要不然一项设计就会成为艺术品或者说是美术品,这样的东西用在游戏中是没有任何价值的,游戏重要的还是要体验游戏性,所以说,内容设计的丰富是游戏设计的成功的标志,一个题材,要贯穿一种思想,有了思想的题材就会像故事一样地吸引人。比如《魔兽世界》的设计,就是要贯穿一种营造另一个世界的氛围,通过社交等方式创造一个新的世界,所以说,无论是社交方面还是世界观方面,《魔兽世界》无疑是在这两点做得最为出色的游戏。

3) 游戏技术

同样,游戏技术可分几个部分,如美工、程序、音效等,也是技术层次上的几个需求。

技术的运用完全是建立在丰富设计的基础上,无论是原画的场景贴入,还是系统的算法函数设计,技术只是在已经设计好的素材上进行逻辑功能上的关系建立而已,因为有了含有游戏理念而设计的富有内涵的素材,通过程序语言组织到一起,才形成了当前的游戏。再通过技术上将原画还原成真实贴图,通过贴图的美工技术就会直接影响到画质的层次上,而一个美工是否能够将设计者的原画还原,则会直接影响到游戏是否会贯彻游戏理念的根本,所以说,这三环是相互联系的,缺一不可。

不可否认,欧美在动画处理上的技术确实要领先国内很多,所以,暴雪在游戏完成技术上,没有任何挑剔,而音乐上,暴雪的音乐总监是 Russell Brower,他是一位在迪斯尼、华纳兄弟、DIC 娱乐公司等多家公司工作过的元老级音乐人,游戏音乐是暴雪花重金聘请爱乐乐团打造,作曲团队还包括 Jason Hayes,Tacey W. Bush,Derek Duke,Glenn Stafford 等顶级游戏音乐制作人,所以《魔兽世界》的音乐无论在气势上还是感觉上,都和《魔兽争霸》相得益彰。由此可见,7 年专业游戏设计师带领的设计团队从设计《魔兽争霸》的游戏理念上再去设计《魔兽世界》,再加上世界级美工团队和音效团队,6 年磨一剑,终于成就了《魔兽世界》这部史诗。

正是因为暴雪在制作游戏的过程中,十分遵守这 3 点,才会有了今天游戏界中的地位。

Rob Pardo 作为《魔兽世界》第一任也是有影响力的设计师,是他带领了一个团队创造了艾泽拉斯大陆,Rob Pardo 有一句名言:"我们这家公司之所以成功,就是因为我们开发什么游戏不是由商人决定的,而是由开发人员决定的。"而这句名言,也就是暴雪长久以来能够获得成功的基石,从游戏理念上来说,暴雪不仅激发了团队的创作激情,更赢得了用户的青睐和共鸣。

暴雪创造了《魔兽世界》不是偶然,而是作为一个游戏公司做到了专业的态度,即使到了10年后的今天,《魔兽世界》虽然已经无法获得和其他 MOBA 游戏一样的人气,但是它依然是一个庞然大物,矗立在游戏的发展史中,《魔兽世界》就像是一个里程碑,更是一种游戏精神。

【案例问题】

(1) 暴雪公司如何保证游戏开发的质量?

(2) 通过本案例,软件项目质量管理的核心是什么?

(3) 暴雪公司的成功经验给我们哪些启示?

6.6　习题与实践

1. 习题

(1) 软件项目质量包含哪几方面的含义?

(2) 简述软件项目的质量计划包括哪些内容? 编制质量计划的主要依据是什么?

(3) 你认为项目质量管理与项目质量控制过程有哪些联系? 项目变更对于质量控制有哪些影响?

(4) 项目质量管理与项目时间和成本管理是什么关系? 为什么?

(5) 简述软件项目质量控制有哪些活动及应遵循的原则。

2. 实践

(1) 上网搜索著名 IT 企业(如 IBM、微软、谷歌等)在质量管理方面的做法,撰写该行业质量管理的现状、特征与发展趋势。

(2) 编写项目质量计划,要求包括以下内容。

- 明确质量管理活动中各种人员的角色、分工和职责。
- 明确质量标准、遵循的质量管理体系。
- 确定质量管理使用的工具、方法、数据资源和实施步骤。
- 指导质量管理过程的运行阶段、过程评价、控制周期。
- 说明质量评估审核的范围和性质,并根据结果指出对项目不足之处应采取的纠正措施等。

第7章 项目资源管理

项目资源管理包括识别、获取和管理项目所需资源以成功实现项目目标的各个过程，这些过程有助于确保项目经理和项目团队在正确的时间和地点使用正确的资源。

资源主要分为两大类，一类是实物资源，包括设备、材料、设施和基础设施，另一类是人力资源。在 IT 项目中，项目资源主要是人力资源，如何有效地管理项目团队和协调项目团队成员是一个成功的 IT 项目经理必须处理好的关键性问题。

视频讲解

世界知名 IT 企业都视人才为最宝贵的资源，因为人的因素决定了一个 IT 企业或项目的成败。大多数项目经理都认为有效地管理人力资源是他们所面临的最艰巨的挑战。项目人力资源管理是项目管理中至关重要的组成部分，尤其在信息技术领域，获取合适的人才以及人力资源管理非常困难。

本章主要介绍活动资源估算、如何建立项目团队、如何进行团队建设、管理团队和控制项目资源等管理过程。

7.1 资源管理规划

规划资源管理是定义如何估算、获取、管理和利用团队以及实物资源的过程。本过程的主要作用是根据项目类型和复杂程度确定适用于项目资源的管理方法和管理程度。

资源规划用于确定和识别一种方法，以确保项目的成功完成有足够的可用资源。项目资源可能包括团队成员、用品、材料、设备、服务和设施。有效的资源规划需要考虑稀缺资源的可用性和竞争，并制订相应的计划。

这些资源可以从组织内部资产获得，或者通过采购过程从组织外部获取。其他项目可能在同一时间和地点竞争项目所需的相同资源，从而对项目成本、进度、风险、质量和其他项目领域造成显著影响。

软件项目主要资源为人力资源，因此，制订一份人力资源管理规划就显得尤为重要。人力资源管理规划是识别和记录项目角色、职责、所需技能、报告关系，并制定人员配备管理计划的过程。人力资源管理规划的主要作用是建立项目角色与职责、项目组织图，以及包含人员招募和遣散时间表的人员配备管理计划。

7.1.1 软件项目人力资源的特点

软件项目是知识密集型的项目，受人力资源影响最大，项目成员的结构、责任心、能力和稳定性对项目的质量和是否成功有决定性的影响。人在项目中既是成本，又是资本。人力成本通常在项目成本中占到 60% 以上,这就要求对人力资源从成本上去衡量,尽量使人力资源的投入最小。把人力资源作为资本,就要尽量发挥资本的价值,使人力资源的产出最大。在软件项目团队中,员工的知识水平一般都比较高,由于知识型员工的工作是以脑力劳动为主,他们的工作能力较强,有独立从事某一活动的倾向,并在工作过程中依靠自己的智慧和灵感进行创新活动。所以,知识型员工具有以下特点。

(1) 知识型员工具有较高的知识和能力,具有相对稀缺性和难以替代性。

(2) 知识型员工工作自主性要求高。IT 企业普遍倾向给员工营造一个宽松的、有较高自主性的工作环境,目的在于使员工服务于组织战略与实现项目目标。

(3) 知识型员工大多崇尚智能,蔑视权威;追求公平、公正、公开的管理和竞争环境,蔑视倾斜的管理政策。

(4) 知识型员工成就动机强,追求卓越。知识型员工追求的主要是自我价值的实现、工作的挑战性和得到社会认可。知识型员工具有较强的流动意愿,忠于职业多于忠于企业。

(5) 知识型员工的能力与贡献之间差异较大,内在需求具有较多的不确定性和多样性,出现交替混合的需求模式。

(6) 知识型员工的工作中的定性成分较大,工作过程一般难以量化,因而不易控制。因为知识创造过程和劳动过程的无形性,其工作没有确定的流程和步骤,对其业绩的考核很难量化,对其管理的“度”难以把握。

对于知识型员工,更需要新型的管理方式。

(1) “以人为本”,给予知识型员工充分的尊重与认可。对知识型员工个人价值的肯定是关键所在。

(2) “大道至简”,运用电子平台沟通方式,为知识型员工提供自由施展才能和表达自我的平台,创造一种自由、民主、公平的工作氛围,提倡民主参与的决策方式要更优于高度集权。

(3) 在完成任务的同时,员工不断进步,其知识、能力、素质不断提高,实现全面发展。

7.1.2 人力资源管理计划

需要考虑稀缺资源的可用性或对稀缺资源的竞争,这可能对项目成本、进度、风险、质量及其他领域有显著影响。根据项目管理计划、活动资源需求以及以往的项目经验,制订人力资源管理计划,以保证人力资源规划的有效性。

作为项目管理计划的一部分,人力资源管理计划提供了关于如何定义、配备、管理及最终遣散项目人力资源的指南。人力资源管理计划主要包括以下内容。

1. 角色和职责

在罗列完成项目所需的角色和职责时,需要考虑以下各项内容。

(1) 角色:在项目中,某人承担的职务或分配给某人的职务,如土木工程师、商业分析师和测试协调员。还应该明确和记录各角色的职权、职责和边界。

(2) 职权:使用项目资源、做出决策、签字批准、验收可交付成果并影响他人开展项目工作的权力。例如,下列事项都需要由具有明确职权的人来做决策:选择活动的实施方法,质量验收,以及如何应对项目偏差等。当个人的职权水平与职责相匹配时,团队成员就能最好地开展工作。

(3) 职责:为完成项目活动,项目团队成员必须履行的职责和工作。

(4) 能力:为完成项目活动,项目团队成员须具备的技能和才干。如果项目团队成员不具备所需的能力,就不能有效地履行职责。一旦发现成员的能力与职责不匹配,就应主动采取措施,如安排培训、招募新成员、调整进度计划或工作范围。

责任分配矩阵(Responsibility Assignment Matrix,RAM)用来反映与每个人相关的所有活动,以及与每项活动相关的所有人员。它也可确保任何一项任务都只有一个人负责,从而避免职责不清。在大型项目中,可以制定多个层次的 RAM。例如,高层次 RAM 可定义项目团队中的各小组分别负责 WBS 中的哪部分工作,而低层次 RAM 则可在各小组内为具体活动分配角色、职责和职权。RAM 的一个例子是 RACI[执行(Responsible)、负责(Accountable)、咨询(Consult)和知情(Inform)]矩阵,如表 7-1 所示。表中最左边的一列表示有待完成的工作(活动)。分配给每项工作的资源可以是个人或小组。项目经理也可根据项目需要,选择"领导""资源"或其他适用词汇来分配项目责任。如果团队是由内部和外部人员组成,RACI 矩阵对明确划分角色和期望特别有用。

表 7-1　RACI 矩阵

活　动	人　员				
	安妮	本	卡洛斯	蒂娜	埃德
制定章程	A	R	I	I	I
收集需求	I	A	R	C	C
提交变更请求	I	A	R	R	C
制订测试计划	A	C	I	I	R
说明	R=执行　　A=负责　　C=咨询　　I=知情				

一个校园师生综合服务 App 软件项目的 RACI 矩阵如表 7-2 所示。

表 7-2　RACI 矩阵实例

WBS 代码	任务名称	包 含 活 动	王怡	江梦	罗旺	李四	赵六	张三	王五
1.1	概要设计	概要设计	A	I	C	I	I	I	R
2.1	详细设计	学生部分详细设计	C	A	C	I	I	I	I
2.2		教师部分详细设计	C	A	C	I	I	I	I
2.3		家长部分详细设计	C	C	A	I	I	I	I
2.4		管理员部分详细设计	C	C	A	I	I	I	I
3.1	学生功能编码	资料下载功能	A	C	I	I	I	I	I
3.2		成绩查询功能	R	A	I	I	I	I	I
3.3		签到功能(人脸识别)	C	C	A	C	C	I	I
3.4		校园卡查询/充值功能	C	I	C	A	I	I	I
3.5		课堂互动功能	C	I	I	I	A	I	I
3.6		学生公共查询功能	R	I	I	A	C	I	I

WBS 代码	任务名称	包 含 活 动	王怡	江梦	罗旺	李四	赵六	张三	王五
4.1	教师功能编码	教师作业发布功能	R	I	C	C	A	I	I
4.2		教师点名功能	R	A	C	I	I	I	I
4.3		教师资料上传功能	R	I	A	C	I	I	I
4.4		课堂互动功能	A	C	C	C	C	I	I
4.5		教师公共查询功能	R	I	I	A	I	I	I
4.6		校园卡查询/充值功能	R	I	C	I	A	I	I
5.1	家长功能编码	查询学生情况功能	R	I	I	I	A	I	I
5.2		家校互联功能	A	I	I	C	C	I	I
5.3		家长公共查询功能	R	C	I	I	A	I	I
6.1	管理员功能编码	查询用户信息功能	R	A	I	I	I	I	I
6.2		管理用户信息功能	R	I	A	I	I	I	I
6.3		管理用户权限	R	C	A	I	I	I	I
7.1	模块测试	学生模块测试	R	A	I	C	C	I	R
7.2		教师模块测试	R	I	A	C	C	I	R
7.3		家长模块测试	R	I	C	A	C	I	R
7.4		管理员模块测试	R	C	I	C	A	I	R
8.1	性能测试	性能测试	C	I	C	A	I	I	R
9.1	安全性测试	安全性测试	C	C	I	I	A	I	R
10.1	用户文档	用户使用文档	R	I	I	A	I	I	R

2. 项目组织图

项目组织图以图形方式展示项目团队成员及其报告关系。基于项目的需要,项目组织图可以是正式或非正式的,非常详细或高度概括的。例如,一个 3000 人的大规模软件项目团队的项目组织图,要比仅有 20 人的内部项目的组织图详尽得多。

3. 人员配备管理计划

人员配备管理计划是人力资源管理计划的组成部分,说明将在何时、以何种方式获得项目团队成员,以及他们需要在项目中工作多久。它描述了如何满足项目对人力资源的需求。基于项目的需要,人员配备管理计划可以是正式或非正式的,非常详细或高度概括的。应该在项目期间不断更新人员配备管理计划,以指导持续进行的团队成员招募和发展活动。人员配备管理计划的内容因应用领域和项目规模而异,但都应包括以下内容。

(1)人员招募。在规划项目团队成员招募工作时,需要考虑一系列问题。例如,从组织内部招募,还是从组织外部的签约供应商招募;团队成员必须集中在一起工作,还是可以远距离分散办公;项目所需各级技术人员的成本;组织的人力资源部门和职能经理们能为项目管理团队提供的协助。

(2)资源日历。表明每种具体资源的可用工作日和工作班次的日历。在人员配备管理计划中,需要规定项目团队成员个人或小组的工作时间框架,并说明招募活动何时开始。项目管理团队可用资源直方图向所有干系人直观地展示人力资源配情况。人力资源直方图显示在整个项目期间每周(或每月)需要某人、某部门整个项目团队的工作小时数。可在资源直方图中画一条水平线,代表某特定资源最多可用的小时数。如果柱形超过该水平线,就表示需要采用资源优化策略,如增加资源或修改进度计划。人力资源直方图示例如图 7-1 所示。

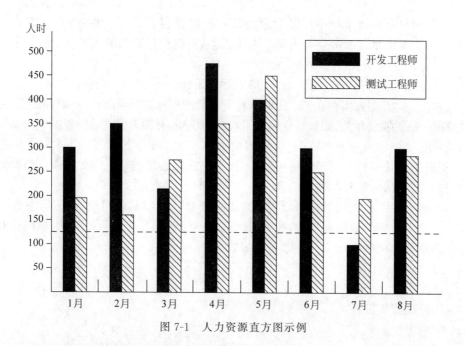

图 7-1　人力资源直方图示例

（3）人员遣散计划。事先确定遣散团队成员的方法与时间，对项目和团队成员都有好处。一旦把团队成员从项目中遣散出去，项目就不再负担与这些成员相关的成本，从而节约项目成本。人员遣散计划也有助于减轻项目过程中或项目结束时可能发生的人力资源风险。

（4）培训需要。如果预计配给的团队成员不具备所要求的能力，则要制订一个培训计划，将培训作为项目的组成部分。培训计划中也可说明应该如何帮助团队成员获得相关证书和提高工作能力，从而使项目从中受益。

（5）认可与奖励。需要用明确的奖励标准和事先确定的奖励制度来促进并加强团队成员的优良行为。应该针对团队成员可以控制的活动和绩效进行认可与奖励。例如，因实现成本目标而获奖的团队成员，就应该对费用开支有适当的决定权。在奖励计划中规定发放奖励的时间，可以确保奖励能适时兑现而不被遗忘。

（6）合规性。人员配备管理计划中可包含一些策略，以遵循适用的政府法规、工会合同和其他现行的人力资源政策。

（7）安全。应该在人员配备管理计划和风险登记册中规定一些政策和程序，使团队成员远离安全隐患。

7.1.3　团队章程

团队章程是为团队创建团队价值观、共识和工作指南的文件。团队章程可包括团队价值观、沟通指南、决策标准和过程、冲突处理过程、会议指南、团队共识。

团队章程对项目团队成员的可接受行为确定了明确的期望。尽早认可并遵守明确的规则，有助于减少误解，提高生产力；讨论诸如行为规范、沟通、决策、会议礼仪等领域，团队成员可以了解彼此重要的价值观。由团队制定或参与制定的团队章程可发挥最佳效果。所有项目团队成员都分担责任，确保遵守团队章程中规定的规则。可定期审查和更新团队章程，确保团队始终了解团队基本规则，并指导新成员融入团队。

在软件项目中,团队章程中可以约定团队成员的权利和义务,制定团队行事的基本原则,并设计面临突发事件时的应对措施。在实践中,一些质量团队的章程可以将质量目标和组织绩效目标联系起来。

现代组织中很多团队中存在不同程度的人际信任、相互依存和共同责任问题,团队在动态发展中的内在"摩擦"是现实存在的。团队章程可以最大程度地降低歧义、误解和误会,从而减少这些摩擦。通过明确预期,团队章程确立了既定的规则,有助于促进共同理解,达成共识。

团队章程首先作为一个交流工具,它的价值在于把抽象理念变成具体的、有价值的行动,从而提高了成员缔结心理契约的可能性,而不是违反心理契约。因此,"通过明确的约定规则规范行为"是团队章程的基本内容。

团队章程几乎可以适用于任何希望建立正式或非正式团队的组织或人员,它在各种形式的团队中都有很好的应用和表现,如项目团队、任务团队、风险投资团队、虚拟团队和董事会等。团队章程可能带来以下5个方面的绩效改进。

(1) 减少团队内部冲突。

(2) 提高速度。

(3) 提升决策质量。

(4) 共同价值观。

(5) 团队成员的满意。

上述结果特别有益于工作团队,而且普遍对组织也有利。

7.2 活动资源估算

活动资源估算是估算执行各项活动所需的材料、人员、设备或用品的种类和数量的过程。本过程的主要作用是明确完成活动所需的资源种类、数量和特性,以便做出更准确的成本和持续时间估算。

活动资源估算应该基于项目管理计划(其中的资源管理计划和范围基准等)、项目文件(其中的活动属性、活动清单、假设日志、成本估算、资源日历和风险登记册等)、事业环境因素(其中的政策法规、软件领域的相关规则/标准/指南、组织结构、市场条件、工作条件和文化观念等)和组织过程资产(组织的质量管理体系、质量模板、历史数据等)等已有相关文档和知识,活动资源估算方法有专家判断、类比估算、参数估算、数据分析、会议等,这些方法和其他管理过程类似,我们不再重复,下面介绍一种常用的活动资源估算方法——自下而上的活动资源估算。

7.2.1 自下而上的活动资源估算的方法

自下而上估算是一种估算项目持续时间或成本的方法,通过从下到上逐层汇总WBS组件的估算而得到项目估算。如果无法以合理的可信度对活动进行估算,则应将活动中的工作进一步细化,然后估算资源需求,接着再把这些资源需求汇总起来,得到每个活动的资源需求。如果活动之间存在会影响资源利用的依赖关系,就应该对相应的资源使用方式加以说明,并记录在活动资源需求中。

在资源估算过程中,经常需要利用专家判断,来评价活动对资源的需求关系,具有资源规划与估算专业知识的任何小组或个人,都可以提供这种专家判断。

7.2.2 活动资源估算的结果

1. 资源需求

根据进度管理计划、活动清单、活动属性、里程碑清单、项目范围说明书、活动成本估算和以往项目经验等信息，通过自下而上的估算方法，可以得到活动资源需求情况和资源分解结构。

活动资源需求明确了工作包中每个活动所需的资源类型和数量。然后，把这些需求汇总成每个工作包和每个工作时段的资源估算。资源需求描述的细节数量和具体程度与软件项目领域和规模有关。在资源需求文件中，应说明每种资源的估算依据，以及为确定资源类型、可用性和所需数量所做的假设。

一个软件项目活动资源需求表模板如表 7-3 所示。

表 7-3　活动资源需求表

WBS 编号	资源类型	数量	说明

假设：

2. 估算依据

资源估算所需的支持信息的数量和种类因应用领域而异。但不论其详细程度如何，支持性文件都应该清晰完整地说明资源估算是如何得出的。资源估算的支持信息可包括估算方法、用于估算的资源（如以往类似项目的信息）、与估算有关的假设条件、已知的制约因素、估算范围、估算的置信水平、有关影响估算的已识别风险的文件。

3. 资源分解结构

资源分解结构是资源依类别和类型的层级展现，如图 7-2 所示。资源类别包括人力、材料、设备和用品。资源类型包括技能水平、等级水平或适用于项目的其他类型。资源分解结构有助于结合资源使用情况，组织与报告项目的进度数据。

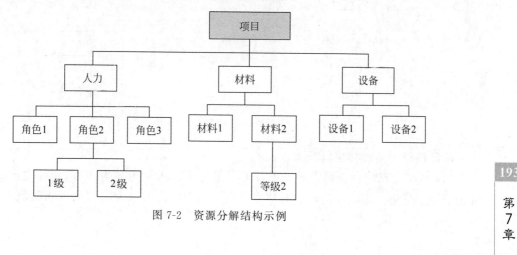

图 7-2　资源分解结构示例

7.3 资 源 获 取

资源获取是获取项目所需的团队成员、设施、设备、材料、用品和其他资源的过程。本过程的主要作用是概述和指导资源的选择,并将其分配给相应的活动。

项目所需资源可能来自项目执行组织的内部或外部。内部资源由职能经理或资源经理负责获取(分配),外部资源则通过采购过程获得。

软件项目资源获取过程中,获取合格的项目团队成员,以及明确项目团队组织结构(沟通和报告关系)是非常重要的,这将直接影响到软件项目的成功与否。

7.3.1 团队组织结构

据统计,软件项目失败有一个重要原因,就是项目组织结构设计不合理,责任分工不明确,沟通不畅,运作效率不高。项目组织结构的本质是反映组织成员之间的分工协作关系,设计组织结构的目的是更有效、更合理地将企业员工组织起来,形成一个有机整体,创造更多价值。每个 IT 企业都有一套自身的组织结构,这些组织结构既是组织存在的形式,又是组织内部分工与合作关系的集中体现。常见的软件项目团队组织结构主要有 3 种类型:职能型、项目型和矩阵型。

1. 职能型组织结构

职能型组织结构是最普遍的项目组织形式,是按职能以及职能的相似性划分部门而形成的组织结构形式。这种组织具有明显的等级划分,每个员工都有一个明确的上级。职能型组织结构如图 7-3 所示。

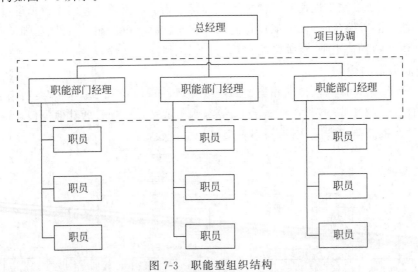

图 7-3 职能型组织结构

职能型组织结构具有以下优点。

(1) 各职能部门主管可以根据项目需要调配人力、物力等资源,可以充分发挥职能部门资源集中的优势。职能部门内部的技术专家在本部门内可以为不同项目同时服务,节约人力,提高了资源利用率。

（2）同一职能部门的专业人员在一起易于交流知识和经验，这可使项目获得部门内所有的知识和技术支持，有助于解决项目的技术问题。当有成员离开项目组时，职能部门还能保持项目技术支持的连续性。

（3）项目成员来自各职能部门，不用担心项目结束后的去向，可以减少因项目的临时性而给项目成员带来的不确定性。此外，职能部门可以为本部门的专业人员提供一条正常的晋升途径。

职能型组织结构具有以下缺点。

（1）技术复杂的项目通常需要多个职能部门的共同合作，但他们往往更注重项目中与其领域相关的部分，而忽略整个项目的目标，并且跨部门的交流和沟通也比较困难。

（2）当职能部门的利益和项目的利益发生冲突时，职能部门往往会优先考虑本部门的利益而忽视了项目和客户的利益。

（3）项目团队成员要受职能部门经理和项目经理的双重领导，项目经理对项目成员没有完全的权力，并且项目成员不会将项目工作视为主要工作，对项目工作没有更多的热情，积极性不高，这将对项目质量和进度都会有很大影响。

因此，职能型组织结构比较适合小型项目，不适合多产品种类和大规模的企业和项目，也不适合创新性的工作。

2. 项目型组织结构

在项目型组织结构中，部门完全是按照项目进行设置的，每个项目就如同一个微型公司那样运作。完成每个项目目标的所有资源完全分配给这个项目，专门为这个项目服务。专职的项目经理对项目团队拥有完全的项目权力和行政权力。项目型组织对客户高度负责。例如，如果客户改变了项目的工作范围，项目经理有权马上按照变化重新分配资源。项目型组织结构如图7-4所示。

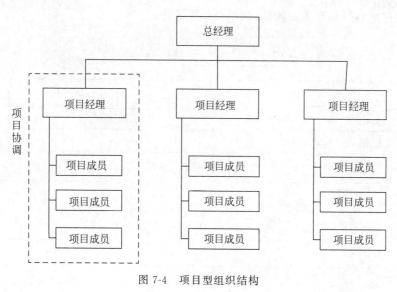

图 7-4　项目型组织结构

项目型组织结构有以下优点。

（1）项目经理有充分的权力调动项目内外资源，对项目全权负责。

（2）权力的集中可以使决策的速度加快，整个项目的目标单一，项目组能够对客户的需要做出更快的响应。进度、成本和质量等方面的控制也较为灵活。

（3）这种结构有利于使命令协调一致，每个成员只有一个领导，排除了多重领导的可能。

（4）项目组内部的沟通更加顺畅、快捷。项目成员能够集中精力，在完成项目的任务上团队精神得以充分发挥。

项目型组织结构有以下缺点。

（1）由于项目组对资源具有独占的权力，在项目与项目之间的资源共享方面会存在一些问题，可能在成本方面效率低下。

（2）项目经理与项目成员之间有着很强的依赖关系，而与项目外的其他部门之间的沟通比较困难。各项目之间知识和技能的交流程度很低，成员专心为自己的项目工作，这种结构没有职能部门那种让人们进行职业技能和知识交流的场所。

（3）在相对封闭的项目环境中，容易造成对公司规章制度执行的不一致。

（4）项目成员缺乏归属感，不利于职业生涯的发展。

项目型组织结构常见于一些规模大、项目多的组织。

3. 矩阵型组织结构

矩阵型组织结构是职能型和项目型组织结构的混合，同时有多个规模及复杂程度不同的项目的公司，适合采用这种组织结构。它既有项目结构注重项目和客户的特点，又保留了职能结构里的职能专业技能。矩阵结构里的每个项目及职能部门都有职责协力合作为公司及每个项目的成功做出贡献。另外，矩阵型组织结构能有效地利用公司的资源。如图 7-5 所示，项目 B 中有两个人来自设计部门，有 6 个人来自实现部门，等等。通过在几个项目间共享人员的工作时间，可以充分利用资源，全面降低公司及每个项目的成本。所有被分到某一具体项目中的人员组成项目团队，由项目经理领导。

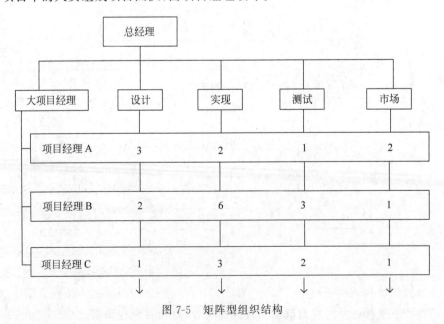

图 7-5　矩阵型组织结构

矩阵型组织结构有以下优点。

（1）以项目为中心，有专职的项目经理负责整个项目。

（2）项目团队共享各个职能部门的资源。

（3）当项目结束后，项目成员可回到原来的职能部门，减少了对项目结束后的顾虑。

（4）对公司内部和客户的要求都能迅速地做出响应。

（5）平衡了职能经理和项目经理的权力，保证系统总体目标的实现。

矩阵型组织机构有以下缺点。

（1）容易引起职能经理和项目经理权力的冲突。

（2）多项目共享资源会导致项目之间的资源竞争冲突。

（3）项目成员受职能经理和项目经理双重领导。

这种组织结构比较适合以开发研究项目为主的组织和单位。

4. 项目组织结构的选择

由于不同的组织目标、资源和环境的差异，寻找一个理想的组织结构是比较困难的。也就是说，不存在最理想的项目组织结构，每个组织应该根据自己的特点确定适合自身的组织结构。这就需要企业或事业部门根据企业的战略、规模、技术环境、行业类型、当前发展阶段，以及过去的历史经验等确定自身的组织结构。表 7-4 列举了一些影响项目组织结构选择的重要因素。

表 7-4　影响组织结构选择的重要因素

影响因素＼组织结构	职能型	项目型	矩阵型
不确定性	低	高	高
所用技术	标准	复杂	新
复杂程度	低	中等	高
持续时间	短	中等	长
规模	小	中等	大
重要性	低	中等	高
客户类型	各种各样	中等	单一
内部依赖性	弱	中等	强
外部依赖性	强	中等	强
时间局限性	弱	中等	强

5. 华为项目型组织结构

华为公司从 2007 年开始，就在不断地推进项目型组织的建设，构建授权体系和资源管理，解决"各级功能人员资源板结、权责利不对等、授权不充分、决策层级多、运作效率低、一线呼唤炮火困难、资源到位不及时、能力不足"等痛点，实现"打好仗、选好人、分好钱"的目的。任正非在 2014 年《"班长的战争"对华为的启示和挑战》汇报会上的讲话中，就明确提出了"班长的战争"不是班长一个人的战争，其核心是在组织和系统的支持下实现任务式指挥，是一种组织的整体性的改变。

基于此，华为公司 2015 年明确"从以功能型组织为中心，向以项目型组织为中心转变"。2016 年，轮值 CEO 郭平在新年致辞中提到："新的一年来了，我们将开始 5～10 年的改革，让听得到炮火的人能呼唤到炮火,实施大平台支持精兵作战的战略,并逐步开始管理权和指挥权的分离。"并指出,"随着华为公司规模的扩大,未来的管理架构要能够给予支撑。过去20年,一直是集中式的管理模式,决策都是从总部发出,下面直接执行。而面向未来,将出现越来越多的不确定性,可能不再是上面决策、下面执行,问题就可以得到解决。新形势要求我们考虑去中心化,让各个层级承担更大的挑战,应对更多的风险,因此提出了大平台支持一线精兵作战。"可以看出,华为公司强调的大平台下的精兵作战,就是通过授权使指挥权向前移,减少决策的层级,实现一线"战区主战"的自主作战。同时通过服务、资源、能力云化,构建能力中心和数据共享中心,打破地域限制,提供平台化的支撑,构建平台化的管理体系。一线的精兵团队,其实就是项目型组织,核心就是推进项目型组织的建设,同时大平台要能广泛地适应各类项目作战的需求。项目型组织必须对应平台型组织。如果没有平台型组织的支撑,项目型组织就是一个伪命题。

6. IBM 矩阵式组织结构

IBM 引进了沿用至今的在业界被认为是成功典范的矩阵型组织结构。什么是 IBM 式矩阵? 简单地说,任何一位 IBM 的现有或潜在客户,都至少有两个 IBM 人盯着你,一位来自 IBM 品牌事业部(硬件、软件等),另一位则来自产业事业部(金融、交通、制造等);而每一位 IBM 当地经理人,一样有两个 IBM 主管盯着你,一位是地区主管,一位是品牌或产业的 IBM 总部主管。这套组织结构的最大目的,就是不漏失任何一个客户的需要,而且当客户有了需要,IBM 可以动用全球资源,以最快的速度服务他。IBM 矩阵式组织结构如图 7-6 所示。

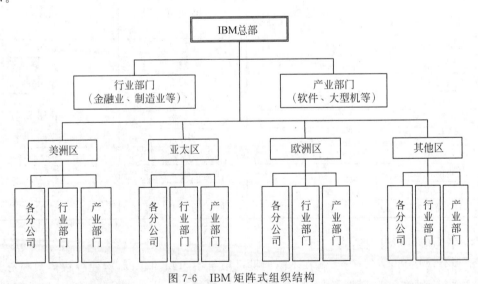

图 7-6 IBM 矩阵式组织结构

7.3.2 团队成员选择

1. 成员选择标准

在组建项目团队过程中,经常需要使用团队成员选择标准。通过多标准决策分析,制定出选择标准,并据此对候选团队成员进行定级或打分。根据各种因素对团队的不同重要性,赋予选择标准不同的权重。例如,可用下列标准对团队成员进行打分。

（1）可用性。团队成员能否在项目所需时段内为项目工作,在项目期间是否存在影响可用性的因素。

（2）成本。聘用团队成员所需的成本是否在规定的预算内。

（3）经验。团队成员是否具备项目所需的相关经验。

（4）能力。团队成员是否具备项目所需的能力。

（5）意识。项目团队成员需要很强的以问题为导向的意识。

（6）技能。项目团队成员需要有解决问题和决策的技能。对项目中待解决的问题,团队成员需要分辨出问题的本质是什么,对于各种观点与建议进行评价,决定哪个可能是最有效的方法及如何执行。

（7）态度。团队成员能否与他人协同工作,以形成有凝聚力的团队。

（8）沟通能力。项目团队成员需要有人际交往的技能,项目成员能够有效地沟通与交流,能够克服个人之间常常出现的问题与矛盾。

2. 成员选择需要注意的事项

因为集体劳资协议、分包商人员使用、矩阵型组织环境或其他各种原因,项目经理不一定对团队成员选择有直接控制权。在组建项目团队过程中,应特别注意下列事项。

（1）项目经理或项目管理团队应该进行有效谈判,并影响那些能为项目提供所需人力资源的人员。

（2）不能获得项目所需的人力资源,可能影响项目进度、预算、客户满意度、质量和风险。人力资源不足或人员能力不足会降低项目成功的概率,甚至可能导致项目取消。

（3）如因制约因素(如经济因素或其他项目对资源的占用)而无法获得所需人力资源,在不违反法律、规章、强制性规定或其他具体标准的前提下,项目经理或项目团队可能不得不使用替代资源(也许能力较低)。

3. 微软智力导向型人员甄选方法

微软公司在它成长的过程中,甄选智力型人员的做法是其成功的主要因素之一。正如一位行业观察家所指出的那样,"盖茨通过深思熟虑将微软塑造成了一个奖励聪明人的组织,而他将公司塑造成这种组织的方式则是微软公司成功中最为重要的一面,然而这也是经常被大多数人所忽视的一面。"

微软公司每年大约都要对十几万名求职者进行筛选,在这一过程中,公司注重的是求职者总体智力或认知能力的高低。事实上,微软公司的整个甄选和配置过程所要达到的目的就是发现最聪明的人,然后把他们安置到与他们的才能最为相称的工作岗位上去。微软对于求职者的总体智力状况要比对他们的工作经验更为看重。在很多时候,微软往往会拒绝那些在软件开发领域已经有过多年经验的求职者。相反,微软经常到一些名牌大学的数学系或物理系去网罗那些智商很高的人才,即使这些人几乎没有什么直接的程序开发经验。

这种对逻辑推理能力和解决问题能力的重视,充分反映了微软公司所处的竞争环境、经营战略及企业文化的要求。也就是说,软件开发领域是处于经常性变化之中的,这就意味着在过去拥有多少技能远不如是否有能力开发新技能显得重要。因此,微软的战略就是承认条件是在变化着的,然后以最快的速度去适应变化的条件,从而以比竞争对手更为敏捷的变化来取得竞争优势。这就导致在公司中形成了一种极力提倡活跃的智力思考文化。在这种文化氛围中,那些思维不够敏捷的人可能从来都不会感到自在,有人将这种文化称为精英文化,甚至是狂妄自大者的文化。

在微软公司,人员甄选与配置被视为一项非常重要的工作。在招募新员工及对求职者进行面试的时候,高层决策者亲自参与。盖茨认为,智力和创造力往往是天生的,企业很难在雇用了某人之后再使其具有这种能力。盖茨曾声称,"如果把我最优秀的 20 名员工拿走,那么微软将会变成一个不怎么起眼的公司。"这就明确地证实了人才对于微软过去的成功及其未来的竞争战略的核心作用。

7.3.3 资源获取的结果

1. 实物资源分配单

实物资源分配单记录了项目将使用的材料、设备、用品、地点和其他实物资源。

2. 项目团队派工单

项目团队派工单记录了团队成员及其在项目中的角色和职责,可包括项目团队名录,还需要把人员姓名插入项目管理计划的其他部分,如项目组织图和进度计划。

3. 资源日历

资源日历识别了每种具体资源可用时的工作日、班次、正常营业的上下班时间、周末和公共假期。在规划活动期间,潜在的可用资源信息(如团队资源、设备和材料)用于估算资源可用性。

资源日历规定了在项目期间确定的团队和实物资源何时可用、可用多久。这些信息可以在活动或项目层面建立,考虑了诸如资源经验和/或技能水平以及不同地理位置等属性。

4. 其他文件更新

如果获取资源过程中出现变更请求(如影响了进度),或者推荐措施、纠正措施或预防措施影响了项目管理计划的任何组成部分或项目文件,项目经理应提交变更请求,且应该通过实施整体变更控制过程对变更请求进行审查和处理。

项目管理计划更新的内容包括资源管理计划和成本基准。

可能需要更新的项目文件包括经验教训登记册、项目进度计划、资源分解结构、资源需求、风险登记册、干系人登记册。

7.4 团 队 建 设

项目团队建设是提高工作能力,促进团队成员互动,改善团队整体氛围,以提高项目绩效的过程。本过程的主要作用是改进团队协作,增强人际技能,激励团队成员,降低人员离职率,提升整体项目绩效。

项目经理应该能够定义、建立、维护、激励、领导和鼓舞项目团队,使团队高效运行,并实现项目目标。团队协作是项目成功的关键因素,而建设高效的项目团队是项目经理的主要职责之一。

7.4.1 团队建设的目标

建设高效的项目团队是项目经理的主要职责之一。项目经理应创建一个能促进团队协作的环境。可通过给予挑战与机会、提供及时反馈与所需支持,以及认可与奖励优秀绩效,不断激励团队。可通过开展开放与有效沟通、创造团队建设机遇、建立团队成员间的信任、以建设性方式管理冲突,以及鼓励合作型的问题解决和决策制定方法,实现团队的高效运行。项目经理应该请求管理层提供支持,并对相关干系人施加影响,以便获得建设高效项目团队所需的资源。

具体地,团队建设的目标如下。

(1)提高团队成员的知识和技能,以提高他们完成项目可交付成果的能力,并降低成本、缩短工期和提高质量。

(2)提高团队成员之间的信任和认同感,以提高士气、减少冲突和增进团队协作。

(3)创建富有生气、凝聚力和协作性的团队文化,以便提高个人和团队生产率,振奋团队精神,促进团队合作;促进团队成员之间的交叉培训和辅导,以分享知识和经验。

7.4.2 团队发展阶段与领导风格

团队建设是一个持续性过程,对项目成功至关重要。团队建设固然在项目前期必不可少,但它更是一个永不完结的过程。项目环境的变化不可避免,要有效应对这些变化,就需要持续不断地开展团队建设。

有一种关于团队发展的模型叫塔克曼阶梯理论,其中包括团队建设通常要经过的5个阶段。尽管这些阶段通常按顺序进行,然而,团队停滞在某个阶段或退回到较早阶段的情况也并非罕见。如果团队成员曾经共事过,项目团队建设也可跳过某个阶段。

1. 形成阶段

在本阶段,团队成员相互认识,并了解项目情况及他们在项目中的正式角色与职责。团队成员倾向于相互独立,不一定开诚布公。团队成员在这一阶段都有许多疑问:项目的目的是什么?其他团队成员是谁?他们怎么样?每个人急于知道他能否与其他成员合得来,能否被接受。由于无法确定其他成员的反应,他们会犹豫不决,甚至有焦虑的情绪。

为减轻人们的焦虑,项目经理要探讨他对项目团队中人员的工作及行为的管理方式和期望,需要使团队着手一些起始工作,如让团队成员参与制订项目计划等。在这个阶段,项目经理的领导风格应该是指导型的。

2. 震荡阶段

在本阶段,团队开始从事项目工作,制定技术决策和讨论项目管理方法。如果团队成员不能用合作和开放的态度对待不同观点和意见,团队环境可能变得事与愿违。

在震荡阶段,项目经理仍然要进行指导,这是项目经理创造一个充满理解和支持的工作环境的好时机,要允许成员表达他们所关注的问题。项目经理要致力于解决矛盾,绝不能希望通过压制使其自行消失。如果团队成员有不满情绪而不能得到解决,这种情绪就会不断聚集,导致项目团队的震荡,将项目的成功置于危险之中。在这个阶段,项目经理的领导风格应该是影响型的。

3. 规范阶段

在规范阶段,团队成员开始协同工作,并调整各自的工作习惯和行为来支持团队,团队成员开始相互信任。

在本阶段,项目经理应尽量减少指导性工作,给予团队成员更多的支持,使工作进展加快,效率提高;项目经理应经常对项目团队所取得的进步给予公开的表扬,树立团队文化,注重培养成员对团队的认同感、归属感,努力营造出相互协作、相互帮助、相互关爱、勇于奉献的精神氛围。在这个阶段,项目经理的领导风格应该是参与型的。

4. 成熟阶段

进入这一阶段后,团队就像一个组织有序的单位那样工作。团队成员之间相互依靠,平稳高效地解决问题。这一阶段的工作效率很高,团队有集体感和荣誉感,信心十足。项目团队能开放、坦诚、及时地进行沟通。

在本阶段,项目经理应完全授权,赋予团队成员权力。此时项目经理的工作重点是帮助团队执行项目计划,并对团队成员的工作进程和成绩给予表扬。在这一阶段,项目经理集中注意关于预算、进度计划、工作范围及计划方面的项目业绩。如果实际进程落后于计划进程,项目经理的任务就是协助支持修正行动的制定与执行,同时,项目经理在这一阶段也要做好培养工作,帮助团队成员获得自身职业上的成长和发展。在这个阶段,项目经理的领导风格应该是授权型的。

5. 解散阶段

在解散阶段,团队完成所有工作,团队成员离开项目。通常在项目可交付成果完成之后,再释放人员,解散团队。到了此阶段,团队成员建立了忠诚和友谊,甚至可能建立超出工作范围的友谊。

某个阶段持续时间的长短,取决于团队活力、团队规模和团队领导力。项目经理应该对团队活力有较好的理解,以便有效地带领团队经历所有阶段。

7.4.3 建设优秀的团队

建设优秀的项目团队是项目经理的主要职责之一,项目经理应该能够定义、建立、维护、激励、领导和鼓舞项目团队,使团队高效运行,并实现项目目标。

1. 团队建设中的常见问题

在项目团队建设过程中,容易出现如下问题。

1) 令人不解和困惑的组织结构

这容易造成管理混乱,沟通不流畅。

2) 团队管理者自身的问题

俗话说:"上梁不正下梁歪,领导心思下属猜。"团队文化的源点在团队的"团长"身上,有什么样的团长,就会有什么样的团队文化。如果团长自身就不够光明磊落,任人唯亲,喜欢阿谀奉承,贪图小恩小惠,就会给小人和庸人广开大门。

3) 团队中的"非组织性行为"占据了团队人际关系的主流

所谓"非组织性行为"是指在团队中跨越部门之间形成的一种私下的紧密关系。例如,人力资源部的 A 与业务部的 B 以及与董事会的 C 可能在私下里就是一组"铁三角"关系,因为这种私下的亲近关系,在工作中往往会滋生超越企业文化和原则的工作利益关系。这种非组织性的"小团体"会为巩固自己的地位,对贤能者进行排挤、打压、迫害,使整个团队里只存在差于自己及听自己话的人。

4) 团队文化对团队的管理方法不起支持作用

如果一个团队没有自己真正的文化,或者当这种文化尚且不牢固的时候,就不会令团队成员产生"心灵挂钩",就不会有统一的步调。在这种情形下,一些不安分的团队成员或者是一个新进入团队的成员往往会自动跳出来，用个人的理念和行为把这个团队带向歧途；或者原本就不牢固的团队文化，在这个"英雄个人"的冲击下，变得更加不堪一击。如果这个新成员带来的是正能量，尚好；如果是负能量，则整个团队将会出现一个"隐性"的第二团长，拉帮结派，小团体对抗就不可避免。

5）团队的评价标准缺少公平和透明

一个团队，正如手掌的五指，只有团结在手掌上的时候，才是一个有机的整体，才能形成真正的拳头，各有各的价值和贡献。而如果在论功行赏的时候，这种评价体系缺少公平和透明，无疑会引发"五指"争功。

6）团队协作性差

"地方割据"，只顾自身或局部利益，不顾整体利益，要么"鸡犬之声相闻，老死不相往来"，能不打交道就不打交道；要么睚眦必报，整天冲突不断。

2. 团队精神培养

团队精神是大局意识、协作精神和服务精神的集中体现，核心是协同合作和凝聚力，共同承担项目责任，追求的是个体利益和整体利益的统一，进而保证组织的高效率运转。团队精神的形成并不要求团队成员牺牲自我，相反，挥洒个性、表现特长保证了成员共同完成任务目标，而明确的协作意愿和协作方式则产生了真正的内心动力。团队精神是组织文化的一部分，良好的管理可以通过合适的组织形态将每个人安排至合适的岗位，充分发挥集体的潜能。如果没有正确的管理文化，没有良好的从业心态和奉献精神，就不会有团队精神。

在团队精神培养方面应该注意以下几点。

1）高度的相互信任

团队精神的一个重要体现是团队成员之间高度的相互信任。每个团队成员都相信团队的其他人所做的和所想的事情是为了整个集体的利益，是为实现项目的目标和完成团队的使命而做的努力。

2）强烈的相互依赖

团队精神的另一个体现是成员之间强烈的相互依赖。一个项目团队的成员只要充分理解每个团队成员都是不可或缺的项目成功重要因素之一，那么他们就会很好地相处和合作，并且形成相互真诚而强烈的依赖。这种依赖会形成团队的一种凝聚力，这种凝聚力就是团队精神的最好体现。

3）统一的共同目标

团队精神最根本的体现是全体团队成员具有统一的共同目标。在这种情况下，项目团队的每位成员会强烈地希望为实现项目目标而付出自己的努力。因为在这种情况下，项目团队的目标与团队成员个人的目标是相对一致的，所以大家都会为共同的目标而努力。这种团队成员积极地为项目成功而付出时间和努力的意愿就是一种团队精神。例如，为使项目按计划进行，必要时愿意加班、牺牲周末或午餐时间来完成工作。

4）全面的互助合作

团队精神还有一个重要的体现是全体成员的互助合作。当人们能够全面互助合作时，他们之间就能够进行开放、坦诚而及时的沟通，就不会羞于寻求其他成员的帮助，团队成员们就能够成为彼此的力量源泉，大家都会希望看到其他团队成员的成功，都愿意在其他成员陷入困境时提供自己的帮助，并且能够相互做出和接受批评、反馈和建议。有了这种全面的互助合作,团队就能在解决问题时有创造性,并能够形成一个统一的整体。

5) 关系平等与积极参与

团队精神还表现在团队成员的关系平等和积极参与上。一个具有团队精神的项目团队,它的成员在工作和人际关系上是平等的,在项目的各种事务上大家都有一定的参与权。一个具有团队精神的项目团队多数是一种民主的和分权的团队,因为团队的民主和分权机制使人们能够以主人翁或当事人的身份去积极参与项目的各项工作,从而形成团队作业和团队精神。

6) 自我激励和自我约束

团队精神还更进一步体现在全体团队成员的自我激励与自我约束上。项目团队成员的自我激励和自我约束使得项目团队能够协调一致,像一个整体一样去行动,从而表现出团队的精神和意志。项目团队成员的这种自我激励和自我约束,使得一个团队能够统一意志、统一思想和统一行动。这样团队成员们就能够相互尊重,重视彼此的知识和技能,并且每位成员都能够积极承担自己的责任,约束自己的行为,完成自己承担的任务,实现整个团队的目标。

3. 团队建设过程

团队建设过程因企业文化而异,因项目类型和规模而异,在建设软件项目团队时,可以参考以下的常见工作过程。

(1) 拟定团队建设计划。

(2) 选择那些既具有技术专长,又有可能成为现实团队成员的候选人。

(3) 组织团队,根据成员各自特长分派合适的任务,并实施责任矩阵。

(4) 确保项目的目标与团队成员的个人目标相一致。

(5) 建立工作关系和联系方式,建立良好的工作氛围和沟通渠道。

(6) 民主和充分授权。

(7) 绩效评估,并认可与奖励。在建设项目团队过程中,需要对成员的优良行为给予认可与奖励。项目经理应该在整个项目生命周期中尽可能地给予表彰,而不是等到项目完成时。

4. 团队建设中的人际关系和团队技能

在团队建设过程中,需要用到的人际关系与团队技能如下。

(1) 冲突管理。项目经理应及时地以建设性方式解决冲突,从而创建高绩效团队。

(2) 影响力。本过程的影响力技能收集相关的关键信息,在维护相互信任的关系时,解决重要问题并达成一致意见。

(3) 激励。激励为某人采取行动提供了理由,提高团队参与决策的能力并鼓励他们独立工作。

(4) 谈判。团队成员之间的谈判旨在就项目需求达成共识。谈判有助于在团队成员之间建立融洽的相互信任的关系。

(5) 团队建设活动。团队建设是通过举办各种活动,强化团队的社交关系,打造积极合作的工作环境。

团队建设活动既可以是状态审查会上的 5 分钟议程,也可以是为改善人际关系而设计的、在非工作场所专门举办的专业提升活动。团队建设活动旨在帮助各团队成员更加有效地协同工作。

如果团队成员的工作地点相隔甚远,无法进行面对面接触,就特别需要有效的团队建设策略。

非正式的沟通和活动有助于建立信任和良好的工作关系。团队建设在项目前期必不可少,但它更是个持续的过程。项目环境的变化不可避免,要有效应对这些变化,就需要持续不断地开展团队建设。项目经理应该持续地监督团队机能和绩效,确定是否需要采取措施来预防或纠正各种团队问题。

5. 提高软件项目团队合作

在组建了软件项目团队之后,如何高效地进行团队合作成为重中之重。高效团队合作应从以下几个方面进行。

1) 建立共同的目标

团队合作与管理的核心之一是建立和实现共同的目标。无论团队规模大小,人员数目多少,我们都应达成共识。

首先建立针对项目共同的目标:可看作 1H＋4W 目标,即我们应如何完成项目(How),在什么时间完成(When),在什么地点完成(Where),用什么来完成(What)。建立了大目标后,再将目标细分于人,如项目经理负责团队之间的协调及沟通工作,哪位开发人员(Who)负责针对客户的哪部分需求进行代码编写,测试人员负责进行单元测试、集成测试、验收测试以发现软件中存在的功能、性能的问题,在交付运营前尽量改正等。

2) 过程管理

如同软件有生命周期,团队也有自己的生命周期,分为不同的阶段,团队从最初的散乱到最终的成熟,都有不同的发展目标。例如,在形成期,团队成员需要明确需求,根据初始的目标进行分析;在规范期,成员们要根据项目需求制订相应的计划,各个成员分工合作,加强管理;在成熟期,整个团队要根据不足进行改善。这样才有助于团队之间的高效合作,而成熟期的团队,才比较有可能开发出优质的软件。

3) 沟通与协作

沟通指信息的交流,是使信息发挥积极作用和达到目标的手段;协作是指和谐地在一起工作的活动。沟通技术通常可以分为 5 种:正式书面沟通、正式口头沟通、非正式口头沟通、语调沟通和电子沟通。同时,有效沟通也有 5 个原则:学会倾听、表达准确、及时沟通、双向沟通、换位思考。

4) 绩效管理

团队合作需要管理,其中便包括对于个人以及团队的最终考核。对于个人,管理者应对个人所完成的任务进行核查,设置相应的制度进行奖励或惩罚。对于团队之间的最终考核,是对整个软件项目的考核,包括可用性、可行性等各项指标。

5) 工作氛围

想要进行高效的团队合作,愉快的工作氛围必不可少。管理者与员工之间、员工与员工之间,都应有良好的工作氛围,要轻松、愉快、互相尊重。这样才能更有效地进行团队合作。

6) 加强合作与管理

在软件团队开发过程中,要遵循三原则:开放、坦诚和有效及时的沟通。团队成员之间应敞开心扉,交流技术。只有彼此相互合作,互帮互助,才能互利共赢。在彼此的交流中,难免发生冲突,我们应理性接受对方的意见和批评,这样更利于团队项目合作的开发。这样,团队的创造性也会因每个人的建议而大大提升,有助于及时做出正确的判断。

7)高度的信任

团队中最重要的角色便是成员,成员之间的信任显得尤为重要,成员之间互相关心,表达自己的意见,更有利于完成项目。当每个人彼此信任,项目开发的效率便大大增加。队员可以提出不同的意见,团队也应及时做出反馈。每个人都要以积极的态度对待软件项目管理的整个过程。

7.4.4 人员培训与开发

团队建设是实现项目目标的重要保证,而项目成员的培养和开发是项目团队建设的基础,项目组织必须重视对员工的培训与开发工作。通过对成员的培训与开发,可以提高项目团队的综合素质、工作技能和技术水平,同时也可以通过提高项目成员的技能,提高项目成员的工作满意度,降低项目成员的流动比例和人力资源管理成本。

1. 人员培训

培训包括旨在提高项目团队成员能力的全部活动。培训可以是正式或非正式的。培训方式包括课堂培训、在线培训、计算机辅助培训、在岗培训(由其他项目团队成员提供)、辅导及训练,如表7-5所示。如果项目团队成员缺乏必要的管理或技术技能,可以把对这种技能的培养作为项目工作的一部分。应该按人力资源管理计划中的安排实施预定的培训。也应该根据管理项目团队过程中的观察、交谈和项目绩效评估的结果,来开展必要的计划外培训。培训成本通常应该包括在项目预算中,或者由执行组织承担(如果增加的技能有利于未来的项目)。培训可以由内部或外部培训师执行。

表 7-5 培训计划

序号	培训内容	培训讲师	培训目的	培训对象	责任人
1	项目管理概述 项目管理计划	小 W X 总	掌握统一的项目管理过程	全体成员	项目经理
3	项目开发过程 需求分析方法	设计师	掌握需求分析方法、工具和模板	全体成员	项目经理
5	产品知识培训	架构师	掌握项目必需的业务和技能	全体成员	项目经理
6	项目工具培训	小 W	熟悉项目开发和管理的专用工具	全体成员	项目经理

2. 人员开发

人员开发是指为员工今后的发展而开展的正规教育、在职体验、人际互助及个性和能力的测评等活动。软件项目成员作为知识型员工,对于人员开发有着更高的积极性。

(1)正规教育。正规教育包括专门为员工设计的脱产和在职培训计划。这些计划包括专家讲座、仿真模拟、冒险学习和与客户会谈等。

(2)在职体验。在职体验指员工体验在工作中面临的各种关系、难题、需求、任务和其他事项,主要用于员工过去的经验和技能与目前工作所要求的技能不匹配,必须拓展他的技能的情况。在职体验可以采取的途径包括扩大现有工作内容、工作轮换、工作调动、晋升、降级、临时安排到其他公司工作等。

（3）人际互助。员工可以通过与组织中更富有经验的其他员工之间的互动互助来开发自身的技能，以及增加有关公司和客户的知识，可以采用导师指导和教练辅导两种方式。

7.4.5 团队建设的结果

1. 团队绩效评价

随着项目团队建设工作（如培训、团队建设和集中办公等）的开展，项目管理团队应该对项目团队的有效性进行正式或非正式的评价。有效的团队建设策略和活动可以提高团队绩效，从而提高实现项目目标的可能性。

评价团队有效性的指标如下。

（1）个人技能的改进，从而使成员更有效地完成工作任务。

（2）团队能力的改进，从而使团队成员更好地开展工作。

（3）团队成员离职率的降低。

（4）团队凝聚力的加强，从而使团队成员公开分享信息和经验，并互相帮助，提高项目绩效。

通过对团队整体绩效的评价，项目管理团队能够识别出所需的特殊培训、教练、辅导、协助或改变，以提高团队绩效。项目管理团队也应该识别出合适或所需的资源，以执行和实现在绩效评价过程中提出的改进建议。

2. 项目文件更新

在团队建设过程中需要更新的项目文件如下。

（1）经验教训登记册。将项目中遇到的挑战、本可以规避这些挑战的方法，以及良好的团队建设方式更新至经验教训登记册中。

（2）项目进度计划。项目团队建设活动可能会导致项目进度的变更。

（3）项目团队派工单。如果团队建设导致已商定的派工单出现变更，应对项目团队派工单做出相应的更新。

（4）资源日历。更新资源日历，以反映项目资源的可用性。

（5）团队章程。更新团队章程，以反映因团队建设对团队工作指南做出的变更。

3. 其他文件更新

可能需要更新项目资源管理计划，以及对事业环境因素和组织过程资产中相应的内容进行更新。

7.5 团队管理

管理项目团队是跟踪团队成员工作表现，提供反馈，解决问题并管理团队变更，以优化项目绩效的过程。本过程的主要作用是影响团队行为，管理冲突，解决问题，评估团队成员的绩效，并给予激励。

管理项目团队需要借助多方面的管理技能，来促进团队协作，整合团队成员的工作，从而创建高效团队。进行团队管理，需要综合运用各种技能，特别是沟通、冲突管理、谈判和领导技能。项目经理应该向团队成员分配富有挑战性的任务，并对优秀绩效进行表彰。此外，项目经理应留意团队成员是否有意愿和能力完成工作，然后相应地调整管理和领导方式。

相对那些已展现出能力和有经验的团队成员,技术能力较低的团队成员更需要强化监督。

7.5.1 团队管理的方法

团队管理应该基于项目资源管理计划、项目文件(其中的问题日志、经验教训登记册、项目团队派工单、团队章程等)、工作绩效报告、团队绩效评价、事业环境因素和组织过程资产等已有相关文档和知识,常见的项目团队管理方法有以下几点。

1. 观察和交谈

可通过观察和交谈,随时了解项目团队成员的工作和态度。项目管理团队应该监督项目可交付成果的进展,了解团队成员引以为荣的成就,了解各种人际关系问题。

2. 项目绩效评估

在项目过程中进行绩效评估的目的包括澄清角色与职责,向团队成员提供建设性反馈,发现未知或未决问题,制订个人培训计划,以及确立未来目标。

3. 冲突管理

成功的冲突管理可提高生产力,改进工作关系。如果管理得当,意见分歧有利于提高创造力和改进决策。假如意见分歧成为负面因素,应该首先由项目团队成员负责解决。如果冲突升级,项目经理应提供协助,促成满意的解决方案。项目经理解决冲突的能力,往往在很大程度上决定其管理项目团队的成败。不同的项目经理可能采用不同的解决冲突方法。

4. 人际关系技能

项目经理应该综合运用技术、人际和概念技能分析形势,并与团队成员有效互动。恰当地使用人际关系技能,可充分发挥全体团队成员的优势。例如,项目经理最常用的人际关系技能包括以下几点。

(1)领导力。成功的项目需要强有力的领导技能。领导力在项目生命周期中的所有阶段都很重要。有多种领导力理论,定义了适用于不同情形或团队的领导风格。领导力对沟通愿景及鼓舞项目团队高效工作十分重要。

(2)影响力。在矩阵环境中,项目经理对团队成员通常没有或仅有很小的命令职权,所以如果他们具有一定影响项目干系人的能力,对保证项目成功非常关键。

(3)有效决策。包括谈判能力,以及影响组织与项目管理团队的能力。

可用如表 7-6 所示的指标检测团队管理的有效性。

表 7-6 团队有效性检测表

团队有效性指标	差		中		好	
1. 团队对其目标有明确的理解吗?	1	2	3	4	5	6
2. 项目工作内容、质量标准、预算及进度计划有明确规定吗?	1	2	3	4	5	6
3. 每个成员都对自己的角色及职责有明确的期望吗?	1	2	3	4	5	6
4. 每个成员对其他成员的角色及职责有明确的期望吗?	1	2	3	4	5	6
5. 你的团队是目标导向型的吗?	1	2	3	4	5	6
6. 每个成员是否强烈希望为实现项目目标做出努力?	1	2	3	4	5	6
7. 你的团队有热情和力量吗?	1	2	3	4	5	6
8. 你的团队是否有高度的合作互助?	1	2	3	4	5	6
9. 是否经常进行开放、坦诚而及时的沟通?	1	2	3	4	5	6

团队有效性指标	差		中		好	
10. 成员是否能不受拘束地寻求别人的帮助？	1	2	3	4	5	6
11. 团队成员是否能做出反馈和建设性的批评？	1	2	3	4	5	6
12. 团队成员是否能接受别人的反馈和建设性的批评？	1	2	3	4	5	6
13. 项目团队成员中是否有高度的信任？	1	2	3	4	5	6
14. 成员是否能完成他们做或想做的事情？	1	2	3	4	5	6
15. 不同的观点能否公开？	1	2	3	4	5	6
16. 成员能否相互承认并接受差异？	1	2	3	4	5	6
17. 团队能否建设性地解决冲突？	1	2	3	4	5	6

7.5.2 团队激励

在项目管理中,项目经理应当了解项目成员的需求和职业生涯设想,对其进行有效的激励和表扬,让大家心情舒畅地工作,才能取得好的效果。激励机制在团队建设中十分重要。如果一个项目经理不知道如何激励团队成员,便不能胜任项目管理工作。

1. 激励理论

激励是影响人们的内在需要或动机,从而加强、引导和维持行为的一个反复的过程。在管理学中,激励是指管理者促进、诱导下属形成动机,并引导其行为指向特定目标的活动过程。人们提出了很多的激励理论,这些理论各有不同的侧重点。

1) 马斯洛的需求层次理论

人类在生活中会有各种各样的需要,如生存的需要、心理的需要、满足自尊、获得成就、实现自我等各种需要,都能成为一定的激励因素,而导致人们一定的行为或行为结果的发生。马斯洛(Maslow)把人类需要分为 5 个层次,如图 7-7 所示。

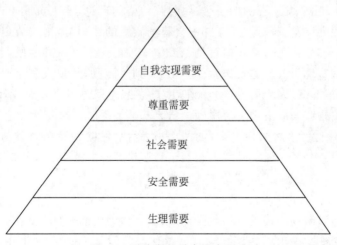

图 7-7　马洛斯的需求层次理论

（1）生理需要：维持人类自身生命的最基本需要,如吃、穿、住、行、睡等。

（2）安全需要：如就业工作、医疗、保险、社会保障等。

（3）社会需要：人们希望得到友情,被他人接受,成为群体的一分子。

（4）尊重需要：个人自尊心，受他人尊敬及成就得到承认，对名誉、地位的追求等。

（5）自我实现需要：人类最高层次的需要，追求理想、自我价值、使命感、创造性和独立精神等。

马斯洛将这5种需要划分为两级。生理需要和安全需要称为低级需要，而社会需要、尊重需要与自我实现需要称为高级需要。高级需要是从内部使人得到满足，低级需要则主要是从外部使人得到满足。马斯洛建立的需求层次理论表明，人的需要可按等级层次向上或向下移动，当一个层次的需要被满足之后，这一需要就不再是激励的因素了，而更高层次的需要就成为新的激励因素。有效管理者或合格的项目经理的任务，就是去发现员工的各种需要，从而采取各种有效的措施或手段，促使员工去满足一定的需要，从而产生与组织目标一致的行为，发挥员工最大的潜能，即积极性。

马斯洛的理论特别得到了实践中的管理者的普遍认可，这主要归功于该理论简单明了，易于理解，具有内在的逻辑性。但是，正是由于这种简洁性，也出现了一些问题，如这样的分类方法是否科学等。其中，一个突出的问题就是这种需要层次是绝对的高低还是相对的高低，马斯洛理论在逻辑上对此没有回答。

2）双因素激励理论

美国心理学家赫茨伯格在研究员工激励问题的时候发现了一个缺点，有些员工不满意，当你满足了员工愿望的时候，员工还是不满意。后来他深入研究发现满意的对立面不是非满意，是不满意。这是什么意思呢？原来他们去美国的一家工厂考察，发现员工有很多抱怨，抱怨天气热没有装空调，光线暗影响工作，需要增加照明。他们经历改善了条件，装了空调，增加了照明，甚至装了换气扇，但是并没有明显的工作业绩提升，只是不埋怨了而已。于是赫茨伯格发现了激励因素和保健因素的分类。和工作本身有关的因素才是真正的激励因素。如果满足了员工的这些要求，对员工的工作热情是有激励作用的。而有些因素和工作环境有关，如果没有满足员工的要求，员工会不满意，甚至生气。但你满足了他们，他们也未必就受到了激励。比如发工资的例子，按照赫茨伯格的理论，发工资属于保健因素，员工觉得他们工作了，就应该发工资，发工资并不会起到激励的作用，但拖欠或迟发工资就会引起员工不满。而奖金就不一样，奖金是对员工工作成果的一种认可和奖励，得到奖励的员工，感觉老板重视他们，说明过去的工作做得不错，受到了激励，所以发奖金是激励因素。没有得到奖励也不会很懊悔，因为员工认为他们工作一般，也还过得去，只是不出色而已。

因此，赫茨伯格在马斯洛需要层次理论研究基础上提出了双因素理论，他把人的需要因素分为两大类：保健因素和激励因素，如图7-8所示。保健因素相当于马斯洛理论的生理和安全两个物质层次的需要，激励因素相当于马斯洛理论的社会、尊重和自我实现3个心理层次的需要。类似的还有ERG理论和成就需要理论等。

3）期望理论

相比较而言，对激励问题进行比较全面研究的是激励过程的期望理论。期望理论是由耶鲁大学弗鲁姆教授提出的，1964年，在《工作与激励》一书中，他提出一个激励过程公式，即：

$$动力（激励力量）=效价×期望值$$

其中，效价是个人对于某一成果的价值估计，当一个人对某目标毫无兴趣时，其效价为零；期望值是指通过某种行为会导致一个预期成果的概率和可能性。

保健因素 （防止员工产生不满情绪）	激励因素 （激励员工的工作热情）
工资 监督 地位 安全 工作环境 政策与管理制度 人际关系	工作本身 赏识 提升 成长的可能性 责任 成就

图 7-8　赫茨伯格的双因素理论

期望理论认为，只有当人们预期到某一行为能给个人带来有吸引力的结果时，个人才会采取特定的行动。它对于组织通常出现的这样一种情况给予了解释，即面对同一种需要及满足同一种需要的活动，为什么不同的成员会有不同的反应，有的人情绪高昂，而另一些人却无动于衷呢？

根据这一理论的研究，员工对待工作的态度依赖于对下列 3 种联系的判断。

（1）努力与绩效的联系，即员工感觉到通过一定程度的努力而达到工作绩效的可能性。例如，需要付出多大努力才能达到某一绩效水平；我是否真能达到某一绩效水平；概率有多大。

（2）绩效与奖赏的联系，即员工对于达到某一绩效水平后，会得到什么奖赏。

（3）奖赏与个人目标的联系，即如果工作完成，员工所获得的潜在结果或奖赏对他的重要性程度，如这一奖赏能否满足个人的目标，吸引力有多大。

期望理论的基础是自我利益，他认为每一个员工都在寻求获得最大限度的自我满足。期望理论的核心是双向期望，管理者期望员工的行为，员工期望管理者的奖赏。期望理论的假说是管理者知道什么对员工最有吸引力。期望理论的员工判断依据是员工个人的知觉，而与实际情况关系不大。不管实际情况如何，只要员工以自己的知觉确认自己经过努力工作就能达到所要求的绩效，达到绩效后就能得到具有吸引力的奖赏，他就会努力工作。

让我们来看一个案例，一位营销主管为了激励员工完成营销指标，发布了一项措施：今年年终排名在最前面的两位，将奖励圣诞节去马尔代夫的旅行。但是这个措施在不同的人身上产生了不同的反响。有 3 位突出的代表性人物，第一位 A 先生，他从来没去过马尔代夫，听到这个奖励之后高兴极了，所以如果效价满分为 1，那么他的效价应该是 1，可是他衡量自己的能力，成功的可能性为 50%，那么他的积极性就是 0.5；第二位是去过马尔代夫的 B 先生，可他夫人没去过，他夫人知道这个消息后，就说"平时你飞来飞去，也没带过我去，这次你好好努力，我们一起去马尔代夫"，所以效价是 0.9，虽然不是 1，但也很高，自己成功的可能性是 70%，因此他的积极性是 0.63；第三位是 C 小姐，她是最能干也是最出色的，她的期望值是 100%，遗憾的是她去不了，因为圣诞节的时候她计划结婚，此刻去马尔代夫对她而言已经失去了任何价值，所以她的积极性为 0。期望理论告诉我们，同一个激励策略在不同的人身上会产生不同的作用。

4) 公平理论

公平理论(也称为社会比较理论)是美国心理学家亚当斯于 1963 年提出的。他认为：人们都有要求公平对待的感觉。员工不仅会把自己的努力与所得报酬进行比较,而且还会把自己和其他人或群体进行比较,并通过增减自己付出的努力或投入的代价,来取得他们所认为的公平与平衡。

公平理论给管理者的启示如下。

(1) 用报酬或奖励激励员工时,一定要使员工感到公平合理。

(2) 应注意横向比较。不仅是本部门,还要考虑各平行部门及社会环境中其他类似行业单位。这在制定工资结构和工资水平决策及奖励时要特别考虑。

(3) 公平理解是心理感觉,管理者要注意沟通。

还应指出的是,职工的某些不公平感可以忍耐一时,但时间长了,一件不明显的小事也会引起强烈的反应。

2. 激励因素

激励因素是指诱导一个人努力工作的东西或手段。激励因素可以是某种报酬或鼓励,也可以是职位的升迁或工作任务和环境的变化。激励因素是一种手段,用来调和各种需要之间的矛盾,或者强调组织所希望的需要而使它比其他需要优先得到满足。

一方面是物质层面的激励。物质激励的主要形式是金钱,虽然薪金作为一种报酬已经赋予了员工,但是金钱的激励作用仍然是不能忽视的。实际上,薪金之外的鼓励性报酬、奖金等,往往意味着比金钱本身更多的价值,是对额外付出、高质量工作、工作业绩的一种认可。一般来说,对于急需钱的人,金钱可以起到很好的激励作用;而对另外的一些人,金钱的激励作用可能很有限,如当员工渴望职业发展和获得别人尊重时,他对金钱的评价是较低的。

另一方面是精神层面的激励。随着人们需求层次的提升,精神激励的作用越来越大,在许多情况下,可能成为主要的激励手段。精神层面的激励包括以下几方面。

(1) 参与感。作为激励理论研究的成果和一种受到强力推荐的激励手段,"参与"被广泛应用到项目管理中。让团队成员合理地"参与"到项目中,既能激励每个成员,又能为项目的成功提供保障。实际上,"参与"能让团队成员产生归属感和成就感,以及一种被需要的感觉,这在软件项目中是尤其重要的。

(2) 发展机遇。是否在项目过程中获得发展的机遇,是项目团队成员关注的另一个问题。项目团队通常是一个临时性的组织,成员往往来自不同的部门,甚至是临时招聘的,而项目结束后,团队多数被解散,团队成员面临回原部门或重新分配工作的压力。因此,在参与项目的过程中,其能力能否得到提高是非常重要的。如果能够为团队成员提供发展的机会,可以使团队成员通过完成项目工作或在项目过程中经受培训而提高自身的价值,这就成为一种很有效的激励手段,特别是在软件行业,发展机遇往往会成为一些员工的首要激励因素。

(3) 工作乐趣。软件项目团队成员是在一个不断发展变化的领域中工作。由于项目的一次性特点,项目工作往往带有创新性,而且技术也在不断地进步,工作环境和工具平台也不断更新,如果能让项目团队成员在具有挑战性的工作中获得乐趣和满足感,也会产生很好的激励作用。

（4）荣誉感。每个人都渴望获得别人的承认和赞扬,使项目团队成员产生成就感、荣誉感、归属感,往往会满足项目团队成员更高层次的需求。作为一种激励手段,在项目过程中更需要注意的是公平和公正,使每个成员都感觉到他的努力总是被别人重视和接受的。

3. 彼得原理与激励

彼得原理是美国学者劳伦斯·彼得在对组织中人员晋升的相关现象研究后得出的一个结论:在各种组织中,雇员总是趋向于被晋升到其不称职的地位。彼得原理有时也被称为"向上爬"理论。这种现象在现实生活中无处不在:一名称职的教授被提升为大学校长后无法胜任;一个优秀的运动员被提升为主管体育的官员,导致无所作为。对于一个组织,一旦相当部分人员被推到其不称职的级别,就会造成组织的人浮于事,效率低下,导致平庸者出人头地,发展停滞。将一名职工晋升到一个无法很好发挥才能的岗位,不仅不是对本人的奖励,反而使其无法很好地发挥才能,也会给组织带来损失。

4. IBM 的激励机制

IBM 拥有 26 万名员工,其中一半以上是大学毕业生。IBM 公司没有工会,但每个员工都能全心全意地为公司工作尽忠职守,从不懈怠,因为 IBM 公司制定了一套让员工充分施展才华、发挥作用的完整措施。IBM 公司推行"开门制",公司设立一条非同寻常的开明规定:任何职工如果感到自己受到了不公平的待遇,可以向主管经理投诉,如果得不到满意的答复,还可以越级上诉,直到问题圆满解决为止。IBM 公司非常注意发挥员工的才能,如果员工对本职工作不感兴趣,公司可以为其更换工作;如果员工在工作中出现差错,公司也尽量创造机会使其改正,从不采取解雇员工的消极手段处理问题。IBM 公司实行的是终身雇佣制,消除了员工的后顾之忧,使其工作有安全感和归属感。IBM 公司取消了计件工资的计酬办法,它不相信所谓绝对的工作标准,而只是期望每位员工都尽心尽力,这使员工保持了本身的尊严,使公司内的工作气氛非常民主。正因如此,IBM 公司的每位员工对公司忠心耿耿,产生了忘我的工作热情。乐观、热诚、进取是 IBM 公司多年来形成的企业精神,正是靠这种精神的支撑,IBM 公司获得了一个又一个的胜利。

7.6　资源控制

资源控制是确保按计划为项目分配实物资源,以及根据资源使用计划监督资源实际使用情况,并采取必要纠正措施的过程。本过程的主要作用是确保所分配的资源适时适地可用于项目,且在不再需要时被释放。

应在所有项目阶段和整个项目生命周期期间持续开展资源控制过程,且适时、适地和适量地分配和释放资源,使项目能够持续进行。资源控制过程关注实物资源,如设备、材料、设施和基础设施;管理团队过程关注团队成员。

本节讨论的资源控制技术是项目中最常用的,而在特定项目或应用领域中,还可采用许多其他资源控制技术。

7.6.1　资源控制的关注点

更新资源分配时,需要了解已使用的资源和还需要获取的资源。为此,应审查至今为止的资源使用情况。资源控制过程应该关注以下内容。

（1）监督资源支出。

（2）及时识别和处理资源缺乏/剩余情况。

（3）确保根据计划和项目需求使用和释放资源。

（4）在出现资源相关问题时通知相应的干系人。

（5）影响可以导致资源使用变更的因素。

（6）在变更实际发生时对其进行管理。

资源控制过程中涉及进度基准或成本基准的任何变更，都必须经过实施整体变更控制过程的审批。

7.6.2 资源控制的方法

资源控制应该基于项目资源管理计划、项目文件（其中的问题日志、经验教训登记册、项目进度计划、资源分解结构、资源需求、风险登记册）、工作绩效报告、协议和组织过程资产（如有关资源控制和分配的政策）等已有相关文档和知识，常见的资源控制方法如下。

1. 数据分析

在资源控制过程中可使用的数据分析技术包括以下几种。

（1）备选方案分析。备选方案分析有助于选择最佳解决方案以纠正资源使用偏差，可以将加班和增加团队资源等备选方案与延期交付或阶段性交付相比较，以权衡利弊。

（2）成本效益分析。成本效益分析有助于在项目成本出现差异时确定最佳的纠正措施。

（3）绩效审查。绩效审查是测量、比较和分析计划资源使用和实际资源使用的不同。分析成本和进度工作绩效信息有助于指出可能影响资源使用的问题。

（4）趋势分析。在项目进展过程中，项目团队可能会使用趋势分析，基于当前绩效信息确定未来项目阶段所需的资源。趋势分析检查项目绩效随时间的变化情况，可用于确定绩效是在改善还是在恶化。

2. 人际关系与团队技能

人际关系与团队技能有时被称为"软技能"，属于个人能力。资源控制过程中使用的人际关系与团队技能如下。

（1）谈判。项目经理可能需要就增加实物资源、变更实物资源或资源相关成本进行谈判。

（2）影响力。影响力有助于项目经理及时解决问题并获得所需资源。

7.6.3 资源控制的结果

1. 工作绩效信息

工作绩效信息包括项目工作进展信息，这一信息将资源需求和资源分配与项目活动期间的资源使用相比较，从而发现需要处理的资源可用性方面的差异。

2. 变更请求

如果资源控制过程出现变更请求，或者推荐的纠正措施或预防措施影响了项目管理计划的任何组成部分或项目文件，项目经理应提交变更请求，并通过实施整体变更控制过程对变更请求进行审查和处理。

3. 项目管理计划更新

项目管理计划的任何变更都以变更请求的形式提出,且通过组织的变更控制过程进行处理。资源控制过程中可能需要变更的项目管理计划组成部分如下。

（1）资源管理计划。资源管理计划根据实际的项目资源管理经验更新。

（2）进度基准。可能需要更新项目进度,以反映管理项目资源的方式。

（3）成本基准。可能需要更新项目成本基准,以反映管理项目资源的方式。

4. 项目文件更新

在资源控制过程中需要更新的项目文件如下。

（1）假设日志。把关于设备、材料、用品和其他实物资源的新假设条件更新在假设日志中。

（2）问题日志。在本过程中出现的新问题记录到问题日志中。

（3）经验教训登记册。在经验教训登记册中更新有效管理资源物流、废料、使用偏差,以及应对资源偏差的纠正措施的技术。

（4）实物资源分配单。实物资源分配单是动态的,会因可用性、项目、组织、环境或其他因素而发生变更。

（5）资源分解结构。可能需要更新资源分解结构,以反映使用项目资源的方式。

（6）风险登记册。将关于资源可用性或利用其他实物资源的风险更新在风险登记册中。

7.7 小 结

项目资源管理是指为了降低项目成本,而对项目所需的人力、材料、机械、技术、资金等资源所进行的计划、组织、指挥、协调和控制等活动。项目资源管理的全过程包括项目资源的计划、配置、控制和处置。

"天时、地利、人和"一直被认为是成功的三大因素。其中,"人和"是主观因素,就显得更为重要。尤其在软件项目管理中,人力资源是最核心、最重要的资源。在软件项目管理中,"人"的因素极为重要,因为软件项目中所有活动均是由人来完成的。如何充分发挥"人"的作用,对于软件项目的成败起着至关重要的作用。项目人力资源管理中所涉及的内容就是如何发挥"人"的作用。

项目团队由承担特定角色和职责的个人组成,他们为实现项目目标而共同努力。项目经理因此应在获取、管理、激励和增强项目团队方面投入适当的努力。尽管项目团队成员被分派了特定的角色和职责,但让他们全员参与项目规划和决策仍是有益的。团队成员参与规划阶段,既可使他们对项目规划工作贡献专业技能,又可以增强他们对项目的责任感。

7.8 案例研究

案例一：Google 重视团队合作精神

Google 是一个崇尚技术的世界顶级互联网公司,它的公司文化被人们称为"工程师文化"。这意味着 Google 十分注重团队成员的技术水平和创新能力。但 Google 的所谓"工程师文化"绝不是唯技术主义。事实上,宽容精神、合作精神等价值观层面的东西在 Google 文化中居于相当重要的地位。原 Google 全球高级副总裁、Google 中国工程研究院总裁李开复上任伊始就在国内招聘了 50 名高校毕业生。他们中有 40 多位是硕士、博士,也有少量优秀的本科生。据李开复讲,这些人大部分来自计算机专业,也有学软件、电子的,甚至还有学化学的。李开复在回答记者关于他们招聘时考核应聘者哪些方面的能力这一问题时说:"最看重的是编程能力、创新能力与价值观。"有很多的应聘者由于其价值观不符合 Google 文化而落选。他还举了两个例子。一个是,一位学生在 Google 的考试中几乎得了满分,但由于面试时这位学生经常表现出不耐烦而没有被录用;另一个是,有一位大牌教授,他在自己所属的专业领域里绝对是权威,李开复曾经游说过这位教授加入 Google,可惜面试时这位教授过于傲慢,考官团深信这位大教授进入 Google 后也不会平等对待公司的员工,因而劝李开复放弃这位教授。李开复说:"显然,Google 不需要那些不符合公司文化的天才。"他还告诉记者,招聘结束后就进行新员工的培训,"核心是让学生们(指新员工)理解团队合作的价值,从此能够在不伤别人自尊的前提下坦诚沟通,能够容忍失败,能够倾听与包容。"

【案例问题】

(1) Google 是如何组建自己的团队的?

(2) 根据本案例,你认为组建优秀团队的关键是什么?

(3) Google 的人力资源管理策略带给你什么启发?

案例二:微软鼓励团队合作,废弃员工排名[①]

2013 年 11 月 12 日,微软向全体员工宣布,将会废弃"员工大排名"制度。该公司人力资源部主管莉莎·布鲁梅尔(Lisa Brummel)通过电子邮件向员工通告了这一变化。

布鲁梅尔称,从此以后,微软再也不会实行"员工大排名"了。

其他公司,包括亚马逊、Facebook 和雅虎,都有自己的员工排名制度,旨在淘汰"表现最差"的员工。但是,只有微软因为员工排名制度遭到了媒体的批评。

在 2012 年,《名利场》(*Vanity Fair*)发表了题为《微软失去的十年》(*Microsoft's Lost Decade*)的文章,就员工排名制度旗帜鲜明地批评了微软及其 CEO 史蒂夫·鲍尔默(Steve Ballmer)。微软通过这种制度将其员工分为卓越、优秀、一般和差 4 个等级。

布鲁梅尔称,改变员工排名的做法符合该公司"一个微软"(One Microsoft)的哲学理念和战略定位。在将来评估员工的时候,团队合作和协作将放到更重要的位置上。

下面是布鲁梅尔发给微软员工的电子邮件内容。

致全球员工:

我很高兴地宣布我们正在改革绩效考核计划,以期使之更符合我们的"一个微软"战略目标。在我们公司上下齐心协力为消费者提供创新产品和价值的过程中,这种变革显得非常必要。

这是一项全新的绩效考核和员工发展计划,旨在提升团队协作程度和公司灵敏度。在过去几年中,我们已从数千名员工那里获得了反馈信息,考察了很多其他公司的相关计划和做法,并努力确保我们的反馈机制支持我们的公司目标。这项变革是我们的一项重要举措,

---

① 引自腾讯科技(http://tech.qq.com)。

旨在继续为我们世界一流的员工们提供最好的工作环境,让他们迎接最艰难的挑战,做出改变世界的壮举。

下面是新绩效考核和员工发展计划的要点。

更强调团队精神和协作。我们对于良好业绩的定义更具体了,除了本职工作评价外,我们还关注 3 个因素:你如何采纳别人的建议和想法,你如何帮助别人获得成功,以及你对于公司的发展发挥了怎样的影响力。

更强调员工成长和发展。通过名为 Connects 的流程,我们将能够获得更及时的反馈,发起更有意义的讨论,从而帮助员工不断学习、成长和出成果。我们会根据各个业务环节的节奏来设定时间进度,包括更灵活地选择讨论员工业绩和发展的时机和方式,而不是在整个公司上下执行统一的时间进度标准。我们的业务周期正在加快,我们的团队正在执行不同的工作计划,新的绩效考核和员工发展计划将会与此相适应。

不再统一分配奖金。我们将会继续拿出一大笔预算资金来奖励员工。但是,我们不会再实行统一的奖金分配政策。在奖励预算许可的范围内,经理和领导者将可以灵活地分配这些奖金,从而更好地反映出团队和个人的业绩。

不再实行员工排名制度。这将让我们关注重要的东西:更深入地理解我们发挥的影响力以及我们面临的发展机遇。

我们将会继续统一奖励计划与年度发展计划,因此奖金发放的时间不变;我们将会继续确保贡献最大的员工获得高额的报酬。

我们将会继续研究更合理的奖金分配办法。新的方法将能够让经理和领导更便捷地分配奖金,从而体现出员工和团队的独特贡献。

我期待着在全公司范围内推行新的方法。我们将从今天开始转变,你们在接下来的几天内将会接到你们领导的通知,他们会告诉你们业务转变的具体步骤。我们还与经理们进行了简短的交流,我们将继续给他们提供资源,以解答你们遇到的各种问题,支持你们适应新的方法。

我很高兴新的方法得到了高层领导和我所在的人力资源部门的支持,我希望也得到你们的支持。只有齐心协力朝这个方向努力,我们才能够始终确保微软拥有全世界最理想的工作环境。

只要我们团结一心,实施"一个微软"战略,我们就没有做不成的事情。

莉莎

【案例问题】

(1) 微软为什么要废弃"员工大排名"制度?

(2) 微软实施的"一个微软"战略有何先进之处?

(3) 根据本案例,你认为员工激励的关键是什么?

7.9　习题与实践

1. 习题

(1) 简述如何处理多个项目之间的资源冲突。

(2) 在软件项目中,对人力资源的要求具有哪些特点?

。217

第 7 章

项目资源管理

（3）在项目团队建设过程中，项目经理应该如何转变管理方法和领导风格？

（4）简述影响组织选择的关键因素。

（5）软件项目团队建设中应该避免哪些误区？

（6）在项目的实施过程中如何才能很好地发挥项目团队协作精神？

（7）如何恰当地应用物质奖励和精神激励？有哪些方法和手段？

2．实践

（1）IT企业人才跳槽和流动是很常见的，了解优秀企业是如何留住人才的，项目经理如何防止在项目进行过程中团队成员的离岗。

（2）上网搜索，了解世界优秀IT企业在团队组建、建设和管理方面的常见做法，分析其成功经验。

第8章 项目沟通管理

沟通是保持项目顺利进行的润滑剂,沟通失败常常是项目,特别是软件项目失败的主要原因之一。项目沟通管理包括为确保项目信息及时且恰当地规划、收集、生成、发布、存储、检索、管理、控制、监督和最终处置所需的各个过程。项目经理的大部分时间都用于与团队成员和其他干系人的沟通,无论这些成员或干系人是来自组织内部(位于组织的各个层级上)还是组织外部。有效的沟通在项目干系人之间架起一座桥梁,把具有不同文化和组织背景、不同技能水平、不同观点和利益的各类干系人联系起来。

视频讲解

8.1 沟通管理规划

沟通管理规划是基于每个干系人或干系人群体的信息需求、可用的组织资产,以及具体项目的需求,为项目沟通活动制订恰当的方法和计划的过程。本过程的主要作用是为及时向干系人提供相关信息,引导干系人有效参与项目,而编制书面沟通计划。

沟通管理规划对项目的最终成功非常重要。沟通规划不当,可能导致各种问题,如信息传递延误、向错误的受众传递信息、与干系人沟通不足或误解相关信息。在大多数项目中,都是很早就进行沟通规划工作,如在项目管理计划编制阶段,这样便于给沟通活动分配适当的资源,如时间和预算。

8.1.1 沟通需求分析

通过沟通需求分析,确定项目干系人的信息需求,包括所需信息的类型和格式,以及信息对干系人的价值。项目资源只能用来沟通有利于项目成功的信息,或者那些因缺乏沟通会造成失败的信息。进行沟通需求分析时需要明确以下4点。

(1)需要给哪些干系人发信息。

(2)谁需要什么样的信息。

(3)谁什么时候需要何种信息。

(4)如何将信息发送给不同的干系人。

清楚上述4个沟通需求后,就不难识别和确定项目沟通需求的信息,通常包括以下内容。

(1)干系人登记册及干系人参与计划中的相关信息和沟通需求。

(2)潜在沟通渠道或途径数量,包括一对一、一对多和多对多沟通。

(3)组织结构图。

(4)项目组织与干系人的职责、关系及相互依赖。

（5）开发方法。

（6）项目所涉及的学科、部门和专业。

（7）有多少人在什么地点参与项目。

（8）内部信息需要（如何时在组织内部沟通）。

（9）外部信息需要（如何时与媒体、公众或承包商沟通）。

（10）法律要求。

8.1.2 沟通方法

可以使用多种沟通方法在项目干系人之间共享信息，大致分为以下几种方法。

（1）互动沟通。在两方或多方之间进行多向信息交换。这是确保全体参与者对特定话题达成共识的最有效的方法，包括会议、电话、即时信息、社交媒体和视频会议等。

（2）推式沟通。把信息发送给需要接收这些信息的特定接收方。这种方法可以确保信息的发送，但不能确保信息送达接收方或接收方理解。推式沟通包括信件、备忘录、报告、电子邮件、传真、语音邮件、日志、新闻稿等。

（3）拉式沟通。用于信息量很大或接收者很多的情况。要求接收者自主、自行地访问信息内容。这种方法包括企业内网、电子在线课程、经验教训数据库、知识库等。

项目干系人可能需要对沟通方法的选择展开讨论并取得一致意见。应该基于下列因素选择沟通方式：沟通需求、成本和时间限制、相关工具和资源的可用性，以及对相关工具和资源的熟悉程度。

此外，应该采用不同方法实现沟通管理计划所规定的主要沟通需求，主要方法有以下几种。

（1）人际沟通。个人之间交换信息，通常以面对面的方式进行。

（2）小组沟通。在3～6名人员的小组内部开展。

（3）公众沟通。单个演讲者面向一群人。

（4）大众传播。信息发送人员或小组与大量目标受众（有时为匿名）之间只有最低程度的联系。

（5）网络和社交工具沟通。借助社交工具和媒体，开展多对多的沟通。

具体可用的沟通工件和方法包括：

（1）公告板；

（2）新闻通信、内部杂志、电子杂志；

（3）致员工或志愿者的信件；

（4）新闻稿；

（5）年度报告；

（6）电子邮件和内部局域网；

（7）门户网站和其他信息库（适用于拉式沟通）；

（8）电话交流；

（9）演示；

（10）团队简述或小组会议；

（11）焦点小组；

（12）干系人之间的正式或非正式的面对面会议；

（13）咨询小组或员工论坛；

（14）社交工具和媒体。

8.1.3 沟通模型

沟通模型可以是最基本的线性（发送方和接收方）沟通过程，也可以是增加了反馈元素（发送方、接收方和反馈）、更具互动性的沟通形式，甚至可以是融合了发送或接收方的人性因素、试图考虑沟通复杂性的更加复杂的沟通模型。图 8-1 是一个基本的沟通模型，其中包括沟通双方，即发送方和接收方。媒介是指技术媒介，包括沟通模式，而噪声则是可能干扰或阻碍信息传递的任何因素。

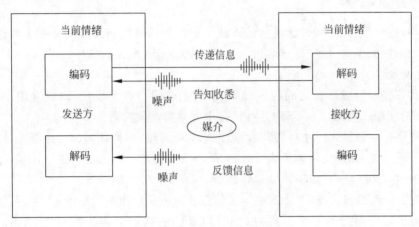

图 8-1　基本的沟通模型

基本沟通模型中的步骤如下。

1. 编码

把信息编码为各种符号，如文本、声音或其他可供传递（发送）的形式。

2. 传递信息

发送方通过沟通渠道（媒介）发送信息。信息的传递可能受各种因素的干扰，如距离、不熟悉的技术、不合适的基础设施、文化差异和缺乏背景信息等，这些因素统称为噪声。

3. 解码

接收方把信息还原成有意义的思想或观点。

4. 告知收悉

接收到信息后，接收方须告知对方已收到信息（告知收悉），但这并不一定意味着同意或理解信息的内容。

5. 反馈/响应

对收到的信息进行解码并理解之后，接收方把还原出来的思想或观点编码成信息，再传递给最初的发送方。如果发送方认为反馈与原来的信息相符，代表沟通已成功完成。在沟通中，可以通过积极倾听实现反馈。

在讨论项目沟通时，需要考虑沟通模型中的各个要素。作为沟通过程的一部分，发送方负责信息的传递，需要确保信息的清晰性和完整性，确认信息已被正确理解。接收方负责确保完整地接收信息,正确地理解信息,并需要告知悉或做出适当的回应。

在跨文化沟通中,确保信息理解会面临挑战。沟通风格的差异可源于工作方法、年龄、国籍、专业学科、民族、种族或性别差异。不同文化的人们会以不同的语言(如技术设计文档、不同的风格)沟通,并喜欢采用不同的沟通方式和礼节。

在图 8-1 所示的沟通模型中,发送方的当前情绪、知识、背景、个性、文化和偏见会影响信息本身及其传递方式。类似地,接收方的当前情绪、知识、背景、个性、文化和偏见也会影响信息的接收和解读方式,导致沟通中的障碍或噪声。此沟通模型及其强化版有助于制订人对人或小组对小组的沟通策略和计划,但不可用于制订采用其他沟通工具(如电子邮件、广播信息或社交媒体)的沟通策略和计划。

8.1.4 沟通技术

用于在项目干系人之间传递信息的方法很多。信息交换和协作的常见方法包括对话、会议、书面文件、数据库、社交媒体和网站。常见的沟通技术及其特征如下。

1. 会议沟通

会议沟通是一种成本较高的沟通技术,沟通的时间一般比较长,因此常用于解决较重大、较复杂的问题。例如,在以下的几种情景中宜采用会议沟通。

(1) 需要统一思想或行动时(如项目建设思路的讨论、项目计划的讨论等)。

(2) 需要当事人清楚、认可和接受时(如项目考核制度发布前的讨论等)。

(3) 传达重要信息时(如项目里程碑总结活动、项目评审活动等)。

(4) 澄清一些谣传信息,否则这些谣传信息将对团队产生较大影响。

(5) 讨论复杂问题的解决方案时(如针对复杂的技术问题、讨论已收集到的解决方案等)。

2. E-mail(或书面)沟通

E-mail(或书面)沟通是一种比较经济的沟通技术,沟通的时间一般不长,沟通成本也比较低。在如今的计算机信息时代,E-mail 沟通已代替纸质书面沟通,被广泛使用,这种沟通方法一般不受场地的限制,适用于解决较简单的问题或信息发布。在以下的几种情景中宜采用 E-mail 沟通。

(1) 简单问题小范围沟通时(如 3～5 个人沟通一下产出物的最终评审结论等)。

(2) 需要大家先思考、斟酌,短时间不需要或很难有结果时(如项目团队活动的讨论、复杂技术问题提前通知大家思考等)。

(3) 传达非重要信息时(如分发项目状态周报等)。

(4) 澄清一些谣传信息。

3. 口头沟通

当面的口头沟通是一种自然、亲近的沟通技术,这种沟通方法往往能加深彼此之间的友谊,加速问题的解决。在以下的几种情景中宜采用口头沟通。

(1) 彼此之间的办公距离较近时(如两人在同一办公室)。

(2) 彼此之间存有误会时。

(3) 对对方工作不太满意,需要指出其不足时。

(4) 彼此之间已经采用了 E-mail 沟通方式但问题尚未解决时。

4. 电话沟通

电话沟通是一种比较经济的沟通技术，在以下的几种情景中宜采用电话沟通。

（1）彼此之间的办公距离较远，但问题比较简单时（如两人在不同的办公室，需要讨论一个报表数据的问题等）。

（2）彼此之间的距离很远，很难或无法当面沟通时。

（3）彼此之间已经采用了 E-mail 的沟通方式但问题尚未解决时。

5. 即时通信平台

即时通信平台包括企业内部的即时通信工具，也包括通用的即时通信工具（如 QQ、微信、钉钉等）。这些即时通信平台可以非常方便地完成文字、语音、视频及文件信息的交换，并且能实时地进行沟通。如今软件项目启动后，相应的项目 QQ 群或微信群等会被建立。

即时通信平台的优势有：

（1）在与干系人沟通时能够达到提高工作效率的目的；

（2）快速解决沟通问题；

（3）与邮件、手机短信结合更是威力无穷。

不同的沟通技术有不同的适用场合，具体来说，影响沟通技术选择的因素如下。

（1）信息需求的紧迫性。信息传递的紧迫性、频率和形式可能因项目而异，也可能因项目阶段而异。

（2）技术的可用性与可靠性。用于发布项目沟通工件的技术，应该在整个项目期间都具备兼容性和可得性，且对所有干系人都可用。

（3）易用性。沟通技术的选择应适合项目参与者，而且应在合适的时候安排适当的培训活动。

（4）项目环境。团队会议与工作是面对面还是在虚拟环境中开展，成员处于一个还是多个时区，他们是否使用多语种沟通，是否还有能影响沟通效率的其他环境因素（如与文化有关的各个方面）。

（5）信息的敏感性和保密性。需要考虑拟传递的信息是否属于敏感或机密信息，如果是，可能需要采取合理的安全措施。为员工制定社交媒体政策，以确保行为适当、信息安全和知识产权保护。

8.1.5 沟通管理计划

沟通管理计划是沟通管理规划的结果，也是项目管理计划的一部分或子计划，描述将如何对项目沟通进行规划、管理和监控。

项目沟通管理计划的作用非常重要，却常容易被忽视。很多项目中不做完整的沟通计划，导致沟通混乱，轻则导致项目组工作效率低下，重则直接导致项目以失败告终。项目的沟通形式是多种多样的，大致分为书面和口头两种形式。书面沟通大多用来进行通知、确认和提出需求等活动，适用于项目团队中使用的内部备忘录。项目经理确定之初要做的第一件事就是确定整个项目的沟通计划，因为在沟通计划中描述了项目信息的收集和归档结构、信息的发布方式、信息的内容、每类沟通产生的进度计划、约定的沟通方式等。只有建立起良好的沟通规则，才能做好沟通，从而全面了解项目的各方面信息，不断推动项目的顺利进展。

项目沟通计划主要包含以下内容。

（1）干系人的沟通需求。

（2）需要沟通的信息，包括语言、格式、内容、详细程度。

（3）上报步骤。

（4）项目信息发布的原因。

（5）发布信息及告知收悉的时限和频率。

（6）负责沟通相关信息的人员。

（7）负责授权保密信息发布的人员。

（8）接收信息的人员或群体，包括他们的需要、需求和期望。

（9）用于传递信息的方法或技术，如备忘录、电子邮件、新闻稿或社交媒体。

（10）为沟通活动分配的资源，包括时间和预算。

（11）随着项目进展，如项目不同阶段干系人社区的变化，更新与优化沟通管理计划的方法。

（12）通用术语表。

（13）项目信息流向图、工作流程（可能包含审批程序）、报告清单和会议计划等。

（14）来自法律法规、技术、组织政策等的制约因素。

沟通管理计划中还可包括关于项目状态会议、项目团队会议、网络会议和电子邮件信息等的指南和模板。沟通管理计划中也应包含对项目所用网络沟通平台和项目管理软件的使用说明。

一个精简的软件项目沟通管理计划表如表 8-1 所示。

表 8-1　某软件项目的初步沟通计划

沟通时间	沟通内容	沟通目的	沟通方式	沟通对象	负责人
项目开始时	确定成员分工	确定开发团队构成	会议	所有成员	项目经理
项目开始时	制订项目管理计划书	项目计划	会议	各负责人	项目经理
项目开始时	需求会议	解读需求，完成初步设计	会议	项目组成员、客户	项目经理、客户经理
项目开始时	统计所需购买软件	统计软件并完成购买以支持后续工作	会议	项目组成员	策划经理
项目开始时	指导使用工作软件	帮助组员熟练使用软件	会议、网络聊天	项目组成员	项目经理
每阶段项目伊始	对当前的开发工作评审	控制开发进度	会议、电话	项目组成员	项目经理
每阶段项目伊始	工作进展	控制开发进度	电子邮件	项目组成员	项目经理
每阶段项目结束	成果展示和需求修改	控制开发进度	会议、电话	客户	客户经理
不定时	风险报告	提出风险	口头、电子邮件	项目组成员	项目经理
不定时	项目变更会议	项目变更	会议	项目组成员	项目经理
项目结束时	项目交付会议	商定项目是否可交付或交付时间	会议	客户、所有经理	项目经理

8.2 沟通管理

沟通管理是根据沟通管理计划,生成、收集、分发、储存、检索及最终处置项目信息的过程。本过程的主要作用是促进项目干系人之间实现有效的信息流动。

沟通管理过程会涉及与开展有效沟通有关的所有方面,包括使用适当的技术、方法和技巧。此外,它还应允许沟通活动具有灵活性,允许对方法和技术进行调整,以满足干系人及项目不断变化的需求。

8.2.1 信息发布

信息发布就是以有用的格式及时地向项目干系人提供其所需要的信息,如绩效报告、可交付成果状态、进度进展情况和已发生的成本等信息。发布信息一方面需要满足沟通管理计划的要求,另一方面也需要对未列入沟通管理计划的临时信息需求做出应对。项目经理及其项目组必须确定何人在何时需要何种信息,并确定传递信息的最佳方式,以保证信息发布取得最佳效果。

信息发布可以通过项目干系人之间的沟通来实现。信息发送者依靠一定的沟通方法使信息正确无误地到达接收者,接收者依靠一定的沟通方法完整地接收信息并正确地理解信息。可见,有效的信息发布依赖于项目经理和项目组成员的良好的沟通方法。

项目组成员也可以通过信息发布系统发布各种项目信息。信息发布系统的组成部分包括项目会议、手工工程图纸/设计规范等技术文档系统、电子数据库、项目管理软件、传真、电子邮件、视频会议、项目内部网等。

8.2.2 干系人期望管理

干系人期望管理是指对项目干系人需要、希望和期望的识别,并通过沟通上的管理来满足其期望、解决其问题的过程。

不同的干系人对项目有不同的期望和需求,他们关注的目标和重点常常相去甚远。例如,业主也许十分在意时间进度,设计师往往更注重技术一流,政府部门可能关心税收,附近社区的公众则希望尽量减少不利的环境影响等。弄清楚哪些是项目干系人,他们各自的需求和期望是什么,这一点对项目管理者来说非常重要。只有这样,才能对干系人的需求和期望进行管理并施加影响,调动其积极因素,化解其消极影响,以确保项目获得成功。

1. 软件项目管理中常见沟通问题的来源

IT 项目管理中,沟通管理是不容小觑的。沟通不顺畅,信息传递不及时产生的问题不解决,即使 IT 团队中有再多大牛助阵,也体现不出应有的优势。想要把项目团队的实力充分展现出来,需要解决沟通问题。而认识沟通问题会导致哪些麻烦,是做好沟通管理的前提。知道沟通管理不好会带来哪些麻烦,才能够促使项目管理者加强沟通管理。IT 项目管理中常见的沟通问题的来源有如下几个方面。

1) 干系人的期望值不同

项目经理要努力让与项目有关的每一个人建立起同样的期望值,包括项目应该何时完成、带来什么样的结果、成本如何。这些期望值最初在对项目进行计划时就应该在计划书中明确下来。但是,很多项目经理没能让关键股东及时了解期望值的变化。人们在做出决策时通常要依据当时所掌握的最佳信息,如果项目经理不能让所有人都对项目的期望值有同样的了解,就会在同步性上出现问题。

2)忽视了干系人项目进展知情期望

在某些情况下,股东们并不真正了解项目的进展情况。如果没有正确的信息,人们是无法做出最佳的决策的。如果他们不了解项目的进展情况,就要花费额外的时间去搜集更进一步的信息。事实上,如果你及时向股东提供项目进展信息,而他们却还不停地向你追问更新的信息,这可能表明你们之间的交流还是存在问题。

如果不能及时了解项目进展,人们就会对项目进行过程中出现的变化感到意外。例如,如果你无法按照预计工期完成项目,而又不想让股东在项目进展报告中了解到这一点,那么该如何去做呢?

前摄性的交流意味着及时意识到无法按照预计工期完成项目的风险。然后继续按照预计工期的要求进行项目。如果你不得不宣布无法按照预计工期完成项目,其他人能够有所准备,不会因此而感到过于不安。人们通常会由于在最后时刻才得知坏消息而感到愤怒和沮丧,因为他们已经来不及适应变化了的情况了。

3)干系人沟通期望没得到及时满足

在这种情况下,项目经理没有提前让其他人了解项目会对他们产生的影响,交流通常总在最后一刻,但往往为时已晚。

这样的例子有很多。例如,项目经理在3个月之前就已经知道自己需要一位专家,但是却在立即需要专家帮助之前一周才开始寻找。这样,其他人就无法做好充分的准备。

4)干系人各自的期望值之间的沟通和了解不充分

交流问题不仅可能出现在项目小组与其他部门、人员之间,还有可能出现在项目小组的内部。有一些项目经理没有很好地同小组成员进行交流,让他们了解大家对自己工作的期望值。有的时候,项目经理不知道什么时候该给小组成员布置工作任务;有的时候,项目经理明明知道自己对小组成员的期望值,却没有及时告诉他们,直到发现他们的工作出现了问题;有的时候,由于项目经理没有说明工作要求,小组成员花费时间做了很多不必要的工作。无论是对于项目经理还是小组成员,这种交流不善的情况都让他们做了很多额外的工作,也难免让他们感到沮丧。

认识这些IT项目管理中常见的沟通问题的来源,可以为制订沟通计划和挑选沟通渠道提供不少参考,也能够为解决沟通管理问题和寻找来源提供一些方向指引。沟通管理问题看似很容易解决,处理起来比较考验项目团队的纪律性和团队成员的素质。

2. 干系人期望管理过程中需要注意的问题

(1)在处理关注点和解决问题之后,可能需要对干系人管理计划进行更新。例如,确定某个干系人产生了新的信息需求。

(2)在干系人信息发生变化、识别出新干系人、原有干系人不再参与或影响项目,或者需要对特定干系人进行其他更新时,就需要更新干系人登记册。

(3)在识别出新问题或解决了当前问题时,就需要更新问题日志。

管理好干系人期望将会赢得更多人的支持,从而能够确保项目取得成功。具体来说,管理干系人期望能够带来以下好处。

（1）会赢得更多的资源，通过项目干系人期望管理，能够得到更多有影响力的干系人的支持，自然会得到更多的资源。

（2）快速频繁的沟通将能确保对项目干系人需要、希望和期望的完全理解。

（3）能够预测项目干系人对项目的影响，尽早进行沟通和制订相应的行动计划，以免受到项目干系人的干扰。

8.2.3 沟通管理策略

管理沟通中的每个环节、每个阶段都存在干扰因素，有必要用有效的沟通管理策略解决沟通中存在的问题，从而能顺利实现有效沟通。

有效的沟通管理策略有以下几种。

1. 组织沟通环境优化

在管理沟通中，要想实现有效沟通，首先必须进行组织沟通的优化与检查，使组织内沟通渠道畅通，组织成员具备相关知识等，具体如下。

（1）组织成员必须具备沟通相关知识，他们能把这些沟通知识运用到实践中，相关沟通知识包括沟通的含义、沟通种类、沟通网络、沟通可利用的各种媒介等。

（2）营造良好的组织氛围。营造一个支持性的值得信赖的和诚实的组织氛围，是任何改善管理沟通方案的前提条件。管理人员不应压制下属的感觉，而应耐心处理他们的感觉和情绪。

（3）确定共同的目标。成员目标一致，能够同心协力为共同的目标而努力，也是许多上下级之间以及不同部门之间消除沟通障碍的有效途径。

2. 检查和疏通管理沟通网络

组织要经常检查管理沟通的渠道是否畅通，发现问题要及时处理和疏通，以实现管理的有效沟通。需要检查的管理沟通渠道包括以下 4 类网络。

（1）属于政策、程序、规则和上下级之间关系的管理网络。

（2）解决问题、提出建议等方面的创新活动网络。

（3）包括表扬、奖赏、提升以及联系企业目标和个人所需事项在内的整合性网络。

（4）包括公司出版物、宣传栏等的指导性网络。

3. 明确管理沟通的目的

在进行沟通之前，信息发出者要明确进行沟通的目的。只有目的明确，才能在沟通时有的放矢，从而使信息接收者能很好地理解进而达到沟通的目的。但每次沟通的目的不能太多，沟通的范围集中，接收者才能注意力集中，从而使沟通顺利。

4. 调整管理沟通风格，提升管理效率

在日常工作中，人们都有自己的沟通方式和风格。如果不同沟通风格的人在一起工作，而彼此又不能协调与适应的话，那么不仅不能有效沟通，还会造成许多无谓的冲突和矛盾，阻碍管理工作的顺利进行。因此，沟通双方首先要彼此尊重和顺应对方的沟通风格，积极寻找双方利益相关的热点效应。

其次，必须调整自己的沟通风格，要始终把握沟通风格的基本原则：需要改变的不是他人，而是你自己。这方面的主要技巧如下。

（1）感同身受。站在对方的立场考虑问题，将心比心，换位思考，同时不断降低习惯性防卫。

（2）随机应变。根据不同的沟通情形与沟通对象，采取不同的沟通对策。

（3）自我超越。对自我的沟通风格及其行为有清楚的认知，不断反思、评估、调整并超越。

5. 管理沟通因人而异，慎重选择语言文字

信息发送者要充分考虑接收者的心理特点、知识背景等状况，因人而异地调整自己的谈话方式、措辞以及服饰表情等，慎重选择对方容易接受的词句，叙事条理清楚，做到言简意赅。

6. 建立反馈

许多沟通问题是由于接收者未能把握发送者的意义而造成的，因此沟通双方及时进行反馈，确保接收者能准确理解，这样就会减少这些问题的发生。

7. 避免管理沟通受到干扰

重要的信息应该在接收者能够全神贯注地倾听的时间段进行沟通，一个人在忙于工作、接听电话或情绪低落时就不利于其接收信息，因为他有可能听不进去，或者误解。

8. 应恰当选择管理沟通的时机、方式和环境

组织进行管理沟通时，沟通的时机、方式和环境对沟通效果会产生重大影响。例如人事任命，就宜采用公开的方式通过正式渠道进行传递，而有的消息更适合采用秘密的方式通过非正式渠道传播。管理者应根据要传递的信息，对沟通的时间、地点、条件等都充分加以考虑。

9. 在组织中应建立双向沟通机制

传统的组织主要依靠单向沟通，即在组织内从上到下传递信息和命令，下级无法表达自己的感觉、意见和建议。而诸如建议系统或申诉系统等的向上沟通渠道对下级表达想法和建议是有很大帮助的，能增进管理沟通的效果。

8.3 沟通监督

沟通监督是在整个项目生命周期中对沟通进行监督和控制的过程，以确保满足项目干系人对信息的需求。本过程的主要作用是随时确保所有沟通参与者之间的信息流动的最优化。

通过沟通监督过程确定规划的沟通工件和沟通活动是否如预期提高或保持了干系人对项目可交付成果与预计结果的支持力度。项目沟通的影响和结果应该接受认真的评估和监督，以确保在正确的时间，通过正确的渠道，将正确的内容（发送方和接收方对其理解一致）传递给正确的受众。

沟通监督的两个核心任务是克服干系人之间的沟通障碍和管理干系人之间的沟通冲突。

8.3.1 沟通障碍

沟通存在于项目中的各个环节。有效的沟通能为组织提供工作的方向、了解内部成员的需要、了解管理效能高低等，是搞好项目管理，实现决策科学化、效能化的重要保证。但

是,在实际工作中,由于多方面因素的影响,信息往往被丢失或曲解,使得信息不能有效地传递,造成沟通的障碍。在项目管理工作中,存在信息的沟通,也就必然存在沟通障碍。项目经理的任务在于正视这些障碍,采取一切可能的方法消除这些障碍,为有效的信息沟通创造条件。一般来讲,项目沟通中的障碍主要有主观障碍、客观障碍和沟通方式障碍。

1. 主观障碍

(1) 个人的性格、气质、态度、情绪、见解等的差别,使信息在沟通过程中受个人素质、心理因素的制约。人们对人和事的态度、观点和信念不同,会造成沟通障碍。在一个组织中,员工常常来自不同的背景,有着不同的说话方式和风格,对同样的事物有着不一样的理解,这些都造成了沟通障碍。

(2) 知觉选择偏差所造成的障碍。接收和发送信息也是一种知觉形式。但是,由于种种原因,人们总是习惯接收部分信息,而摒弃另一部分信息,这就是知觉的选择性。知觉选择性所造成的障碍既有客观方面的因素,又有主观方面的因素。客观因素(如组成信息的各个部分的强度不同、对接收者的价值大小不同等)会使一部分信息容易引人注意而被人接收,另一部分则被忽视。主观因素也与知觉选择时的个人心理品质有关。在接收或转述一条信息时,符合自己需要的、与自己有切身利害关系的,很容易被听进去,而对自己不利的、有可能损害自身利益的,则不容易听进去。凡此种种,都会导致信息歪曲,影响信息沟通的顺利进行。

(3) 经理人员和下级之间相互不信任。这主要是由于经理人员考虑不周,伤害了员工的自尊心,或决策错误。相互不信任会影响沟通的顺利进行。

(4) 沟通者的畏惧感及个人心理品质也会造成沟通障碍。在管理实践中,信息沟通的成败主要取决于上级与下级、领导与员工之间的全面有效的合作。但在很多情况下,这些合作往往会因下属的恐惧心理及沟通双方的个人心理品质而形成障碍。一方面,如果主管过分威严,给人难以接近的印象,或者管理人员缺乏必要的同情心,不愿体恤下级,都容易造成下级人员的恐惧心理,影响信息沟通的正常进行。另一方面,不良的心理品质也是造成沟通障碍的因素。

(5) 信息传递者在团队中的地位、信息传递链、团队规模等因素也都会影响有效的沟通。许多研究表明,地位的高低对沟通的方向和频率有很大的影响。例如,人们一般愿意与地位较高的人沟通。

2. 客观障碍

(1) 如果信息的发送者和接收者在空间上距离太远、接触机会少,就会造成沟通障碍。社会文化背景不同、种族不同而形成的社会距离也会影响信息沟通。

(2) 信息沟通往往是依据组织系统分层次逐渐传递的。然而,在按层次传达同一条信息时,往往会受到个人的记忆、思维能力的影响,从而降低信息沟通的效率。信息传递层次越多,它到达目的地的时间越长,信息失真率则越大,越不利于沟通。另外,组织机构庞大,层次太多,也会影响信息沟通的及时性和真实性。

3. 沟通方式障碍

(1) 语言系统所造成的障碍。语言是沟通的工具,人们通过语言文字及其他符号等信息沟通渠道进行沟通。但是语言使用不当就会造成沟通障碍。这主要表现为误解,这是由于发送者在提供信息时表达不清楚,或者表达方式不当,如措辞不当、丢字少句、空话连篇、文字松散、使用方言等,这些都会增加沟通双方的心理负担,影响沟通的进行。

（2）沟通方式选择不当,原则、方法使用过于死板所造成的障碍。沟通的形态往往是多种多样的,且它们都有各自的优缺点。如果不根据实际情况灵活地选择,则沟通不能畅通地进行。

8.3.2　软件项目中的沟通监督

如果仔细分析用户需求调研过程中存在的诸多问题,可以发现沟通不畅几乎是每个软件开发项目都会遇到的难题。软件开发项目规模越大,技术越复杂,其沟通就越困难。有统计资料表明,对软件开发项目成功实施威胁最大的不是技术,而是管理,特别是用户需求调研过程中开发方与用户之间沟通的失败。换言之,沟通监督是软件项目成功的关键所在。

1. 软件项目中沟通不畅的原因

通常用户对软件开发项目的需求是复杂的、多方面的,有时甚至是苛刻的、模糊的。但与此同时,用户需求又是软件开发项目的基础,搞清楚用户需求是软件开发项目成功的关键所在,其重要性不言而喻。用户需求说明书是开发方系统分析人员把从用户那里获得的所有信息进行整理分析后编写的分析报告。通过这些分析,将用户众多的需求信息进行分类,以区分业务需求及规范、功能需求、性能需求、质量目标、解决方法等,从而搞清楚用户真正的需求内容、目的和想法。这些都离不开开发方技术人员与用户之间的有效沟通。

造成大多数软件开发项目供需双方沟通不畅的原因,主要是开发方软件开发项目部成员中大部分都是计算机或通信专业的技术人员,总体上讲,这些人的特点是重视技术,事业心强,但往往与人沟通少,社交能力弱。

由于现代信息技术突飞猛进地高速发展,计算机和通信专业技术人员必须花费大量的时间和精力去学习和掌握日新月异的技术,并运用学习和掌握的新技术知识进行进一步的创新,促使信息技术发展得更快。他们总是加班加点超时工作,把别人喝茶、聊天、休闲甚至谈恋爱的时间都用到了摆弄计算机、编写程序、发明创新上去了。他们给人留下的总体印象是只知道工作,不懂生活。举个例子,美国硅谷是当代世界上最有活力的地方,许多高新技术,特别是最新的信息技术都是从那里诞生的。在硅谷搞创新发明的大多数人是年轻人,他们头脑聪明、崇尚科技、反对传统、精力旺盛、干劲十足,他们是信息时代一群真正从事科技创新的工作狂,所以有一段时间在硅谷出现了"两多":一是百万富翁多,二是大龄单身人士多。

除了计算机和通信专业技术人员本身不善于或没有时间和精力与别人(其他专业)经常沟通以外,信息技术领域不断地高速发展变化,这些变化产生了大量的技术术语和行业术语。尽管使用计算机的人越来越多,但是用户与计算机专业人员之间的差距随着技术进步也越来越大。夸张地说,计算机专业技术人员与非计算机人士进行沟通时,就好像他们在与另一个星球来的人交谈一样。

探讨产生沟通困难的根本原因要从分析我国教育体制存在的缺陷入手,我们在培养包括计算机和通信专业在内的理工科学生时,向来不重视,甚至是轻视人文科学的教育培养。"学好数理化,走遍天下都不怕"的思想在学生、家长和大部分老师的头脑中根深蒂固。大学计算机专业只注重培养学生的技术知识和技能,而不重视培养他们的沟通与社交技能,学位课程对学生的技术能力和学术基础要求很高,但很少有沟通(听、说、写)、管理学、心理学和社会学等方面的课程。老师也常常误导学生,使学生自以为这些"软技能"是很容易的,不用学就能应付。

实际情况并不如学生想像得那么简单,许多实践经验和研究结果都表明,这些"软技能"正是计算机和通信专业技术人员所缺乏的,而且是他们工作中必不可少的重要技能。在软件开发项目实施过程中,不可能把现代信息技术技能与社交沟通的"软技能"分开,每个人都必须与包括供需双方人员在内的项目群体或其他成员紧密联系合作,社交沟通"软技能"也是确保项目顺利实施最重要的技能之一。为了确保软件开发项目成功,软件开发部的每个成员在工作中都需要同时运用专业技术技能与社交沟通的"软技能",而且这两类技能都通过正规教育和在职培训得到不断提高。与其他项目相比,软件开发项目管理的重点更应当放到沟通管理上。

2. 改善软件项目沟通的方法

正如之前讨论的,影响沟通流畅的主要障碍有文化障碍、组织结构障碍、心理障碍等。文化障碍包括语言障碍、语意表达障碍及文化水平差异。组织结构障碍包括地位障碍和机构障碍,其中的机构障碍往往是由于机构设置不合理,规模臃肿,层次太多,从高层到低层或从低层到高层要经过太多的程序,容易造成信息走样和失去时效。心理障碍则包括认知障碍、情感障碍和态度障碍等。由于习以为常或其他原因,这些障碍常常不易发觉,人们不愿克服,也常常在不知不觉中影响沟通渠道的通畅。所以,项目经理要特别留意,随时发现团队员工出现沟通障碍的情况,采取有力措施帮助员工克服各种沟通障碍。

团队建设与沟通之间存在一种相互影响、相互依存、相辅相成的关系,综合素质较高的团队沟通质量也较好。流畅的沟通能促进团队精神和企业文化的建设,而团队精神和企业文化的建设也有助于沟通的流畅。反之,如果没有良好的团队精神和企业文化,成员之间也不可能有良好的沟通和默契;没有良好的沟通和默契,自然也搞不好团队建设。

在知识经济条件下,专业技术人员是"知本家",一方面,他们要注意对沟通负起责任;另一方面,"高科技需要高情感",在软件开发项目中,由于外部市场的竞争压力和技术创新的动力,许多员工都是负载着繁重的知识劳动,因此,他们也最需要情感,有效的沟通是缓解内心压力和舒张创造力的重要方式。项目经理一定要重视包括正式沟通与非正式沟通的沟通管道建设,并且帮助员工提高沟通技能,建立高效的工作场所和和谐的人际氛围。对"人"的高度重视和对人性张扬的强调,也时刻提醒着团队每一个成员要不断地抛弃狭隘的本位主义、尊卑意识和自我中心倾向。团队建设和管理如同演奏交响乐,只有员工的心跳与整个团队的心跳合拍了,才能奏起和谐美妙的乐章。

沟通最困难的是内部人员素质参差不齐的团队,因为素质不等,所以,在同样的沟通方式下,却会产生各种不同的沟通反应。根本的解决之道,就是持续地开展内部培训和再教育,让所有员工的思想观念跟得上团队的发展,同时也推动团队寻求更大的突破。一般情况,沟通水平不高的人大致可分为3类,改善其沟通技能的办法如下。

(1)技术能力强的人:以信任和放权为沟通的基础,激发其责任感,促使其在责任感的驱使下改善沟通。

(2)能力平平而纪律性甚好者:主动指导,尤其是针对其薄弱之处,多鼓励,适当批评,让其发现自身优缺点而主动沟通。

(3)能力平平而纪律性甚差者:这是最容易产生沟通不畅问题的群体,听之任之或公开惩罚在多次以后就会失去效用,因此需要采用一些特殊的方式,如在某些方面给予一定的肯定及期许性的鼓励,通常荣誉往往比惩罚更能培养个人的责任感,而只要增强了员工的责任感,沟通往往会水到渠成。

3. 倾听是有效沟通的关键

在软件开发项目供需双方的沟通或项目团队内部的沟通中,言谈是最直接、最重要和最常见的一种途径,有效的言谈沟通很大程度上取决于倾听。作为供需双方,相互理解、认真倾听对方的意见和看法是保证软件开发项目成功的关键;作为团队,成员的倾听能力是保持团队有效沟通和旺盛生命力的必要条件;作为个体,要想在团队中获得成功,倾听是基本要求。

有研究表明,在软件开发项目实施过程中,那些是很好的倾听者的员工,总是比那些不是好的倾听者的员工工作更出色,成绩更突出。在实际工作中,倾听已被看作员工获得初始职位、管理能力、工作成功、事业有成、工作出色的重要必备技能之一。

在倾听的过程中,如果人们不能集中自己的注意力,真实地接收信息,主动地进行理解,就会产生倾听障碍,在人际沟通中,造成信息失真。通常,影响倾听效率的因素有以下3点。

1) 环境干扰

环境对人的听觉与心理活动有重要影响,环境中的声音、气味、光线以及色彩、布局,都会影响人的注意力与感知。布局杂乱、声音嘈杂的环境将导致信息接收的缺损。

2) 信息质量低下

双方在试图说服、影响对方时,并不一定总能发出有效信息,有时会有一些过激的言辞、过度的抱怨,甚至出现对抗性的态度。现实中我们经常遇到满怀抱怨的顾客、心怀不满的员工、剑拔弩张的争论者。在这种场合,信息发出者受自身情绪的影响,很难发出有效的信息,从而影响了倾听的效率。除此以外,信息质量低下的另一个原因是信息发出者不善于表达或缺乏表达的愿望。

3) 倾听者主观问题

在沟通的过程中,造成沟通效率低下的最大原因就在于倾听者本身。研究表明,信息的失真主要是在理解和传播阶段,归根到底是倾听者的主观问题,主要如下。

(1) 个人偏见。有时,即使是思想最无偏见的人也难免心存偏见。在团队成员的背景多样化时,倾听者的最大障碍往往就在于自己对信息传播者存在偏见,造成无法获得准确的信息。

(2) 先入为主。在行为学中被称为"首因效应",它是指在进行社会知觉的过程中,对象最先给人留下的印象,对以后的社会知觉发生重大影响。也就是我们常说的,第一印象往往决定了未来。人们在倾听过程中,对对方最先提出的观点印象最深刻,如果对方最先提出的观点与倾听者的观点大相径庭,倾听者可能会产生抵触的情绪,而不愿意继续认真倾听下去。

(3) 自我中心。人习惯于关注自我,总认为自己才是对的。在倾听过程中,过于注意自己的观点,喜欢听与自己观点一致的意见,对不同的意见置若罔闻,这样往往错过了聆听他人观点的机会。

8.3.3 冲突管理

1. 冲突

冲突泛指各式各类的争议。一般所说的争议,指的是对抗、不搭调、不协调,甚至是抗争,这是冲突在形式上的意义。但在实质方面,冲突是指在既得利益或潜在利益方面的不平衡。既得利益是指目前所掌控的各种方便、好处、自由;而潜在利益则是指未来可以争取到的方便、好处、自由。

自古以来,人们的社会价值观不断强调"天时不如地利,地利不如人和"和"以和为贵",使得人们以为冲突是可以消除和避免的。然而,项目工作中的冲突是必然存在的,有不同的意见是正常的,应该接受。试图压制冲突是一个错误的做法,因为冲突也有其有利的一面,它让人们有机会获得新的信息,另辟蹊径,制订更好的问题解决方案,加强团队建设,同时也是学习的好机会。对冲突的理解在最近 20 年来发生了截然不同的转变。表 8-2 说明了传统冲突观与现代冲突观的区别。

表 8-2 关于冲突的两种观点

传 统 观 点	现 代 观 点
冲突是可以避免的	在任何组织形态下,冲突是无法避免的
冲突是导因于管理者的无能	尽管管理者无能显然不利于冲突的预防或化解,但它并非冲突的基本原因
冲突足以妨碍组织的正常运作,致使最佳绩效无从获得	冲突可能导致绩效降低,也可能导致绩效提高
最佳绩效的获得必须以消除冲突为前提	最佳绩效的获得有赖于适度冲突的存在
管理者的任务之一即是消除冲突	管理者的任务之一是将冲突维持在适当水准

2. 冲突来源

任何一种冲突都有来龙去脉,绝非突发事件,更非偶然事件,而是某一发展过程的结果。在项目过程中,冲突的来源主要包括以下几个方面。

1) 工作内容

关于如何完成工作、要做多少工作或工作以怎样的标准去完成会有不同意见,从而导致冲突。例如,在研制一个办公自动化系统时,对是否采用电子签名技术,还是采用其他安全认证技术可能有不同的意见,这就是一个关于工作技术方面的冲突。

2) 资源分配

冲突可能会由于分配某个成员从事某项具体工作任务,或因为某项具体任务分配的资源数量和优先使用权而产生。例如,在一个软件项目中,有些成员可能会想从事设计工作,因为这能带给他拓展知识和能力的机会,但项目经理分配他编写代码,因而产生冲突。又如,某公司有一台非常先进的计算机,能进行很复杂的数据分析,几个项目团队需要同时利用这台计算机,以保证各自的进度计划,那么,哪个项目团队有优先使用权呢?

3) 进度计划

冲突可能来源于对完成工作的次序及完成工作所需时间长短的不同意见。例如,在软件项目的需求分析阶段,一个团队成员预计他完成工作需要 5 周的时间,但项目经理可能回答说:"太长了,那样我们永远无法按时完成项目,你必须在 3 周内完成任务。"

4) 项目成本

项目实施时也经常会由于工作所需成本的多少产生冲突。例如,项目初期的成本估算,随着项目的推进和变化,可能需要客户追加投入成本,谁承担超支的费用将成为一个冲突。

5) 组织问题

有各种不同的组织问题会导致冲突,特别是在团队发展的振荡阶段。对项目经理建立关于文件记录工作及审批的某些规程有无必要,会有不同意见。

6) 个体差异

由于项目团队成员在个人价值及态度上存在差异而在团队成员之间产生冲突。在某个项目进度落后的情况下,如果某位项目成员晚上加班以使项目按计划进行,他就可能会反感另一个成员总是按时下班回家与家人一起吃晚饭。

3. 影响冲突解决的因素

项目经理解决冲突的能力,往往在很大程度上决定其管理项目团队的成败。不同的项目经理可能采用不同的解决冲突方法。影响冲突解决方法的因素包括:

(1) 冲突的相对重要性与激烈程度;

(2) 解决冲突的紧迫性;

(3) 冲突各方的立场;

(4) 永久或暂时解决冲突的动机。

4. 冲突解决方法

有 5 种常用的冲突解决方法。由于每种方法都有各自的地位和用途,以下所列没有特定顺序。

(1) 撤退/回避。从实际或潜在冲突中退出,将问题推迟到准备充分的时候,或者将问题推给其他人员解决。

(2) 缓和/包容。强调一致而非差异;为维持和谐关系而退让一步,考虑其他方的需要。

(3) 妥协/调解。为了暂时或部分解决冲突,寻找能让各方都在一定程度上满意的方案。

(4) 强迫/命令。以牺牲其他方为代价,推行某一方的观点;只提供赢-输方案。这通常是利用权力强行解决紧急问题。

(5) 合作/解决问题。综合考虑不同的观点和意见,采用合作的态度和开放式对话引导各方达成共识和承诺。

5. 解决冲突的艺术

沟通是一门学问,更是一门艺术,在软件项目管理中,我们讲究沟通艺术,减少沟通障碍和冲突,需要注意以下几点。

(1) 以诚相待。要有与人为善、与人为友的胸怀和心态。

(2) 民主作风。能虚心倾听干系人的意见,积极创造畅所欲言的气氛。

(3) 保持平等地位。避免居高临下,以教训人的口气,设身处地为对方着想。

(4) 学会聆听。要耐心地听对方讲话,不要随便插话和打断对方讲话。

(5) 以讨论和商量的方式进行双向沟通。这种方式可以增加沟通的亲和力,并提高沟通效率。

(6) 了解项目组成员,如性格、心理状态、态度、需要的价值取向等信息。

8.4　小　　结

沟通是人与人之间、人与群体之间思想与感情的传递和反馈的过程,以求思想达成一致和感情的通畅。人在这个世界上生存,具有独立性、群居性的特征。这使得我们与周围的人具有个性的地方,同时也具有共性的地方。因此,沟通的目的就是人与人之间能够相互了解,相互协作。

沟通是一个复杂、不易控的过程,同时,沟通又是一个使项目能够顺利进行的重要工具。因此,做好沟通管理是一个项目经理必须完成的功课,无论是否熟知沟通的技巧,都需要规划好项目组的沟通管理方案,这是一个项目成功的保障。

作为项目经理,我们容易遗忘的是对冲突的管理。在项目管理中,"冲突"一词应该被理解为中性词。一个项目没有冲突是不可能的,一段时间内这个项目没有冲突,只能说明现阶段压力还不大,很多问题还没有暴露出来。这也是项目经理最应该努力的时候,要尽量预见到有可能产生冲突的地方,尽早沟通,不要让冲突集中爆发而导致失控。同时,项目经理也没有必要去努力使项目中不存在冲突,有时候冲突的存在,是推动项目能够加速前进、解决问题、提高领导重视的手段,关键是这个冲突是可控的,或是在项目经理的掌握中的。

8.5　案 例 研 究

案例一：IBM 内部的沟通渠道[①]

IBM 内部的人事沟通渠道可分为 3 类:(1)员工-直属经理;(2)员工-越级管理阶层;(3)其他渠道。

"员工—直属经理"的沟通是很重要的一条沟通渠道,其主要形式是:每年由员工向直属经理提交工作目标,直属经理定期考核检查,并把考评结果作为员工的加薪依据。IBM的考评结果标准有 5 级:未能执行的是第五级;达到既定目标的是第四级;执行过程中能通权达变、完成任务的是第三级;在未执行前能预知事件变化并能做好事前准备的是第二级;第一级的考绩,不但要达到第二级的工作要求,其处理过程还要能成为其他员工的表率。

"员工—越级管理阶层"的沟通有 4 种形态:一是"越级谈话",这是员工与越级管理者一对一的个别谈话;二是人事部安排,每次由 10 名左右的员工与总经理面谈;三是高层主管的座谈;四是 IBM 最重视的"员工意见调查",即每年由人事部要求员工填写不署名的意见调查表,管理幅度在 7 人以上的主管都会收到最终的调查结果,公司要求这些主管必须每3 个月向总经理汇报调查结果的改进情况。

其他沟通渠道包括"公告栏""有话直说""内部刊物"和"申诉制度"等。IBM 的"有话直说"是鼓励员工对公司制度、措施多提意见的一种沟通形式(一般通过书面的形式进行),员工的建议书会专门有人搜集、整理,并要求当事部门在 10 天内给予回复。IBM 的"内部刊

---

① 引自《科学大观园》,作者:龚文。

物"的主要功能是把公司年度目标清楚地告诉员工。IBM的"申诉制度"是指在工作中,员工如果觉得委屈,他可以写信给任何主管(包括总经理),在完成调查前,公司注意不让被调查者的名誉受损,不大张旗鼓地调查,以免当事人难堪。

为了确保沟通目标得以实现,IBM制定了一个"沟通十诫":一是沟通前先澄清概念;二是探讨沟通的真正目的;三是检讨沟通环境;四是尽量虚心听取别人的意见;五是语调和内容一样重要;六是传递资料尽可能有用;七是应有追踪、检讨;八是兼顾现在和未来;九是言行一致;十是做好听众。

【案例问题】

(1) 简述IBM沟通渠道的特点,有什么可取之处?

(2) 你从IBM的"沟通十诫"中得到什么启发?

案例二:关于沟通的几个小故事

(1) 有一个秀才去买柴,他对卖柴的人说:"荷薪者过来!"卖柴的人听不懂"荷薪者"(担柴的人)3个字,但是听得懂"过来"两个字,于是把柴担到秀才前面。秀才问他:"其价如何?"卖柴的人听不太懂这句话,但是听得懂"价"这个字,于是就告诉秀才价钱。秀才接着说:"外实而内虚,烟多而焰少,请损之。"意思是你的木材外表是干的,里头却是湿的,燃烧起来,会浓烟多而火焰小,请减些价钱吧。卖柴的人因为听不懂秀才的话,于是担着柴就走了。

(2) 美国知名主持人林克莱特一天访问一名小朋友,问他说:"你长大后想要当什么呀?"小朋友天真地回答:"嗯……我要当飞机的驾驶员!"林克莱特接着问:"如果有一天,你的飞机飞到太平洋上空,所有引擎都熄火了,你会怎么办?"小朋友想了想:"我会先告诉坐在飞机上的人绑好安全带,然后我挂上我的降落伞跳出去。"当在现场的观众笑得东倒西歪时,林克莱特继续注视着孩子,想看他是不是自作聪明的家伙。没想到,孩子的两行热泪夺眶而出,这才使得林克莱特发觉这孩子的悲悯之情远非笔墨所能形容。于是林克莱特问他说:"为什么要这么做?"小孩的答案透露出一个孩子真挚的想法:"我要去拿燃料,我还要回来!"

(3) 有一位表演大师上场前,他的弟子告诉他鞋带松了。大师点头致谢,蹲下来仔细系好。等到弟子转身后,又蹲下来将鞋带解松。有个旁观者看到了这一切,不解地问:"大师,您为什么又要将鞋带解松呢?"大师回答道:"因为我饰演的是一位劳累的旅者,长途跋涉让他的鞋带松开,可以通过这个细节表现他的劳累憔悴。""那你为什么不直接告诉你的弟子呢?"旁观者继续问道。大师说:"他能细心地发现我的鞋带松了,并且热心地告诉我,我一定要保护他这种热情的积极性,及时地给他鼓励,至于为什么要将鞋带解开,将来会有更多的机会教他表演,可以下一次再说啊。"

(4) 有一个人因为生意失败,逼不得已变卖了新购的住宅,而且连他心爱的小跑车也卖了,改以电单车代步。有一日,他和太太一起,约了几对私交甚笃的夫妻外出游玩,其中一位朋友的新婚妻子因为不知详情,见到他们夫妇共乘一辆电单车来到约定地点,便脱口而出:"为什么你们骑电单车来?"众人一时错愕,场面变得很尴尬,但这位妻子不急不缓地回答:"我们骑电单车,因为我想抱着他。"

(5) 有两位武士不约而同地走进森林,第一位武士在树下看见的是金色的盾牌,第二位武士在同一棵树下看见的是银色的盾牌,两人对同一盾牌是什么颜色争吵不休,气得两人拔出剑来决一胜负,整整厮杀了几天都分不出胜负。当两人累得坐在地上喘息时,才发现盾牌的正面是金色,而反面是银色,原来这是一个双面盾牌。

(6) 有一只乌鸦打算飞往东方,途中遇到一只鸽子,双方停在一棵树上休息,鸽子看见乌鸦飞得很辛苦,关心地问:"你要飞到哪里去?"乌鸦愤愤不平地说:"其实我不想离开,可是这个地方的居民全嫌我的叫声不好听,所以我想飞到别的地方去。"鸽子好心地告诉它:"别白费力气了,如果你不改变你的声音,飞到哪儿都不会受到欢迎的。"

【案例问题】

(1) 这些小故事中存在的沟通问题分别有哪些?

(2) 这几个关于沟通的小故事,分别给你什么样的启发?

8.6　习题与实践

1. 习题

(1) 简述软件项目中沟通的作用。

(2) 常见的沟通障碍有哪些?

(3) 建立完善的汇报制度,明确需要汇报的信息内容和汇报周期等工作对于软件项目沟通管理有什么作用?

(4) 项目经理应具备哪些沟通技巧?

(5) 现代通信技术和信息网络技术对于项目沟通管理有哪些方面的作用?

(6) 传统冲突观与现代冲突观对"冲突"的认识有哪些不同之处?

(7) 解决冲突有哪几种方式和作用?

2. 实践

(1) 了解国内外 IT 企业,如微软、IBM、阿里巴巴、华为、腾讯等公司是如何运用激励理论激励其员工的,分析其成功经验。

(2) 了解国内外 IT 企业是如何看待冲突的,对于项目中的冲突有哪些处理方法和成功经验。

第9章 项目风险管理

视频讲解

项目的独特性导致项目充满风险,项目风险是一种不确定的事件或条件,可能发生,也可能不发生。已发生的消极风险可视为问题,问题又会引发风险。项目风险管理包括 7 个过程。

(1)风险管理规划:制订风险管理计划,指导如何实施、开展项目的风险管理活动。

(2)风险识别:识别项目中的风险事件。

(3)定性风险分析:为全部已识别的风险排列优先顺序。

(4)定量风险分析:针对高风险,量化概率和影响。

(5)风险应对规划:制订可选方案或行动,提高对项目目标产生的机会,降低威胁。

(6)风险应对实施:执行商定的风险应对计划的过程。

(7)风险监督:跟踪已识别风险,监视残余风险,识别新风险,以及评估风险过程有效性。

项目风险管理的目标在于提高项目中积极事件的概率和影响,降低项目中消极事件的概率和影响。风险管理是降低软件项目失败概率的一种重要手段。

9.1 风险管理规划

风险管理规划是定义如何实施项目风险管理活动的过程。本过程的主要作用是确保风险管理的程度、类型和可见度与风险及项目对组织的重要性相匹配。

风险管理规划的主要任务就是得到风险管理计划。可以根据项目管理计划、项目章程、干系人登记册、约束条件和历史经验等信息,制订风险管理计划。风险管理计划是项目管理计划的组成部分,描述将如何安排与实施风险管理活动。风险管理计划对促进与所有干系人的沟通,获得他们的同意与支持,从而确保风险管理过程在整个项目生命周期中有效实施至关重要。

风险管理计划通常包含以下内容。

(1)风险管理战略。描述用于管理本项目的风险的一般方法。

(2)角色与职责。确定风险管理计划中每个活动的领导者和支持者,以及风险管理团队的成员,并明确其职责。

(3)预算。根据分配的资源估算所需资金,并将其纳入成本基准,制订应急储备和管理储备的使用方案。

（4）时间安排。确定在项目生命周期中实施风险管理过程的时间和频率，制订进度应急储备的使用方案，确定风险管理活动并纳入项目进度计划。

（5）风险类别。确定对单个项目风险进行分类的方式。通常借助风险分解结构（Risk Breakdown Structure，RBS）构建风险类别。如图 9-1 所示，风险分解结构是潜在风险来源的层级展现。风险分解结构有助于项目团队考虑单个项目风险的全部可能来源，对识别风险或归类已识别风险特别有用。组织可能有适用于所有项目的通用风险分解结构，也可能针对不同类型项目使用几种不同的风险分解结构框架，或者允许项目量身定制专用的风险分解结构。如果未使用风险分解结构，组织则可能采用某种常见的风险分类框架，既可以是简单的类别清单，也可以是基于项目目标的某种类别结构。

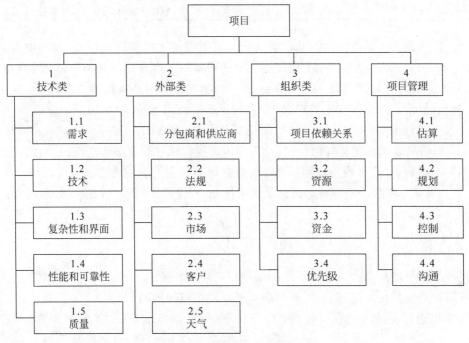

图 9-1　风险分解结构（RBS）示例

（6）干系人风险偏好。应在风险管理计划中记录项目关键干系人的风险偏好。他们的风险偏好会影响规划风险管理过程的细节。特别是，应该针对每个项目目标，把干系人的风险偏好表述成可测量的风险临界值。这些临界值不仅将联合决定可接受的整体项目风险敞口（Risk Exposure，又称为风险暴露）水平，而且也用于制定概率和影响定义。以后将根据概率和影响定义，对单个项目风险进行评估和排序。

（7）风险概率和影响定义。为了确保风险分析的质量和可信度，需要对项目环境中特定的风险概率和影响的不同层次进行定义。在规划风险管理过程中，应根据具体项目的需要，裁剪通用的风险概率和影响定义，供后续过程使用。表 9-1 是关于消极影响的例子，可用于评估风险对成本、进度、范围和质量 4 个项目目标的影响（可对积极影响编制类似的表格）。

表 9-1　风险对 4 个项目目标的影响量表

项目目标	相对量表				
	很低	低	中等	高	很高
成本	成本增加不显著	成本增加小于10%	成本增加10%～20%	成本增加20%～40%	成本增加大于40%
进度	进度拖延不显著	进度拖延小于5%	进度拖延5%～10%	进度拖延10%～20%	进度拖延大于20%
范围	范围变化微不足道	范围的次要方面受到影响	范围的主要方面受到影响	范围缩小到发起人不能接受	项目最终结果没有实际用途
质量	质量下降微不足道	仅对要求极高的部分有影响	质量下降需发起人审批	质量降低到发起人、审批人不能接受	项目最终结果没有实际用途

(8) 概率和影响矩阵。组织可在项目开始前确定优先级排序规则,并将其纳入组织过程资产,或者也可为具体项目量身定制优先级排序规则。在常见的概率和影响矩阵中,会同时列出机会和威胁,以正面影响定义机会,以负面影响定义威胁。概率和影响可以用描述性术语(如很高、高、中、低和很低)或数值来表达。如果使用数值,就可以把两个数值相乘,得出每个风险的概率—影响分值,以便据此在每个优先级组别之内排列单个风险相对优先级。

(9) 报告格式。确定将如何记录、分析和沟通项目风险管理过程的结果。在这一部分,描述风险登记册、风险报告以及项目风险管理过程的其他输出的内容和格式。

(10) 跟踪。跟踪是确定将如何记录风险活动,以及将如何审计风险的管理过程。

9.2　风险识别

风险识别是判断哪些风险可能影响项目并记录其特征的过程。本过程的主要作用是对已有风险进行文档化,并为项目团队预测未来事件积累知识和技能。

风险识别活动的参与者可包括:项目经理、项目团队成员、风险管理团队(如有)、客户、项目团队之外的主题专家、最终用户、其他项目经理、干系人和风险管理专家。虽然上述人员往往是风险识别过程的关键参与者,但还应鼓励全体项目人员参与潜在风险的识别工作。

风险识别是一个反复进行的过程,因为在项目生命周期中,随着项目的进展,新的风险可能产生或为人所知。反复的频率及每轮的参与者因具体情况而异,应该采用统一的格式对风险进行描述,确保对每个风险都有明确和清晰的理解,以便有效支持风险分析和应对。

9.2.1　风险识别的方法

质量管理规划应该基于项目管理计划(其中的需求管理计划、进度管理计划、成本管理计划、质量管理计划、资源管理计划、风险管理计划、范围基准等)、项目文件(其中的假设日志、成本估算、历时估算、问题日志、经验教训登记册、需求文件、资源需求、干系人登记册等)、协议、采购文档、事业环境因素和组织过程资产等已有相关文档和知识,常用的风险识别方法如下。

1. 核对单

核对单是包括需要考虑的项目、行动或要点的清单,它常被用作提醒。基于从类似项目和其他信息来源积累的历史信息和知识编制核对单。编制核对单,列出过去曾出现且可能与当前项目相关的具体单个项目风险,这是吸取已完成的类似项目的经验教训的有效方式。组织可能基于自己已完成的项目编制核对单,或者可能采用特定行业的通用风险核对单。虽然核对单简单易用,但它不可能穷尽所有风险。所以,必须确保不要用核对单取代所需的风险识别工作;同时,项目团队也应该注意考查未在核对单中列出的事项。此外,还应该不时地审查核对单,增加新信息,删除或存档过时信息。

2. 文件审查

对项目文档(包括各种计划、假设条件、以往的项目文档、协议和其他信息)进行结构化审查。项目计划的质量,以及这些计划与项目需求和假设之间的匹配程度,都可能是项目的风险指示器。

3. 头脑风暴

头脑风暴的目的是获得一份综合的项目风险清单。通常由项目团队开展头脑风暴,团队以外的多学科专家也经常参与其中。在主持人的引导下,参加者提出各种关于项目风险的意见。头脑风暴可采用畅所欲言的传统自由模式,也可采用结构化的集体访谈方式。可用风险类别作为基础框架,然后依风险类别进行识别和分类,并进一步阐明风险的定义。

4. SWOT 分析

这种技术从项目的每个优势(Strength)、劣势(Weakness)、机会(Opportunity)和威胁(Threat)出发,对项目进行考查,把产生于内部的风险都包括在内,从而更全面地考虑风险。首先,从项目、组织或一般业务范围的角度识别组织的优势和劣势。然后,通过 SWOT 分析再识别出由组织优势带来的各种项目机会,以及由组织劣势引发的各种威胁。这一分析也可用于考查组织优势能够抵消威胁的程度,以及机会可以克服劣势的程度。

5. 根本原因分析

根本原因分析常用于发现导致问题的深层原因并制定预防措施。可以用问题陈述(如项目可能延误或超支)作为出发点,来探讨哪些威胁可能导致该问题,从而识别出相应的威胁;也可以用收益陈述(如提前交付或低于预算)作为出发点,来探讨哪些机会可能有利于实现该效益,从而识别出相应的机会。

6. 假设条件和制约因素分析

每个项目及其项目管理计划的构思和开发都基于一系列的假设条件,并受一系列制约因素的限制。这些假设条件和制约因素往往都已纳入范围基准和项目估算。开展假设条件和制约因素分析,来探索假设条件和制约因素的有效性,确定其中哪些会引发项目风险。从假设条件的不准确、不稳定、不一致或不完整,可以识别出威胁,通过清除或放松会影响项目或过程执行的制约因素,可以创造出机会。

9.2.2 软件项目风险

一个项目究竟存在什么样的风险,一方面取决于项目本身的特性(即项目的内因),另一方面取决于项目所处的外部环境与条件(即项目的外因)。软件项目的风险主要表现在以下几个方面。

1. 需求风险

软件项目最大的风险是所完成的产品不能让用户满意。因为软件开发的显著特点就是信息具有不对称性,掌握技术的开发人员对用户的业务缺乏理解,而熟悉业务的用户对技术一窍不通,这样使得软件项目的需求分析难度很大,项目目标和范围难以界定。此外,用户需求经常变化也给软件项目带来很大风险。

识别需求方面的风险时,重点分析以下因素。

(1) 用户是否充分参与需求分析。

(2) 优先需求是否得到满足。

(3) 需求变化的程度。

(4) 有无有效的需求变化管理过程。

2. 技术风险

技术风险是指由于与项目研制相关的技术因素的变化而给项目建设带来的风险。通常定义为研制项目在规定时间内、在一定的经费保障条件下达不到技术指标要求的可能性,或者说研制计划的某个部分出现意想不到的结果从而对整个系统效能产生有害影响的可能性及后果。

信息技术的发展和更新速度极快,技术和产品的生存期越来越短,因此软件项目的技术选择风险性较高,采用较成熟的技术既可能无法达到项目的需求,也可能意味着项目发展的潜力较小;而采用新技术开发的风险较高,往往会带来更多的风险。

识别技术风险时,可以分析以下几点。

(1) 对方法、工具和新技术的理解程度。

(2) 应用领域经验。

(3) 产品需求是否要求采用特殊的功能和接口。

(4) 需求中是否有过分的产品性能要求和约束。

(5) 客户所要求的功能是否技术可行。

(6) 是否有恰当的技术培训。

3. 商业风险

与商业风险有关的因素如下。

(1) 本产品是否得到高管层应有的重视与支持。

(2) 交付期限的合理性。

(3) 本产品是否满足了用户的需求。

(4) 最终用户的水平。

(5) 延迟交付所造成的成本消耗。

(6) 产品缺陷所造成的成本消耗。

4. 进度风险

进度风险是指由于种种不确定性因素的存在而导致项目完工期拖延的风险。该风险主要取决于技术因素、计划合理性、资源充分性、项目人员经验等几个因素。

5. 数据迁移风险

项目涉及的系统多达上百个,系统集成环境复杂,需要迁移的数据量庞大,而且数据迁移对数据的准确性和完整性有着很高的要求。项目制定了分阶段集成和多次迁移演练的策略：将迁移工作进行提前预演，模拟真实上线迁移场景。经过多次演练以后，问题大大减少，减轻了系统上线的数据迁移风险。

6. 流程重组风险

在采用新的技术或新的管理理念建设软件系统时，往往在方便工作的同时需要对原有流程加以增删、整合等重组活动，这种活动可能会受到操作人员的抵触，在组织管理水平较低或存在组织政治斗争时，这种抵触会加剧，甚至非常激烈。

7. 组织与人力资源风险

软件行业的人员流动性大、沟通难度大，因此，一旦软件项目组织发生变动，往往会关系到整个项目的成败，如何维持软件项目组织的完整是软件项目管理的一个重要挑战。

9.2.3 风险识别的结果

1. 风险登记册

风险登记册记录已识别单个项目风险的详细信息。随着实施定性风险分析、规划风险应对、实施风险应对和监督风险等过程的开展，这些过程的结果也要记入风险登记册。取决于具体的项目变量（如规模和复杂性），风险登记册可能包含有限或广泛的风险信息。风险登记册的编制始于风险过程识别，然后供其他风险管理过程和项目管理过程使用并完善。

当完成风险识别时，风险登记册包括以下内容。

（1）已识别风险清单。对已识别风险进行尽可能详细的描述。可采用结构化的风险描述语句对风险进行描述。例如，某事件可能发生，从而造成什么影响；或者，如果存在某个原因，某事件就可能发生，从而导致什么影响。在罗列出已识别风险之后，这些风险的根本原因可能更加明显。风险的根本原因就是造成一个或多个已识别风险的基本条件或事件，应记录在案，用于支持本项目和其他项目以后的风险识别工作。

（2）潜在应对措施清单。在识别风险过程中，有时可以识别出风险的潜在应对措施。这些应对措施（如果已经识别出）是风险应对过程的依据。

（3）潜在风险责任人。如果已在识别风险过程中识别出潜在的风险责任人，就要把该责任人记录到风险登记册中。随后将由实施定性风险分析过程进行确认。

根据风险管理计划规定的风险登记册格式，可能还要记录关于每项已识别风险的其他数据，包括：简短的风险名称、风险类别、当前风险状态、一项或多项原因、一项或多项对目标的影响、风险触发条件（显示风险即将发生的事件或条件）、受影响的 WBS 组件，以及时间信息（风险何时识别、可能何时发生、何时可能不再相关，以及采取行动的最后期限）。

2. 风险报告

风险报告提供关于整体项目风险的信息，以及关于已识别的单个项目风险的概述信息。在项目风险管理过程中，风险报告的编制是一项渐进式的工作。随着实施定性风险分析、实施定量风险分析、规划风险应对、实施风险应对和监督风险过程的完成，这些过程的结果也需要记录在风险登记册中。在完成风险识别过程时，风险报告可能包括以下内容。

（1）整体项目风险的来源。说明哪些是整体项目风险敞口的最重要驱动因素。

（2）关于已识别单个项目风险的概述信息。例如，已识别的威胁与机会的数量、风险在风险类别中的分布情况、测量指标和发展趋势。

根据风险管理计划中规定的报告要求，风险报告中可能还包含其他信息。

3. 项目文件更新

可在本过程更新的项目文件如下。

（1）假设日志。在风险识别过程中，可能做出新的假设，识别出新的制约因素，或者现有的假设条件或制约因素可能被重新审查和修改。应该更新假设日志，记录这些新信息。

（2）问题日志。应该更新问题日志，记录发现的新问题或当前问题的变化。

（3）经验教训登记册。为了改善后期阶段或其他项目的绩效，更新经验教训登记册，记录关于行之有效的风险识别技术的信息。

9.3 定性风险分析

定性风险分析是评估并综合分析风险的概率和影响，对风险进行优先排序，从而为后续分析或行动提供基础的过程。定性风险分析的主要作用是使项目经理能够降低项目的不确定性级别，并重点关注高优先级的风险。

定性风险分析一般是一种风险应对计划建立优先级的快捷、有效的方法，它也为定量风险分析（如需要该过程）奠定了基础。通常大项目中排序排在后面的风险，就是比较小的风险，由此可以直接导出风险应对计划。但是排在前面的重大风险，或者是重大机遇，就需要进一步进行定量分析。

9.3.1 定性风险分析的方法

定性风险分析应该基于项目管理计划、项目文件（其中的假设日志、风险登记册、干系人登记册等）、事业环境因素和组织过程资产等已有相关文档和知识，常用的定性风险分析方法有如下几种。

1. 风险数据质量评估

风险数据是开展定性风险分析的基础。风险数据质量评估旨在评价关于单个项目风险的数据的准确性和可靠性。使用低质量的风险数据，可能导致定性风险分析对项目来说基本没用。如果数据质量不可接受，就可能需要收集更好的数据。可以开展问卷调查，了解项目干系人对数据质量各方面的评价，包括数据的完整性、客观性、相关性和及时性，进而对风险数据的质量进行综合评估。可以计算这些方面的加权平均数，将其作为数据质量的总体分数。

2. 风险概率和影响评估

由于在进行定性风险分析时，没有量化的标准，因此不可能分析风险发生的概率，但可以对风险发生的可能性进行大致的评估。

风险概率和影响评估旨在调查每个具体风险发生的可能性，以及调查风险对项目目标（如进度、成本、质量或性能）的潜在影响，既包括威胁所造成的消极影响，也包括机会所产生的积极影响。

对已识别的每个风险都要进行概率和影响评估。可以选择熟悉相应风险类别的人员，以访谈或会议的形式进行风险评估，包括项目团队成员和项目外部的经验丰富人员。

通过访谈或会议，评估每个风险的概率级别及其对每个目标的影响。还应记录相应的说明性细节，如确定风险级别所依据的假设条件。具有低级别概率和影响的风险，将列入风险登记册中的观察清单,供将来监测。

基于风险评级结果,对风险进行优先级排序,以便进一步开展定量分析和风险应对规划。通常用概率和影响矩阵评估每个风险的重要性和所需的关注优先级。根据概率和影响的各种组合,该矩阵把风险划分为低、中、高风险。描述风险级别的具体术语和数值取决于组织的偏好。如表 9-2 所示,深灰色(数值最大)区域代表高风险,浅灰色(数值最小)区域代表低风险,而白色(数值介于最大和最小之间)区域代表中等风险。通常在规划风险管理过程中,就要制定项目风险评级规则。

表 9-2　概率和影响矩阵

概率	威　　胁					机　　会				
0.90	0.05	0.09	0.18	0.36	0.72	0.72	0.36	0.18	0.09	0.05
0.70	0.04	0.07	0.14	0.28	0.56	0.56	0.28	0.14	0.07	0.04
0.50	0.03	0.05	0.10	0.20	0.40	0.40	0.20	0.10	0.05	0.03
0.30	0.02	0.03	0.06	0.12	0.24	0.24	0.12	0.06	0.03	0.02
0.10	0.01	0.01	0.02	0.04	0.08	0.08	0.04	0.02	0.01	0.01
	0.05 /非常低	0.10 /低	0.20 /中等	0.40 /高	0.80 /非常高	0.80 /非常高	0.40 /高	0.20 /中等	0.10/ 低	0.05 /非常低
	对目标(如成本、时间、范围或质量)的影响(数字量表)									

3. 概率和影响矩阵

在确定了风险可能性和影响后需要进一步确定风险优先级。风险优先级的概念与风险可能性和影响既有联系又有区别。例如,发生地震、火山爆发等可能会造成项目终止。这个风险非常严重,直接造成项目失败,但是发生的可能性非常小,因此优先级并不高。又如,坏天气可能造成项目组成员工作效率下降,虽然发生的可能性很大,每周都可能出现,但造成的影响非常小,因此优先级也很低。风险优先级是一个综合指标,优先级的高低反映了风险对项目的综合影响,也就是说,高优先级的风险最可能对项目造成严重的影响。那么我们应该如何评定风险优先级呢?

一个常见的方法就是概率和影响矩阵,如表 9-3 所示。

表 9-3　概率和影响矩阵示例

可能性 ＼ 影响	很大	较大	中	较低	很低
很高					
较高					
中					
较低					
很低					

当分析出特定风险的可能性和影响后,根据其发生的概率和影响在矩阵中的位置,可以得到风险的优先级。

4. 风险紧迫性评估

可以把近期就需要应对的风险确定为更紧迫的风险。风险的可监测性、风险应对的时

项目风险管理

间要求、风险征兆和预警信号,以及风险等级等,都是确定风险优先级应考虑的指标。在某些定性分析中,可以综合考虑风险的紧迫性及从概率和影响矩阵中得到的风险等级,从而得到最终的风险严重性级别。

5. 风险分类

可以按照风险来源(如使用风险分解结构)、受影响的项目工作(如使用工作分解结构)或其他有效分类标准(如项目阶段)对项目风险进行分类,以确定受不确定性影响最大的项目区域。也可以根据共同的根本原因对风险进行分类。本技术有助于为制定有效的风险应对措施而确定工作包、活动、项目阶段,甚至项目中的角色。

按风险内容进行的风险分类如下。

(1) 范围风险。与范围变更有关的风险,如用户的需求变化等。

(2) 进度风险。导致项目工期拖延的风险,该风险主要取决于技术因素、计划合理性、资源充分性、项目人员经验等几个方面。

(3) 成本风险。导致项目费用(包括人工成本)超支的风险。

(4) 质量风险。影响质量达到技术性能和质量水平要求的风险。

(5) 技术风险。由于与项目研制相关的技术因素的变化而给项目建设带来的风险,包括潜在的设计、实现、接口、验证和维护、技术的不确定性、"老"技术与"新"技术等方面的问题。

(6) 管理风险。由于项目建设的管理职能与管理对象(如管理组织、领导素质、管理计划)等因素的状况及其可能的变化给项目建设带来的风险。

(7) 商业风险。开发了一个没有人真正需要的产品或系统(市场风险);或开发的产品不符合公司的整体商业策略(策略风险);或构成了一个销售部不知道如何去出售的产品(销售风险)等。

(8) 法律风险。如许可权、专利、合同失效、诉讼、不可抗力等。

(9) 社会环境风险。由于国际、国内的政治、经济技术的波动(如政策变化等),或者由于自然界产生的灾害(如地震、洪水等)而可能给项目带来的风险。

从预测的角度划分风险类型如下。

(1) 已知风险(Knowns)。通过仔细评估项目计划、开发项目的经济和技术环境以及其他可靠的信息来源之后可以发现的那些风险。例如,不现实的交付时间;没有需求或软件范围文档;恶劣的开发环境等。

(2) 可预测的风险(Known-Unknowns)。又称为已知-未知风险,是指能够从过去项目的经验中推测出来的风险。该类风险可预见,可计划,可管理。例如,人员变动、与客户之间无法沟通等;以及市场风险(原材料可利用性、需求)、日常运作(维修需求)、环境影响、社会影响、货币变动、通货膨胀、税收等。

(3) 不可预测的风险(Unknown-Unknowns)。又称为未知-未知风险,是指可能但很难事先识别出来的风险。该类风险不可预见,不可计划,不可管理,需要应急措施,如规章(不可预测的政府干预)、自然灾害等。

9.3.2 定性风险分析的结果

定性风险分析结束后,需要更新的项目文件如下。

(1) 假设日志。在实施定性风险分析过程中,可能做出新的假设、识别出新的制约因素,或者现有的假设条件或制约因素可能被重新审查和修改。应该更新假设日志,记录这些新信息。

（2）问题日志。应该更新问题日志,记录发现的新问题或当前问题的变化。

（3）风险登记册。用实施定性风险分析过程生成的新信息去更新风险登记册。风险登记册的更新内容可能包括：每项单个项目风险的概率和影响评估、优先级别或风险分值、指定风险责任人、风险紧迫性信息或风险类别,以及低优先级风险的观察清单或需要进一步分析的风险。

（4）风险报告。更新风险报告,记录最重要的单个项目风险(通常为概率和影响最高的风险)、所有已识别风险的优先级列表以及简要的结论。

9.4 定量风险分析

定量风险分析的对象是在定性风险分析过程中被确定为潜在重大影响的风险,其过程就是分析这些风险对项目目标的影响,主要用来产生量化风险信息,支持决策制定,降低项目的不确定性。

并非所有项目都需要实施定量风险分析。能否开展稳健的分析取决于是否有关于单个项目风险和其他不确定性来源的高质量数据,以及与范围、进度和成本相关的扎实项目基准。定量风险分析通常需要运用专门的风险分析软件,以及编制和解释风险模式的专业知识,还需要额外的时间和成本投入。

9.4.1 定量风险分析的方法

定量风险分析应该基于项目管理计划(其中的风险管理计划、范围基准、进度基准、成本基准等)、项目文件(其中的假设日志、估算依据、成本估算、成本预测历时估算、里程碑清单、资源需求、风险登记册、风险报告、进度预测等)、事业环境因素和组织过程资产等已有相关文档和知识,常用的定量风险分析方法有如下几种。

1. 敏感性分析

敏感性分析把所有其他不确定因素固定在基准值,考查每个因素的变化会对目标产生多大程度的影响,有助于确定哪些风险对项目具有最大的潜在影响。敏感性分析的典型表现形式是龙卷风图,龙卷风图是在敏感性分析中用来比较不同变量的相对重要性的一种特殊形式的条形图。在龙卷风图中,纵轴代表处于基准值的各种不确定因素,横轴代表不确定因素与所研究的输出之间的相关性。如图 9-2 所示,每种不确定因素各有一根水平条形,从基准值开始向两边延伸。这些条形按延伸长度递减垂直排列。

2. 概率分析

要开展定量风险分析,就需要建立能反映单个项目风险和其他不确定性来源的定量风险分析模型,并为之提供输入。如果活动的持续时间、成本或资源需求是不确定的,就可以在模型中用概率分布表示其数值的可能区间。概率分布可能有多种形式,最常用的有三角分布、正态分布、对数正态分布、贝塔分布、均匀分布和离散分布。应该谨慎选择用于表示活动数值的可能区间的概率分布形式。图 9-3 显示了应用广泛的两种连续概率分布。这些分布的形状与定量风险分析中得出的典型数值相符。如果在具体的最高值和最低值之间,没

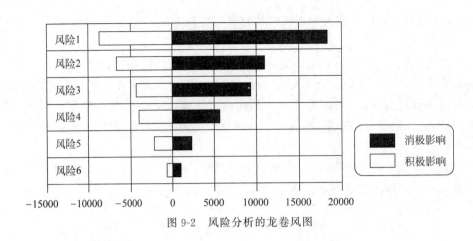

图 9-2 风险分析的龙卷风图

有哪个数值的可能性比其他数值更高,就可以使用均匀分布,如在早期的概念设计阶段。

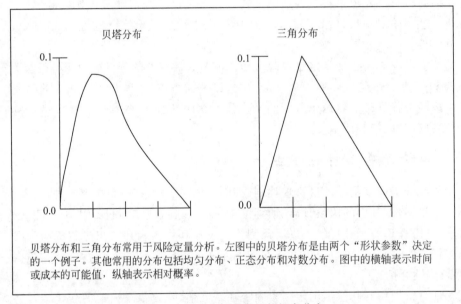

贝塔分布和三角分布常用于风险定量分析。左图中的贝塔分布是由两个"形状参数"决定的一个例子。其他常用的分布包括均匀分布、正态分布和对数分布。图中的横轴表示时间或成本的可能值,纵轴表示相对概率。

图 9-3 风险分析中常用的概率分布

单个项目风险可以用概率分布图表示,或者也可以作为概率分支包括在定量分析模型中。在后一种情况下,应在概率分支上添加风险发生的时间和(或)成本影响,以及在特定模拟中风险发生的概率情况。如果风险的发生与任何计划活动都没有关系,就最适合将其作为概率分支。如果风险之间存在相关性,如有某个共同原因或逻辑依赖关系,那么应该在模型中考虑这种相关性。

3. 决策树分析

决策树分析是一种形象化的图表分析方法,它提供项目所有可供选择的行动方案及行动方案之间的关系、行动方案的后果及发生的概率,为项目管理者提供选择最佳方案的依据,降低项目风险。

例如,需要就投资 1.2 亿美元建设新厂或投资 5000 万美元扩建旧厂进行决策(见图 9-4)。进行决策时,必须考虑需求(因具有不确定性,所以是"机会节点")。在强需求情况下,建设新厂可得到 2 亿美元收入,而扩建旧厂只能得到 1.2 亿美元收入(可能因为生产能力有限)。每个分支的末端列出了收益减去成本后的净值。对于每条决策分支,把每种情况的净值与其概率相乘,就得到该方案的预期价值(见阴影区域)。计算时要记得考虑投资成本。从阴影区域的计算结果来看,扩建旧厂方案更好,即 4600 万美元为整个决策的预期价值。选择扩建旧厂,也代表选择了风险最低的方案,避免了可能损失 3000 万美元的最坏结果。

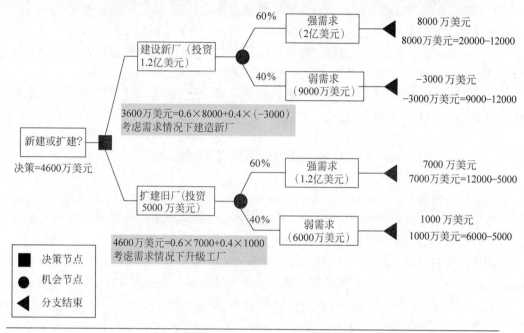

注:此决策树反映了在环境中存在不确定性因素(机会节点)时,如何在各种可选投资方案中进行选择(决策节点)。

图 9-4　决策树分析示例

4. 影响图

影响图是不确定条件下决策制定的图形辅助工具。它将一个项目或项目中的一种情境表现为一系列实体、结果和影响,以及它们之间的关系和相互影响。如果因为存在单个项目风险或其他不确定性来源而使影响图中的某些要素不确定,就在影响图中以区间或概率分布的形式表示这些要素;然后,借助模拟技术(如蒙特卡洛分析)分析哪些要素对重要结果具有最大的影响。影响图分析可以得出类似于其他定量风险分析的结果,如 S 曲线图和龙卷风图。

9.4.2　定量风险分析的结果

定量风险分析之后需要更新项目文件,主要是更新其中的风险报告。更新风险报告,反映定量风险分析的结果,通常包括以下内容。

(1) 对整体项目风险敞口的评估结果。整体项目风险有以下两种主要的测量方式。

- 项目成功的可能性。基于已识别的单个项目风险和其他不确定性来源,项目实现其主要目标(如既定的结束日期或中间里程碑、既定的成本目标)的概率。
- 项目固有的变异性。在开展定量分析之时,可能的项目结果的分布区间。

（2）项目详细概率分析的结果。列出定量风险分析的重要输出，如S曲线、龙卷风图和关键性指标，以及对它们的叙述性解释。定量风险分析的详细结果可能包括：所需的应急储备，以达到实现目标的特定置信水平；对项目关键路径有最大影响的单个项目风险或其他不确定性来源的清单；整体项目风险的主要驱动因素，即对项目结果的不确定性有最大影响的因素。

（3）单个项目风险优先级清单。根据敏感性分析的结果，列出对项目造成最大威胁或产生最大机会的单个项目风险。

（4）定量风险分析结果的趋势。随着在项目生命周期的不同时间重复开展定量风险分析，风险的发展趋势可能逐渐清晰。发展趋势会影响对风险应对措施的规划。

（5）风险应对建议。风险报告可能根据定量风险分析的结果，针对整体项目风险敞口或关键单个项目风险提出应对建议。这些建议将成为风险应对规划过程的输入。

9.5　风险应对规划

风险应对规划是针对项目目标，制定提高机会、降低威胁的方案和措施的过程。本过程的主要作用是根据风险的优先级制定应对措施，并把风险应对所需的资源和活动加进项目的预算、进度计划和项目管理计划中。

在风险应对规划过程中，应该根据需要更新若干项目文件。例如，选择和商定的风险应对措施应该列入风险登记册。风险登记册的详细程度应与风险的优先级和拟采取的应对措施相适应。通常，应该详细说明高风险和中风险，而把低优先级的风险列入观察清单，以便定期监测。

9.5.1　消极风险应对策略

通常用规避、转移、减轻这3种策略应对威胁或可能给项目目标带来消极影响的风险。另外的第四种接受策略，既可用来应对消极风险或威胁，也可用来应对积极风险或机会。每种风险应对策略对风险状况都有不同且独特的影响。要根据风险的发生概率和对项目总体目标的影响选择不同的策略。规避和减轻策略通常适用于高影响的严重风险，而转移和接受策略则更适用于低影响的不太严重威胁。

1. 规避

更改项目管理计划，以完全消除威胁。项目经理也可以把项目目标从风险的影响中分离出来，或者改变受到威胁的目标，如延长进度、改变策略或缩小范围等。最极端的规避策略是关闭整个项目。在项目早期出现的某些风险，可以通过澄清需求、获取信息、改善沟通或取得专有技能加以规避。

2. 转移

风险转移是指项目团队把威胁造成的影响连同应对责任一起转移给第三方的风险应对策略。转移风险是把风险管理责任简单地推给另一方，而并非消除风险。转移并不是把风险推给后续的项目，也不是未经他人知晓或同意就把风险推给他人。采用风险转移策略，几乎总是需要向风险承担者支付风险费用。风险转移策略对处理风险的财务后果最有效。风险转移可采用多种工具，主要包括保险、履约保函、担保书和保证书等。可以利用合同或协议把某些具体风险转移给另一方。例如,如果买方具备卖方所不具备的某种能力,为谨慎起见,可通过合同规定把部分工作及其风险再转移给买方。在许多情况下,成本补偿合同可把成本风险转移给买方,而总价合同可把风险转移给卖方。

3. 减轻

风险减轻是指项目团队采取行动降低风险发生的概率或造成的影响的风险应对策略。它意味着把不利风险的概率和影响降低到可接受的临界值范围内。提前采取行动来降低风险发生的概率和可能给项目造成的影响,比风险发生后再设法补救,往往更加有效。减轻措施的例子包括采用不太复杂的流程,进行更多的测试,或者选用更可靠的供应商。它可能需要开发原型,以降低从实验模型放大到实际工艺或产品过程中的风险。如果无法降低风险概率,也许可以从决定风险严重性的关联点入手,针对风险影响采取减轻措施。例如,在一个系统中加入冗余部件,可以减轻主部件故障所造成的影响。

4. 接受

该策略可以是被动的或主动的。被动接受风险的情况下,可待风险发生时再由项目团队处理,不过,需要定期复查,以确保威胁没有太大的变化。最常见的主动接受策略是建立应急储备,安排一定的时间、资金或资源来应对风险。

9.5.2 积极风险应对策略

有 4 种策略应对积极风险或机会,分别是开拓、提高、分享和接受。前三种是专为对项目目标有潜在积极影响的风险而设计的,而第四种策略既可用来应对消极风险或威胁,也可用来应对积极风险或机会。

1. 开拓

如果组织想要确保机会得以实现,就可对具有积极影响的风险采取本策略。本策略旨在消除与某个特定积极风险相关的不确定性,确保机会肯定出现。直接开拓包括把组织中最有能力的资源分配给项目,缩短完成时间,或者采用全新或改进的技术节约成本,缩短实现项目目标的持续时间。

2. 提高

本策略旨在提高机会的发生概率和积极影响。识别那些会影响积极风险发生的关键因素,并使这些因素最大化,以提高机会发生的概率。提高机会的例子包括为尽早完成活动而增加资源。

3. 分享

分享积极风险是指把应对机会的部分或全部责任分配给最能为项目利益抓住该机会的第三方。分享的例子包括建立风险共担的合作关系和团队,以及为特殊目的成立公司或联营体,以便充分利用机会,使各方都从中受益。

4. 接受

接受机会是指当机会发生时,乐于利用但不主动追求机会。此策略可用于低优先级机会,也可用于无法以任何其他方式加以经济有效地应对的机会。

接受策略又分为主动方式和被动方式。最常见的主动接受策略是建立应急储备,包括预留时间、资金或资源,以便在机会出现时加以利用;被动接受策略则不会主动采取行动,而只是定期对机会进行审查,确保其并未发生重大改变。

9.5.3 应急应对策略

可以针对某些特定事件,专门设计一些应对措施。对于有些风险,如不可预测的风险,项目团队可以制定应急应对策略,即只有在某些预定条件发生时才能实施的应对计划。如果确信风险的发生会有充分的预警信号,就应该制定应急应对策略。应该对触发应急策略的事件进行定义和跟踪,如未实现阶段性里程碑,或者获得供应商更高程度的重视。采用这一技术制订的风险应对方案,通常称为应急计划或弹回计划,其中包括已识别的、用于启动计划的触发事件。

某软件的风险分析和应对策略管理表如表 9-4 所示。

表 9-4 某软件的风险分析和应对策略管理表

项目风险分析和应对管理表

一、项目基本情况

项目名称	××软件项目	审核人	王五
制作人	江梦	制作日期	2019.6.21

二、项目风险管理

风险可能/影响等级的判断准则:1~5 代表由高至低

序号	风险描述	风险可能等级	风险影响等级	风险响应计划(任务)	任务时间	责任人
1	软件无法按时完成	2	5	做好每阶段的督促与验收工作	整个项目过程中	王怡
2	持续发展资金不足	1	1	做好计划,融足资金	研发初期	王怡
3	上线后用户量少,没有吸引力	2	2	不一味跟随成功的策略,要有足够的创新度	策划中	江梦
4	上线前代码被盗取,被先于一步上线	4	1	在开发还有管理中保密工作一定要做好	整个项目过程中	王怡
5	无法购买合适的软件	1	5	找好可代替的软件	采购阶段	罗旺
6	项目各模块之前衔接不合理	5	3	各模块之间做好沟通	整个项目研发过程中	王怡
7	用户变更需求	5	5	与客户沟通,严格按照合同执行	整个项目研发过程中	罗旺
8	人员流动	5	4	及时安排更新需求	整个项目过程中	王怡
9	人员缺乏经验	4	5	询问行业专家	整个项目研发过程中	王怡
10	用户数量大大超过计划	1	5	增加服务器,增强系统性能	系统上线后	罗旺

9.6 风险应对实施

风险应对实施的定义为执行商定的风险应对计划,以提高机会,降低威胁。单个项目的应对策略和措施的实施情况,记入风险登记册;整体项目风险的应对策略和措施的实施情况,记入风险报告。

应对实施风险是执行商定的风险应对计划的过程。本过程的主要作用是确保按计划执行商定的风险应对措施，以管理整体项目风险敞口、最小化单个项目威胁，以及最大化单个项目机会。

适当关注风险应对实施过程，能够确保已商定的风险应对措施得到实际执行。项目风险管理的一个常见问题是，项目团队努力识别和分析风险并制定应对措施，然后把经商定的应对措施记录在风险登记册和风险报告中，但是不采取实际行动去管理风险。

只有风险责任人以必要的努力去实施商定的应对措施，项目的整体风险敞口和单个威胁及机会才能得到主动管理。

9.6.1　风险应对实施的方法

风险应对实施应该基于风险管理计划、项目文件（其中的经验教训登记册、风险登记册、风险报告等）、组织过程资产等已有相关文档和知识，常用的风险应对实施方法如下。

1. 专家判断

在确认或修改（如必要）风险应对措施，以及决定如何以最有效率和最有效果的方式加以实施时，应征求具备相应专业知识的个人或小组的意见。

2. 影响力

有些风险应对措施可能由直属项目团队以外的人员去执行，或由存在其他竞争性需求的人员去执行。这种情况下，负责引导风险管理过程的项目经理或人员就需要施展影响力，去鼓励指定的风险责任人采取所需的行动。

3. 项目管理信息系统

项目管理信息系统可能包括进度、资源和成本软件，用于确保把商定的风险应对计划及其相关活动连同其他项目活动，一并纳入整个项目。

9.6.2　风险应对实施的结果

1. 变更请求

实施风险应对后，可能会对成本基准和进度基准，或项目管理计划的其他组件提出变更请求。应该通过实施整体变更控制过程对变更请求进行审查和处理。

2. 项目文件更新

在风险应对实施过程中需要更新的项目文件如下。

（1）问题日志。作为实施风险应对过程的一部分，已识别的问题会被记录到问题日志中。

（2）经验教训登记册。更新经验教训登记册，记录在风险应对实施时遇到的挑战、本可采取的规避方法，以及风险应对实施的有效方式。

（3）项目团队派工单。一旦确定风险应对策略，应为每项与风险应对计划相关的措施分配必要的资源，包括用于执行商定的措施的具有适当资质和经验的人员、合理的资金和时间，以及必要的技术手段。

（4）风险登记册。可能需要更新风险登记册，反映开展本过程所导致的对单个项目风险的已商定应对措施的任何变更。

（5）风险报告。可能需要更新风险报告，反映开展本过程所导致的对整体项目风险敞口的已商定应对措施的任何变更。

9.6.3 防范项目风险的一般步骤

项目风险管理由以下几个步骤组成。这些步骤构成的框架能有效利用风险和项目数据影响必要的变动,清楚地传达项目风险,并采取持续的风险管理实践,在整个项目过程中及时检测新风险并尽量减少问题。

1. 做好项目文件编制

不能充分编制项目文件的项目团队对自己的项目所知甚少,就会承受更大的风险。此外,如果缺乏数据,就不能及时发现变化。细致的项目文件让你具备确认项目计划的基础。本步骤的最终目的是设立并记录项目计划,使之符合项目目标并切实可行。

项目文件分为3类:定义文件、规划文件和阶段性项目沟通文件。

(1) 定义文件通常是最早编制的,包括高层项目评审、范围陈述、项目建议书、项目资助、人员配备和组织信息以及项目方法。

(2) 规划文件,如项目工作细分结构和项目资源计划,也在项目的最早阶段编制,并在整个项目过程中,随着变动的批准和新信息的出现而不断得到补充。

(3) 阶段性项目沟通文件是在整个项目过程中积累起来的,包括状态报告、会议记录以及项目回顾。

项目文件具备统一、易读的格式才最有用,因此,应该采取适当的格式并持之以恒。安排专人负责文件的创建、保存和分发,确定如何及何时可以并应该改动文件。只有需要文件的人员随时可接触到文件,文件才有价值。在网上存储文件(附加适当的访问安全控制)是确保所有团队成员能接触并依靠相同信息开展工作的有效途径。

2. 增进团队协作

完成高难度项目需要团队协作、信任以及成员之间互助的意愿。在紧张情况下,链条总是在最薄弱环节断裂。

要应对这个问题,在项目人员彼此陌生的情况下尽量减少风险,办法之一是举行项目启动研讨会。启动研讨会旨在增进团队协作,并启动项目进程的活动。良好的启动活动能达成对项目目标和重点的共同理解,避免浪费时间和重复努力。

项目启动研讨会要及早组织。要在日程、促进者、所需信息、地点、时间以及参会人员等细节方面下足功夫。在讨论和演示文稿中,要尽力让人们对项目目标、重点、主要交付成果以及团队成员的角色与责任形成共识。

研讨会之后,要向所有参会人员提供会议成果和决定的书面总结。

3. 建立管理储备

管理储备是项目风险管理的常用术语,其目的是减少不确定性。基于期望风险建立的时间与预算储备,可以使日程更为可靠。建立储备不是放宽估算,而是运用风险测评信息设置适当的缓冲,使项目能按承诺交付成果。

建立管理储备依据两个要素:已知风险和未知风险。已知风险来自计划数据。未知风险则是无法预料与描述的风险。对未知风险做明确规划是不可能的,但来自以前项目的度量指标可以就风险大小提供指导。

利用项目资源分析和风险数据确定需要多少储备。预算储备可用来加快工作,提供额外资源,或采取其他必要行动以确保日程。既关注预算储备,又不能将其用于跟风险无关的项目变动,这可能是个挑战。

4. 争取明确支持

高风险项目需要得到能够调动的一切帮助,因此,要努力为自己的项目争取并保持高优先度和看得见的支持。尤其在高风险项目中,你需要得到以下承诺:迅速解决升级的问题,保护项目团队免受冲突和非项目承诺的影响,批准所要求的任何管理储备。

争取支持的最初讨论专注于概要,因此,编写清楚、信息丰富的概要至关重要。在准备用于讨论的项目信息时,要包含高层目标、里程碑项目日程表、项目评估,以及主要任务与风险概要。如果计划显示当前项目规划与所要求的项目目标不匹配,还应该有若干高层建议,描述可行替代方案。

拥有数据是成功的关键,因为在此类谈判中,力量对比不利于你。虽然资助者和经理们容易对担忧和意见置之不理,要他们忽视硬性事实就难多了。有证明文件的历史数据支持的任何项目信息都可以成为以事实为基础的目标谈判的起点。

5. 确认项目计划

讨论和协商后,要确认就项目达成共识。

要使用来自规划过程的,并经商议变动过的项目文件,以建立项目基线规划记录。在终定计划之前,要对其加以评审,以确保其在整个过程中包含阶段性风险重估活动。在这些评审中,要辨识额外的风险,并更新应变计划。

公布最终项目文件,让项目团队能在项目整个过程中使用,以管理进度。

在设定项目基线时,要固定所有具体要求。要同时设定项目范围和基线计划,必须运用既定的变动流程,才能对两者进行改变。

6. 阐明变更控制程序

项目计划被接受,具体要求固定下来后,要仔细考虑所有变动再加以最后确定。决策者签署项目文件后,让项目再出现未经审核的变动是非常冒险的。虽然新信息始终围绕技术项目流动,保持要求的稳定性对项目的成功至关重要。

未经管理的变动会导致日程偏离和预算问题。每个变动都要遵循提交、分析和处理流程,才能降低风险。有效的变动管理流程中,所有变动都被认为是不必要的,除非能证明必须变动。有效控制变动的另一项要求是确保负责变动流程的人员有权推行自己的决定。变动评审者必须在项目中有足够的参与度,以有效了解变动可能产生的积极和消极影响。

9.7 风险监督

风险监督是在整个项目期间,监督商定的风险应对计划的实施、跟踪已识别风险、识别和分析新风险,以及评估风险管理有效性的过程。本过程的主要作用是在整个项目生命周期中提高应对风险的效率,不断优化风险应对。

9.7.1 风险监督的目的

为了确保项目团队和关键干系人了解当前的风险敞口级别,应该通过监督风险过程对项目工作进行持续监督,发现新出现、正变化和已过时的单个项目风险。监督风险过程采用

项目执行期间生成的绩效信息,以确定:

    (1) 实施的风险应对是否有效;

    (2) 整体项目风险级别是否已改变;

    (3) 已识别单个项目风险的状态是否已改变;

    (4) 是否出现新的单个项目风险;

    (5) 风险管理方法是否依然适用;

    (6) 项目假设条件是否仍然成立;

    (7) 风险管理政策和程序是否已得到遵守;

    (8) 成本或进度应急储备是否需要修改;

    (9) 项目策略是否仍然有效。

9.7.2 风险监督的程序

项目预定目标的实现,是整个项目管理流程有机作用的结果,风险监督是其中一个重要环节。风险监督应是一个连续的过程,它的任务是根据整个项目(风险)管理过程规定的衡量标准,全面跟踪并评价风险处理活动的执行情况。建立一套项目监控指标系统,使之能以明确易懂的形式提供准确、及时而关系密切的项目风险信息,是进行风险监督的关键所在。分析控制程序如下。

1. 建立项目风险事件控制体制

在项目开始之前应根据项目风险识别和分析报告所给出的项目风险信息,制定出整个项目风险监督的大政方针、项目风险监督的程序及项目风险监督的管理体制,包括项目风险责任制、项目风险信息报告制、项目风险监督决策制、项目风险监督的沟通程序等。

2. 确定要控制的具体项目风险

根据项目风险识别与分析报告所列出的各种具体项目风险,确定出对哪些项目风险进行控制,对哪些风险容忍并放弃对它们的控制。通常这要按照项目具体风险后果的严重程度、风险发生概率及项目组织的风险监督资源等情况确定。

3. 确定项目风险的控制责任

这是分配和落实项目具体风险监督责任的工作。所有需要控制的项目风险都必须落实到具体负责控制的人员,同时要规定他们所负的具体责任。

4. 确定项目风险监督的行动时间

对项目风险的控制应制订相应的时间计划和安排,计划和规定解决项目风险问题的时间表与时间限制。因为没有时间安排与限制,多数项目风险问题是不能有效加以控制的。许多由于项目风险失控所造成的损失都是因为错过了风险监督的时机造成的,所以必须制订严格的项目风险监督时间计划。

5. 制定各具体项目风险的控制方案

由负责具体项目风险监督的人员,根据项目风险的特性和时间计划制定出各具体项目风险的控制方案。找出能够控制项目风险的各种备选方案,然后要对方案进行必要的可行性分析,以验证各种风险监督备选方案的效果,最终选定要采用的风险监督方案或备用方案。另外,还要针对风险的不同阶段制定各阶段使用的风险监督方案。

6. 实施具体项目风险监督方案

要按照确定出的具体项目风险监督方案开展项目风险监督活动。这一步必须根据项目风险的发展与变化不断地修订项目风险监督方案与办法。对于某些项目风险,风险监督方案的制订与实施几乎是同时的。例如,设计一条新的关键路径并计划安排各种资源去防止和解决项目拖期的问题。

7. 跟踪具体项目风险的控制结果

这一步的目的是收集风险事件控制工作的信息并给出反馈,即利用跟踪去确认所采取的项目风险监督活动是否有效,项目风险的发展是否有新的变化等。这样就可以不断地提供反馈信息,从而指导项目风险监督方案的具体实施。

8. 判断项目风险是否已经消除

如果认定某个项目风险已经解除,则该具体项目风险的控制作业就完成了。如果判断该项目的风险仍未解除,就需要重新进行项目风险识别,然后重新开展下一步的项目风险监督作业。

9.7.3 风险监督的方法

风险监督还没有一套公认的、单独的技术可供使用,其基本目的是以某种方式驾驭风险,保证可靠、高效地完成项目目标。由于项目风险具有复杂性、变动性、突发性、超前性等特点,风险监督应该围绕项目风险的基本问题,制定科学的风险监督标准,采用系统的管理方法,建立有效的风险预警系统,做好应急计划,实施高效的项目风险监督。

风险监督应该基于风险管理计划、项目文件(其中的问题日志、经验教训登记册、风险登记册、风险报告等)、工作绩效数据和工作绩效报告等已有相关文档和知识,常用的风险监督方法如下。

1. 风险预警系统

建立有效的风险预警系统,对于风险的有效监控具有重要作用和意义。风险预警管理是指对于项目管理过程中有可能出现的风险,采取超前或预先防范的管理方式,一旦在监控过程中发现有发生风险的征兆,及时采取校正行动并发出预警信号,最大限度地控制不利后果的发生。因此,项目风险管理的良好开端是建立一个有效的监控或预警系统,及时察觉计划的偏离,以高效地实施项目风险管理过程。

2. 风险审计

风险审计是检查并记录风险应对措施在处理已识别风险及其根源方面的有效性,以及风险管理过程的有效性。项目经理要确保按项目风险管理计划所规定的频率实施风险审计,既可以在日常的项目审查会中进行风险审计,也可以单独召开风险审计会议。

3. 偏差与趋势分析

很多控制过程都会借助偏差分析比较计划结果与实际结果。为了控制风险,应该利用绩效信息对项目执行的趋势进行审查。可使用挣值分析和项目偏差与趋势分析的其他方法对项目总体绩效进行监控。这些分析的结果可以揭示项目在完成时可能偏离成本和进度目标的程度;与基准计划的偏差可能表明威胁或机会的潜在影响。

4. 技术绩效测量

技术绩效测量是把项目执行期间所取得的技术成果与关于取得技术成果的计划进行比

较。它要求定义关于技术绩效的客观的、量化的测量指标,以便据此比较实际结果与计划要求。这些技术绩效测量指标可包括重量、处理时间、缺陷数量和存储容量等。偏差值(如在某里程碑时间点实现了比计划更多或更少的功能)有助于预测项目范围方面的成功程度。

5. 储备分析

在整个项目执行期间,可能发生某些单个项目风险,对预算和进度应急储备产生正面或负面的影响。储备分析是指在项目的任一时间点比较剩余应急储备与剩余风险量,从而确定剩余储备是否仍然合理。可以用各种图形(如燃尽图)显示应急储备的消耗情况。

9.7.4 风险监督的结果

1. 工作绩效信息

工作绩效信息是经过比较单个风险的实际发生情况和预计发生情况,所得到的关于项目风险管理执行绩效的信息。它可以说明风险应对规划和应对实施过程的有效性。

2. 变更请求

执行风险监督过程后,可能会就成本基准和进度基准,或项目管理计划的其他组件提出变更请求,应该通过实施整体变更控制过程对变更请求进行审查和处理。

变更请求可能包括建议的纠正与预防措施,以处理当前整体项目风险级别或单个项目风险。

3. 项目文件更新

风险监督过程中需要更新的项目文件如下。

(1)假设日志。在监督风险过程中,可能做出新的假设,识别出新的制约因素,或者对现有假设条件或制约因素重新审查和修改。需要更新假设日志,记录这些新信息。

(2)问题日志。作为监督风险过程的一部分,已识别的问题会记录到问题日志中。

(3)经验教训登记册。更新经验教训登记册,记录风险审查期间得到的任何与风险相关的经验教训,以便用于项目的后期阶段或未来项目。

(4)风险登记册。更新风险登记册,记录在监督风险过程中产生的关于单个项目风险的信息,可能包括添加新风险、更新已过时风险或已发生风险,以及更新风险应对措施等。

(5)风险报告。应该随着监督风险过程生成新信息,更新风险报告,反映重要单个项目风险的当前状态,以及整体项目风险的当前级别。风险报告还可能包括有关的详细信息,如最高优先级单个项目风险、已商定的应对措施和责任人,以及结论与建议。风险报告也可以收录风险审计给出的关于风险管理过程有效性的结论。

9.8 小　　结

风险管理过程与其他的基本项目管理过程一脉相承。第一,需要对风险管理活动进行计划——风险管理规划;第二,要对管理对象进行估计——识别风险;第三,在估计的基础上针对已识别的风险实施定性和定量分析;第四,在前几个过程的基础上展开风险管理活动——风险应对规划和实施管理;第五,对风险管理过程进行审核与评估——风险监督。

软件项目开发是一个高风险行业,里面的不确定因素太多,如需求不明确、技术不稳定、个体生产率难以把握和追踪等。这些不确定因素一旦变得与预期不同,风险就会发生,如项目交付周期延长、项目交付物质量下降等。不过,高风险也意味着高收益,一个成功的软件项目通常能带来可观的利润。作为软件项目经理,不但需要熟练地掌握项目管理的基本技能,如计划、跟踪、协调等,还必须能够控制项目中可能发生的问题,让风险处在可以预计、控制和跟踪的范围内。

9.9 案例分析

案例一:富士通的风险管理

Fujitsu(富士通)是世界领先的面向全球市场提供行业解决方案的信息与通信技术(Information and Communication Technology,ICT)综合服务供应商。富士通作为著名日本 ICT 企业,横跨半导体电子器件、计算机通信平台设备、软件服务三大领域,是全球化综合性 IT 科技巨擘。

在 ICT 行业的全球活动中,富士通集团不断追求增加企业价值,对客户、本地社区及所有利益相关者做出贡献。管理层放在日程表首位的是,正确评估和处理威胁实现目标的风险,采取措施预防这些风险发生及制定措施以最小化风险产生的影响和防止其再次发生。富士通已经建设了面向整个集团的风险管理和合规系统,并承诺持续实施并不断地改善它。

1. 商业风险

集团判断、分析并评估与业务活动和工作相关的风险,并寻求措施以避免、减少风险的发生,以及在事件突发时能够紧急应对。富士通部分商业风险实例如表 9-5 所示。

表 9-5 富士通部分商业风险实例

商业风险实例:
• 经济和金融市场趋势
• 客户在 ICT 的投资趋势变化及无法保持与客户的长期关系
• 竞争对手战略和行业趋势
• 采购、联盟和技术许可
• 公共条例、公共政策和税务问题
• 产品和服务、信息安全、项目管理、投资决策、知识产权、人力资源、环境污染及信用风险等的不足或缺陷
• 自然灾害和不可预见的事故

2. 风险管理与合规结构

为了集成和加强其全球风险管理和合规结构,如图 9-5 所示,富士通集团设立了风险管理与合规委员会,它是向顶级管理层汇报的内部管控委员会之一。

风险管理与合规委员会负责任命集团各个部门和公司的首席风险合规官,并鼓励他们合作,以防止潜在风险的发生,同时缓解可能发生的风险,为整个集团构建风险管理和合规结构。

3. 风险管理框架

风险管理与合规委员会负责掌控日本和海外所有富士通业务集团和集团公司的风险管理和合规状态,制定适当的政策、流程等,加以实施并在实践中不断改善。实际上,风险管理与合规委员会制定和使用风险管理条例和指南,并定期进行审查和改善,如图 9-6 所示。

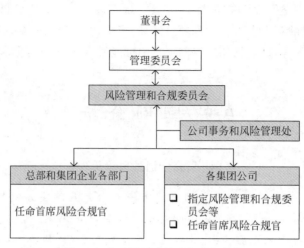

图 9-5　富士通风险管理与合规结构

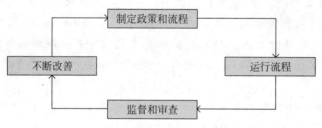

图 9-6　富士通风险管理框架

4. 风险管理程序

风险管理与合规委员会定期与首席风险合规官沟通,判断、分析并评估业务活动风险,确认具体的改善措施,以规避风险,或使之最小化、转移或停止损害,并向管理委员会报告重要风险。

对于采取多种预防措施后仍发生的风险,风险管理委员会也将制定对应的流程来灵活应对。发生自然灾害、事故,产品故障或缺陷、系统或服务出现问题,企业违规及信息安全事故或环境问题等重大风险后,各部门或集团将立即向风险管理与合规委员会报告。风险管理与合规委员会与相关部门和工作场所联合协作,成立工作小组,通过适当的措施,快速解决该问题。同时,风险管理委员会致力于识别问题起因,并提出和实施解决方案。另外,如果是重大风险,委员会还会向管理委员会和董事会报告相关信息。

风险管理与合规委员会不断确认这些程序的实施状态,并进行改善。

5. 全集团预防灾害

为了建设可靠的备灾网络并持续提高业务响应能力,富士通集团创立了集团防灾组织,以应对大型灾害。在日本,富士通在每年的 9 月 1 日防灾日,执行全国性的灾害应急演练。

2013 年是东京和东南海地区进行系统地震演习的第 19 个年头,富士通在 80 家公司完成了演习,包括富士通总部。富士通的管理机构集中于东京地区,作为东京地区预防地震灾害工作的一部分,富士通已在关西地区建立临时中央总部,并与每个面临风险的营业场所合作进行初始应急训练。在日本周边的场区也进行了初始应急培训,以在灾后确认人员安全并检查企业建筑物损坏。

6. 业务连续性管理

最近几年,威胁经济和社会持续发展性的不可预见的事件越来越多,如地震和大型洪灾、事故和流行病(如新型流感菌株)。

为了确保即便在该等风险发生时仍可以稳定供应客户需要的高效能、优质产品和服务,富士通制订了业务连续性计划,并促进业务连续性管理,以此连续审查和改善该业务连续性计划。通过业务连续性管理程序,在东日本大地震和泰国洪水中得到的经验教训现在已体现在富士通的业务连续性计划中。

7. 风险管理教育

富士通开发并执行系统性的教育课程,旨在对整个集团实施集中风险管理。通过风险管理教育课程,富士通告知员工进行风险管理的基本方法和需要遵循的规则,并引用具体的实例增强员工的风险管理意识及处理风险的能力。此外,公司还举办信息安全、环境问题和自然灾害相关问题的教育和培训。

【案例问题】

(1) 分析富士通风险管理的先进之处。

(2) 对于富士通的风险管理,中国 IT 企业有何借鉴之处?

(3) 结合本案例,你认为风险管理有何作用,如何才能做好软件项目的风险管理?

案例二:一个失败的项目

Clearnet 公司是国外一家知名的 IP 电话设备厂商,它在国内拥有许多电信运营商客户。Clearnet 主要通过分销的方式发展中国业务,由国内的合作伙伴和电信公司签约并提供具有增值内容的集成服务。2000 年,国内一家省级电信公司(H 公司)打算上某项目,经过发布需求建议书及谈判和评估,最终选定 Clearnet 公司为其提供 IP 电话设备。立达公司作为 Clearnet 公司的代理商,成为该项目的系统集成商。立达公司是第一次参与此类工程。H 公司和立达公司签订了总金额达 1000 万元的合同。

李先生是该项目的项目经理。该项目的施工周期是 3 个月。由 Clearnet 负责提供主要设备,立达公司负责全面的项目管理和系统集成工作,包括提供一些主机的附属设备和支持设备,并且负责整个项目的运作和管理。Clearnet 也一直积极参与此项目的工作。然而,李先生发现,立达对 H 公司的承诺和技术建议书远远超出了系统的实际技术指标,这与 Clearnet 与立达的代理合同有不少出入。立达公司也承认,为了竞争的需要,做出了一些额外承诺。这是国内公司的常见做法,有的公司甚至干脆将尾款不考虑成利润,而收尾款也成为一种专职的公关工作。这种做法实质上增加了项目的额外成本,同时对整个商业行为构成潜在的诚信危机。对于 H 公司,他们认为,按照需求建议书的要求,立达公司实施的项目没有达到合同的要求。

因此,直到 2002 年,H 公司还拖欠立达公司 10% 的验收款和 10% 的尾款。立达公司多次召开项目会议,要求 Clearnet 公司给予支持。但由于开发周期的原因,Clearnet 公司无法马上达到新的技术指标并满足新的功能。于是,项目持续延期。为完成此项目,立达公司只好不断将 Clearnet 公司的最新升级系统(软件升级)提供给 H 公司,甚至派人常驻 H 公司。又经过了 3 个月,H 公司终于通过了最初验收。在立达公司同意承担系统升级工作直到满足需求建议书的基础上,H公司支付了10%的验收款。然而,2002年年底,Clearnet公司由于内部原因暂时中断了在中国的业务,其产品的支持力度大幅下降,结果致使该项目的收尾工作至今无法完成。

据了解,立达公司在此项目上原本可以有250万元左右的毛利,可是考虑到增加的项目成本(差旅费、沟通费用、公关费用和贴现费)和尾款,实际上的毛利不到70万元。如果再考虑机会成本,实际利润可能是负值,因此导致项目失败,尤其是项目预期的经济指标没有完成,这是非常遗憾的事情。项目失败或没有达到预期的经济指标的因素有很多,其中风险管理是一个极为重要的因素。

【案例问题】

(1) 该项目没有达到预期的目标,最终失败的原因主要是什么?

(2) 项目经理在识别和处理风险方面有哪些不妥之处?为了降低项目风险,他应该怎样做?

(3) 对于项目中可能出现的风险,你认为应该采取哪些措施?

(4) 从本案例中你获得了哪些启示?

9.10 习题与实践

1. 习题

(1) 在软件项目开发中,经常面临需求变更风险、技术风险、质量风险和资源风险,简述它们对软件项目的影响。

(2) 简述项目风险管理的意义和作用。

(3) 如何进行项目定量风险分析?有哪些方法适用于软件项目风险分析?

(4) 举例说明进度管理、成本管理中可能存在的风险。

(5) 项目风险应对措施制定与项目风险监督有什么关联?如何管理和处理好这些关联?

(6) 在项目风险管理中应用决策树分析的主要优点是什么?

(7) 简述项目风险应对的主要方法及应注意的问题。

2. 实践

(1) 上网搜索软件项目风险因素都有哪些,了解IT企业在风险管理方面的常见做法,分析软件项目成功率不高的原因。

(2) 编写所选项目的风险计划,要求包括以下内容。

- 明确风险管理活动中各种人员的角色、分工和职责。
- 约定风险应对的负责人及必要的措施和手段。
- 确定风险管理使用的工具、方法、数据资源和实施步骤。
- 指导风险管理过程的运行阶段、过程评价、控制周期。
- 说明风险评估并定义风险量化的类型级别等。

第 10 章　　项目采购管理

项目采购管理包括从项目团队外部采购或获得所需产品、服务或成果的各个过程。项目组织既可以是项目产品、服务或成果的买方，也可以是卖方。

项目采购管理过程围绕包括合同在内的协议进行。协议是买卖双方之间的法律文件。合同是对双方都有约束力的协议，规定卖方有义务提供有价值的东西，如规定的产品、服务或成果，买方有义务支付货币或其他有价值的补偿。协议可简可繁，应该与可交付成果和所需工作的简繁程度相适应。

视频讲解

10.1　采购管理规划

采购管理规划是记录项目采购决策、明确采购方法、识别潜在卖方的过程。本过程的主要作用是确定是否需要外部支持，如果需要，则还要决定采购什么、如何采购、采购多少，以及何时采购。

10.1.1　采购管理规划的步骤

应该在规划采购管理过程的早期，确定与采购有关的角色和职责。项目经理应确保在项目团队中配备具有所需采购专业知识的人员。采购过程的参与者可能包括购买部或采购部的人员，以及采购组织法务部的人员。这些人员的职责也应记录在采购管理计划中。

典型的采购规划步骤可能有：

（1）准备采购工作说明书（SOW）或工作大纲（Terms of Reference，TOR）；

（2）准备高层级的成本估算，制订预算；

（3）发布招标广告；

（4）确定合格卖方的短名单；

（5）准备并发布招标文件；

（6）由卖方准备并提交建议书；

（7）对建议书开展技术（包括质量）评估；

（8）对建议书开展成本评估；

（9）准备最终的综合评估报告（包括质量及成本），选出中标建议书；

（10）结束谈判，买方和卖方签署合同。

项目进度计划对规划采购管理过程中的采购策略制定有重要影响。在制订采购管理计划时做出的决定也会影响项目进度计划。在开展制订进度计划过程、估算活动资源过程以及自制或外购决策制定时，都需要考虑这些决定。

10.1.2 采购管理规划的方法

采购管理规划应该基于项目章程、商业文件、项目管理计划(其中的范围管理计划、质量管理计划、资源管理计划、范围基准等)、项目文件(其中的里程碑清单、项目团队派工单、需求文件、需求跟踪矩阵、资源需求、风险登记册、干系人登记册等)、事业环境因素(其中的市场条件、可从市场获得产品/服务/成果、卖方以为绩效或声誉、关于采购的法律协议、合同变更程序等)和组织过程资产(预先批注的卖方清单、正式的采购政策/程序/指南、合同类型、总价合同等)等已有相关文档和知识。常用的采购管理规划方法如下。

1. 自制或外购分析

自制或外购分析是一种通用的管理技术,用来确定某项工作最好由项目团队自行完成,还是应该从外部采购。有时,虽然项目组织内部具备相应的能力,但由于相关资源正在从事其他项目,为满足进度要求,也需要从组织外部进行采购。

预算制约因素可能影响自制或外购决策。如果决定购买,则应继续做出购买或租赁的决策。自制或外购分析应考虑全部相关成本,包括直接成本和间接成本。例如,买方在分析外购时,既要考虑购买产品本身的实际支出,也要考虑为支持采购过程和维护该产品所发生的间接成本。

在进行外购分析时,也要考虑可用的合同类型。采用何种合同类型,取决于想要如何在买卖双方间分担风险,而双方各自承担的风险程度,则取决于具体的合同条款。在某些法律体系中,还有其他合同类型,如基于卖方义务(而非客户义务)的合同类型。一旦选定适用法律,合同双方就必须确定合适的合同类型。

2. 市场调研

市场调研包括考查行业情况和供应商能力。采购团队可以综合考虑从研讨会、在线评论和各种其他渠道得到的信息,来了解市场情况。采购团队可能也需要考虑有能力提供所需材料或服务的供应商的范围,权衡与之有关的风险,并优化具体的采购目标,以便利用成熟技术。

3. 交流会

不借助与潜在投标人的信息交流会,仅靠调研,也许还不能获得制定采购决策所需的明确信息。与潜在投标人合作,有利于供应商开发互惠的方案或产品,从而有益于材料或服务的买方。

4. 供方选择分析

在确定选择方法前,有必要审查项目竞争性需求的优先级。由于竞争性选择方法可能要求卖方在事前投入大量时间和资源,因此,应该在采购文件中写明评估方法,让投标人了解将会被如何评估。常用的选择方法如下。

(1) 最低成本。最低成本法适用于标准化或常规采购。此类采购有成熟的实践与标准,有具体明确的预期成果,可以用不同的成本来取得。

(2) 仅凭资质。仅凭资质的选择方法适用于采购价值相对较小,不值得花时间和成本开展完整选择过程的情况。买方会确定短名单,然后根据可信度、相关资质、经验、专业知识、专长领域和参考资料选择最佳的投标人。

(3) 基于质量或技术方案得分。邀请一些公司提交建议书,同时列明技术和成本详情,如果技术建议书可以接受,再邀请他们进行合同谈判。采用此方法,会先对技术建议书进行评估,考查技术方案的质量。如果经过谈判,证明他们的财务建议书是可接受的,那么就会选择技术建议书得分最高的卖方。

(4)基于质量和成本。在基于质量和成本的方法中,成本也是用于选择卖方的一个考虑因素。

一般而言,如果项目的风险和(或)不确定性较高,相对于成本而言,质量就应该是一个关键因素。

10.1.3 采购管理规划的结果

1. 采购管理计划

采购管理计划是项目管理计划的组成部分,说明项目团队将如何从执行组织外部获取货物和服务,以及如何管理从编制采购文件到合同收尾的各个采购过程。它应该记录是否要开展国际竞争性招标、国内竞争性招标、当地竞争性招标等。如果项目由外部资助,资金的来源和可用性应符合采购管理计划和项目进度计划的规定。采购管理计划通常包括如下内容。

(1)如何协调采购与项目的其他工作,如项目进度计划制订和控制。

(2)开展重要采购活动的时间表。

(3)用于管理合同的采购测量指标。

(4)与采购有关的干系人角色和职责;如果执行组织有采购部,项目团队拥有的职权和受到的限制。

(5)可能影响采购工作的制约因素和假设条件。

(6)司法管辖权和付款货币。

(7)是否需要编制独立估算,以及是否应将其作为评价标准。

(8)风险管理事项,包括对履约保函或保险合同的要求,以减轻某些项目风险。

(9)拟使用的预审合格的卖方(如果有)。

根据每个项目的需要,采购管理计划可以是正式的或非正式的,详细的或概括性的。

2. 采购工作说明书

依据项目范围基准,为每次采购编制工作说明书,对将要包含在相关合同中的那一部分项目范围进行定义。采购工作说明书应该详细描述拟采购的产品、服务或成果,以便潜在卖方确定他们是否有能力提供这些产品、服务或成果。至于应该详细到何种程度,会因采购品的性质、买方的需要或拟用的合同形式而异。采购工作说明书中可包括规格、数量、质量、性能参数、履约期限、工作地点和其他需求。

采购工作说明书应力求清晰、完整和简练。它也应该说明任何所需的附带服务,如绩效报告或项目后的运营支持等。某些应用领域对采购工作说明书有特定的内容和格式要求。每次进行采购,都需要编制工作说明书。不过,可以把多个产品或服务组合成一个采购包,由一个工作说明书全部覆盖。

在采购过程中,应根据需要对采购工作说明书进行修订和改进,直到成为所签协议的一部分。

对于服务采购,可能会用"工作大纲(TOR)"这个术语。与采购工作说明书类似,工作大纲通常包括以下内容。

（1）承包商需要执行的任务，以及所需的协调工作。

（2）承包商必须达到的适用标准。

（3）需要提交批准的数据。

（4）由买方提供给承包商的，将用于合同履行的全部数据和服务的详细清单（若适用）。

（5）关于初始成果提交和审查（或审批）的进度计划。

3. 采购文件

采购文件是用于征求潜在卖方的建议书。如果主要依据价格选择卖方（如购买商业或标准产品时），通常就使用标书、投标或报价等术语。如果主要依据其他考虑（如技术能力或技术方法）选择卖方，通常就使用建议书等术语。不同类型的采购文件有不同的常用名称，可能包括信息邀请书（Request for Information，RFI）、投标邀请书（Invitation for Bid，IFB）、建议邀请书（Request for Proposal，RFP）、报价邀请书（Request for Quotation，RFQ）、投标通知、谈判邀请书和卖方初始应答邀请书。具体的采购术语可能因行业或采购地点而异。

买方拟定的采购文件不仅应便于潜在卖方做出准确、完整的应答，还要便于对卖方应答进行评价。采购文件中应该包括应答格式要求、相关的采购工作说明书和所需的合同条款。对于政府采购，法规可能规定了采购文件的部分甚至全部内容和结构。

采购文件的复杂和详细程度应与采购的价值和风险水平相适应。采购文件既要足以保证卖方做出一致且适当的应答，又要具有足够的灵活性，允许卖方为满足既定要求而提出更好的建议。

买方通常应该按照所在组织的相关政策，邀请潜在卖方提交建议书或投标书。可通过公开发行的报纸或商业期刊，或者利用公共登记机关或互联网发布邀请。

4. 供方选择标准

供方选择标准通常是采购文件的一部分。制定这些标准是为了对卖方建议书进行评级或打分。标准可以是客观或主观的。

如果很容易从许多合格卖方获得采购品，则选择标准可仅限于购买价格。这种情况下，购买价格既包括采购品本身的成本，也包括所有附加费用，如运输费用。

对于较复杂的产品、服务或成果，还需要确定和记录其他选择标准。可能的供方选择标准如下。

（1）对需求的理解。卖方建议书对采购工作说明书的响应情况如何。

（2）总成本或生命周期成本。如果选择某个卖方，是否能导致总成本（采购成本加运营成本）最低。

（3）技术能力。卖方是否拥有或能合理获得所需的技能和知识。

（4）风险。工作说明书中包含多少风险，卖方将承担多少风险，卖方如何减轻风险。

（5）管理方法。卖方是否拥有或能合理开发出相关的管理流程和程序，以确保项目成功。

（6）技术方案。卖方建议的技术方法、技术、解决方案和服务是否满足采购文件的要求；或者，他们的技术方案将导致比预期更好还是更差的结果。

（7）担保。卖方承诺在多长时间内为最终产品提供何种担保。

（8）财务实力。卖方是否拥有或能合理获得所需的财务资源。

（9）生产能力和兴趣。卖方是否有能力和兴趣满足潜在的未来需求。

（10）企业规模和类型。如果买方或政府机构规定了合同必须授给特定类型的企业，如小型企业（弱势和需特别扶持的企业等），那么卖方企业是否属于相应的类型。

（11）卖方以往的业绩。卖方过去的经验如何。

（12）证明文件。卖方能否出具来自先前客户的证明文件，以证明卖方的工作经验和履行合同情况。

（13）知识产权。对买方将使用的工作流程或服务，或者对买方将生产的产品，卖方是否已声明拥有知识产权。

（14）所有权。对买方将使用的工作流程或服务，或者对买方将生产的产品，卖方是否已声明拥有所有权。

5. 自制或外购决策

通过自制或外购分析，做出某项特定工作最好由项目团队自己完成还是需要外购的决策。如果决定自制，那么可能要在采购计划中规定组织内部的流程和协议。如果决定外购，那么要在采购计划中规定与产品或服务供应商签订协议的流程。

6. 项目文件更新

采购管理规划过程中需要更新的项目文件如下。

（1）经验教训登记册。更新经验教训登记册，记录任何与法规和合规性、数据收集、数据分析和供方选择分析相关的经验教训。

（2）里程碑清单。重要里程碑清单说明卖方需要在何时交付成果。

（3）需求文件。需求文件可能包括：卖方需要满足的技术要求；具有合同和法律意义的需求，如健康、安全、安保、绩效、环境、保险、知识产权、同等就业机会、执照、许可证，以及其他非技术要求。

（4）需求跟踪矩阵。需求跟踪矩阵将产品需求从其来源连接到能满足需求的可交付成果。

（5）风险登记册。取决于卖方的组织、合同的持续时间、外部环境、项目交付方法、所选合同类型，以及最终商定的价格，任何被选中的卖方都会带来特殊的风险。

（6）干系人登记册。更新干系人登记册，记录任何关于干系人的补充信息，尤其是监管机构、合同签署人员，以及法务人员的信息。

10.2　采购实施

采购实施是获取卖方应答、选择卖方并授予合同的过程。本过程的主要作用是通过达成协议，使内部和外部干系人的期望协调一致。

在实施采购过程中，项目团队会收到投标书或建议书，并按照事先拟定的选择标准，选择一个或多个有资格履行工作且可接受的卖方。

质量管理规划应该基于项目管理计划（其中的范围管理计划、需求管理计划、沟通管理计划、风险管理计划、采购管理计划、配置管理计划、成本基准等）、项目文件（其中的经验教训登记册、项目进度计划、需求文件、风险登记册、干系人登记册等）、采购文档（招标文件、采购工作说明书、成本估算、供方选择标准等)、卖方建议书、事业环境因素(其中关于采购的法律和法规、制约采购的外部经济环境、市场条件、以往与卖方合作的相关经验、合同管理系统等)和组织过程资产(预审合格的优先卖方清单、会影响卖方选择的组织政策、组织中关于协议起草及签订的具体模板或指南、关于付款申请和支付过程的财务政策和程序等)等已有相关文档和知识。

10.2.1 采购实施的步骤

项目采购包括以下几个过程,这些过程可能与其他知识域的过程相互作用,而且每个过程都涉及不同干系人的工作。虽然这里把各个过程分开来进行描述,但实际上它们可能是相互重叠的。

(1) 采购计划编制。采购计划可以决定何时采购何物。该过程包括:确定产品需求,并通过自制和外购决策决定是通过自己内部生产还是采购来满足需求;确定合同的类型;编制采购管理计划和工作说明书。

(2) 招标计划编制。编制产品需求和鉴定潜在的采购来源。该过程包括:编写并发布采购文件或建议邀请书;制定招标评审标准。

(3) 招标。依据情况获得报价、投标或建议书。该过程包括:发布采购广告;召开投标会议;获得标书或建议书。

(4) 选择承包商或供应商。选择潜在的卖方,该过程包括:筛选潜在承包商、供应商和合同谈判。

(5) 合同管理。管理与卖方的关系,该过程包括:监督合同的履行、进行支付等,有时还涉及合同的修改。

(6) 合同收尾。合同的完成和解决,包括任何为关闭事项的解决。该过程包括:产品检验、结束合同、文件归档等。

10.2.2 招标与投标

通过招标与投标方式确定开发方或软件、硬件提供商是大型软件项目普遍采用的一种形式。项目招标是指招标人根据自己的需要,提出一定的标准或条件,向潜在投标商发出投标邀请的行为。

招标与投标的主要步骤如下。

1. 编写招标书

招标书主要分为三大部分:程序条款、技术条款、商务条款。一般包含下列主要内容:招标公告(邀请函)、投标人须知、招标项目的技术要求及附件;投标书格式、投标保证文件、合同条件(合同的一般条款及特殊条款)、设计规范与标准、投标企业资格文件和合同格式等。

(1) 招标公告(投标邀请函)。主要包括招标人的名称、地址、联系人及联系方式等;招标项目的性质、数量;招标项目的地点和时间要求;对投标人的资格要求;获取招标文件的办法、地点和时间;招标文件售价;投标时间、地点及需要公告的其他事项。

(2) 投标人须知。此部分由招标机构编制,是招标的一项重要内容,着重说明本次招标的基本程序;投标者应遵循的规定和承诺的义务;投标文件的基本内容、份数、形式、有效期和密封及投标其他要求；评标的方法、原则、招标结果的处理、合同的授予及签订方式、投标保证金。

（3）招标项目的技术要求及附件。这是招标书最重要的内容，主要由使用单位提供资料，由使用单位和招标机构共同编制。具体内容包括招标编号、设备名称、数量、交货日期、设备的用途及技术要求、附件及备件、技术文件、培训及技术服务要求、安装调试要求、人员培训要求、验收方式和标准、报价和保价方式、设备包装和运输要求等。

（4）投标书格式。此部分由招标公司编制，投标书格式是对投标文件的规范要求。其中包括投标方授权代表签署的投标函，说明投标的具体内容和总报价，并承诺遵守招标程序和各项责任、义务，确认在规定的投标有效期内，投标期限所具有的约束力；还包括技术方案内容的提纲和投标价目表格式等。

（5）投标保证文件。投标保证文件是确保投标有效的必检文件。投标保证文件一般采用 3 种形式：支票、投标保证金和银行保函。投标保证金有效期要长于标书有效期，和履约保证金相衔接。投标保函由银行开具，即借助银行信誉投标。企业信誉和银行信誉是企业进入国际大市场的必要条件。投标方在投标有效期内放弃投标或拒签合同，招标公司有权没收保证金以弥补在招标过程中蒙受的损失。

（6）合同条件。这也是招标书的一项重要内容。此部分内容是双方经济关系的法律基础，因此对招、投标方都很重要。由于项目的特殊要求需要提供的补充合同条款，如支付方式、售后服务、质量保证、主保险费用等特殊要求，在招标书技术部分专门列出。但这些条款不应过于苛刻，更不允许（实际也做不到）将风险全部转嫁给中标方。

（7）设计规范。它（有的设备需要，如通信系统、计算机设备等）是确保设备质量的重要文件，应列入招标附件中。技术规范应对工程质量、检验标准做出较为详尽的保证，也是避免发生纠纷的前提。技术规范包括总需求、工程概况、分期工程对系统功能、设备和施工技术、质量的要求等。

（8）投标企业资格文件。这部分要求由招标机构提出，要求提供企业许可证及其他资格文件，如 ISO 9001、CMM 证书等。另外，还要求提供业绩说明。

一个招标书部分示例如图 10-1 所示，限于篇幅，读者可自行从相关网络上查找采购招标文件实例的详细内容。

2. 广告

广告是就产品、服务或成果与用户或潜在用户进行的沟通。在大众出版物（如指定的报纸）或专门行业出版物上刊登广告，往往可以扩充现有的潜在卖方名单。大多数政府机构都要求公开发布采购广告，或在网上公布拟签署的政府合同的信息。

3. 投标人会议

投标人会议（又称为承包商会议、供货商会议或投标前会议）就是在投标书或建议书提交之前，在买方和所有潜在卖方之间召开的会议。会议的目的是保证所有潜在卖方对采购要求都有清楚且一致的理解，保证没有任何投标人会得到特别优待。为公平起见，买方必须尽力确保每个潜在卖方都能听到任何其他卖方所提出的问题，以及买方所做出的每个回答。可以运用相关技术促进公平，如在召开会议之前就收集投标人的问题或安排投标人考察现场。要把对问题的回答，以修正案的形式纳入采购文件中。

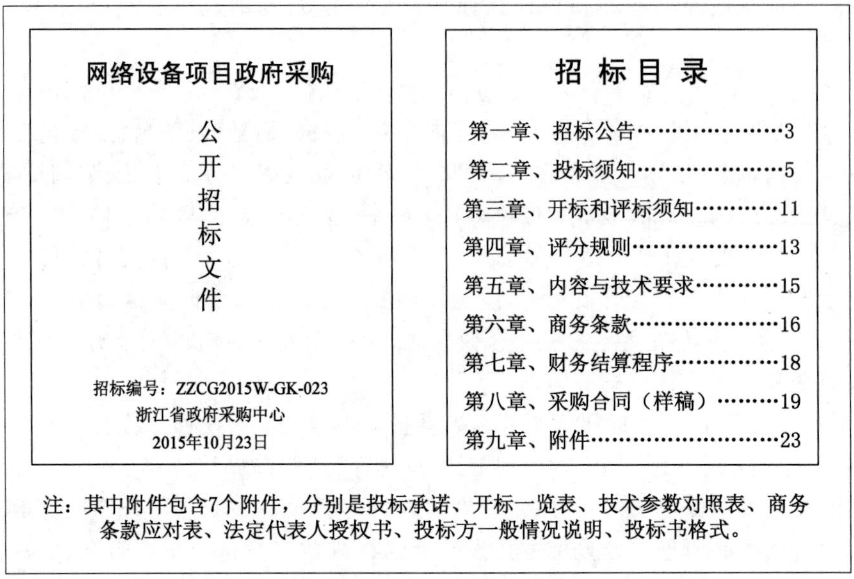

网络设备项目政府采购	招 标 目 录

网络设备项目政府采购

公
开
招
标
文
件

招标编号：ZZCG2015W-GK-023
浙江省政府采购中心
2015年10月23日

注：其中附件包含7个附件，分别是投标承诺、开标一览表、技术参数对照表、商务
条款应对表、法定代表人授权书、投标方一般情况说明、投标书格式。

图 10-1   招标书部分示例

4. 投标书/建议书评价

对于复杂的采购，如果要基于卖方对既定加权标准的响应情况选择卖方，则应该根据买方的采购政策，规定一个正式的投标书/建议书评审流程。在授予合同之前，投标书/建议书评价委员会将做出他们的选择，并报管理层批准。表 10-1 为一个投标书/建议书评价样表。

表 10-1   投标书/建议书评价样表

标准	权重	投标书/建议书 1		投标书/建议书 3		投标书/建议书 3	
		分级	评分	分级	评分	分级	评分
技术手段	30						
管理方法	20						
历史绩效	20						
价格	30						
总分数	100						

5. 采购谈判

采购谈判是指在合同签署之前，对合同的结构、要求及其他条款加以澄清，以取得一致意见。最终的合同措辞应该反映双方达成的全部一致意见。谈判的内容应包括责任、进行变更的权限、适用的条款和法律、技术和商务管理方法、所有权、合同融资、技术解决方案、总体进度计划、付款和价格等。谈判过程以形成买卖双方均可执行的合同文件结束。

对于复杂的采购，合同谈判可以是一个独立的过程，有自己的输入（如各种问题或待决事项清单）和输出（如记录下来的决定）。对于简单的采购，合同的条款和条件可能是以前就已确定且不需要谈判的，只需要卖方接受。

项目经理可以不是采购谈判的主谈人。项目经理和项目管理团队的其他人员可以出席谈判会议,以便提供协助,并在必要时澄清项目的技术、质量和管理要求。

10.2.3 合同管理

合同是对双方都有约束力的协议。它强制卖方提供规定的产品、服务或成果,强制买方向卖方支付相应的报酬。合同建立了受法律保护的买卖双方的关系。

根据建议书或投标书评价结果,那些被认为有竞争力并且已与买方商定了合同草案(在授予之后,该草案就成为正式合同)的卖方,就是选定的卖方。一旦卖方选定,接下来就应该签订采购合同。

采购合同中包括条款和条件,也可包括其他条目,如买方就卖方应实施的工作或应交付的产品所做的规定。在遵守组织的采购政策的同时,项目管理团队必须确保所有协议都符合项目的具体需要。因应用领域不同,协议也可称为谅解、合同、分包合同或订购单。无论文件的复杂程度如何,合同都是对双方具有约束力的法律协议。合同是一种可诉诸法院的法律关系。协议文件的主要内容会有所不同,但通常包括:工作说明书或可交付成果描述、进度基准、绩效报告、履约期限、角色和责任、卖方履约地点、价格、支付条款、交付地点、检查和验收标准、担保、产品支持、责任限制、费用和保留金、罚款、奖励、保险和履约担保、对分包商的批准、变更请求处理、合同终止条款和替代争议解决(Alternative Dispute Resolution,ADR)方法。

签订软件项目采购合同时应该注意以下问题。

1)规定项目实施的有效范围

经验表明,软件项目合同范围定义不当而导致管理失控是项目成本超支、时间延迟及质量低劣的主要原因。有时由于不能或没有清楚地定义项目合同的范围,以致在项目实施过程中不得不经常改变作为项目灵魂的项目计划,相应的变更也就不可避免地发生,从而造成项目执行过程中的被动。所以,强调对项目合同范围的定义和管理,对项目涉及的任何一方来说,都是必不可少和非常重要的。当然,在合同签订的过程中,还需要充分听取产品服务提供商的意见,他们可能在其优势领域提出一些建设性的建议,以便合同双方达成共识。

2)合同的付款方式

对于软件项目的合同,很少有一次性付清合同款的做法。一般都是将合同期划分为若干个阶段,按照项目各个阶段的完成情况分期付款。在合同条款中必须明确指出分期付款的前提条件,包括付款比例、付款方式、付款时间、付款条件等。付款条件是一个比较敏感的问题,是客户制约承包方的一个首选方式。承包方要获得项目款项,就必须在项目的质量、成本和进度方面进行全面有效的控制,在成果提交方面,以保证客户满意为宗旨。因此,签订合同时在付款条件上规定得越详细、越清楚越好。

3)合同变更索赔带来的风险

软件项目开发承包合同存在着区别于其他合同的明显特点,在软件的设计与开发过程中,存在着很多不确定因素,因此,变更和索赔通常是合同执行过程中必然要发生的事情。在合同签订阶段就明确规定变更和索赔的处理办法可以避免一些不必要的麻烦。变更和索赔所具有的风险,不仅包括投资方面的风险,而且对项目的进度乃至质量都可能造成不利的影响。因为有些变更和索赔的处理需要花费很长的时间,甚至造成整个项目的停顿。尤其是对于国外的软件提供商,他们的成本和时间概念特别强,客户很可能由于管理不善造成提供商索赔。索赔是提供商对付客户的一个有效武器。

4) 系统验收的方式

不管是项目的最终验收,还是阶段验收,都是表明某项合同权利与义务的履行和某项工作的结束,表明客户对提供商所提交的工作成果的认可。从严格意义上说,成果一经客户认可,便不再有返工之说,只有索赔或变更之理。因此,客户必须高度重视系统验收这道手续,在合同条文中对有关验收工作的组织形式、验收内容、验收时间甚至验收地点等做出明确的规定,验收小组成员中必须包括系统建设方面的专家和学者。

5) 维护期问题

系统最终验收通过之后,一般都有一个较长的系统维护期,这期间客户通常保留5%～10%的合同费用。签订合同时,对这一点也必须有明确的规定。当然,这里规定的不只是费用问题,更重要的是规定提供商在维护期应该承担的义务。对于软件项目开发合同,系统的成功与否并不能在系统开发完毕的当时就能做出鉴别,只有经过相当长时间的运行才能逐渐显现出来。

10.3　采　购　控　制

采购控制是管理采购关系、监督合同执行情况,并根据需要实施变更和采取纠正措施的过程。本过程的主要作用是确保买卖双方履行法律协议,满足采购需求。

买方和卖方都出于相似的目的管理采购合同,每方都必须确保双方履行合同义务,确保各自的合法权利得到保护。合同关系的法律性质,要求项目管理团队必须了解在采购控制期间所采取的任何行动的法律后果。对于有多个供应商的较大项目,合同管理的一个重要方面就是管理各个供应商之间的沟通。

在采购控制过程中,需要把适当的项目管理过程应用于合同关系,并且需要整合这些过程的输出,以用于对项目的整体管理。如果涉及多个卖方,以及多种产品、服务或成果,就往往需要在多个层级上开展这种整合。

10.3.1　采购控制的方法

采购控制应该基于项目管理计划(其中的需求管理计划、风险管理计划、采购管理计划、变更管理计划、进度基准等)、项目文件(其中的假设日志、经验教训登记册、里程碑清单、质量报告、需求文件、需求跟踪矩阵、风险登记册、干系人登记册等)、协议、采购文档、批准的变更请求、工作绩效数据、事业环境因素和组织过程资产等已有相关文档和知识,常用的采购控制方法有以下几种。

1. 采购绩效审查

采购绩效审查是一种结构化的审查,依据合同审查卖方在规定的成本和进度内完成项目范围和达到质量要求的情况,包括对卖方所编文件的审查、买方开展的检查,以及在卖方实施工作期间进行的质量审计。绩效审查的目标在于发现履约情况的好坏、相对于采购工作说明书的进展情况,以及未遵循合同的情况,以便买方能够量化评价卖方在履行工作时所表现出来的能力或无能。这些审查可能是项目状态审查的一个部分。在项目状态审查时,通常要考虑关键供应商的绩效情况。

2. 索赔管理

如果买卖双方不能就变更补偿达成一致意见,甚至对变更是否已经发生都存在分歧,那么被请求的变更就成为有争议的变更或潜在的推定变更。有争议的变更也称为索赔、争议或诉求。在整个合同生命周期中,通常应该按照合同规定对索赔进行记录、处理、监督和管理。如果合同双方无法自行解决索赔问题,则需要按照合同中规定的替代争议解决(Alternative Dispute Resolution,ADR)程序进行处理。谈判是解决所有索赔和争议的首选方法。

10.3.2 采购结束管理

结束采购是完结单次项目采购的过程。本过程的主要作用是把合同和相关文件归档以备将来参考。

采购结束管理的一个重要工作就是采购审计,采购审计是指对从采购管理规划过程到采购控制过程的所有采购过程进行结构化审查。其目的是找出合同准备或管理方面的成功经验与失败教训,供本项目其他采购合同或执行组织内其他项目的采购合同借鉴。

采购结束过程还包括一些行政工作,如处理未决索赔、更新记录以反映最后的结果,以及把信息存档供未来使用等。采购结束后,未决争议可能需要进入诉讼程序。合同条款和条件可以规定结束采购的具体程序。结束采购过程通过确保合同协议完成或终止,支持项目结束管理过程。

合同提前终止是结束采购的一个特例。合同可由双方协商一致而提前终止,或者因一方违约而提前终止,或者为买方的便利而提前终止(如果合同中有这种规定)。合同终止条款规定了双方对提前终止合同的权力和责任。根据这些条款,买方可能有权因各种原因或仅为自己的便利,而随时终止整个合同或合同的某个部分。但是,根据这些条款,买方应该就卖方为该合同或该部分所做的准备工作给予补偿,就该合同或该部分中已经完成和验收的工作支付报酬。

10.3.3 软件项目采购的注意事项

软件项目的采购需要考虑的各方面因素比较多,这里仅就几个比较容易出问题的方面加以强调,需要在制定采购策略时提前确定下来,并在采购过程中加以关注。

1. 软件系统生命周期长短

对于所采购的内容,首先要对其生命周期有清晰的认识,这直接影响到其他一些相关的因素和要求。有许多应用系统从最初建立,经历不断的升级改造,到最终被其他更新换代的系统所取代,整个生命周期会有很多年,而有的采购内容,只是临时性短时间使用,生命周期非常短。

要基于生命周期衡量采购成本,不仅要看采购项目本身的直接成本,也要看包括未来整个生命周期在内的总成本,即所谓的全生命周期成本(Total Life Cycle Cost,TLCC)或总拥有成本(Total Cost of Ownership,TCO)。日常生活中最典型的例子,就是我们买房子不仅要看房价本身,还要问物业费、水电供暖等未来长期的费用情况。

从生命周期出发,在初次采购中,不仅要就当前的项目内容约定各项服务内容和商务条款,还要就未来在整个生命周期中可能遇到的重要情况进行约定,如后续的运维服务技术支持、产品版本升级、服务终止退出等,都要有预见性地约定基本原则和必要的价格标准。

基于生命周期,还要考查供应商的存续能力。IT系统的建设是智力型劳动,将来对系统的修改、系统运维中的问题解决,往往都需要供应商的持续支持,所以通常要求供应商的存续能力能够与所提供系统的生命周期相匹配,双方能够保持长期的合作伙伴关系。除非对于标准化程度很高的产品,市场上有众多可替代资源可以提供支持。

2. 是否为供应商主营业务

所采购内容是否为供应商的主营业务,这一点往往也是基本的考察内容。如果是主营业务,在重视程度、资源保证、能力积累、产品和服务成熟性、未来持续性等方面,都将更有保障。如果不是供应商的主营业务,采购的风险必然会加大,一旦项目出现问题,对于乙方来说可能就只是关闭了一个不重要的项目而已。

3. 解决方案的完整性

所谓完整方案,就是在方案中必须保证满足最终系统投入使用的"充分条件"。充分条件往往来自甲乙双方,所以需要把双方的工作内容放在一起来看。甲方所能提供的条件应作为采购的前提条件向乙方介绍清楚,乙方在此基础上通过投标方案进一步补充,乙方要保证在甲方所列前提条件的基础上,最终的整体方案是完整的,使整个项目具备"充分条件"。

4. 实施交付能力

软件项目采购中,通常会同时包含产品与实施两部分。对于产品来说,是属于静态的,采购前已经存在,在交付过程中其本身不会发生变化。但是对于实施来说,是通过交付过程中的一系列服务形成最终的交付成果,在采购前是不存在的,其交付过程同时也是最终所交付系统的开发过程(无论是定制开发还是基于产品的客户化实施),交付能力直接约等于交付系统(或功能)的开发能力,对最终成果的质量和交付过程的效率都有直接影响。

为此,在涉及实施交付能力的采购内容中,通常会对乙方参与实施工作的核心资源给予特别关注,如项目经理、架构师、骨干技术人员以及项目管理能力等。如果是交付行业应用软件,那么对乙方的行业应用经验也会给予一定的关注。

5. 运维服务支持

如果在采购当中涉及系统的运维服务支持的内容,由于运维服务方式与常见的系统建设项目的管理模式不同,所以一般都需要根据甲方整体运维管理的要求,对乙方提出服务水平要求,并以此为标准考察乙方的服务响应体系是否能够满足。

6. 对自主可控的要求

有些行业的监管当局对IT系统的自主可控提出了明确的要求。对于一般的商业企业,对其核心业务有致命影响的IT系统,往往也应该尽可能做到自主可控,在最差的情况下,也能够在失去乙方支持后仍能保证业务的持续运营。所以,在采购之前就要考虑好对系统自主可控程度的要求,并在采购中明确一项交付要求——技能转移,最终使甲方人员也具备相应的技能,对系统能够达到相应程度的自主可控,将其作为项目交付的必要条件之一。在项目计划中,就应该体现相应的工作安排。甲方也应该提前准备相应的资源一起实现技能转移。

10.4　小　　结

项目采购管理是从项目外采购工作所需的产品和服务的过程,包括合同管理和买方合同管理、变更控制过程。

在信息系统集成行业,普遍将项目所需的产品或服务资源的采购称为"外包"。项目采购一般比较偏重独家采购,便于项目采购管理和项目实施控制。项目采购的环境主要有两种:企业外部环境和企业内部环境。企业外部环境常被称为宏观环境,影响采购方式和时间因素;企业内部环境称为微观环境,影响来自企业、项目、客户的规程和规范。

项目采购要明确采购的对象及质量要求,确定对象满足的 3 个条件:通用性、可获取性、经济性。

采购规划必须配合项目需要,采购方式可以选用招标采购和非招标采购两种,根据具体情况决定。

项目采购还需考虑采购数量、成本制约的因素,特别是前期需求不明确的时候。

10.5　案 例 研 究

案例一:苹果公司采购与供应链管理

1. 采购管理

得益于庞大的采购量,苹果公司在零部件成本、制造费用以及空运费用中获得了巨大的折扣,有时甚至有些不近人情。因为消费者众多,所需零部件也在不断增加。例如,苹果每年需要支付给三星的零部件采购费用超过 70 亿美元。

苹果是三星的最大客户,三星上游供应链厂商指出,诉讼后苹果和三星仍有可能继续维持供应链合作关系。在诉讼高发期,三星仍然为苹果的 iPhone 和 iPad 供应核心 A5 逻辑芯片。但也有其他人认为,苹果似乎不想再让三星控制全球的芯片市场。苹果公司近期向日本尔必达公司广岛工厂下达大笔 DRAM 芯片订单,占苹果芯片需求的三成。苹果此举是希望辅助尔必达与三星芯片市场对抗,以维持公司的谈判能力。

1) 减少供应商数量

苹果将原先数量庞大的供应商减少至一个较小的核心群体,开始经常给供应商传送预测信息,共同应对因各种原因导致的库存剧增风险。但是,苹果对供应商也提出了一系列残忍的完美主义要求,无论何时,如果一个项目没有达到要求,苹果都会要求供应商在 12 小时内做出根本原因分析和解释。

2) 减少产品种类

这是整个改革中最基础的环节,苹果把原先的 15 种以上的产品样式削减到 4 种基本的产品样式,并尽可能使用更多标准化部件,从而大大地减少了产品生产的零部件的备用数量以及半成品的数量,能够将精力更集中于定制产品,而不是为大量的产品搬运大量存货。例如,iPod nano 几乎使用了所有的通用集成电路,从而减少了在元件准备上的时间和库存。

276

3) 提供更多无形产品

迄今为止,苹果公司的需求预测、库存管理仍非常糟糕,但是,苹果通过提供 iTunes 音乐商店服务,让消费者把钱大把地花费在一个近 20 亿美元销售额的零库存商品供应链上。目前,苹果的在线 iTunes 音乐商店已经成为美国第一大音乐零售商。

2. 供应商管理

苹果公司选择和管理供应商的方式是该公司取得成功的重要因素之一。苹果公司在选择新的供应商时重点评估质量、技术能力和规模,成本次之。而成为苹果公司的供应商绝非易事,竞争非常激烈,原因在于苹果公司的认可被视为对其制造能力的认可。

在苹果公司最新的供应商名录上,可以看到 200 多家公司的名字,其中包括三星、东芝和富士康。富士康以作为 iPhone 手机的主要组装公司而著称。然而,这些供应商的背后还有代表苹果公司向它们供货的数百家二级和三级供应商。苹果公司几乎控制了这一复杂网络的各个部分,利用其规模和影响力以最好的价格获得最佳产品并及时向客户供货。此外,苹果还通过观察供应商制造难以生产的样品考验每一家工厂——此阶段的技术投资由供应商负责。

苹果公司还有其他要求用以增强其对投入、收益和成本的控制。例如,苹果公司要求供应商从其推荐的公司那里购买材料。

随着时间的推移,苹果公司已经同这些供应商建立了强大的合作关系,同时,还投资于特殊技术并派驻 600 名自己的工程师帮助供应商解决生产问题,提高工厂的效率。

与此同时,苹果公司一直寻找其他方法以丰富供应商队伍并提高议价能力。例如,富士康现在就有一个名为"和硕联合科技股份有限公司"(和硕联合科技)的竞争对手。和硕联合科技是一家小型公司,同苹果公司签署了生产低成本 iPhone 5C 的协议。

很少有买家能有像苹果公司那样的业务范围或同样的需求。但是,苹果公司在选择、谈判和管理中采用的战略能够为任何从中国采购的公司提供一些经验。最主要的五大经验如下。

1) 拜访工厂

买家需要确定供应商是否有能力及时满足订单要求以及是否有能力生产高质量的产品。拜访工厂还能够使买家了解供应商的员工人数和他们的技能水平。评估供应商的无形资产,包括供应商的领导能力以及增长潜力。例如,当要求供应商提供样品时,买家要提供非常具体的要求,并派驻自己的工程师监督生产流程以便了解样品是由供应商内部生产的而不是从他处采购的。

2) 谈判和监督并用

同一种产品使用不止一家供应商,以改善买家的议价能力并降低风险。当为合同开展谈判时,成本和质量都要重视。为有缺陷的产品建立缓冲并且为延迟交货谈判一个折扣。下单后,派本地代表拜访工厂并且在不同的阶段检查货物,以便能够介入和矫正缺陷。发货前检查非常重要,因为由于税收原因向中国退回有缺陷的产品代价非常高。买家应该密切监督供应商的表现。在建立合作关系的最初阶段,这一点尤为重要。

3) 了解供应商的供应商

供应链的能见度对于尽量减少有缺陷的产品和降低知识产权盗窃的风险以及控制成本非常必要。采购公司的实力也许比不上苹果公司,但必须了解采购的产品中使用的不同材料的出处。因为供应商为了节省成本经常更换他们自己的供应商,了解这一点尤其重要。

4) 准备好提供帮助

当公司确定了供应商名录中的优质供应商时,要准备好同这些供应商分享提高产品的想法,以便提高供应商所售产品的利润。这样做可以向供应商表明,降低成本(如通过使用更便宜的材料)不是持续提高利润的唯一方法。还可以考虑培训等其他方法以提高供应商的员工的技能水平。

5) 经常沟通

最后,第三方报告和年度拜访不足以建立合作关系。建立一个包括反馈在内的成熟的沟通机制则势在必行。这样可以避免误解的发生,同时在问题演变成危机前把问题解决掉。

理想的状态是,公司应当向供应商派驻一个具备业务知识和专业技能的现场团队,以便对供应商的工厂进行定期拜访,而不仅仅是当出现问题时才去拜访。如果目前无法采取这种做法,则要增加公司的总部工作人员拜访供应商的频率。

【案例问题】

(1) 苹果公司的采购管理有哪些特点?

(2) 分析苹果供应商管理的成功之处。

(3) 关于采购管理,本案例带给你哪些启发?

案例二:美国宇航局的 IT 采购管理策略①

最近,美国宇航局对开支的挖掘分析已经发展成了 IT 的变革,尤其突出的是,该机构的 IT 采购策略涉及 100 个合同,涉及宇航局的 10 个分支地点。在那些成果的最核心部分是一套 IT 治理策略,该策略包括该组织每一层次的个人。

美国宇航局每年在 IT 方面花费 171 亿美元,为了更好地管理围绕该机构称为 5 项 IT 重任(桌面服务、企业应用、Web 服务、网络服务和数据中心服务)的采购工作,美国宇航局已经对供应商进行了分组,并且合并了这些竖井中的供应商数量。供应商们现在为不止一个站点提供服务,以前都是每个站点为某些服务选择自己的供应商。

美国宇航局的 IT 合同被在全国范围内的 10 个外地中心执行,其中有休斯敦的 Johnson 航天中心、佛罗里达州 Merritt 岛的肯尼迪航天中心和亚拉巴马州 Huntsville 的马歇尔航天中心。

Jonathan Pettus 是美国宇航局马歇尔太空飞行中心的 CIO,他说:"这些地点都在非常自主地运营。这就导致了各地的 IT 基础设施环境多少有些脱节,使工程师和科学家们跨我们的业务中心协作起来非常困难。"这也意味着服务有重复性,IT 开支利用率也不高。

在 Forrester 研究公司在芝加哥举行的服务与采购论坛上,Pettus 讨论了该组织的新系统 IT 治理策略和 IT 多采购策略。

多采购策略是像美国宇航局这种大型组织常用的方法,美国宇航局运行着 8000 个网站(其中有 2000 个是面向公众的),拥有 3700 名全职 IT 员工,包括 3000 家承包商。John McCarthy 是 Forrester 研究公司的副总裁和首席分析师,他说它(多采购)可以帮助企业分散风

---

① 引自 Tech Target 中国(http://www.techtarget.com.cn)。

险,确保在各供应商之间存在竞争,削减有关重复服务合同的成本,提高质量,协作和变革。

McCarthy 说:"那种认为选择单一的供应商环境(运行 IT)多少会更容易的观点,取决于你如何度量结果。如果你管理唯一一家供应商关系,管理压力在你这边,但是在多采购环境中,你可以让他们互相牵制。"

尽管如此,多采购也需要内部治理。McCarthy 把有效的采购管理比作一个金字塔,其中塔尖应该由首席运营官、首席信息官和其他业务领导组成的指导委员会构成;中间层监管整个项目管理,由负责供应商管理的主管、IT 职能领域(如应用或存储)的副总裁以及项目管理办公室的负责人组成;最底层由 IT 运营员工和频繁与应用系统打交道的业务经理们组成。

为了实施 IT 多采购管理策略,美国宇航局设置了 4 个层次的方法来评估 IT 采购活动和供应商选择。该流程包括了所有人,包括美国宇航局最高主管。

这 4 个治理层次与 Forrester 研究公司描述的金字塔有点类似。最顶层是一个管理委员会,由美国宇航局 CEO 主持,来监管战略层面的 IT 采购活动。Pettus 说:"这就说明我们得到了自上而下的认同和支持。IT 过去一直被排挤在最底层,现在情况变化了。"

采购策略的实施变成了 IT 策略和投资委员会的职责,该委员会由高级业务领导们组成。该小组每季度举行一次会议,并就优先级和选择 IT 投资、设定关于企业架构和美国宇航局范围内的 IT 策略和流程等方面做决策。

IT 项目管理委员会对于应用和基础设施项目做决策,确保审批的投资在设计和实施期间一直在正确的轨道上。

最后,IT 管理委员会每周开会,负责监督 IT 服务交付的供应商、技术标准和运营问题,确保 IT 采购活动全面平稳进行。

此外,美国宇航局决定采用第三版 IT 基础设施库(ITIL)进行实施和变更控制。Pettus 说"虽然 ITIL 不是银弹",但该组织也正在把当前服务供应商与 ITIL 框架保持一致,为未来的供应商建立请求和审批流程,寻求关于他们如何能将其服务接入到美国宇航局的系统中的具体反馈意见。

Pettu 说:"最重要的部分是获得一个端对端的,无缝衔接的环境。在如何选择各种服务,如何把那些服务捆绑到我们的 5 项重要 IT 工作中等方面,我们将变得更加智能,集成度更高。"

【案例问题】

(1) 结合本案例,简述采购管理的必要性。

(2) 美国宇航局 IT 多采购管理策略的核心是什么?

(3) IT 多采购管理策略给美国宇航局带来什么样的好处?

(4) 通过本案例,你认为采购管理的关键是什么?

10.6 习题与实践

1. 习题

(1) 软件项目采购管理的主要过程有哪些?

(2) 招标书编制主要包含哪些内容?

（3）在投标决策时应考虑哪些因素？

（4）简述签订软件项目合同时应注意哪些问题。

（5）如何进行软件项目采购管理？

（6）简述采购结束管理中如何管理合同。

2. 实践

（1）查找相关资料，说明我国软件外包企业是如何进行项目管理的。

（2）上网收集资料，说明我国在政府采购方面都有哪些规定。

（3）上网了解世界著名 IT 企业采购管理的先进做法。

第 11 章　项目干系人管理

视频讲解

　　项目干系人管理是为了了解干系人的需要和期望、解决实际发生的问题、管理利益冲突、促进干系人合理参与项目决策和活动。项目经理正确识别并合理管理干系人的能力，能决定项目的成败。项目干系人管理包括以下 4 个过程。

　　(1) 干系人识别，尽早识别有哪些干系人。

　　(2) 干系人参与规划，制定合适的参与策略。

　　(3) 干系人参与管理，根据干系人管理策略引导干系人参与。

　　(4) 干系人参与监督，调整干系人参与情况。

　　每个项目都有干系人，他们会受项目的积极或消极影响，或者能对项目施加积极或消极的影响。有些干系人影响项目工作或成果的能力有限，而有些干系人可能对项目及其期望成果有重大影响。

　　在敏捷或适应型环境中需要考虑的因素高度变化的项目更需要项目干系人的有效互动和参与。为了开展及时且高效的讨论及决策，适应型团队会直接与干系人互动，而不是通过层层的管理级别。客户、用户和开发人员在动态的共创过程中交换信息，通常能实现更高的干系人参与和满意程度。在整个项目期间保持与干系人社区的互动，有利于降低风险、建立信任和尽早做出项目调整，从而节约成本，提高项目成功的可能性。

11.1　干系人识别

　　项目干系人也称为项目利益相关者，识别干系人是定期识别项目干系人，分析和记录他们的利益、参与度、相互依赖性、影响力和对项目成功的潜在影响的过程。本过程的主要作用是使项目团队能够建立对每个干系人或干系人群体的适度关注。

　　本过程通常在编制和批准项目章程之前或同时首次开展。本过程在必要时需要重复开展，至少应在每个阶段开始时，以及项目或组织出现重大变化时重复开展。每次重复开展本过程，都应通过查阅项目管理计划组件和项目文件识别有关的项目干系人。

11.1.1　干系人识别的方法

　　干系人识别应该基于项目章程、商业文件、项目管理计划(在首次识别干系人时，项目管理计划并不存在，当项目管理计划编制完成后，其中的沟通管理计划和干系人参与计划都可以成为干系人更新识别的依据)、项目文件、协议、事业环境因素和组织过程资产等已有相关文档和知识，常用的干系人识别方法如下。

1. 干系人分析

干系人分析是系统地收集和分析各种定量与定性信息,以便确定在整个项目中应该考虑哪些人的利益。通过干系人分析,识别出干系人的利益、期望和影响,并把他们与项目的目的联系起来。干系人分析也有助于了解干系人之间的关系(包括干系人与项目的关系、干系人相互之间的关系),以便利用这些关系建立联盟和伙伴合作,从而提高项目成功的可能性。在项目或阶段的不同时期,应该对干系人之间的关系施加不同的影响。

干系人分析通常应遵循以下步骤。

(1) 识别全部潜在项目干系人及其相关信息,如他们的角色、部门、利益、知识、期望和影响力。关键干系人通常很容易识别,包括所有受项目结果影响的决策者或管理者,如项目发起人、项目经理和主要客户。通常可对已识别的干系人进行访谈,从而识别其他干系人,扩充干系人名单,直至列出全部潜在干系人。

(2) 分析每个干系人可能的影响或支持,并将他们分类,以便制定管理策略。在干系人很多的情况下,就必须对干系人进行排序,以便有效分配精力,了解和管理干系人的期望。

(3) 评估关键干系人对不同情况可能做出的反应或应对,以便策划如何对他们施加影响,提高他们的支持,减轻他们的潜在负面影响。

有多种分类模型可用于干系人分析,具体如下。

(1) 权力/利益方格。根据干系人的职权(权力)大小和对项目结果的关注(利益)程度进行分类。

(2) 权力/影响方格。根据干系人的职权(权力)大小和主动参与(影响)项目的程度进行分类。

(3) 影响/作用方格。根据干系人主动参与(影响)项目的程度和改变项目计划或执行的能力(作用)进行分类。

(4) 凸显模型。根据干系人的权力(施加自己意愿的能力)、紧急程度(需要立即关注)和合法性(有权参与)对干系人进行分类。

图 11-1 是一个权力/利益方格的例子,用 A～H 代表干系人的位置。

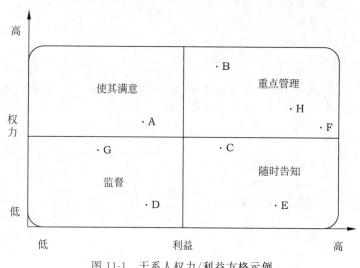

图 11-1 干系人权力/利益方格示例

项目干系人管理

2. 文件分析

评估现有项目文件及以往项目的经验教训,以识别干系人和其他支持性信息。

3. 头脑风暴

用于识别干系人的头脑风暴技术包括头脑风暴和头脑写作。

(1)头脑风暴。一种通用的数据收集和创意技术,用于向小组征求意见,如团队成员或主题专家。

(2)头脑写作。头脑风暴的改良形式,让个人参与者有时间在小组创意讨论开始前单独思考问题。信息可通过面对面小组会议收集,或在由技术支持的虚拟环境中收集。

11.1.2 软件项目干系人类型分析

为了对项目干系人识别和了解得更充分,通常会对项目的干系人类型进行分析,以掌握不同类型干系人的特点及其关注重点。以软件项目干系人类型分析为例,不同类型干系人的特点及其关注重点如表 11-1 所示。

表 11-1　软件项目干系人类型列表

干系人名称	类型	角 色 定 义	关 注 重 点	备　　注
甲方发起人	甲方	通常指甲方的项目发起人,一般情形下为组织的最高管理者,在 IT 项目中代表甲方组织,对于 IT 项目行使关键管理职责	项目能够满足组织的整体业务需要,包括满足现有业务需求以及未来的新业务需求	
甲方高层	甲方	甲方组织内对项目有重要影响程度的管理人员,如确定项目的预算、项目范围等方面管理人员	从某一方面重点关注项目,如项目的预算限制、项目的边界等	例如,甲方内部财务部门的负责人倾向于控制预算,而业务部门的负责人则倾向于强调本部门业务的重要性与特殊性
甲方关键业务部门	甲方	其业务作为甲方组织最主要的日常运营业务,优先级最高	确保现有业务的持续性与重要性,将 IT 项目对业务的负面影响控制到最低限度	
甲方一般业务部门	甲方	相对于关键业务部门而言,通常为关键业务提供支持或配合功能	希望借助于 IT 项目改善和优化目前的业务流程,以提高工作效率	一般业务部门关注重点会根据不同的组织特点有分化,可能某些组织的一般业务部门对 IT 项目也采取抵触的态度
甲方信息中心	甲方	从 IT 的角度为甲方的业务提供支撑的部门,其功能从 IT 项目建设期间的牵头部门到 IT 项目运营期间的维护部门	建立依附于 IT 环境支撑的新业务环境,改善组织的工作流程,突出 IT 环境的重要性	通常在组织内的职能部门都会强调本部门的重要性,从而造成每个职能部门都倾向于"扩张"部门职能的现象

干系人名称	类型	角色定义	关注重点	备注
甲方项目经理	甲方	甲方组织中管理项目的人员,代表甲方发起人管理IT项目,行使甲方项目管理的日常职责	完成甲方发起人所委托的项目,确保IT项目满足范围、时间、成本和质量目标	
乙方高层	乙方	承接甲方IT项目组织的管理者,在IT项目中代表乙方组织,对于IT项目行使关键管理职责	及时得到甲方的项目款项,控制项目成本以确保项目的利益最大化,不断提高客户满意度以确保可以持续参与客户的项目	
乙方项目经理	乙方	乙方组织中管理项目的人员,代表乙方发起人管理IT项目,行使乙方项目管理的日常职责	完成乙方高层所委托的项目,确保项目顺利验收,争取好的项目绩效评价结果	
乙方项目组	乙方	根据项目经理的安排,完成项目规定的任务	完成项目经理安排的工作任务,争取好的个人绩效评价结果	
乙方项目监管部门	乙方	了解项目执行的情况,判断项目风险,将结果报告给乙方高层	及时发现和报告有问题的项目,避免项目中出现严重后果	
分包商	第三方	与乙方订立项目合同并接受乙方的委托,完成项目的部分内容	完成乙方所指定的工作任务并及时获得项目回款	在有些甲方组织中采取直接指定分包商的情形,此时分包商可能在工作中表现为对乙方的配合不主动
供应商	第三方	与乙方订立项目合同并接受乙方的委托,向乙方提供实施IT项目所需的设备、材料等服务	根据乙方采购订单提供乙方所需的材料设备并获得支付	
监理	第三方	接受甲方的委托,监督乙方项目的执行状况与项目风险,并向甲方报告		

11.1.3 干系人登记册

干系人登记册是干系人识别的重要结果,它包含了关于已识别的干系人的所有详细信息,应该包括以下内容。

(1) 基本信息,如姓名、在组织中的职位、地点、在项目中的角色、联系方式等。

(2) 评估信息,如主要要求、主要期望、对项目的潜在影响、与项目生命周期的哪个阶段最密切。

(3) 干系人分类,如内部/外部、支持者/中立者/反对者等。

应定期查看并更新干系人登记册,因为在整个项目生命周期中干系人可能发生变化,也可能识别出新的干系人。

11.2　干系人参与规划

干系人参与规划是根据干系人的需求、期望、利益和对项目的潜在影响,制定项目干系人参与项目的方法的过程。本过程的主要作用是提供与干系人进行有效互动的可行计划。本过程应根据需要在整个项目期间定期开展。

11.2.1　干系人参与规划的方法

干系人参与规划应该基于项目章程、项目管理计划(其中的资源管理计划、沟通管理计划、风险管理计划等)、项目文件(其中的假设日志、变更日志、问题日志、项目进度计划、风险登记册、干系人登记册等)、协议、事业环境因素(其中的组织文化、人事管理政策、干系人风险偏好、沟通渠道等)和组织过程资产(企业的社交媒体、企业数据管理政策、组织对沟通的要求、经验教训知识库等)等已有的相关知识和信息,常用的干系人参与规划方法如下。

1. 专家判断

应征求具备以下专业知识或接受过相关培训的个人或小组的意见。

(1) 组织内部及外部的政治和权力结构。

(2) 组织及组织外部的环境和文化。

(3) 干系人参与过程使用的分析和评估技术。

(4) 沟通手段和策略。

(5) 来自以往项目的关于干系人、干系人群体及干系人组织(他们可能参与过以往的类似项目)的知识。

2. 干系人参与度评估矩阵

干系人参与度评估矩阵用于将干系人当前参与水平与期望参与水平进行比较。对干系人参与水平进行分类的方式之一如表 11-2 所示。干系人参与水平可分为以下类型。

(1) 不了解型。不知道项目及其潜在影响。

(2) 抵制型。知道项目及其潜在影响,但抵制项目工作或成果可能引发的任何变更。此类干系人不会支持项目工作或项目成果。

(3) 中立型。了解项目,但既不支持,也不反对。

(4) 支持型。了解项目及其潜在影响,并且会支持项目工作及其成果。

(5) 领导型。了解项目及其潜在影响,而且积极参与以确保项目取得成功。

表 11-2　干系人参与度评估矩阵

干系人	不了解型	抵制型	中立型	支持型	领导型
干系人 1	C			D	
干系人 2			C	D	
干系人 3					

表 11-2 中,C 代表每个干系人的当前参与水平,而 D 是项目团队评估出来的参与水平。为确保项目成功所必不可少的参与水平(期望的),应根据每个干系人的当前与期望参与水平的差距,开展必要的沟通,有效引导干系人参与项目。弥合当前与期望参与水平的差距是监督干系人参与中的一项基本工作。

3. 标杆对照

将干系人分析的结果与其他被视为国内外顶级的组织或项目的信息进行比较。

4. 假设条件和制约因素分析

可能需要分析当前的假设条件和制约因素,以合理剪裁干系人参与策略。

5. 根本原因分析

开展根本原因分析,识别是什么根本原因导致了干系人对项目的某种支持水平,以便选择适当策略改进其参与水平。

6. 优先级排序或分级

应该对干系人需求以及干系人本身进行优先级排序或分级。具有最大利益和最高影响的干系人,通常应该排在优先级清单的最前面。

11.2.2 干系人参与计划

干系人参与计划是干系人参与规划的结果,是项目管理计划的组成部分,它为有效调动干系人参与而规定所需的管理策略。根据项目的需要,干系人参与计划可以是正式的或非正式的,详细的或概括的。除了干系人登记册中的资料外,干系人参与计划通常还包括以下内容。

(1) 关键干系人的所需参与程度和当前参与程度。

(2) 干系人变更的范围和影响。

(3) 干系人之间的相互关系和潜在交叉。

(4) 项目现阶段的干系人沟通需求。

(5) 需要分发给干系人的信息,包括语言、格式、内容和详细程度。

(6) 分发相关信息的理由,以及可能对干系人参与所产生的影响。

(7) 向干系人分发所需信息的时限和频率。

(8) 随着项目的进展,更新和优化干系人管理计划的方法。

项目经理应该意识到干系人参与计划的敏感性,并采取恰当的预防措施。例如,有关那些抵制项目的干系人的信息,可能具有潜在的破坏作用,因此对于这类信息的发布必须特别谨慎。更新干系人参与计划时,应审查所依据的假设条件的有效性,以确保该计划的准确性和相关性。

11.3 干系人参与管理

干系人参与管理是与干系人进行沟通和协作以满足其需求与期望、处理问题,并促进干系人合理参与的过程。本过程的主要作用是让项目经理能够提高干系人的支持,并尽可能降低干系人的抵制。本过程需要在整个项目期间开展。

11.3.1 干系人参与管理活动

在干系人参与管理过程中,需要开展多项活动,具体如下。

（1）在适当的项目阶段引导干系人参与，以便获取、确认或维持他们对项目成功的持续承诺。

（2）通过谈判和沟通管理干系人期望。

（3）处理与干系人管理有关的任何风险或潜在关注点，预测干系人可能在未来引发的问题。

（4）澄清和解决已识别的问题。管理干系人参与有助于确保干系人明确了解项目目的、目标、收益和风险，以及他们的贡献将如何促进项目成功。

11.3.2　干系人参与管理的方法

干系人参与管理应该基于项目管理计划（其中的沟通管理计划、风险管理计划、干系人参与计划等）、项目文件（其中的变更日志、问题日志、经验教训登记册、干系人登记册等）、事业环境因素和组织过程资产等已有相关文档和知识，常用的干系人参与管理方法如下。

1. 专家判断

应征求具备以下专业知识或接受过相关培训的个人或小组的意见：组织内部及外部的政治和权力结构；组织及组织外部的环境和文化；干系人参与过程使用的分析和评估技术；沟通方法和策略；可能参与过以往类似项目的干系人、干系人群体及干系人组织的特征；需求管理、供应商管理和变更管理。

2. 冲突管理

项目经理应确保及时解决冲突。

3. 文化意识

文化意识有助于项目经理和团队通过考虑文化差异和干系人需求，来实现有效沟通。

4. 谈判

谈判用于获得支持或达成关于支持项目工作或成果的协议，并解决团队内部或团队与其他干系人之间的冲突。

5. 观察和交谈

通过观察和交谈，及时了解项目团队成员和其他干系人的工作和态度。

11.3.3　优先管理7类干系人参与

项目经理在实施项目的时候，总是会有一堆的事情要去完成，从制订项目计划到与各个干系人沟通获取资源，很难有更多的时间对项目中出现的问题进行深入分析。

这个时候，找到合适的人制订解决方案就会显得至关重要，有的时候，可以选取不同领域的干系人形成一个咨询小组，专门帮助项目解决出现的问题，也会让项目更加顺畅地运行，并超出实际的期望。

哪些干系人能够成为项目中可以咨询的对象，建议选取下面的7类人，他们能够帮助解答项目中出现的问题，同时也能够给予项目一定的支持。

1. 技术人员团队

项目中的技术人员一般指的是IT或工程人员，他们可能是具有特定专家技能的人员，在整个项目中起到必不可少的作用。

他们在某一些专业方向或专题上有投入，这一类人根据技术类型可能分为系统架构师、业务分析师、测试人员、开发人员、质量检查人员等。

这些人深入到项目中的技术细节部分，知道项目中存在的技术问题，所以，一旦出现问题，项目经理或其他团队成员可以很轻松地通过相应的人员找到原因。

项目经理或许不能对所有的技术细节问题了解得面面俱到，但通过打造一个优秀的技术团队，可以使项目经理没有后顾之忧，更加轻松地管理项目干系人。

如果有新的技术问题，或者技术引进，这些技术人员就成为项目经理的翻译者，可以用你能够理解的方式描述你想知道的新的事物。

2. 客户群

正如所有人都知道的，客户真的很重要，这也是项目存在的宗旨，就是要为客户提供他们所需要的事物。

项目经理在出现问题或想要获得一些建议的时候，首先就是要和客户谈谈，了解客户对于项目最终结果的期望，他们期望达成什么，以及认为项目将为他们解决的问题。

项目经理则确保项目能够真正提供给客户有价值的事物，而不是按照自己的想法去进行。只有当项目中出现的可交付成果和目的是与客户想要的内容紧密相关的时候，这个项目才有可能获得客户的认可并获得最终的成功。

3. 财务团队

项目最终是要给公司带来利益，从财务数据上看就是收入和销售毛利率，那么这些数据对于项目经理来说是值得一看的。

项目经理要让财务团队对项目的经营情况进行分析和问题查找，看项目的预算执行进度是不是和项目进度相匹配，项目成员的费用支出是否合理，项目中的收入是否正常触发，等等。

财务团队并非是项目的负担，项目经理往往会执着于项目的实施，而忽略项目的效益，这个时候财务团队通过审查项目的各种假设帮助项目的业务健康发展，通过滚动预测帮助项目制定合适的应对措施，降低各项交付成本，最大化提升项目的销售毛利率。

4. 法律团队

任何时候重视法律都不会是错误的，尤其是一些跨国项目或涉及不同行业之间的合作类型的项目。

这个时候，在合同制定、人员雇佣、公共关系等各方面都需要考虑到法律问题，可能会有项目经理不知道的法律准则或即将出现的法律条文的变更，会给项目带来巨大的影响。

向法律团队咨询不需要很长的时间，但是提前预防到位可以帮助项目经理摆脱很多麻烦，优秀的法律团队可以就项目的合规性提供建议。

项目中可能会与当地法律存在较多的交互性问题，建议可以成立一个单独的团队来应对行业中的合规问题，但项目经理一定要参与进来。

5. 高级管理人员

大多数情况下，组织或公司的高级管理人员往往是项目的关键干系人，他们掌握着组织或公司的发展目标和战略方向，项目经理要让高级管理人员参与到项目中来，至少也要让他们了解项目当前的运行状态，这样可以从高级管理人员那里了解到项目是否和组织或公司的利益保持一致。

如果一个组织或公司中有很多项目存在，项目经理就更需要获得高级管理人员的建议，在同类型的项目中获得优势,这样才能协调到更多的资源,增加项目成功的可能性。

项目经理可以通过定期或不定期向高级管理人员进行咨询,获得他们的建议,解决项目中可能出现的问题。

6. 项目管理办公室

项目管理办公室实际上是一个协助性的部门,这个部门可以帮助项目经理在项目启动阶段节省大量的时间。

项目管理办公室可以通过提供正确的项目模板、项目实施流程、项目指导文档帮助项目经理在项目前期完成项目计划的制订、流程的确立、资源和预算的评估等大量任务。

项目管理办公室可以和项目经理共享历史项目或类似项目的经验教训,可以找到适合项目所需要的人员或资源,也可以提供相关的培训课程帮助项目经理搭建或提升项目团队的交付能力。

项目管理办公室会通过各种方法帮助项目经理迅速提升项目管理水平,解决在项目管理中遇到的问题,是项目经理的得力帮手。

7. 你自己

求人终究不如求己,项目经理不能事事都借助外力,自己也需要有很多的专业知识和工作经验。

所以,尝试自己去了解其他项目的历史交付过程,挖掘出一些经验教训,给自己预留足够的时间来学习和了解项目中所有人员的信息,包括前面提到的各种类型的人员,最终吸收成为自己的知识,并转化成为相应的能力。

项目经理处于在项目管理者的岗位上,首先要有自信心,在项目的各个环节要主动参与进去,如果你还没有做到的话,要敢于承认并立即行动起来。

11.3.4 干系人参与管理的注意事项

由于精力有限,不可能对所有项目干系人都进行同等程度的管理。对于利益大、影响大的干系人,一定要重点管理;对于利益小、影响小的干系人,则可以放在一边不管或只投入很少的精力加以观察。要注意,在项目的不同阶段,干系人的利益和影响会发生变化。

根据项目干系人参与计划,对不同干系人要采取有区别的参与管理措施。在对干系人参与管理时,应特别注意以下几个方面。

1. 尽早以积极态度面对负面的干系人

面对消极的干系人,应如同面对积极的干系人一样,尽早积极地寻求解决问题的方法。充分理解他们,设法把项目对他们的负面影响降到最低程度,甚至可以设法使项目也为他们带来一定的正面影响。直接面对问题,要比拖延、回避有效得多。

2. 让项目干系人满意是项目管理的最终目的

让干系人满意,不是简单地被干系人牵着鼻子走,而是切实弄清楚干系人的利益追求并加以适当引导,满足他们合理的利益追求。项目管理要在规定的范围、时间、成本和质量下完成任务,最终还是要让项目干系人满意。所以,不要忽视你的干系人,项目管理团队必须把干系人的利益追求尽量明确、完整地列出,并以适当方式请干系人确认。

3. 特别注意干系人之间的利益平衡

由于各干系人之间或多或少地存在利益矛盾,我们无法同时、同等程度地满足所有干系人的利益,但应该尽量缩小各干系人满足程度之间的差异,达到一个相对平衡。项目干系人管理的一个核心问题,就是在众多项目干系人之间寻找利益平衡点。我们要承认和理解利益差别甚至是冲突,并进行协商。

4. 依靠沟通解决干系人之间的问题

通过沟通,不但能及时发现项目干系人之间的问题,更重要的是能够达到相互理解、相互支持,直至问题解决。对于沟通,我们要建立良好的沟通机制和计划,并加以管理。

11.4　干系人参与监督

干系人参与监督是监督项目干系人关系,并通过修订参与策略和计划引导干系人合理参与项目的过程。本过程的主要作用是随着项目进展和环境变化,维持或提升干系人参与活动的效率和效果。本过程需要在整个项目期间开展。

11.4.1　干系人参与监督的方法

干系人参与监督应该基于项目管理计划(其中的资源管理计划、沟通管理计划、干系人参与计划等)、项目文件(其中的问题日志、经验教训登记册、项目沟通记录、风险登记册、干系人登记册等)、工作绩效数据、事业环境因素(其中的组织文化、人事管理政策、干系人风险临界值、已确立的沟通渠道等)和组织过程资产(企业的社交媒体、企业的风险/变更/数据管理政策、以往的项目信息等)等已有相关文档和知识,常用的干系人参与监督方法如下。

1. 备选方案分析

在干系人参与效果没有达到期望要求时,应该开展备选方案分析,评估应对偏差的各种备选方案。

2. 根本原因分析

开展根本原因分析,确定干系人参与未达预期效果的根本原因。

3. 干系人参与度评估矩阵

使用干系人参与度评估矩阵跟踪每个干系人参与水平的变化,对干系人参与加以监督。

4. 人际关系技能

在干系人参与监督过程中,可使用的人际关系技能如下。

(1)积极倾听。通过积极倾听,减少理解错误和沟通错误。

(2)文化意识。文化意识和文化敏感性有助于项目经理依据干系人和团队成员的文化差异和文化需求对沟通进行规划。

(3)领导力。成功的干系人参与,需要强有力的领导技能,以传递愿景并激励干系人支持项目工作和成果。

(4)人际交往。通过人际交往了解关于干系人参与水平的信息。

(5)政治意识。政治意识有助于理解组织战略,理解谁能行使权力和施加影响,以及培养与这些干系人沟通的能力。

11.4.2　如何与不同性格的干系人打交道

1978年,塞缪尔·休斯顿博士(Dr. Samuel R. Houston)、杜德利·所罗门博士(Dr.

Dudley Solomon)和布鲁斯·哈比(Bruce M. Hubby)领导 40 余位行为科学家完成行为特质动态衡量系统(Professional Dynametric Programs,PDP)理论研发,并创办了 PDP 研究机构。

该理论根据个人行为特质、活力、动能、压力、精力及能量变动情况,将人群分为 5 种类型:支配型(老虎)、外向型(孔雀)、耐心型(考拉)、精准型(猫头鹰)、整合型(变色龙),如图 11-2 所示。5 种类型的人在生活与工作中呈现出不同的性格特点。在项目干系人参与监督过程中,项目经理如能正确把握干系人的所属类型,了解其性格特点,可以提升沟通效率,高效达成项目干系人参与监控的目标。

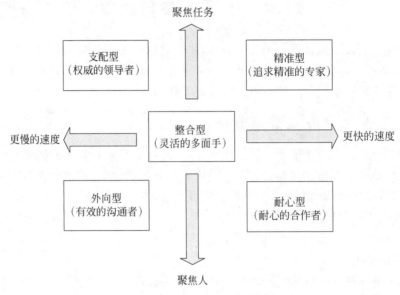

图 11-2　项目干系人的 5 种类型

1. 支配型

支配型干系人是权威的领导者。这种类型的人偏重结果导向,喜欢积极争取,善于面对风险和挑战,而且总是对事情起主导作用。他们善于抓住事情的关键,敢于竞争,敢于承担责任,具有很强的冒险精神;善于解决复杂的问题,分析能力强,习惯用自己的方式解决问题。这种类型的干系人在沟通过程中,不太会关注个体感受,常常会因为目的性过强而忽略其他因素,最终可能会影响目标达成。

那么,项目经理如何与支配型的人沟通呢?

首先,支配型的人极其自信,对于不自信的人,他们常常表现出藐视与不屑的态度,所以在与这种类型的人沟通时,项目经理要表现得非常自信,克服心理上的"畏惧感",否则他们会质疑项目经理的权威性,对沟通内容表示不信服。

其次,支配型的人喜欢直奔结果,当项目出现问题时,项目经理与其沟通应抓住主要矛盾与根本问题,无须强调太多细枝末节,因为过多的解释反而会让他们觉得项目经理在推脱责任。

最后,项目经理在沟通时要将有价值的事情作为重点,简明扼要地阐述信息,提供两三套解决方案,且针对每套解决方案分析其利弊与价值点。

值得注意的是,在长时间与支配型干系人接触后,不难发现他们性格直爽,对事不对人,所以即使与他们发生激烈的争执,事情过后也不必耿耿于怀,因为这种类型的人脾气来得快走得也快。作为项目经理,只要有扎实的理论与数据做支撑,面对威严的支配型干系人,就可以不卑不亢,思路清晰,有理有据,事半功倍。

2. 外向型

外向型干系人是有效的沟通者。他们通常比较积极乐观,善于表达,喜欢分享自己的观点和想法,倾向于主动与他人交往,影响并说服他人。同时,他们喜欢营造轻松的氛围,善于鼓励和激励他人,思维活跃,创意比较多。这种类型的人在沟通时,面部表情特别丰富,语言连贯有说服力,天生就有好奇心,害怕沉闷,思维方式比较跳跃。但是,外向型干系人倾听力不足,特别是听到别人的观点与自己不同时,他们会急于表达自己的观点,甚至有时会打断别人的话语。

因此,项目经理与外向型干系人沟通时,首先,要重视其人。对外向型干系人的关注度应该放在首位,及时认同并肯定他们,谨慎批评,不要当众立即反驳他们的观点,沟通时应尽量婉转,避免言语刺激,沟通方式要轻松自然,可采用说服、体贴的方式。沟通过程中,项目经理要注意面部表情管理,言语间要给足他们面子。否则,即使他们表面勉强接受,但是出于内心的不舒服,也会在其他问题上找平衡。

其次,选择适当时机给予外向型干系人表现的机会。由于他们热衷于人前表达,所以在适当时机可以给他们提供露脸或展现自我的机会,增加其对项目的重视程度和认同感,为后续工作顺利开展铺平道路。

最后,需要特别强调的是,这种类型的人待人热情,有时出于职业习惯或为了赢得好感,会轻易应允一些事情,也极有可能未经确认凭感觉回答问题,所以与外向型干系人沟通确认的事情,需要进行多方确认,切不可单凭他们"一面之词"妄下结论。

3. 耐心型

耐心型干系人是耐心的合作者。这类人性格温和、敦厚,行事稳健,有过人的耐力,与之相处不易发生冲突。这种类型的人具有恒心和毅力,能够通过持续的努力达到目标。他们比较在意组织和人员的稳定性,喜欢和谐的团队氛围。但是,他们很难坚持自己的观点或迅速做出决定,因为他们不喜欢面对意见不合的局面,更不愿意处理争执,而且很敏感,这使他们在集体环境中能够左右逢源。

因此,项目经理在与耐心型干系人沟通时应注意以下几点。

(1)耐心型干系人慢热,适应环境需要一定的时间,喜欢和谐稳定的氛围,不喜欢冲突的环境。项目实施过程中,与他们沟通要多注意时机、环境、节奏,留给他们思考的时间。如果项目经理不认可他们的思路或方案,一定要用比较委婉的方式提出来,切勿直截了当,这样会给他们带来心理压力。务实是耐心型干系人的人格特点,夸大与务虚的言辞,会让他们觉得缺乏安全感,所以,真诚是首要的前提。

(2)对于要求耐心型干系人完成的事项,应按计划盯紧,由于其拖沓的性格可能会耽误项目进程,应明确给出工作完成和截止的时间,并在截止日期到来前,适当给予友善的提醒,以确保工作如期完成。

(3)耐心型干系人较腼腆,在人多的场合则更为低调,尽量帮助他们规避在公开场合表达与展现,如果非要其在公开场合表达,应提前与他们做好沟通,帮其做好充分的准备并建立自信,这是最为重要的一点。

4. 精准型

精准型干系人是追求精准的专家。他们特别注重事物的细节，做事情讲究公开、公平、公正，追求完美，注重专业，对工作要求比较高。同时，他们对自己和团队的要求也会比较高，遵从规则，在乎规范化的行政程序、制度，做事小心谨慎，一般不会轻易犯错，因为他们经常对事物进行不断的监督和检查，具有很强的风险防范意识。

精准型的人是严谨的代名词，项目经理在与其沟通时，应保持逻辑严谨、逐层递进并辅以数据作为支撑，尽量避免要求精准型干系人做出立即的决断。因为他们出于谨慎，一般需要较长时间的全面思考，才能给出答复。

对于这种类型的干系人，与他们沟通时不适合使用空洞理想的语言，过于热情浮夸的辞藻与语调会令他们产生反感。项目经理对他们提出的问题或意见，须经过缜密的思考，再与其进一步沟通确认。

此外，精准型干系人对于某些问题可能存在过度谨慎与死抓细节的情况，往往会因某个细节而纠结良久、畏首畏尾，项目经理应适当提醒他们抓主要问题，考虑项目时间、成本与建设目标的平衡，不能因细枝末节的问题而耽误项目进度。

5. 整合型

整合型干系人是灵活的多面手。这种类型的人适应能力非常强，在新的环境或理念冲击的时候，他们调整适应得非常快，具有很强的整合能力，是天生的谈判者和协调者，具有外交家的倾向，说话得体，计划事情比较周详，倾向站在中立的立场，所以与这样的人沟通很轻松，不用太多讲究沟通技巧。当然，他们既定的目标较容易受到影响和动摇。

整合型的人适应性很强，善于整合内外资源、兼容并蓄，通常以合理化、中庸之道待人处事。项目经理与这种类型的人沟通时要注意与他们保持同步，这样相处会比较融洽。项目经理应将沟通内容进行分类，不同沟通内容采用不同的沟通策略，沟通方式与方法避免单一。而且，项目经理要考虑周全，可以从其身边的人了解他们的做事风格。

此外，由于整合型的人多变的性格与中庸的处世之道，他们不会轻易做出承诺，说话会留有余地，一般不会独立承担某项责任，所以与他们确认工作事项或签署重要文件时，应加入多级或多人共同确认，帮助其分摊责任，推动工作进行。

在项目执行过程中，项目经理的重点工作主要体现在沟通、协调与平衡方面。项目经理面对 5 种类型的干系人以何种策略完成沟通、协调、平衡，非常考验项目经理的能力。

尤其是干系人常常具有两种或多种行为特质，甚至有可能同一个人在不同时间、不同事件表现出不同的行为特质。所以，项目经理要灵活掌握 PDP 理论，仔细分析各种类型干系人的特质，才能在与各干系人沟通中游刃有余，迅速达成项目目标。

11.4.3 干系人参与监督的结果

1. 工作绩效信息

工作绩效信息包括与干系人参与状态有关的信息，例如，干系人对项目的当前支持水平，以及与干系人参与度评估矩阵、干系人立方体或其他工具所确定的期望参与水平相比较的结果。

2. 变更请求

变更请求可能包括用于改善干系人当前参与水平的纠正及预防措施。应该通过实施整体变更控制过程对变更请求进行审查和处理。

3. 项目管理计划更新

项目管理计划的任何变更都以变更请求的形式提出,且通过组织的变更控制程序进行处理。在干系人参与监督过程中,可能需要变更的项目管理计划组件如下。

（1）资源管理计划。可能需要更新团队对引导干系人参与的职责。

（2）沟通管理计划。可能需要更新项目的沟通策略。

（3）干系人参与计划。可能需要更新关于项目干系人社区的信息。

4. 项目文件更新

在干系人参与监督过程中,可能需要更新的项目文件如下。

（1）问题日志。可能需要更新问题日志中与干系人态度有关的信息。

（2）经验教训登记册。在质量规划过程中遇到的挑战及其本可采取的规避方法需要更新在经验教训登记册中。调动干系人参与效果好以及效果不佳的方法也要更新在经验教训登记册中。

（3）风险登记册。可能需要更新风险登记册,以记录干系人风险应对措施。

（4）干系人登记册。更新干系人登记册,以记录从监督干系人参与中得到的信息。

11.5　小　　结

项目干系人管理包括：识别能够影响项目或受项目影响的全部人员、群体或组织；分析干系人对项目的期望和影响；制定合适的管理策略,有效调动干系人参与以及项目决策和执行。

因为具体的项目干系人对项目是否成功具有直接影响,因此项目经理需要对项目干系人进行管理,并且对项目干系人要求的重要内容进行响应和管理。一个项目团队必须明确识别项目干系人,分析每个干系人对项目的要求或需求,并且管理好这些要求和需求,满足不同的干系人,从而确保项目的成功。

干系人管理还关注与干系人的持续沟通,以便了解干系人的需要和期望,解决实际发生的问题,管理利益冲突,促进干系人合理参与项目决策和活动。应该把干系人满意度作为一个关键的项目目标进行管理。

项目经理需要理解互相竞争的不同干系人的利益和需求；在处理不同目标时,熟悉冲突解决技术；公正地解决冲突；以专业合作的方式与项目团队和项目干系人交流；了解文化多元性、不同准则、沟通方式,包容差异。

11.6　案　例　研　究

案例一：总是被项目干系人牵着鼻子走,如何破①

《伊索寓言》里有一个小故事：风雨交加的夜晚,有一个乞丐到富人家讨饭。中国有句老话：宰相门前七品官,外国也是这样！富人家的仆人对这个乞丐一点儿也不客气,连一口

---

① 引自《项目管理评论》,作者：高屹。

剩饭也不想给。乞丐也明白,所以他没有更多的要求,只是说:"我太冷了,我只想在你们的火炉上烤干衣服。"

仆人心想,反正也不用给他什么东西,炉子、火都是现成的,烤烤就烤烤吧。于是,仆人答应了乞丐的这个小要求,让他到厨房的火炉旁去烤火。不一会儿,乞丐把衣服烤干了,他对厨子说:"能不能让我用一下你们的锅啊?我只想用锅煮一点儿石头汤。"

"石头汤?"厨子很好奇:"我还真没见过用石头熬汤的!不就是用个锅吗?好说!"厨子爽快地答应了。于是,乞丐到门外的路上捡了块石头,一本正经地洗干净后,放在锅里。"石头汤里总得放点儿盐吧!"乞丐又提出了新的要求。这个要求不但简单,而且合理,于是厨子再次痛快地答应了。

接下来,这位厨子又在乞丐一次又一次既合理,又不大的要求下先后提供了豌豆、薄荷和香菜,接着把碎肉末也放到了汤里。最后,聪明的乞丐把石头从锅里捞出来,美美地喝了一锅自己亲手熬的肉汤。

这个乞丐最终能喝上肉汤,只是因为他碰到了一个好说话的仆人和有求必应的好心厨子吗?当然不是,其主要原因是乞丐一次次提出逐步达成目标的简单要求。现实生活中,我们是否能通过有意识的一些行为、举动逐步提高别人接受我们的要求,给予我们帮助呢?

美国斯坦福大学社会与心理学家乔纳森·弗里德曼和斯科特·弗雷泽认为:如果你希望在某一项庞大而复杂的活动中得到某人的帮助,而获得帮助需要付出大量的时间和努力,并且对方一定会拒绝你的要求,那么,你可以让他先参与这项活动的一小部分,让对方感到"这并没有什么难的,可以接受"。接下来,他们进一步参与到更复杂活动的可能性就会得到提高。

为了证明这个观点,乔纳森·弗里德曼和斯科特·弗雷泽做了一个典型的实验。测试对象是一些居住在公路旁的居民,测试内容是劝说这些居民同意在自己家的庭院里竖起一块写有"谨慎驾驶"字样的巨大招牌。这块招牌不但难看,而且非常显眼。

一组测试结果是,大多数房主都拒绝了这个要求,只有17%的人表示可以接受;而另一组测试结果是,测试者没有上来就提出这个令人难以接受的要求,而是先让被测试的房主在一份赞同安全驾驶的请愿书上签字,这件事不难,所有被拜访的房主都欣然接受,在请愿书上签上了自己的名字,几周以后,测试者提出了与前一组测试同样的要求,结果居然有55%的房主接受了这个令人难以接受的要求!

乔纳森·弗里德曼和斯科特·弗雷泽将这种反复提要求达成目标的现象称为"登门槛技术"。登门槛技术是说当人们就某种行为给出初步承诺后,他们答应按照这一方向继续做下去的可能性就会增加。也就是通过要求先帮个小忙,就能促使人们接下来提供更大、更多的帮助。

为什么会出现这种现象呢?心理学家告诉我们,一般情况下,人们都不太愿意接受那种难度比较大的要求。原因很简单,一旦自己做出了承诺,就必须付诸行动去完成,而要想实现这些难度大的要求,就难免要耗费大量的时间和精力,并且就算尽了力,也不容易获得成功。与之相反,人们更乐于接受一些比较小的,更易完成的要求。举手之劳就能把问题解决,还可以收获人情,这种事情何乐而不为。问题的关键就在于,人们都希望自己在别人心目中有一个乐于助人、言行一致的形象,当别人向自己提出一个微不足道的要求时,如果加以拒绝就会显得不近人情,可一旦接受这个要求,即使对方随后会继续提出更困难,甚至过分的要求,为了维护自己在对方眼中一贯的良好印象,很大程度上,人们还会继续答应对方的要求,即使完成这些要求并不像刚开始那么轻松。另外,一旦人们在不断满足别人提出那些"小要求"的过程中习以为常,那么对于接下来的要求,就可能变得麻木,甚至是全然无知地接受了。

登门槛技术往往被用在说服客户的营销活动中,如最牛推销员的例子:一位顾客本来只需要买一个小鱼钩,最终却在推销员的游说下,买了一艘游艇!当然,这里说的不是如何使用登门槛技术让干系人答应我们的要求,而是站在项目经理的角度,应该如何提防自己落入登门槛技术的圈套。

《项目管理知识体系指南》告诉我们,在项目生命周期中,一旦项目范围发生了调整,项目经理就应该坚持按照规范的变更管理流程来执行,以确保项目的范围受控。通常情况下,对范围进行大规模调整会得到项目经理、团队及重要干系人的高度重视。项目范围的变化,很可能造成其他要素的改变,所以针对范围的控制过程也会相对谨慎和严肃,因管理不当导致范围失控的情况一般不多。

而恰恰是那些针对项目范围的、看起来微不足道且无关大碍的变更,因为受到了登门槛技术的影响,反倒更容易被忽视或被错误地管理。分析其主要原因,一方面,这些看起来影响较小的不良后果,经过长时间的积累,有可能发生从量变到质变的转化,而当这些不良影响最终爆发的时候,所造成的破坏性往往已经无法扭转;另一方面,一旦放松了警惕,轻易地接受了这种"看起来影响不大的"要求,接踵而来的更多、更大的要求也往往变得难以拒绝。在项目管理理论中,这种情况被称为"范围潜变"。

在实际项目中,常见的"范围潜变"往往来自项目团队以外的干系人。他们不断地提出一些看似很小的改变范围的要求,如增加一个小的功能、提高一个小的指标等。单纯看这些要求,无论是占用的时间还是消耗的资源,成本确实不大,而且这些干系人在表述他们的要求时,还会有意或无意地将这种变更造成的影响尽量弱化,如"只需要增加一个菜单项,其他的都不用改""再把尺寸稍微改动一个单位即可,很简单的"。采取这种"弱化"的表达方式,目的就是让项目经理放松警惕,放弃变更控制的原则而直接接受要求。

由于项目自身的复杂性,有些活动彼此之间的联系是深层次的,如不经过必要的识别与分析,将很难判断其真实的影响和作用。新增加一项功能本身可能并不复杂,但是新增加的功能是否和其他功能存在冲突,是否会给未来的整体系统运行带来不稳定的影响,这些问题的识别仅通过对新功能模块本身复杂程度的理解是无法确定的,如果盲目接受要求,就可能留下隐患。

此外,正是由于这种变更要求看起来难度不大,影响也不大,往往会成为提出变更要求的干系人不愿为此支付相关成本费用的理由和借口。所以,不论从哪个角度来看,项目经理都不要忽视那些"小的"变更要求。在实际项目中,即使因客观因素限制,确实有些范围的改变无法获得必要的额外费用补偿,也不能抛开正式的变更控制规范,对变更采取过于随意的态度,给后续的项目活动埋下"地雷"。

总之,当我们要主动争取干系人支持时,不妨运用登门槛技术,从小需求入手,然后再逐步提出更大、更高的要求,这有利于获得对方的接受和认可。当我们在面对项目中的变更时,又要时刻坚持按规范办事的原则,提防受到登门槛技术的干扰,被对方牵着鼻子走。

项目干系人管理

【案例问题】

(1) 本案例中"登门槛技术"为什么会发生?

(2) "登门槛技术"对于软件项目范围控制的影响有哪些?

(3) 简述如何防范和控制软件项目中"登门槛技术"现象的发生。

案例二：某省办公自动化项目干系人识别

某省教育厅为提高办公效率,实现无纸化办公,加快公文处理,决定公开招标采购办公自动化系统。该项目由教育厅办公室指定的工作人员负责总体业务需求,并结合各处室、教育厅所属二级单位的需求综合得到总体需求,由教育厅信息中心负责技术相关工作,如技术方案、项目实施协调等工作,并由信息中心指派一名项目负责人。教育厅办公室的行政级别为副厅级,上有一名分管办公室与厅机关事务工作的副厅长;教育厅信息中心的行政级别为正处级,上有一名分管信息中心与教育科技、装备工作的副厅长。如果您是这个项目的中标方的项目经理,该如何识别该项目的项目干系人呢?

下面给出项目甲方(使用方)干系人结构图,如图 11-3 所示。

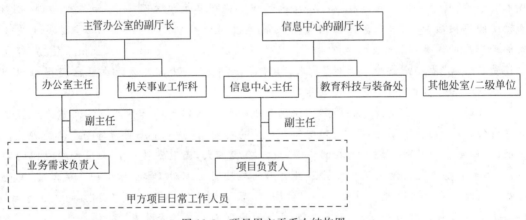

图 11-3　项目甲方干系人结构图

办公自动化系统就其技术来讲本身并不复杂,关键在于业务需求及项目实施的协调。从项目甲方干系人结构图也可以看出,项目涉及的干系人也比较多。主管办公室工作的副厅长分管办公室与机关事务科,办公室主任又有副主任作为助手,业务需求负责人是办公室的工作人员;信息中心作为一个正处级部门,由一名副厅长分管,信息中心还设有副主任,项目的负责人(也可以称为甲方项目经理)是信息中心的技术工作人员。甲方的项目日常工作人员有两名:办公室的业务需求负责人、信息中心的项目负责人。

甲方的项目组工作人员主要来自两个部门,需要协调,然而办公室的行政级别又比信息中心高半级,因此在项目实施时,项目负责人的协调可能会出现调不动的情况。

通过以上案例中对干系人的识别和初步分析,可以看出,如果不能对项目干系人进行无遗漏的识别,仅仅关注项目具体事情和计划,可能都不清楚项目的问题出在哪里了。项目甲方干系人结构图为项目经理描绘了甲方项目干系人的全景,为进一步对干系人进行分析,更好地把握项目管理打下一个坚实的基础。

在全部识别出项目干系人及其角色之后,经验丰富的项目经理马上就会想到他们的重要性是不一样的,他们在项目的不同阶段对项目目标达成的影响程度是有很大差别的。按照一般项目的干系人分类方法,项目的甲方干系人主要有如下几类:出资人、决策者、辅助决策者、采购者、业务负责人、业务人员、技术负责人、技术人员、使用者等,他们的不同身份会因甲方组织的情况和项目的不同,对项目产生不同程度的影响,这就需要具体情况具体分析了。

识别出项目干系人后,就要分析出本项目干系人的重要程度了。在本案例中,只要细加分析,不难理出项目干系人的重要程度,具体分析结果如下所示:其他处室、二级单位的相关工作人员→信息中心副主任→办公室副主任→信息中心主任→办公室主任→主管信息中心的副厅长→业务需求负责人→项目负责人→主管办公室的副厅长。

"→"表示重要程序由弱到强。这个顺序不是唯一的,项目经理需要根据具体的项目和情况考虑排序情况。不同的人可能会得出不同的顺序,最后管理的重点也就不同了,这就更说明这一步分析的重要性。

通过上面的分析,可以看到甲方项目干系人在本项目中的不同重要程度。对比较重要的干系人,要对他们的全部需求做比较详细的分析,以便能更好地获得他们的支持。例如,本案例中的最重要的主管办公室的副厅长,他是项目的最初发起人,想通过新建设的办公自动化系统,优化单位的办公流程,提高办事效率,但他并没有对系统的建设提出具体的需求,这时项目经理就可以引导,尽量细化,也可以在适当的时机向他汇报项目的进展,哪怕是一两句话,因为通常这位领导的话是可以落实的,而且他是项目的发起人,是会积极努力地推动这个项目走向成功的。项目负责人是一名技术人员,他可能更关心的是技术性的细节,而不太关心具体的业务,也会因为部门之间关系的问题,在推动项目一事上可能会显得力不从心,因此项目经理需要适时地帮助他,而不是听之任之,如在需求的探讨上多鼓励他的参与,在技术方案上征求一些他的意见,在项目实施时建议他与业务部门打成一片等。

该省教育厅办公自动化系统项目中完全支持项目的有两位:主管办公室的副厅长和项目负责人。业务需求负责人通常也会比较支持工作,但由于办公室与信息中心的部门工作关系,他不一定会服从项目负责人的协调,但一般不会反对项目的工作,因为是上级领导指派的工作,而且工作中也确实有这个需求。其他处室和二级单位的工作人员有可能会成为项目的反对人,在项目实施过程中,他们有的会不适应业务流程的变更而满腹牢骚,甚至根本不使用办公自动化系统。其他一些干系人大多是中间力量,是可以争取获得支持的对象。项目干系人的支持度分析如图11-4所示。

图 11-4　项目干系人的支持度分析

在项目管理实战中,需要我们能够建立项目管理的统一战线,即为了实现项目管理目标需要争取到干系人中大部分人的支持,尤其是中间力量的支持。比较现实的做法是充分借助你的首倡者和内部支持者,积极寻求中间力量的支持,让不支持者至少不要反对。例如,可以建议两位主管副厅长和两位主任授予项目负责人一定的管理权限,如绩效考核权、部分项目资金调配权等。

细心的项目经理还会善于在对项目干系人识别后会做出总结,下面给出本案例中部分甲方项目干系人的分析情况表(见表11-3),供读者参考。

表 11-3 项目干系人分析

分析参考项	主管办公室的副厅长	甲方项目负责人	甲方办公室主任
组织	甲方高层领导	甲方项目组	甲方中高层领导
在项目中的角色	项目的有力支持者	项目的组织协调者	审批项目的一些设备资源
各自的实际情况	工作忙,经常在外出差,注重高效,MBA	汉语言文学专业本科,喜欢写作、交朋友,工作踏实	善于交际,但审批资源时喜欢深思熟虑,注重细节
对项目的重要程度	很高	很高	中等
对项目的期望	希望项目成功,实现高效办公	希望能适当学到一些项目管理的知识,想借助项目的成功来减轻工作压力	想通过项目的成功实施增强办公室工作的运转效率

【案例问题】

(1) 本案例中项目干系人识别的难点在哪里?

(2) 该办公自动化系统中,甲方干系人识别应该注意什么?

(3) 简述干系人识别对项目成功的影响。

11.7 习题与实践

1. 习题

(1) 如何在干系人识别过程中做到不遗漏项目干系人?

(2) 如何与不同参与水平的干系人打交道?应该注意什么?

(3) 如何满足项目干系人对项目参与的期望?

(4) 什么样的项目干系人应该被优先管理?

(5) 在软件项目中,如何与不同性格的项目干系人打交道?

2. 实践

(1) 结合自己负责或参与的软件项目,重新识别项目干系人的需求和期望。

(2) 上网搜索优秀IT公司如何管理项目干系人参与,以及如何与他们的项目干系人打交道。

第 12 章　项目整合管理

项目整合管理整合了项目管理过程组的各种过程和活动。在项目管理中，"整合"兼具统一、合并、沟通和集成的性质，对受控项目从执行到完成、成功管理干系人期望和满足项目要求，都至关重要。项目整合管理包括选择资源分配方案、平衡相互竞争的目标和方案，以及管理项目管理知识域之间的依赖关系。虽然各项目管理过程通常以界限分明、相互独立的形式出现，但它们在实践中会相互交叠、相互作用。

视频讲解

当管理过程之间发生相互作用时，项目整合管理就显得非常必要。例如，为应急计划制订成本估算时，就需要整合项目成本、时间和风险管理知识域中的相关过程。在识别出与各种人员配备方案有关的额外风险时，可能又需要再次进行上述某个或某几个过程。项目的可交付成果可能也需要与执行组织、需求组织的持续运营活动相整合，并与考虑未来问题和机会的长期战略计划相整合。项目整合管理还包括开展各种活动来管理项目文件，以确保项目文件与项目管理计划及可交付成果（产品、服务或能力）的一致性。

项目整合管理过程贯穿项目管理所有阶段，包括项目启动阶段的制定项目章程，项目规划阶段的制订项目管理计划，项目执行和控制阶段的项目工作指导与管理、项目工作监控、项目整体变更控制，以及项目收尾阶段的项目结束管理。

12.1　项目章程制定

项目章程制定是编写一份正式批准项目并授权项目经理在项目活动中使用组织资源的文件的过程。本过程的主要作用是明确项目与组织战略目标之间的直接联系，确立项目的正式地位，并展示组织对项目的承诺。本过程仅开展一次，通常仅在项目启动阶段开展。

制定项目章程的依据、项目章程的作用以及项目章程的例子已经在第 2 章做了详细介绍，这里不再重复阐述。本节将介绍制定项目章程的一般方法和注意事项。

12.1.1　项目章程制定的方法

1. 项目选择方法

为了在有效的时间内产生更大的收益，需要采用一些选择项目的方法，一般分为如下两大类。

（1）效益测定方法，如比较法、评分模型、对效益的贡献或经济学模型。

（2）数学模型，如利用线性、非线性、动态、整数或多目标编程算法。

当然不是说必须仅使用以上的方法，或者使用某一种方法。而是首先在大方向上，符合公司的整体战略布局,其次在微观上,能赚到相对多的利益,以及将风险控制在适当的范围。

另外,很多初创型 IT 企业,更多的是注重风险。因为初创型企业在操作上一般有较多的不规范之处,短时间内有可能取得较大的收益,但是,有时候不可控的风险也容易致使项目失败,严重者会导致公司的倒闭。

对于成长型的 IT 企业,拥有的资金一般比较稳定,而且储备比较足,更多会从产品的影响力和给公司带来的潜在影响考虑。

2. 项目管理方法系

项目管理方法系确定了若干项目管理过程组及其有关的子过程和控制职能,所有这些都结合成为一个有机统一整体。项目管理方法系可以是仔细加工过的项目管理标准,也可以是正式成熟的过程,还可以是帮助项目管理团队有效制定项目章程的非正式技术。

其实,PMI 推出的 PMBOK 中说的 5 个过程组、49 个子过程就是一个比较成熟的项目管理方法系。在项目整体规划时,可以对此体系进行裁剪。

3. 项目管理信息系统

项目管理信息系统(Project Management Information System,PMIS)是在组织内部使用的一套系统集成的标准自动化工具。项目管理团队利用项目管理信息系统制定项目章程,在细化项目章程时促进反馈,控制项目章程的变更和发布批准的项目章程。

4. 专家判断

专家判断经常用来评价制定项目章程所需要的依据。这种判断及专长在本过程中可用于任何技术与管理细节。任何具有专门知识或经过训练的集体或个人可提供此类专家知识,知识来源包括:

(1) 执行组织内部的其他单位;

(2) 咨询公司;

(3) 包括客户或赞助人在内的利害关系者;

(4) 专业和技术协会;

(5) 行业集团。

一般在公司内部都会有方案、策划人员,他们一般具有一到多个行业的专家角色,对行业知识比较了解,但是,有时候当方案策划人员站的角度不同,或者出方案的级别不够时,就有可能需要咨询公司来帮助解决了。

12.1.2 项目章程的内容

项目章程在项目执行组织与需求组织之间建立起伙伴关系。在执行外部项目时,通常需要用正式的合同达成合作协议。这种情况下,可能仍要用项目章程建立组织内部的合作关系,以确保正确交付合同内容。项目章程一旦被批准,就标志着项目的正式启动。项目章程通常包括:

(1) 项目目的或批准项目的原因;

(2) 可测量的项目目标和相关的成功标准;

(3) 高层级的需求;

(4) 假设条件和制约因素;

(5) 高层级项目描述和边界定义;

（6）高层级的风险；

（7）总体里程碑进度计划；

（8）总体预算；

（9）干系人清单；

（10）项目审批要求（用什么标准评价项目成功，由谁对项目成功下结论，由谁来签署项目结束）；

（11）委派的项目经理及其权责；

（12）发起人或其他批准项目章程的人员的姓名和职权。

12.1.3　注意事项

项目章程多数由项目出资人或项目发起人制定和发布，它给出了关于批准项目和指导项目工作的主要要求，所以它是指导项目实施和管理工作的总纲领。制定项目章程时应该注意如下几点。

（1）在项目中，应尽早确认并任命项目经理，最好在制定项目章程时就任命，最晚应在规划开始之前任命。

（2）项目章程由项目以外的人签发，如发起人、PMO或高级管理层等。注意：项目的发起人可能不止一人；此外，A项目的发起人不一定就是B项目的发起人。

（3）项目章程发布时，已经做过一些初步的设计和估算工作。

（4）项目章程既不能太具体，又不能太抽象。太具体会导致经常需要变更项目章程；太抽象又会导致起不到指导作用。

（5）谁签发项目章程，谁才有权力解释项目章程中的内容或修改项目章程。

12.2　项目管理计划制订

项目管理计划制订是定义、准备和协调项目计划的所有组成部分，并把它们整合为一份综合项目管理计划的过程。本过程的主要作用是生成一份综合文件，用于确定所有项目工作的基础及其执行方式。

项目管理计划确定项目的执行、控制和收尾方式，其内容会因项目的复杂性和所在应用领域而异。编制项目管理计划，需要整合一系列相关过程，而且要持续到项目收尾。本过程将产生一份项目管理计划。该计划需要通过不断更新来渐进明细，这些更新需要由项目整体变更控制过程（见12.6节）进行控制和批准。

12.2.1　项目计划制订依据

1. 项目章程

项目团队把项目章程作为初始项目规划的起始点。项目章程所包含的信息种类数量因项目的复杂程度和已知的信息而异。在项目章程中至少应该定义项目的高层级信息，供将来在项目管理计划的各个组成部分中进一步细化。

2. 其他规划过程的结果

其他规划过程所产生的子计划和基准都是本过程的依据。此外，对这些子计划和基准的变更都可能导致对项目管理计划的相应更新。

3. 事业环境因素

能够影响制订项目管理计划过程的事业环境因素如下。

（1）政府或行业标准（如产品标准、质量标准、安全标准和工艺标准）。

（2）法律法规要求和（或）制约因素。

（3）垂直市场（如建筑）和（或）专门领域（如环境、安全、风险或敏捷软件开发）的项目管理知识体系。

（4）组织的结构、文化、管理实践和可持续性。

（5）组织治理框架（通过安排人员、制定政策和确定过程，以结构化的方式实施控制、指导和协调，以实现组织的战略和运营目标）。

（6）基础设施（如现有的设施和固定资产）。

4. 组织过程资产

能够影响制订项目管理计划过程的组织过程资产如下。

（1）组织的标准政策、流程和程序。

（2）项目管理计划模板，包括：根据项目的特定要求而裁剪组织的标准流程的指南和标准；项目收尾指南或要求，如产品确认及验收标准。

（3）变更控制程序，包括修改正式的组织标准、政策、计划、程序或项目文件，以及批准和确认变更所须遵循的步骤。

（4）监督和报告方法、风险监督程序，以及沟通要求。

（5）以往类似项目的相关信息（如范围、成本、进度与绩效测量基准、项目日历、项目进度网络图和风险登记册）。

（6）历史信息和经验教训知识库。

12.2.2 制订项目管理计划的方法

1. 专家判断

应该就以下主题，考虑具备相关专业知识或接受过相关培训的个人或小组的意见。

（1）根据项目需要裁剪项目管理过程，包括这些过程间的依赖关系和相互影响，以及这些过程的主要依据（输入）和结果（输出）。

（2）根据需要制订项目管理计划的附加组成部分。

（3）确定这些过程所需的工具与技术。

（4）编制应包括在项目管理计划中的技术与管理细节。

（5）确定项目所需的资源与技能水平。

（6）定义项目的配置管理级别。

（7）确定哪些项目文件受制于正式的变更控制过程。

（8）确定项目工作的优先级，确保把项目资源在合适的时间分配到合适的工作。

2. 数据收集

可用于本过程的数据收集技术包括以下几种。

（1）头脑风暴。制订项目管理计划时，经常以头脑风暴的形式收集关于项目方法的创意和解决方案。参会者包括项目团队成员，其他主题专家或干系人也可以参与。

（2）核对单。很多组织基于自身经验制定了标准化的核对单，或者采用所在行业的核对单。核对单可以指导项目经理制订计划或帮助检查项目管理计划是否包含所需的全部信息。

（3）焦点小组。焦点小组召集干系人讨论项目管理方法以及项目管理计划各个组成部分的整合方式。

（4）访谈。访谈用于从干系人处获取特定信息，用以制订项目管理计划、任何子计划或项目文件。

3. 人际关系及团队技能

制订项目管理计划时需要的人际关系与团队技能如下。

（1）冲突管理。必要时可以通过冲突管理让具有差异性的干系人就项目管理计划的所有方面达成共识。

（2）引导。引导者确保参与者有效参与，互相理解，考虑所有意见，按既定决策流程全力支持得到的结论或结果。

（3）会议管理。有必要采用会议管理来确保有效召开多次会议，以便制订、统一和商定项目管理计划。

4. 会议

在本过程中，可以通过会议讨论项目方法，确定为达成项目目标而采用的工作执行方式，以及制定项目监控方式。

项目开工会议通常意味着规划阶段结束和执行阶段开始，旨在传达项目目标、获得团队对项目的承诺，以及阐明每个干系人的角色和职责。

12.2.3　项目管理计划

项目管理计划是说明项目执行、监控和收尾方式的一份文件，它整合并综合了所有规划过程得到的子管理计划和基准，以及管理项目所需的其他信息。其中，子管理计划包括以下几种。

（1）范围管理计划。确立如何定义、制定、监督、控制和确认项目范围，同时描述了如何处理范围变更。

（2）需求管理计划。确定如何分析、记录和管理需求。

（3）进度管理计划。为编制、监督和控制项目进度建立准则并确定活动，同时也展示如何处理进度的变更，如最后期限或里程碑更新。

（4）成本管理计划。确定如何规划、安排和控制成本。

（5）质量管理计划。确定在项目中如何实施组织的质量政策、方法和标准，以及处理产品、服务、成果等可交付物未达到顾客或客户的标准时可能产生的问题。

（6）资源管理计划。指导如何对项目资源进行分类、分配、管理和释放。

（7）沟通管理计划。确定项目信息将如何、何时、由谁来进行管理和传播。

（8）风险管理计划。确定如何安排与实施风险管理活动。

（9）采购管理计划。确定项目团队将如何从执行组织外部获取货物和服务。

（10）干系人管理计划。确定如何根据干系人的需求、利益和影响让他们参与项目决策和执行。

其中,基准包括以下几种。

(1) 范围基准。经过批准的范围说明书、工作分解结构(WBS)和相应的 WBS 词典,用作比较依据。

(2) 进度基准。经过批准的进度模型,用作与实际结果进行比较的依据。

(3) 成本基准。经过批准的、按时间段分配的项目预算,用作与实际结果进行比较的依据。

通常将范围、进度和成本基准合并为一个绩效测量基准,作为项目的整体基准,以便据此测量项目的整体绩效。

另外,项目管理计划还可能包括以下内容。

(1) 所使用的项目管理过程。

(2) 每个特定项目管理过程的执行程度。

(3) 完成这些过程的工具和技术的描述。

(4) 选择的项目的生命周期和相关的项目阶段。

(5) 如何用选定的过程管理具体的项目。

(6) 如何执行工作,完成项目目标。

(7) 如何监督和控制变更。

(8) 如何实施配置管理。

(9) 如何维护项目绩效基线的完整性。

(10) 与项目干系人进行沟通的要求和技术。

(11) 为处理未决问题和制定决策所开展的关键管理审查,包括内容、程度和时间安排等。

项目管理计划是整合管理的核心,也是运作一个项目的主要工具。

项目管理计划是在项目执行之前做出规划,这意味着要在规划过程组中明确如何完成项目,但在项目执行过程中,计划往往赶不上变化,这就要求项目团队如何处理变更,因为每个项目都会出现大量问题,不过并不是所有这些问题都意味着需要改变路线。如果计划得当,项目变更就会大大减少。

值得注意的是,项目管理计划应该由项目经理和干系人共同努力来完成,项目中的每个人和干系人都需要认可这个计划。

12.3　项目工作指导与管理

项目工作指导与管理是为实现项目目标而领导和执行项目管理计划中所确定的工作,并实施已批准变更的过程。本过程的主要作用是,对项目工作和可交付成果开展综合管理,以提高项目成功的可能性。本过程需要在整个项目期间开展。

12.3.1　项目工作指导与管理内容

指导与管理项目工作包括执行计划的项目活动,以完成项目可交付成果并达成既定目标。本过程需要分配可用资源并管理其有效使用,也需要执行因分析工作绩效数据和信息而提出的项目计划变更。指导与管理项目工作过程会受项目所在应用领域的直接影响,按项目管理计划中的规定,开展相关过程,完成项目工作,并产出可交付成果。项目执行指导与管理的主要工作如下。

（1）开展活动以实现项目目标。

（2）创造项目的可交付成果,完成规划的项目工作。

（3）配备、培训和管理项目团队成员。

（4）获取、管理和使用资源,包括材料、工具、设备与设施。

（5）执行已计划好的方法和标准。

（6）建立并管理项目团队内外的项目沟通渠道。

（7）生成工作绩效数据（如成本、进度、技术和质量进展情况,以及状态数据）,为预测提供基础。

（8）提出变更请求,并根据项目范围、计划和环境来实施批准的变更。

（9）管理风险并实施风险应对活动。

（10）管理卖方和供应商。

（11）管理干系人及他们在项目中的参与。

（12）收集和记录经验教训,并实施批准的过程改进活动。

项目经理与项目管理团队一起指导实施已计划好的项目活动,并管理项目内的各种技术接口和组织接口。指导与管理项目工作还要求回顾所有项目变更的影响,并实施已批准的变更,包括纠正措施、预防措施和（或）缺陷补救。

因此,项目工作指导与管理过程中还须对项目所有变更的影响进行审查,并实施已批准的变更,包括：

（1）项目管理计划一致而进行的有目的的活动；

（2）项目管理计划不一致而进行的有目的的活动；

（3）缺陷补救：为了修正不一致的产品或产品组件而进行的有目的的活动。

在项目执行过程中,收集工作绩效数据并传达给合适的控制过程做进一步分析。通过分析工作绩效数据,得到关于可交付成果的完成情况以及与项目绩效相关的其他细节,工作绩效数据也用作监控过程组的输入,并可作为反馈输入到经验教训库,以改善未来工作包的绩效。

12.3.2　项目工作指导与管理的依据

项目工作指导与管理的依据包括项目管理计划、项目文件、批准的变更请求、相关的事业环境因素和相关的组织过程资产。其中,项目文件是项目工作指导和管理的核心依据,具体如下。

（1）变更日志。变更日志记录所有变更请求的状态。

（2）经验教训登记册。经验教训用于改进项目绩效,以免重犯错误。登记册有助于确定针对哪些方面设定规则或指南,以使团队行动保持一致。

（3）里程碑清单。里程碑清单列出特定里程碑的计划实现日期。

（4）项目沟通记录。项目沟通记录包含绩效报告、可交付成果的状态,以及项目生成的其他信息。

（5）项目进度计划。进度计划至少包含工作活动清单、持续时间、资源,以及计划的开始与完成日期。

（6）需求跟踪矩阵。需求跟踪矩阵把产品需求连接到相应的可交付成果，有助于把关注点放在最终结果上。

（7）风险登记册。风险登记册提供可能影响项目执行的各种威胁和机会的信息。

（8）风险报告。风险报告提供关于整体项目风险来源的信息，以及关于已识别单个项目风险的描述信息。

12.3.3 项目工作指导与管理的方法

项目工作指导与管理的常用方法如下。

1. 专家判断

应该就以下主题，考虑具备相关专业知识或接受过相关培训的个人或小组的意见。

（1）关于项目所在的行业以及项目关注的领域的技术知识。

（2）成本和预算管理。

（3）法规与采购。

（4）法律法规。

（5）组织治理。

2. 项目管理信息系统（PMIS）

PMIS 提供 IT 软件工具，如进度计划软件工具、工作授权系统、配置管理系统、信息收集与发布系统，以及进入其他在线自动化系统（如公司知识库）的界面。自动收集和报告关键绩效指标（KPI）可以是本系统的一项功能。

3. 会议

在指导与管理项目工作时，可以通过会议来讨论和解决项目的相关事项。参会者可包括项目经理、项目团队成员，以及与所讨论事项相关或会受该事项影响的干系人。应该明确每个参会者的角色，确保有效参会。会议类型包括（但不限于）：开工会议、技术会议、敏捷或迭代规划会议、每日站会、指导小组会议、问题解决会议、进展跟进会议以及回顾会议。

12.3.4 项目工作指导和管理的结果

项目工作指导与管理过程可得到的结果如下。

1. 部分可交付成果

一旦完成了可交付成果的第一个版本，就应该执行变更控制。用配置管理工具和程序来支持对可交付成果（如文件、软件和构件）的多个版本的控制。该过程输出的可交付成果可以是过程的，也可以是最终的，根据实际时间节点确定。

2. 工作绩效数据

工作绩效数据包括已完成的工作、关键绩效指标（KPI）、技术绩效测量结果、进度活动的实际开始日期和完成日期、已完成的故事点、可交付成果状态、进度进展情况、变更请求的数量、缺陷的数量、实际发生的成本、实际持续时间等。在检查点实际检测得到的绩效数据值，未经任何加工。

3. 问题日志

在整个项目生命周期中，项目经理通常会遇到问题、差距、不一致或意外冲突。项目经理需要采取某些行动加以处理，以免影响项目绩效。问题日志是一种记录和跟进所有问题

的项目文件,所需记录和跟进的内容可能包括:

(1) 问题类型;

(2) 问题提出者和提出时间;

(3) 问题描述;

(4) 问题优先级;

(5) 由谁负责解决问题;

(6) 目标解决日期;

(7) 问题状态;

(8) 最终解决情况。

问题日志可以帮助项目经理有效跟进和管理问题,确保它们得到调查和解决。作为本过程的输出,问题日志被首次创建,尽管在项目期间任何时候都可能发生问题。在整个项目生命周期应该随同监控活动更新问题日志。

4. 变更请求

如果在开展项目工作时发现问题,就可提出变更请求,对项目政策或程序、项目或产品范围、项目成本或预算、项目进度计划、项目或产品结果的质量进行修改。其他变更请求包括必要的预防措施或纠正措施,用来防止以后的不利后果。任何项目干系人都可以提出变更请求,然后通过实施整体变更控制过程(见 12.6 节)对变更请求进行审查和处理。变更请求源自项目内部或外部,是可选的或由法律(合同)强制的。变更请求可能包括以下内容。

(1) 纠正措施:为使项目工作绩效重新与项目管理计划一致,而进行的有目的的活动。使用情景:当前项目已经出现偏差,而且当前偏差已经超过允许偏差,需要马上去解决绩效问题,以保证绩效符合计划。

(2) 预防措施:为确保项目工作的未来绩效符合项目管理计划,而进行的有目的的活动。使用情景:当前项目已经出现偏差,而且当前偏差尚未超出允许偏差,但是经过预测,在项目完成之前会超出允许偏差,为了降低变更代价,需要马上去提出预防措施,以保证未来绩效符合计划。

(3) 缺陷补救:为了修正不一致产品或产品组件的有目的的活动。使用情景:通常默认针对可交付成果质量问题。

(4) 更新:对正式受控的项目文件或计划等进行的变更,以反映修改或增加的意见或内容。

5. 项目文件更新

可在本过程更新的项目文件如下。

(1) 活动清单。为完成项目工作,可以通过增加或修改活动来更新活动清单。

(2) 假设日志。可以增加新的假设条件和制约因素,也可以更新或关闭已有的假设条件和制约因素。

(3) 经验教训登记册。任何有助于提高当前或未来项目绩效的经验教训都应得到及时记录。

(4) 需求文件。在本过程中可以识别新的需求,也可以适时更新需求的实现情况。

(5) 风险登记册。在本过程中可以识别新的风险,也可以更新现有风险。风险登记册用于在风险管理过程中记录风险。

（6）干系人登记册。如果在本过程中收集到了现有或新干系人的更多信息,则记录到干系人登记册中。

12.3.5　项目经理的软权力

未当项目经理之前,可能会认为项目经理的权力很大,做项目经理很轻松。但做了项目经理后,会发现项目经理才是"弱势群体",经常被高层、客户和基层夹在中间,左右为难,即使你有行政权力,也发现无法起到多大的作用,有时候反倒会使情况更糟。

在项目工作指导和管理中,应该学会使用软权力,你会发现软权力在很多时候比强制权力好用得多,项目经理其实也并不是那么被动,关键在于如何发现和运用那些软权力。项目经理可以使用的软权力包括以下几种。

1. 人脉

在强矩阵、弱矩阵还有平衡矩阵的项目中,无论项目经理的行政权力如何变化,作为项目经理的责任都是不变的:纵观全局,保证项目在计划的时间、成本、质量完成既定的任务或产品。而也正因为要承担这样的责任,项目经理在整个项目的组织架构中,势必会成为整个团队的中心、团队和团队之间的协调人、上级和团队的桥梁、外部关系人和团队的沟通渠道。

项目经理处在这样的位置上,本身就已经拥有了巨大的权力。就好像战争中的那些关口险隘,每每都是兵家必争之地,这会成为左右战局最为重要的地理位置。而项目经理在项目中的组织结构的位置意味着什么呢? 人脉! 项目经理一定会是在这个项目中人脉最广的人物,这也是为什么项目经理很重要的工作之一就是管理项目干系人,管理项目干系人不仅是责任,更加是权力。

项目经理要学会理清各干系人的权力职责和利益关系,并且平衡和维持良好的关系。项目经理利用手中的人脉资源就会拥有强大的权力,善于使用这些权力,对项目产生正向的影响,最终帮助我们共同完成目标。

2. 信息

项目经理的位置在组织结构中相当于关口险隘,关口险隘通常就是通商交流的必经之路,而项目经理则是项目内外信息传递的关键人物。换句话说,项目经理就像是信息的交换中心,所有的信息都会流向项目经理,并通过项目经理的过滤、处理再转发到相关的人员。

如果项目经理只认为这是一项繁重的工作,那相当于守着一个巨大的宝藏却不自知,还当它是累赘。我们已经大踏步地迈入了大数据时代,谁掌握着数据,谁就拥有强大力量和权力,应用在项目管理也是一样的。项目经理利用"人脉"的信息渠道和本身的职责之便,一定会成为拥有最大信息量、最了解项目的人,大到全局,小到每一项工作,甚至从项目的初衷,到未来发展的方向。当我们问,谁最合适为项目做出决策,把握方向? 那答案一定是"项目经理"。如此,信息的管理权何尝不是项目经理的强大权力之一呢?

项目经理的第一要务,一定是要保证对信息的正确过滤和正确转发,让团队和相关人都能够获得足够的信息进行工作;除此之外,还要学会吸收和积累所有流经的信息,不能只是简单地转发,更要分析和深度挖掘,帮助团队找出问题原因,做出决策,甚至是把握方向。

3. 话语

"说话"是人人都有的一项平等权利,但是让人听你"说话",可不是人人都有的一项权力。项目经理处在项目中心的位置,并且又掌握着最大量的信息,决定了项目经理必须承担起组织主持会议,给团队传达信息的重要职责。责任总是和权力相伴,项目经理就是其中一个拥有在项目团队中让成员听你"说话"权力的人,而这项权力也称为"话语权"。

在我们的生活中,各类媒体就是典型的拥有"话语权"的组织,他们拥有大量的信息,有权力决定传递什么信息,不传递什么信息,传递给哪些受众,甚至是增加一些有倾向性的评论,可以通过这些手段控制舆论,达到影响群体的目的。这些例子不胜枚举,包括广告。这让人听起来感觉这个权力好像太黑暗了,但任何权力都是把双刃剑,它能带给项目团队更积极的帮助和不可思议的成功,也可能因此导致团队的分裂,甚至是项目的失败。

如果让人听你"说话"是一项权力的话,那让人听进去你说的话就是一种能力。作为项目经理,不仅仅要积累管理项目的基本知识和水平,还要拥有"说话"的能力,在公开场合演讲的能力,更重要的还是沟通的能力。同时,我们还要时刻清醒地认识到使用这种权力给团队和项目所带来的影响,因为我们最终的目的始终是要让项目成功,而不是满足自己。

4. 汇报

谁会认为汇报也是一项权力?这明明只是一项责任,一项日常工作而已。如果我们再仔细推敲一下,会发现不是所有人都有权力向上级汇报,汇报关系意味着你是最接近那个拥有更大权力的人的那个人。有时候,"狐假虎威"也能对人产生影响,简单来说也是一种权力。

用"狐假虎威"似乎有些贬义,如果用拳法来比喻,强权好比刚猛的空手道,而汇报权力就好比太极,往往四两拨千斤,能够以柔克刚。在团队中,我们要经常平衡和协调成员之间的关系,促进成员的积极性,同时也要保持对工作的责任感。使用强权往往可能会下手过重,矫枉过正甚至适得其反。而借力、用力,反而能在这些复杂关系中,找到合适的平衡点,既达到了效果,又能避免冲突。

项目经理经常会被误解为包工头或监工。而好的项目经理所要具备的综合素质和能力要求相当高,除了管理专业知识、业务和技术能力、沟通协作,甚至要有强大的平衡和协调能力。汇报不是打小报告,善于利用汇报关系,通过正面或负面、程度不同地汇报信息,来调整不同成员之间的关系,也是项目经理需要学会的技能之一。

"With great power, comes great responsibility."这句出自电影《蜘蛛侠》的名句很有道理,意思是当你有了强大的力量,不要忘记你所肩负的责任。

显然,对于初级管理者或平凡者来说,他们并不拥有强大的力量,又如何担负起这么大的责任。但现实中很多事情往往都是相辅相成的,你承担起了多大的责任,自然就会有多大的力量,只是很多人都被先入为主的权力给蒙蔽了,却忽略了那些因为你承担的责任而得到的力量,忽略了通过自己的才智灵活运用它。

应用得好,以上几种项目经理的软权力可以在项目工作指导和管理过程中发挥巨大威力,可以有效地帮助项目取得成功。

12.4　项目知识管理

项目知识管理是使用现有知识并生成新知识,以实现项目目标,并且帮助组织学习的过程。本过程的主要作用是利用已有的组织知识创造或改进项目成果,并且使当前项目创造的知识可用于支持组织运营和未来的项目或阶段。本过程需要在整个项目期间开展。

12.4.1 知识管理概述

知识通常分为显性知识(易使用文字、图片和数字进行编撰的知识)和隐性知识(个体知识以及难以明确表达的知识,如信念、洞察力、经验和"诀窍")两种。知识管理指管理显性和隐性知识,旨在重复使用现有知识并生成新知识。有助于达成这两个目的的关键活动是知识分享和知识集成(不同领域的知识、情境知识和项目管理知识)。

一个常见误解是,知识管理只是将知识记录下来用于分享;另一个常见误解是,知识管理只是在项目结束时总结经验教训,以供未来项目使用。这样的话,只有经编撰的显性知识可以得到分享。

因为显性知识缺乏情境,可作不同解读,所以,虽易分享,但无法确保正确理解或应用。隐性知识虽蕴含情境,却很难编撰。它存在于专家个人的思想中,或者存在于社会团体和情境中,通常经由人际交流和互动来分享。

从组织的角度来看,知识管理指的是确保项目团队和其他干系人的技能、经验和专业知识在项目开始之前、开展期间和结束之后得到运用。因为知识存在于人们的思想中,且无法强迫人们分享自己的知识或关注他人的知识,所以,知识管理最重要的环节就是营造一种相互信任的氛围,激励人们分享知识或关注他人的知识。如果不激励人们分享知识或关注他人的知识,即便最好的知识管理工具和技术也无法发挥作用。在实践中,联合使用知识管理工具和技术(用于人际互动)以及信息管理工具和技术(用于编撰显性知识)来分享知识。

12.4.2 知识管理的依据

1. 项目管理计划

项目管理计划的所有组成部分均为本过程的依据(输入),详见12.2.3节。

2. 项目文件

(1) 经验教训登记册。经验教训登记册提供了有效的知识管理实践。

(2) 项目团队派工单。项目团队派工单说明了项目已具有的能力和经验以及可能缺乏的知识。

(3) 资源分解结构。资源分解结构包含有关团队组成的信息,有助于了解团队拥有和缺乏的知识。

(4) 干系人登记册。干系人登记册包含已识别的干系人的详细情况,有助于了解他们可能拥有的知识。

3. 可交付成果

可交付成果是在某一过程、阶段或项目完成时,必须产出的任何独特并可核实的产品、成果或服务能力。它通常是为实现项目目标而完成的有形的组成部分,并可包括项目管理计划的组成部分。

4. 事业环境因素

能够影响管理项目知识过程的事业环境因素有如下几个。

(1) 组织文化、干系人文化和客户文化。相互信任的工作关系和互不指责的文化对知识管理尤其重要。其他因素则包括赋予学习的价值和社会行为规范。

(2) 设施和资源的地理分布。团队成员所在的位置有助于确定收集和分享知识的方法。

（3）组织中的知识专家。有些组织拥有专门从事知识管理的团队或员工。

（4）法律法规要求和（或）制约因素。包括对项目信息的保密性要求。

5. 组织过程资产

在项目管理过程和例行工作中，必然要经常使用项目管理知识，能够影响管理项目知识过程的组织过程资产如下。

（1）组织的标准政策、流程和程序。可能包括信息的保密性和获取渠道、安全与数据保护、记录保留政策、版权信息的使用、机密信息的销毁、文件格式和最大篇幅、注册数据和元数据、授权使用的技术和社交媒体等。

（2）人事管理制度。包括员工发展与培训记录以及关于知识分享行为的能力框架。

（3）组织对沟通的要求。正式且严格的沟通要求有利于信息分享。对于生成新知识和整合不同干系人群体的知识，非正式沟通更加有效。

（4）正式的知识分享和信息分享程序。包括项目和项目阶段开始之前、开展期间和结束之后的学习回顾，如识别、吸取和分享从当前项目和其他项目获得的经验教训。

12.4.3 知识管理的方法

1. 专家判断

应该针对知识管理、信息管理、组织学习、知识和信息管理工具、来自其他项目的相关信息等主题，考虑具备相关专业知识或接受过相关培训的个人或小组的意见。

2. 知识管理

具体的知识管理方法应该将员工联系起来，使他们能够合作生成新知识、分享隐性知识，以及集成不同团队成员所拥有的知识。适用于项目的知识管理方法取决于项目的性质，尤其是创新程度、项目复杂性，以及团队的多元化（包括学科背景多元化）程度。

具体的方法包括：

（1）人际交往，包括非正式的社交和在线社交，可以进行开放式提问的在线论坛有助于与专家进行知识分享对话；

（2）实践社区（有时称为"兴趣社区"或"社区"）和特别兴趣小组；

（3）会议，包括使用通信技术进行互动的虚拟会议；

（4）工作跟随和跟随指导；

（5）讨论论坛，如焦点小组；

（6）知识分享活动，如专题讲座和会议；

（7）研讨会，包括问题解决会议和经验教训总结会议；

（8）讲故事；

（9）创造力和创意管理技术；

（10）知识展会和茶座；

（11）交互式培训。

可以通过面对面和（或）虚拟方式应用这些工具和技术。通常，面对面互动最有利于建立知识管理所需的信任关系。一旦信任关系建立，可以用虚拟互动维护这种信任关系。

3. 信息管理

信息管理可用于创建人们与知识之间的联系,可以有效促进简单、明确的显性知识的分享,包括:

(1) 编撰显性知识的方法,例如,如何确定经验教训登记册的条目;

(2) 经验教训登记册;

(3) 图书馆服务;

(4) 信息收集,如搜索网络和阅读已发表的文章;

(5) 项目管理信息系统(PMIS),通常包括文档管理系统。

通过增加互动要素,如"与我联系"的功能,使用户能够与经验教训发帖者联系,并向其寻求与特定项目和情境有关的建议。这样一来,就能够强化信息管理工具和技术的使用。

互动和支持也有助于人们找到相关信息。相比搜索关键词,直接询问通常是一种更轻松快捷的方式。搜索关键词经常难以使用,因为人们可能不知道选择什么样的关键词或关键短语才能找到所需的信息。

知识和信息管理方法应与项目过程和过程责任人相对应。例如,实践社区和主题专家可以提供见解,帮助改善控制过程;而设置内部发起人可以确保改善措施得到执行。可以分析经验教训登记册的条目,识别通过项目程序变更能够解决的常见问题。

4. 人际关系与团队技能

可用于知识管理的人际关系与团队技能如下。

(1) 积极倾听。积极倾听有助于减少误解并促进沟通和知识分享。

(2) 引导。引导有助于有效指引团队成功地达成决定、解决方案或结论。

(3) 领导力。领导力可帮助沟通愿景并鼓舞项目团队关注合适的知识和知识目标。

(4) 人际交往。人际交往促使项目干系人之间建立非正式的联系和关系,为显性和隐性知识的分享创造条件。

(5) 政治意识。政治意识有助于项目经理根据项目环境和组织的政治环境规划沟通。

12.4.4 知识管理的结果

1. 经验教训登记册

经验教训登记册可以包含项目情况(信息和知识)的类别和描述,还可包括与项目情况相关的影响、建议和行动方案。经验教训登记册可以记录遇到的挑战、问题、意识到的风险和机会,或其他适用的内容。

经验教训登记册在项目早期创建,作为本过程的输出。因此,在整个项目期间,它可以作为很多过程的输入,也可以作为输出而不断更新。参与工作的个人和团队也参与记录经验教训。可以通过视频、图片、音频或其他合适的方式记录知识,确保有效吸取经验教训。

在项目或阶段结束时,把项目相关信息归入经验教训知识库,成为组织过程资产的一部分。

2. 项目管理计划更新

项目管理计划的任何变更都以变更请求的形式提出,且通过组织的变更控制过程进行处理。项目管理计划的任一组成部分都可在本过程中更新。

3. 组织过程资产更新

所有项目都会生成新知识。有些知识应该被编撰，并在管理项目知识过程中被嵌入可交付成果，或者被用于改进过程和程序。在本过程中，也可以首次编撰或使用现有知识，例如，关于新程序的现有想法在本项目中试用并获得成功。

可在本过程更新任一组织过程资产。

12.5 项目工作监控

12.5.1 项目工作监控概述

项目工作监控（Monitor and Control Project Work）是跟踪、审查和报告项目进展，以实现项目管理计划中确定的绩效目标的过程。本过程的主要作用是让干系人了解项目的当前状态、已采取的步骤，以及对预算、进度和范围的预测。项目工作监控的依据、方法和结果如图 12-1 所示。

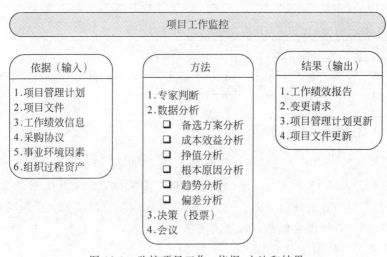

图 12-1　监控项目工作：依据、方法和结果

其中，项目绩效信息是在项目工作执行过程中收集工作绩效数据，交由控制过程做进一步分析，再将工作绩效数据与项目管理计划组件、项目文件和其他项目变量比较之后生成工作绩效信息。图 12-1 中的工作绩效报告的示例包括状态报告（见表 12-1）和进展报告。工作绩效报告可以包含挣值图表和信息、趋势线和预测、储备燃尽图、缺陷直方图、合同绩效信息和风险情况概述，可以表现为有助于引起关注、制定决策和采取行动的仪表指示图、热点报告、信号灯图或其他形式。

表 12-1　项目状态报告模板示例

项目状态报告表

一、项目基本情况

项目名称		项目编号	
制作人		审核人	
项目经理		制作日期	

314

项目状态报告表

当前项目状态	□ 符合计划	□ 落后计划	□ 比计划提前
汇报周期			

二、当前任务状态(简要描述任务进展状态)

关键任务(及对应的 WBS)	状态指标	状态描述	备注

三、本周期内的主要活动(对本周期内的主要可交付物进行总结)

四、下一个汇报周期内的活动计划

五、上期遗留问题的处理(说明上一个汇报周期内问题的处理意见和处理结果)

六、本期问题与求助(说明本汇报周期内需要解决的问题和寻求帮助)

七、财务状况

12.5.2 项目工作监控的主要内容

监控是贯穿于整个项目的项目管理活动之一,包括收集、测量和发布绩效信息,分析测量结果和预测趋势,以便推动过程改进。持续的监督使项目管理团队能洞察项目的健康状况,并识别需要特别关注的任何方面。控制包括制定纠正或预防措施或重新规划,并跟踪行动计划的实施过程,以确保它们能有效解决问题。

项目工作监控过程关注以下内容。

(1) 把项目的实际绩效与项目管理计划进行比较。

(2) 评估项目绩效,决定是否需要采取纠正或预防措施,并推荐必要的措施。

(3) 识别新风险,分析、跟踪和监测已有风险,确保全面识别风险,报告风险状态,并执行适当的风险应对计划。

(4) 在整个项目期间,维护一个准确且及时更新的信息库,以反映项目产品及相关文件的情况。

(5) 为状态报告、进展测量和预测提供信息。

(6) 做出预测,以更新当前的成本与进度信息。

(7) 监督已批准变更的实施情况。

(8) 如果项目是项目集的一部分,还应向项目集管理层报告项目进展和状态。

为了监督和控制项目执行情况,需要建立正式的汇报机制,并确定工作汇报的形式,让团队定期汇报所分配的任务的完成情况。例如,应基于所分配任务的天数与星期,定期召开项目例会,提交项目内部工作报告(见表 12-2)等。

表 12-2　本周工作报告

文件名称	××子项目完成情况		文件编号	2019×××	
序号	本周计划工作 WBS	责任人	完成情况	未完成原因	纠正措施
1					
2					
3					
4					

5. 主要项目风险和问题分析

6. 来自客户的意见

7. 下周计划

8. 其他事项

12.5.3　软件项目工作监控

在信息系统工程建设管理中,尤其是在重大 IT 项目建设过程中,为保障工程施工进度和质量,项目的跟踪和控制在项目的工程建设中是极其重要的。

众所周知,项目管理中有个"铁三角",即进度、质量、成本,要想让项目按时、按质,并且在不超出预算成本的前提下能够顺利完成,项目经理必须从进度、质量、成本 3 个方面对 IT 项目全过程进行严格的跟踪和控制。

1. 项目进度管理

项目进度管理是指项目能按时完成所必需的进度管理过程,通常情况下,进度安排的准确程度比成本估算的准确程度更为重要。

众所周知,项目进度计划的制订对一个项目的成功起着至关重要的作用。在 IT 项目的管理过程中,可以采用项目进度管理中的 3 个比较常用的技术:工作分解结构(WBS)、甘特图、计划评审技术(PERT)进行项目进度计划制订。

除此之外,在项目的进度跟踪与控制方面,可以采取以下方法。

(1) 工作日志。让项目组成员每天填写工作日志,以便能清楚地知道项目进展情况和每个人的情况,以及及时发现项目当前存在的问题并且快速做出相应的调整。

(2) 确保团队成员按时完成计划的周期性任务,并对下周期需要完成的工作、本周期工作中遇到的问题、本周期还未完成的任务以及没有完成的原因进行总结汇报。项目经理对每位项目团队成员的周期性工作报告进行汇总,找出项目中存在的问题,就一致性的问题组织会议进行讨论,通过头脑风暴法解决存在的问题,并根据实际情况对项目计划进行调整。

(3) 编制"团队成员个人任务跟踪列表",记录各位团队成员当前有哪些任务以及各个任务的时间段,并用不同的颜色标明任务进展状况。通过此表,查看项目进展程度,作为团队成员绩效考核的依据。

2. 项目质量管理

项目质量管理是项目管理的重要方面之一,它与范围、成本、时间构成了项目成功的关键因素。项目的最终目的是验收通过,并且保证公司获得丰厚的利润。但要保证 IT 项目能够早日验收通过,项目的质量举足轻重。为了保证项目的质量符合要求,可采用如下质量监控方法。

(1) 使用基准分析进行质量的跟踪和监控。将实施过程中或计划之中的项目做法同其他类似项目的实际做法进行比较,通过比较,改善或提高目前项目的质量管理,以达到项目预期的质量或其他目标。

(2) 利用软件质量管理软件加强软件开发的配置管理、代码管理、开发管理。例如,在项目实施期间,使用信息系统对代码进行管理,可以使用 MS SharePoint 系统软件对项目的相关文档、交付物进行配置管理。

(3) 加强项目关键点的检查与确认。例如,对项目中编码要进行多次检查测试,并请相关干系人进行验收、确认,以建立相关干系人对项目质量的信心。

(4) 在项目实施期间进行定期或不定期的质量过程审计。例如,在 IT 项目中,经过质量过程审计,通常能发现部分开发人员在没有完成集成测试报告的情况下就提交了代码,相关小组组长也没能发现问题。针对这种现象,项目组可采取适当纠正和预防措施来确保质量。

3. 项目成本监控

为了做好 IT 项目成本的跟踪和监控,可采用挣值分析、偏差分析、趋势分析等常见且有效的方法。通过与计划完成的工作量、实际挣值的收益、实际的成本进行比较,判断项目进展情况是否完成基准计划的预计工作,以及花费了多少时间和成本,从而得出项目在某一特定时间上是否延迟、是否存在成本超支等问题,以便采取赶工或加班等纠正措施进行有效跟踪和控制。

12.6　项目整体变更控制

实施整体变更控制过程贯穿项目始终,项目经理对此承担最终责任。变更请求可能影响项目范围、产品范围以及任一项目管理计划组件或任一项目文件。在整个项目生命周期的任何时间,参与项目的任何干系人都可以提出变更请求。变更控制的实施程度取决于项目所在应用领域、项目复杂程度、合同要求,以及项目所处的背景与环境。

12.6.1　项目整体变更控制概述

整体变更控制是审查所有变更请求,批准变更,管理对可交付成果、组织过程资产、项目文件和项目管理计划的变更,并对变更处理结果进行沟通的过程。该过程审查所有针对项目文件、可交付成果、基准或项目管理计划的变更请求,并批准或否决这些变更。本过程的主要作用是从整合的角度考虑记录在案的项目变更,从而降低因未考虑变更对整个项目目标或计划的影响而产生的项目风险。图 12-2 描述本过程的依据(输入)、方法和管理结果。

其中,图 12-2 中依据的"变更请求"可能包含纠正措施、预防措施、缺陷补救,以及对正式受控的项目文件或可交付成果的更新,以反映修改或增加的意见或内容。变更可能影响项目基准,也可能不影响项目基准,而只影响相对于基准的项目绩效。变更决定通常由项目经理做出。对于会影响项目基准的变更,通常应该在变更请求中说明执行变更的成本、所需的计划日期修改、资源需求以及相关的风险。这种变更应由变更控制委员会(CCB)(如有的

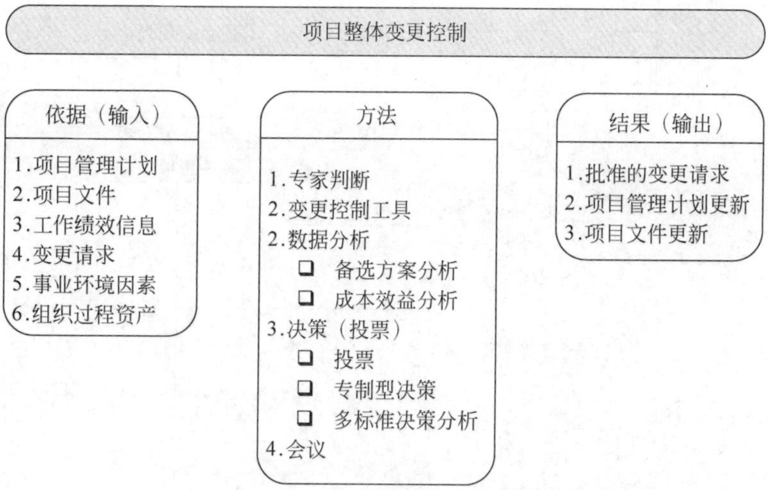

图 12-2　项目整体变更控制的依据、方法和结果

话)和客户或发起人审批。只有经批准的变更才能纳入修改后的基准。

图 12-2 中方法的"变更控制工具"是指为了便于开展配置和变更管理,可以使用一些手动或自动化的工具。配置控制重点关注可交付成果及各个过程的技术规范,而变更控制则着眼于识别、记录、批准或否决对项目文件、可交付成果或基准的变更。

图 12-2 中方法的"专制型决策"是指由一个人负责为整个集体制定决策。这种决策方法在某些场合使用。

12.6.2　项目整体变更控制程序

项目的任何干系人都可以提出变更请求。尽管也可以口头提出,但所有变更请求都必须以书面形式记录,并由变更控制系统和配置控制系统中规定的过程进行处理。同时应该评估变更对时间和成本的影响,并向这些过程提供评估结果。

每项记录在案的变更请求都必须由一位责任人批准或否决,这位责任人通常是项目发起人或项目经理,应该在项目管理计划或组织流程中指定这位责任人。必要时,应该由变更控制委员会(CCB)开展实施整体变更控制。通常 CCB 成员包括发起人、客户代表、职能经理、专家和项目经理,其中项目经理在 CCB 中的任务就可以理解为召集开会。CCB 是一个正式组成的团体,负责审查、评价、批准、推迟或否决项目变更,以及记录和传达变更处理决定。变更请求得到批准后,可能需要编制新的(或修订的)成本估算、活动排序、进度日期、资源需求和风险应对方案分析。这些变更可能要求调整项目管理计划和其他项目文件。变更控制的实施程度,取决于项目所在应用领域、项目复杂程度、合同要求,以及项目所处的背景与环境。某些特定的变更请求,在 CCB 批准之后,还可能需要得到客户或发起人的批准,除非他们本来就是 CCB 的成员。

项目整体变更控制贯穿项目始终,项目经理对此负最终责任。需要通过谨慎、持续的管理变更,维护项目管理计划、项目范围说明书和其他可交付成果。应该通过否决或批准变更,确保只有经批准的变更才能纳入修改后的基准中。

项目整体变更控制程序如图 12-3 所示。

项目整合管理

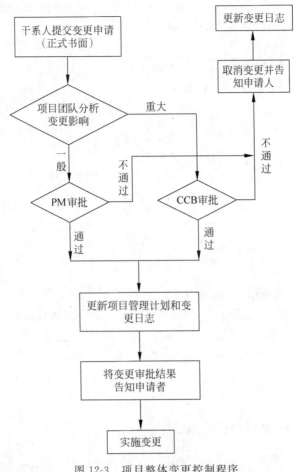

图 12-3　项目整体变更控制程序

　　在基准确定之前,变更无须正式受控于实施整体变更控制过程。一旦确定了项目基准,就必须通过本过程处理变更请求。依照常规,每个项目的配置管理计划应规定哪些项目工件受控于配置控制程序。对配置要素的任何变更都应该提出变更请求,并经过正式控制。

　　尽管也可以口头提出,但所有变更请求都必须以书面形式记录,并纳入变更管理和(或)配置管理系统中。在批准变更之前,可能需要了解变更对进度的影响和对成本的影响。在变更请求可能影响任一项目基准的情况下,都需要开展正式的整体变更控制过程。每项记录在案的变更请求都必须由一位责任人批准、推迟或否决,这位责任人通常是项目发起人或项目经理。应该在项目管理计划或组织程序中指定责任人,必要时,应该由变更控制委员会(CCB)来开展实施整体变更控制过程。CCB 是一个正式组成的团体,负责审查、评价、批准、推迟或否决项目变更,以及记录和传达变更处理决定。

　　变更请求得到批准后,可能需要新编(或修订)成本估算、活动排序、进度日期、资源需求和(或)风险应对方案分析,这些变更可能要求调整项目管理计划和其他项目文件。某些特定的变更请求,在 CCB 批准之后,可能还需要得到客户或发起人的批准,除非他们本身就是CCB 的成员。

　　一个项目变更申请和审批表示例如表 12-3 所示。

表 12-3　某软件项目变更申请和审批表

项目编号：YL1936SI-SQ		项目经理：××	
申请日期：	申请人：		申请编号：
问题编号：			
申请人填写	1. 变更描述：		
	2. 原因陈述：		
	3. 变更影响： 范围影响—— 进度影响—— 成本影响—— 技术影响—— 客户和客户关系影响—— 项目验收影响——		
	4. 是否有其他备选方案及影响：		
审批人填写	项目经理意见：		
	项目经理签字：		日期：
	项目管理委员会意见：		
	项目管理委员会代表签字：		日期：

12.7　项目收尾管理

项目收尾是完结所有项目管理过程组的所有活动,是项目全过程的最后阶段。本过程的主要作用是正式结束项目工作,总结经验教训,为开展新工作而释放组织资源。

无论是成功还是失败,收尾工作都是必要的。如果没有这个阶段,一个项目就不算全部完成。对于软件项目,收尾阶段包括项目验收、项目移交或清算、项目后评价等工作。在这一阶段,项目干系人之间可能发生较大冲突,需要进行有效的管理,适时做出正确的决策,总结分析项目的经验教训,为今后的项目管理提供有益的经验。

12.7.1　项目结束

项目结束有两种情况,一是项目任务已顺利完成,项目目标已成功实现,这种状况下的项目结束为"项目正常结束"(成功);二是项目任务无法完成、项目目标无法实现而提前终止项目实施的情况,这种状况下的项目结束为"项目非正常结束"(失败)。

1. 项目成功与失败的标准

评定项目成功与失败的标准主要有 3 个:是否有可交付的合格成果;是否实现了项目目标;是否达到项目客户的期望。如果项目产生了合格可交付成果,实现了预定的目标,达到了客户的预期期望,项目干系人比较满意,这就是很成功的项目。即使有一定的偏差,但只要多方努力,能够得到大多数人的认可,项目也是成功的。但是对于失败的界定就比较复杂,不能简单地说项目没有实现目标就是失败的,也可能是目标不合理;即使达到了目标,但客户的期望没有解决,这也是不成功的项目。项目的失败对企业会造成巨大的影响,研究项目失败的原因显得尤为重要。

2. 项目结束条件

当满足下列条件之一时可以结束项目。

(1) 项目计划中确定的可交付成果已经出现,项目的目标已经成功实现。

(2) 由于各种原因导致项目无限期拖长。

(3) 项目出现了环境的变化,对项目的未来形成负面影响。

(4) 项目所有者的战略发生了变化,项目与项目所有者组织不再有战略的一致性。

(5) 项目已经不具备实用价值,难以同其他更领先的项目竞争,难以生存。

12.7.2 项目验收

项目验收是检查项目是否符合各项要求的重要环节,也是保证产品质量的最后关口。在正式移交之前,客户一般都要对已经完成的工作成果和项目活动进行重新审核,也就是项目验收。软件项目的验收包含以下 4 个层次的含义。

(1) 开发方按合同要求完成了项目工作内容。

(2) 开发方按合同中有关质量、资料等条款要求进行了自检。

(3) 项目的进度、质量、工期、费用均满足合同的要求。

(4) 客户方按合同的有关条款对开发方交付的软件产品和服务进行确认。

项目验收主要包括项目质量验收和项目文件验收。

1. 项目质量验收

项目质量验收主要验证可交付成果是否达到既定的目标,是否满足客户的需求。合同是质量验收的重要依据,也可参照国际惯例、行业标准及相关政策法规进行验收。

软件项目质量验收的主要方法包括测试和评审,为了核实软件项目是否按规定完成,需要对交付的设备和软件产品等进行测试和评审。质量验收后,参加验收的项目团队和接受方人员应在事先准备好的文件上签字,表示接受方已正式认可并验收全部或阶段性成果。一般情况下,这种认可和验收可以附有一定的条件,例如,软件开发项目验收和移交时,可以规定以后发现软件有问题时仍然可以找开发人员进行修改。

质量验收的结果是产生质量验收评定报告和项目技术资料。项目最终质量报告的质量等级一般分为"合格""优良""不合格"等多级。对于不合格的项目不予通过验收。项目的质量检验评定报告经汇总形成的相应的技术资料是项目资料的重要组成部分。

内部验收记录表、验收结果汇总表,以及软件质量发布表分别见表 12-4～表 12-6。

表 12-4 内部验收记录表示例

内部验收组长		业务/技术代表	
测试代表		质量代表	
开始日期		结束日期	
验收活动描述			

表 12-5 验收结果汇总表示例

验收产品名称	计划/实际交付时间比较	通过测试/评审时间	测试/评审意见	项目组意见	客户意见

表 12-6　软件质量发布表示例

参　　数		公 司 定 义	项 目 实 际
缺陷库中缺陷清除率	一级缺陷		
	二级缺陷		
	三级缺陷		
内部验收测试缺陷发现数	一级缺陷		
	二级缺陷		
	三级缺陷		
发布产品质量	一级缺陷		
	二级缺陷		
	三级缺陷		

2. 项目文档验收

项目资料是项目验收和质量保证的重要依据之一。项目资料是一笔宝贵的财富,因为它可以为后续项目提供参考,便于以后查阅,为新的项目提供借鉴,同时也为项目的维护和改正提供依据。一个项目的文档资料将不断丰富企业的知识库。项目资料验收是项目产品验收的前提条件,只有项目资料验收合格,才能开始项目产品的验收。

在项目的不同阶段,验收和移交的文档资料也不同。项目初始阶段,应该验收和移交的文档包括:项目可行性研究报告及其相关附件、项目方案和论证报告、项目评估与决策报告等。但并不是所有的项目都具备这些文档,对于规模较小的项目文档资料只有其中的一部分。项目规划阶段,应该验收和移交的文档资料包括:项目计划资料(包括进度、成本、质量、风险、资源等)、项目设计技术文档(包括需求规格说明书、系统设计方案)等。项目实施阶段,应该验收和移交的文档资料包括:项目全部可能的外购或外包合同、各种变更文件资料、项目质量记录、会议记录、备忘录、各类执行文件、项目进展报告、各种事故处理报告、测试报告等。项目收尾阶段,应该验收和移交的文档资料包括:质量验收报告、项目总结、项目评价等。

文档的完整性和一致性审查是文档验收的重点,文档完整性和一致性验收表格示例如表 12-7 和表 12-8 所示。

表 12-7　文档完整性验收表

提 交 文 档	是 否 包 含
需求文档规格说明书	

表 12-8　文档一致性检查表

文档一致性	一致性检查符合比例
需求规格说明书、用户手册与软件系统	

项目资料验收的主要程序如下。

(1) 项目资料交验方按合同条款有关资料验收的范围及清单进行自检和预验收。

(2) 项目资料验收的组织方按合同资料清单或国际、国家标准的要求分项——进行验收、立卷、归档。

(3) 对验收不合格或有缺陷，应通知相关单位采取措施进行修改或补充。

(4) 交接双方对项目资料验收报告进行确认和签证。

12.7.3 软件项目验收管理

所谓验收，就是对整个软件开发、建设项目的结果的综合评价，是软件系统交付使用前对项目进行评估、认定和总结的过程，包括费用、质量、服务等多个方面，包括对整个系统的运行情况、业务流程重组的有效性、生产运作的效率等方面的一个评估，也是对 IT 项目范围的再确认。IT 项目的实施，一般包括 6 个阶段，即项目的选型、培训、业务流程重组、基础数据整理、会议室试点、切换等，在系统切换后，紧接着的还有一项关键性的工作，就是项目的验收。

IT 项目验收主要是通过对项目全面测试性检验，找出项目中可能存在的问题和不足，并进行最后的修正、完善，以使项目保质保量，最终交付到用户单位每个使用人员手中。可以说，验收是 IT 项目最后关键的环节，它是对项目的实施质量和软件的可交付性起到"一锤定音"作用的环节，也关系到 IT 项目能否平滑顺利步入运营期并为企业创造效益，软件开发服务商能否实现收益的标志之一。因此，项目经理或 CIO 必须高度重视，万莫轻视。

例如，企业资源计划（Enterprise Resource Planning，ERP）项目，由于其软件的复杂性、规模性，项目经理或 CIO 可能更多地关注它多变的需求定义、选型、个性化解决方案，却轻视了项目的验收工作，而验收时需要大量数据测试、自定义扩展、长时间运行等才能明辨优劣、成效，但是由于供需双方受种种原因的影响急需"结账"，从而使项目验收在时间、内容、范围、数量、人员等投入均显不足，而且由于多数信息化项目的验收评估标准难以具体量化，常使验收流于形式，最终使实施结果不佳。

为何不少 IT 项目成了"鸡肋工程"甚至变成"烂尾工程"？ 一个重要原因就是最后一关——"验收"疏忽大意，没有把好关，前功尽弃。对此，作为企业项目经理或 CIO，负有重要责任。还有，一些用户单位 CIO 以为项目实施工作做好了，系统跑起来了，文档移交了，开发商确认了，还有什么必要大动干戈做验收，这些想法和做法，源于对验收的目的、流程、方法和意义缺乏认识，造成一个个延期工程、半生不熟项目或烂尾工程。

1. 把握项目验收的重点内容

可以说，验收事关项目能否善始善终，关乎全局的成败，那么项目经理或 CIO 如何做好项目验收？ 从哪里重点把握？ 结合理论与实际操作，一般而言，IT 项目验收主要应包括验收准备、数据移植、系统测试、系统评估 4 个主要过程。

1) 着手验收阶段的准备工作

当单位开始要进入验收时，CIO 应着手进行相应验收的准备工作，向软件开发商收取软件开发过程中各阶段性文档，包括需求分析说明书、概要设计说明书、详细设计说明书、数据库设计说明书、源程序代码、可供安装使用的系统安装程序、系统管理员手册、用户使用手册、测试计划、测试报告、用户报告、数据移植计划及报告、系统上线计划及报告、用户意见书、验收申请等。然后对各类约定的技术文档和合同中的相关内容进行自查,要彻底了解系统目前完成的情况如何,是否已完成了与开发商达成的各项书面约定以及口头约定,没有完成的,如果是书面约定,准备采取什么策略去进一步完成等。

当然,此时 CIO 做一个详细的验收计划是非常必要的,可以用来作为验收阶段的工作指导,并组织管理层领导、业务管理人员和信息技术专家成立项目验收委员会,负责对 IT 项目进行正式验收。

2)数据移植

如今不少企业都上了办公自动化(Office Automation,OA)、客户关系管理(Customer Relationship Management,CRM)等系统,或淘汰老系统,在进行新系统(如 ERP)建设并最终上线时,一般需要将旧系统的原始数据移植到新系统或调用企业原有的 OA、CRM 等系统内的数据,则常需数据移植,CIO 正好可借此机会检验新系统的优劣、匹配性如何。应完成以下主要工作内容。

(1)制定数据移植方案。除了要定义数据收集的格式、范围、进度外,还要考虑系统接口的影响,并建立数据移植完整性和准确性测试方法以及意外事件处理程序。

(2)数据收集。项目实施常涉及数据收集,应由数据收集小组根据数据收集格式,准确对数据进行收集,以确保数据提供人员了解和掌握对数据收集的各项规定和要求。

(3)数据导入并核查结果。项目组成员将数据导入系统,并在导入后按照事先制定的数据移植完整性和准确性的测试方法,对系统中的数据做进一步的核查,确保导入数据的质量。

(4)数据移植后要进行适当时间的试运行,检测、确认数据移植的真实性、准确性和完整性。

3)系统测试

系统测试是项目验收的关键环节,也是 CIO 最需花心思把关之处。以 ERP 软件为例,系统测试具体包括以下五大测试内容:安装测试、功能测试、界面测试、性能测试、文档测试。而其中功能测试是重点,必须高度重视。

下面结合 ERP,重点阐述如何有效进行功能测试,其功能测试的用例设计,主要应注意以下几点。

(1)测试项目的输入域要全面。要有合法数据的输入,也要有非法数据的输入,CIO 可以此检验系统的抗干扰性如何。

(2)要适时利用边界值进行测试。如"订单预排"中一般要求预排的数量大于 0,那么测试数据可以分别为 $0, -1, 1, 100000$(一个非常大的正数),查看单据流转和控制情况,系统在执行制造资源计划分解、工单下达、车间任务调度等操作是否正确。

(3)CIO 可不按照常规的顺序执行功能操作,查看系统计算的准确性,如仓库历史库存、当前库存、货位库存是否准确。

(4)验证实体关系,实体间的关系有 3 种:一对一、一对多、多对多。例如,一个主生产计划(Master Production Schedule,MPS)对应多个制造资源计划(Manufacturing Resource Planning,MRP),一个 MRP 对应多个车间任务,CIO 对此检验,看能否对应。

(5)执行正常操作,观察输出结果的异常性。例如,CIO 删除某条记录对排序的影响,或执行审批后,单据的状态是否改变,报表的打印输出效果如何。

（6）划分等价类，提高测试效率。要划分等价类，选择有代表意义的少数用例进行测试，提高测试效率。

4）其他系统测试

除上述的系统测试外，CIO 还有必要对系统的其他特性和需求加以测试，这些系统测试也很重要，主要有以下几种。

（1）负载压力测试，主要包括并发性能测试、疲劳强度测试、大数据量测试和速度测试，一般采用自动化技术分别在客户端、服务器端和网络上进行测试。

（2）恢复测试，通过模拟硬件故障或故意造成软件出错，检测系统对数据的破坏程度和可恢复的程度。

（3）安全性测试，通过非法登录、漏洞扫描、模拟攻击等方式检测系统的认证机制、加密机制、防病毒功能等安全防护策略的健壮性。

（4）兼容性测试，通过硬件兼容性测试、软件兼容性测试和数据兼容性测试来考查软件的跨平台、可移植的特性。

（5）性能测试，主要是测试软件的运行速度和对资源的消耗。

5）评估整个系统运行效益

作为信息部门的一把手，聪明的 CIO 应在项目合同上写明系统试运行 2～3 个月后再来验收、付款的规定，以争取主动。CIO 的做法主要是录入 1～3 个月的企业相关经营数据进行核查，目的是利用此段时间来判断系统上线运行后能给企业带来哪些积极变化和成效，看它有无促使企业在管理思想、管理模式、管理方法、管理机制、管理基础、业务流程、组织结构、规章制度、全员素质、企业竞争力、企业形象、科学决策和信息的集成与处理等方面发生一些明显的改进、提高和创新；企业是否运用 ERP 系统对整个供应链管理中的各相关环节和企业资源实行有效规划和控制；通过财务模块分析，企业在客户关系管理、市场预测分析、加强财务管理、合理组织生产、资源优化配置、压缩生产周期、降低物料库存、减少资金占用、降低产品成本、提高产品质量、扩大市场销售和实行电子商务等方面有无产生相应的经济效益等。如果在这些方面，用户感觉良好，表明系统运行成功，那 CIO 就可放心正式验收、签单付款了。

2. 项目验收的几大注意事项

CIO 把握、核检了项目验收的 4 个主要过程后，并不表示万事大吉，尚需对以下几大事项高度重视，加以解决，以保证项目和验收全面顺利完成。

（1）依据行业标准制定验收规则。目前验收或许是一个比较模糊的概念，业内一直都没有一个统一的标准，随意性大。而这种"验收的随意性"对于用户单位将是一个致命的问题，产生此类问题的根源就在于 CIO 通常不知道或根本就没有制定合理的验收标准，从而导致 IT 项目在验收过程中，主次颠倒，忽视了对关键业务流程的验收。因此，只有明确了相关系统项目的验收标准，才会做到有备而来，从而达到验收的目的。CIO 一定要重新明确、制定每个阶段验收标准和项目总体验收标准，时刻维护验收的严谨性、权威性和准确性，必要时可请第三方咨询顾问机构来帮忙把关。

（2）把握验收的时间火候。一般而言，CIO 要根据软件模块的多少、系统涉及部门人员、投入费用的多少，在验收时间上进行更多考量、把控，别急于收尾验收。大型的 ERP 项目通常是边实施边验收，一步一步地向前推进，以便一边发现问题，一边解决问题，但中小型的 ERP 项目最好是成功切换后,录入一个月以上的数据,运行一个月时间,再来验收。毕竟一个月才是一个小的系统周期,如果小的周期都没有跑顺,更别说一年这样的大周期了。如果 ERP 系统能做到平稳运行两个月以上,能够准确导出各类月度报表,系统应用和各项业务操作基本正常、顺畅,通常而言,可认为系统已达到预期效果或是达到了预定的目标,系统项目上线成功了,验收也算通过了。

(3) 建立有效的解决冲突机制。用户、开发商在实施、验收 IT 项目过程中难免会发生冲突,造成 IT 建设偏离轨道。关键是事先是否有明确的项目目标和项目要求,是否建立起有效的冲突解决机制。CIO 主要是要明确今后双方权责关系,可对将来可能发生重大事件或不可抗拒事件所引发可能的实施超期、费用超支、产品价格调整以及服务收费超标等事项、行为及其权责做出预测,并有效约定,从而使信息化项目从一开始就按预定的轨道行驶,避免再发生意外。因此,CIO 要快速查找以前问题所在,既然上次合约没有明确细节,也就意味着可以增加验收内容,明确细节和进度,从合同中挑出对方的问题,与对方补签合约,保证项目有效进行。建立解决冲突机制,是为了使验收更好地执行。

12.7.4 项目移交或清算

在项目收尾阶段,如果项目达到预期的目标,就是正常的项目验收、移交过程。如果项目没有达到预期的效果,项目已无可能或没有必要进行下去而提前终止,这种情况下的项目收尾就是清算,项目清算是非正常的项目结束过程。

1. 项目移交

项目移交是指项目收尾后,将全部的产品和服务交付给客户或用户。特别是对于软件项目,移交也意味着软件系统的正式运行,今后软件系统的全部管理和日常维护工作将移交给用户。项目验收是项目移交的前提,移交是项目收尾阶段的最后工作内容。

软件项目移交时,不仅需要移交项目范围内全部软件产品和服务、完整的项目资料文档、项目合格证书等资料,还包括移交对运行的软件系统的使用、管理和维护等。因此,在软件项目移交之前,对用户方系统管理人员和操作人员的培训是必不可少的,必须使用户能够完全学会操作、使用、管理和维护该软件。

软件项目的移交成果包括以下内容。

(1) 已经配置好的系统环境。

(2) 软件产品,如软件光盘介质等。

(3) 项目成果规格说明书。

(4) 系统使用手册。

(5) 项目的功能、性能技术规范。

(6) 测试报告等。

这些内容需要在验收之后交付给客户。为了核实项目活动是否按要求完成,完成的结果如何,客户往往需要进行必要的检查、测试、调试、实验等活动,项目小组应为这些验证活动进行相应的指导和协作。

移交阶段具体的工作包括以下内容。

(1) 对项目交付成果进行测试,可以进行 α 测试、β 测试等各种类型的测试。

(2) 检查各项指标,验证并确认项目交付成果满足客户的要求。

（3）对客户进行系统的培训，以满足客户了解和掌握项目结果的需要。

（4）安排后续维护和其他服务工作，为客户提供相应的技术支持服务，必要时另行签订系统的维护合同。

（5）签字移交。

软件项目一般都有一个维护阶段，在项目签字移交之后，按照合同的要求，开发方还必须为系统的稳定性、可靠性等负责。在试运行阶段为客户提供全面的技术支持和服务。

2. 项目清算

对不能成功结束的项目，要根据情况尽快终止项目，进行清算。在进行项目清算时，主要的依据和条件如下。

（1）项目规划阶段已存在决策失误，如可行性研究报告依据的信息不准确、市场预测失误、重要的经济预测有偏差等诸如此类的原因造成项目决策失误。

（2）项目规划、设计中出现重大技术方向性错误，造成项目计划不可能实现。

（3）项目的目标与组织目标已无法保持一致。

（4）环境的变化改变了对项目产品的需求，项目的成果已不适应现实需要。

（5）项目范围超出了组织的财务能力和技术能力。

（6）项目实施过程中出现重大质量事故，项目继续运作的经济或社会价值基础已经不复存在。

（7）项目虽然顺利进行了验收和移交，但在软件运行过程中发现项目的技术性能指标无法达到项目设计的要求，项目的经济或社会价值无法实现。

（8）项目因为资金或人力无法近期到位，并且无法确定可能到位的具体期限，使项目无法进行下去。

项目清算仍然要以合同为依据，项目清算程序如下。

（1）组成项目清算小组，主要由投资方召集项目团队、工程监理等相关人员。

（2）项目清算小组对项目进行的现状及已完成的部分，依据合同逐条进行检查。对项目已经进行的并且符合合同要求的部分，免除相关部门和人员责任；对项目中不符合合同目标的，并有可能造成项目失败的工作，依合同条款进行责任确认，同时就损失估算、索赔方案拟订等事宜进行协商。

（3）找出造成项目失败的所有原因，总结经验。

（4）明确责任，确定损失，协商索赔方案，形成项目清算报告，合同各方在清算报告上签字，使之生效。

（5）协商不成则按合同的约定提起仲裁，或直接向项目所在地的人民法院提起诉讼。

项目清算对于有效地结束不可能成功的项目、保证企业资源得到合理使用、增强社会的法律意识等都起到重要作用，因此，项目各方要树立依据项目实际情况，实事求是地对待项目成果的观念，如果清算，就应及时、客观地进行。

12.7.5 项目总结和后评价

1. 项目总结

软件开发是一项复杂的系统工程，涉及到各方面的因素，在实际工作中，经常会出现各种各样的问题，甚至面临失败。而如何总结、分析失败的原因，得出有益的教训，这对于一个公司则是今后项目取得成功的关键。以前会听说过这样的项目：客户验收后，项目活动就随之收场，项目资料没有认真归档总结，不是束之高阁就是缺失不全，但当新项目启动时，面对新的项目问题，项目组成员才发现，其实这类问题以前也遇到过，但是却无法找到相应的解决方案资料，只好再投入人力、时间、金钱重新经历一遍。为什么相同的问题会重复出现？究其原因，是因为缺少项目总结。

项目结束后要总结在本项目中哪些方法和事情使得项目进行得更好，哪些给项目制造了麻烦，以后应在项目中规避什么情况等。总结成功的经验和失败的教训，整理软件项目过程文件，将项目中的有用信息进行总结分类并放入信息库，为以后的项目提供资源和依据。

一般来说，项目总结的主要目的是分享经验和体会。软件项目从立项、需求分析、设计、编码、测试到最终结束，每个项目组成员都会有自己的体会和感受。项目组成员在一起分享自己的经验和体会，不仅有利于团队建设，还有利于知识和经验的共享和积累。通过项目的体验，好的经验得以传承，有助于提高公司的总体水平，也为今后的项目提供可靠的实践依据。对于不足和需要改进的地方，要分析错误的根源，找到可以改进或可修正的方法，防止重复性的错误在以后的项目中发生。项目总结还可以针对软件项目产品存在的一些问题，提出一些可行性的合理化改进和建议方案。

一个项目总结，主要包括以下两方面的总结。

1）技术方面的总结

技术方面的总结主要是从软件的技术路线、分析设计方法、项目所采用的软件工具等方面进行总结。经过软件项目开发的过程，项目组要总结出什么样的项目应该采用什么样的技术，并对项目进行不断的完善，使之成为公司的软件资产。通过开发项目的经历，软件开发人员应该明白，技术是为项目服务的，不是追求技术的先进性，而是注重技术的实用性。

2）管理方面的总结

一个人管理知识和管理技能的获取，只有一小部分是来自培训或书本，很大一部分都是来自经验和阅历。从项目的立项到项目验收，每个环节和每个阶段都可以进行项目管理方面的总结。项目管理的总结不是项目经理一个人的总结，而是项目成员都要根据自己的所做、所感和所想进行的总结。每个项目参与人都要撰写个人项目总结报告，总结个人在整个项目过程中所做的工作的回顾和评价，包括自己所承担的工作任务的完成情况、在项目中发挥的作用、项目工作中存在的问题、对改进项目工作的思考和建议等，最后还应包括一份个人的自我评价。项目验收完成后，通常召开项目总结会议。在项目总结会议上，大家对项目进行回顾、反思、总结，分享项目中好的方法和经验，分析项目中存在的问题、缺点和不足，讨论并提出改进的方案，然后把这些内容以文档的形式保存下来，形成一种可共享的资源。

2. 项目后评价

项目后评价（Post Project Evaluation）是指在项目已经完成并运行一段时间后，对项目的目的、执行过程、效益、作用和影响进行系统的、客观的分析和总结。对软件项目进行后评价，必须采用综合的方法对系统实现其目标的完成程度及对组织的影响程度进行评价。

项目后评价的意义如下。

（1）确定项目预期目标是否达到，主要效益指标是否实现；查找项目成败的原因，总结经验教训，及时有效反馈信息，提高未来新项目的管理水平。

（2）为项目投入运营中出现的问题提出改进意见和建议，达到提高投资效益的目的。

（3）后评价具有透明性和公开性，能客观、公正地评价项目活动成绩和失误的主客观原因，比较公正地、客观地确定项目决策者、管理者和建设者的工作业绩和存在的问题，从而进一步提高他们的责任心和工作水平。

项目后评价一般采取比较法，即通过项目产生的实际效果与决策时预期的目标比较，从差异中发现问题，总结经验和教训，提高认识。项目后评价方法基本上可以概括为以下4种。

（1）影响评价法。项目建成后测定和调研在各阶段所产生的影响和效果，以判断决策目标是否正确。

（2）效益评价法。把项目产生的实际效果或项目的产出，与项目的计划成本或项目投入相比较，进行盈利性分析，以判断当初决定投资是否值得。

（3）过程评价法。把项目从立项决策、设计、采购直至建设实施各程序的实际进程与原定计划、目标相比较，分析项目效果好坏的原因，找出项目成败的经验和教训，使以后项目的实施计划和目标的制订更加切合实际。

（4）系统评价方法。将上面3种评价方法有机地结合起来，进行综合评价，才能取得最佳评价结果。

项目后评价程序包括明确项目后评价由谁来承担，根据项目规模等实际情况而定，可能包括以下步骤。

（1）接受后评价任务，签订工作合同或评价协议（第三方），以明确各自在评价工作中的权利和义务。

（2）成立后评价小组，制订后评价计划。后评价计划必须说明评价对象、评价内容、评价方法、评价时间、工作进度、质量要求、经费预算、专家名单、报告格式等。

（3）设计调查方案，聘请有关专家。调查是评价的基础，调查方案是整个调查工作的行动纲领，它对于保证调查工作的顺利进行具有重要的指导作用。

（4）阅读文件，收集资料。评价小组应组织专家认真阅读项目文件，从中收集与未来评价有关的资料，如项目的建设资料、运营资料、效益资料、影响资料，以及国家和行业有关的规定和政策等。

（5）开展调查，了解情况。在收集项目资料的基础上，为了核实情况、进一步收集评价信息，必须去现场进行调查。一般地，去现场调查需要了解项目的真实情况，包括项目自身的建设情况、运营情况、效益情况、可持续发展及对周围地区经济发展的作用和影响等。

（6）分析资料，形成报告。在阅读文件和现场调查的基础上，要对已经获得的大量信息进行消化吸收，形成概念，写出报告。报告包括的内容有：项目的总体效果如何、是否按预定计划建设或建成、是否实现了预定目标、投入与产出是否成正函数关系、项目的影响和作用如何、项目的可持续性如何、项目的经验和教训如何，等等。

（7）交后评价报告，反馈信息。后评价报告草稿完成后，送项目评价执行机构高层领导审查，并向委托单位简要通报报告的主要内容，必要时可召开小型会议研讨有关分歧意见。项目后评价报告的草稿经审查、研讨和修改后定稿。正式提交的报告应有《项目后评价报告》和《项目后评价摘要报告》两种形式，根据不同对象上报或分发这些报告。

对后评价报告的编写要求如下。

（1）后评价报告的编写要真实反映情况，客观分析问题，认真总结经验。为了让更多的单位和个人受益,评价报告的文字要求准确、清晰、简练,少用或不用过分专业化的词汇。评价结论要与未来的规划和政策的制定联系起来。为了提高信息反馈速度和反馈效果,让项目的经验教训在更大的范围内起作用,在编写后评价报告的同时,还必须编写并分送后评价报告摘要。

（2）后评价报告是反馈经验教训的主要文件形式,为了满足信息反馈的需要,便于计算机输入,后评价报告的编写需要有相对固定的内容格式。被评价的项目类型不同,后评价报告所要求书写的内容和格式也不完全一致。

12.8 小　　结

项目整合管理是发生在整个项目生命周期内,汇聚项目管理的十大知识领域,对所有项目计划进行整合执行和控制,以保证项目各要素相互协调的全部工作和活动过程。项目整合管理是从全局的、整体的观点出发,通过有机地协调项目各要素(进度、成本、质量和资源等),在项目影响的各项具体目标和方案中权衡和选择,尽可能地消除项目各单项管理的局限性,从而实现最大限度满足项目干系人的需求和期望。

另外,项目收尾是一项重要的工作,项目经理是其中的关键人物,成功的软件项目收尾应当是通过验收的、资金落实到位的、总结认真负责的、客户关系保持良好的,是可持续发展的。收尾成功要求项目经理机智地协调收尾工作中的人物关系,把握住有助于收尾成功的因素,即 5 个关键词:协调、交流、理解、支持、总结。

12.9 案 例 研 究

案例一:项目验收环节的疏忽导致的"尴尬"①

某通信设备制造厂家承建了某大型石油企业的一套传输和话音交换设备。这个项目的实施难度并不大,前期的安装、调试工作进展很顺利,客户也很配合,很快进入了最后的收尾验收环节。当客户主动询问如何验收时,也可能是对自己公司的产品过于自信,项目经理居然随口说:"就按你们的要求做吧,我们全力配合。"

该石油企业新建的这套系统是直接用于一线生产的,对设备的安全性、稳定性要求很高。由于客户自身对通信设备的具体技术细节并没有太多的了解,为了确保新系统在投入使用后万无一失,于是制定了一份异常详细、全面的技术验收测试规范,其中甚至有些内容属于设备入网测试的范畴,施工现场根本就不具备测试条件。

按当前客户给出的测试规范,显然是无法执行的。万般无奈之下,项目经理请客户经理出面,和客户的高层领导直接沟通,说明验收测试的合理要求和内容。经过多次反复协调,客户方面总算做出了一些让步,放弃了一部分确实不具备现场测试条件的指标要求,使测试规范大大简化。但是即便如此,和正常的验收比起来,该项目的测试内容还是多得离谱！可是用户方以设备直接用于安全生产,责任重大为由,坚决不同意再对测试规范做任何删减,

---

① 引自项目管理者联盟(http://www.mypm.net),作者:高屹。

必须全面测试。

验收开始了。结果在测试中真的发现有两项属于入网测试的送检指标略低于国家规定的要求。尽管这并不影响设备的正常使用，但最终还是以第一次验收失败而告终。后续，厂家重新更换了相关设备板件，再次提请测试，才算最终通过了项目的验收。由于是二次验收，不但厂家承担了相关验收费用，更严重的是，原本厂家打算把这个项目作为客户所在行业的典型应用案例来宣传，希望能起到良好的示范效果，可没想到由于在最后验收环节上的疏忽，让这个事实上比较成功的项目贴上了"没有一次通过验收"的尴尬标签。

案例点评——高屹，项目管理者联盟项目管理研究院副院长

这个案例中反映出项目收尾阶段的一个很有代表性的问题：验收从什么时候开始？在很多人的印象中，一个项目可以验收了，也就意味着所有工作已经临近尾声，验收工作的启动自然也应该是在全部交付活动基本完成时才开始的。乍听起来，这种想法没什么问题，当然是工作完成了，具备验收条件了，才能开始验收。但实际上，一个项目的验收工作，绝不能等到真正收尾时才做，而是应该尽早执行，甚至在项目刚一启动，就要着手验收了。

可能有人会提出疑义：不具备验收条件，怎么可能开始验收工作呢？实际上，我们所说的项目验收工作，不仅包括依据规范、条款，在技术层面对交付的成果进行逐项的测试、检验，相关规范、条款的制定和确定活动，也是验收工作的重要组成部分。一般来说，不同的行业、领域，都有自己相对成熟的规范、标准，如国家标准（GB）、行业标准、企业标准，甚至国外的标准等。这些标准既是现成的，又是不可变更的，看起来没有什么调整的余地，但是针对具体项目验收时采用哪些标准条款，却不是一项简单的工作。验收标准的确定，一定要得到甲乙双方的共同认可，才能成为最终检验成果是否满足要求的标准。所以，在从既定的、完整的相关标准体系中筛选出与具体项目、成果相适应的条款时，通常都要经过反复多次的商讨和修改，才能最终达成共识。而这种反复多次的商讨与修改，往往又需要消耗一定的时间，如果等到所有项目活动已经基本结束的时候才开始确定验收标准，很可能因为标准确定过程的多次反复而导致整体工期的延误。

在确定验收标准的时候，还有一个非常非常关键的要点，一旦忽略，很有可能导致重大的风险，甚至造成项目最终失败。这就是：作为项目实施一方，一定要将制定验收标准的主动权抓在自己的手中。上面案例描述中暴露出来的就是这个问题。由于项目经理缺乏主动意识，草率地将验收标准的制定权完全交给了客户，才导致后面步步被动，最终不得不接受一个令人遗憾和尴尬的结果。为了确保项目成果最终能顺利通过验收，项目团队应该主动制定出适当的验收条款，并提交给用户审核。当然，此时还不能称之为"标准"，因为这些条款还需要得到客户的认可。一般情况下，用户会根据自己的理解和需要，对收到的验收条款做出增删修改。但即便有所改动，总体上也还是在团队制定的整体条款框架内，这将给日后的验收工作带来很大的便利。

确定验收标准时，也有一些小的技巧，合理应用也会使最终的验收工作进行的更加顺利。例如，在允许的范围内，适量增加"功能性"的测试指标，合理减少"性能性"的测试内容。以一台液晶电视为例，能提供 3 路视频输入接口、两路 USB 信号接口、两路高清接口（HDMI）、有 3D 效果播放等，这些就属于功能性的指标。这些指标的检验过程相对比较简单，双方在测试验收时不容易出现歧义。而数字电视的信号接收灵敏度、数字信号调制误差率、系统噪声余量等就是性能性的指标。这类指标往往需要依靠专业的工具、仪表进行测

量,测试难度相对更大,在正式验收过程中有可能因为各种因素的影响而出现结果的不稳定,如测试方法是否规范、测试环境是否充分满足要求等。这可能给结果的认定带来一些争议。当然,团队主动制定验收标准,一定是在符合相关行业、领域及特定产品、成果的基本规则范围以内,在这个大前提下,主动制定对自己通过验收更加有利的内容,并寻求获得客户的认可,将有助于最终验收工作的顺利实施。

另外,在确定了验收标准之后,客户正式验收成果之前,团队一定要做好内部的"自检"活动。所谓"自检",就是根据双方已经确定的正式验收标准,团队自己对已经完成的成果进行逐条逐项的测试、检验。这个过程一定属于全部验收工作环节中的一部分,它不但能让团队及时发现潜在的问题,并及时采取补救措施,还有利于在后续的正式验收环节中不出现意外和偏差。

最后,验收过程中的另一个技巧,就是尽可能将一个成果的检验过程分成几部分进行,即分阶段验收。相比最终一次性验收,这样做更有利于确保项目成果得到及时的检验,以避免在实施的中间阶段出现的问题积累到最后才被发现,那样不但可能导致更加复杂的返工,进而产生高昂的成本代价和工期的延误,更严重的是,有时甚至已经无法对发现的既成事实的错误进行修正。

总之,为了确保项目最终验收的顺利通过,应该注意把握如下原则:尽早启动验收标准制定工作;团队积极主动地掌握标准制定的主动权,合理选择标准内容,与客户共同确定;尽量增加项目成果的中间检验环节,以便及早发现问题,及早采取补救措施;在客户参与的正式验收工作开始之前,团队做好内部的自检活动。如果能做到以上几点,将有助于一个项目的最终交付与收尾,项目经理及团队对此应给予充分的理解和重视。

【案例问题】

(1) 本案例中,该通信设备制造厂家的什么疏忽导致了验收尴尬?

(2) 如果你是该项目的项目经理,你将怎样预防案例中出现的验收尴尬?

(3) 简述项目验收对整个项目管理成败的影响,请说明理由。

案例二:软件项目管理中的放弃艺术①

某公司的总经理近来正在学习项目管理的课程,通过学习,他知道了"如何确保项目成功的策略和方法",但他来学习的真正目的是想知道"什么时候,由谁来决定放弃一个不成功的项目才不至于损失更大"。

经了解,该公司正在研发一套 CRM 管理软件,该项目已经持续快两年了,最初是因为一家电器零售行业客户的需求驱动的,后来又争取到国家创新基金的支持,公司就决定以电器零售业为原型投入研发力量做 CRM 产品。原计划 9 个月时间发版的产品,结果一年多才将第一版交给原型客户试用。试用期间产品不稳定,客户意见很大,难以交付。研发经理每次向总经理汇报时都说解决了某一问题就可以了,研发部就加班加点搞攻坚战解决问题,结果这个问题终于解决了,新的问题又出现了,产品还是不稳定,客户抱怨依旧。如此反复,项目陷入怪圈。不仅如此,公司市场部门很早就为该软件做了强大的市场宣传,当时 CRM 概念在国内刚刚兴起,赶时髦的企业不少,销售部在产品还不能演示的情况下就卖了好几套

---

① 作者:田俊国。

（据老板讲他们也是迫不得已卖的，不然公司没有资金再支持研发了）。于是，几个客户同时实施，研发部全体成员穿梭于几个项目之间来回救火，根本顾不上产品的继续升级，公司陷入骑虎难下的尴尬局面。当总经理想到要停止项目的时候，财务部出了一份报告，该项目已经先后投进去 500 万元，还有三四个不能验收的合同。

通常，出现以下几种情况时，项目必须及时放弃，即所谓的硬风险。

1）需求发生重大变化

一般项目在启动的时候都要进行机会选择、可行性分析、盈亏平衡分析和敏感性分析，当市场环境发生变化时，如市场增长缓慢，需求下降；外来竞争者入侵，竞争地位下滑等重大影响时，就算项目能够完好交付，但前期的投入和需要继续的投入已经很难收回，项目就应该果断放弃。另外，用户需求的变更和蔓延是项目建设过程中最大的风险之一，这一点在业界普遍形成共识。但实际上当客户需求重大变更或不断蔓延时，大多数项目经理却采取了妥协的态度，因为客户是上帝，要保全双方的体面和所谓的战略合作关系，只能忍气吞声，勉力坚持。需求的蔓延导致工期一再推迟和投资一再追加，到头来项目被拖垮，项目经理像温水里的青蛙，被煮死了。

2）合作方出现重大问题

大型项目往往是跨组织协作完成的，所以项目管理也涉及多组织的项目管理。成功的项目应该能够达成所有项目干系人的满意，但现实的项目却不尽然。例如，项目的主要供货商出现问题，导致项目质量、进度难以保障或资金严重超出预算等。所以，项目经理要时刻警惕上下游合作方的变化，及时识别风险，论证项目是否能够继续，必要时要决然放弃项目。

3）核心技术问题难以解决或技术落后

例如上述的 CRM 项目，研发人员解决不了技术问题或项目中途发现技术路线型错误，这种情况下如果硬撑下去大多不会有好的结果。还有部分高新技术项目，技术发展非常快，如果项目周期长一些的话，就可能出现项目中途发现技术路线型错误，这种情况下如果硬撑下去大多不会有好的结果。还有部分高新技术项目，技术发展非常快，如果项目周期长一些的话，就可能出现项目所采用的技术已经落后，无法再继续下去的情况。

4）后续资金缺乏

因后续资金缺乏导致的烂尾工程不胜枚举。因为放弃便意味着前期的投资血本无归，继续则实在力不从心。问题是这类项目往往要等到投资者把口袋里的最后一分钱投入进去后，才迫不得已放弃，这就是不懂得放弃的艺术。

5）企业战略调整

市场因素决定企业的战略，企业战略决定企业资源的配置，因为资源配置策略的改变放弃一些项目也是经常发生的事情。一些企业的信息管理系统，在建成之后适逢领导班子的调整或企业流程重组，这就是不合时宜。适应企业管理变革的需要是 IT 项目的一个特点，不少企业的 ERP 项目因管理策略变革产生重新实施的需求，这也是近年来出现的软件服务比软件产品更有市场的深层原因。

虽然多数项目经理具有较强的风险意识，但风险真正大到了该放弃的时候，他们却缺乏放弃的勇气和魄力，因为惋惜前期的投入，所以不肯罢休，死马当作活马医，最终导致投资者流尽最后一滴血才被迫搁置。所以，保持敏锐的嗅觉，学会尽早放弃一个即将失败的项目，是项目经理不可或缺的一项修炼。

美国 IBM 360 操作系统总设计师 Frederick P. Brooks 在对 IBM 360 操作系统失败的总结中指出："大型软件项目开发犹如一个泥潭,项目团队就像很多大型和强壮的动物在其中剧烈地挣扎,投入得越多,挣扎得越凶,陷入得越深。"因此,在项目管理中,及时放弃一个即将失败的项目,比顺利建设一个项目更为重要。即将失败的项目每多延续一天,就意味着多一份投资化为乌有,项目的投资者必须意识到止血比健身更重要! 学会放弃、及时放弃是项目管理中容易被忽视却至关重要的课题。

这种问题的解决之道只能是对项目不断评审和动态论证,及时发现各类变化因素对项目的影响程度,识别项目风险,只有这样才能做到决策及时,最大限度减少投资者的损失。IBM 的集成产品开发(Intergrated Product Development,IPD)模式即通过一系列的跨部门评审来确保此类问题及时发现,及时决策。IBM 的经验指出,实施 IPD 的显著效果之一就是花费在中途废止项目上的费用明显减少。

【案例问题】

(1) 本案例中的 CRM 系统出了什么问题?

(2) 你认为这个项目是否应该放弃? 请说明理由。

(3) 你认为怎样做才能防止本案例中问题的出现?

(4) IBM 360 操作系统的失败给我们什么启示?

12.10　习题与实践

1. 习题

(1) 为什么要强调软件项目的变更管理? 变更对于软件项目成功的影响有哪些?

(2) 简述软件项目验收工作的主要内容。

(3) 为什么在项目收尾阶段要对项目验收的范围进行确认?

(4) 什么是项目交接? 简述项目交接与项目清算之间的关系。

(5) 软件项目的移交包括哪些内容?

(6) 简述项目收尾管理工作的重要性。

(7) 项目前期评价与后评价的区别是什么? 项目后评价的主要范围与内容是什么?

2. 实践

(1) 分析著名 IT 企业是如何建立有效的变更控制系统的? 变更控制委员会的作用和可采取的行动有哪些?

(2) 查找目前常用的项目管理软件,分析比较这些项目管理软件如何把现代软件项目管理的主要技术和方法整合在一起。

附录 A   实 验

实验一   用 Visio 制作软件项目相关图形

背景介绍   在软件项目管理中,通常需要使用建模工具绘制各种图形,如项目网络图、WBS 结构图、组织结构图、流程图、各种分析图和模型图等。Microsoft Office Visio(简称 Visio)是目前最优秀的绘图软件之一,其强大的功能和简单操作性的特征受到广大用户的青睐,已被广泛地应用于软件设计、项目管理、企业管理等众多领域。使用 Visio 可以非常方便和快捷地绘制软件项目管理过程中的各种图形。

实验工具   Visio 2007(或 2013 等)简体中文版。

实验内容和步骤

(1) 安装 Visio。

(2) 熟悉 Visio 的使用,包括菜单、工具条、内置的各种模板、模具和形状。

(3) 使用 Visio 分别绘制本书中的 WBS 结构图(图 3-2)、矩阵型组织结构图(图 7-5)、风险分解结构图(图 9-1)、项目活动网络图(图 4-5)、流程图(图 6-9)、挣值分析图(图 5-4)、决策树分析图(图 9-4)、沟通模型图(图 8-1)等。

实验二   用 Project 编制软件项目进度计划表

背景介绍   Microsoft Project(简称 Project)是一个功能强、使用广的项目计划和管理工具,它可以帮助我们获取项目计划所需的信息,估算和控制项目的工时、日程、资源和财务。它还可以设置对项目工作组、管理和客户的现实期望,以制定日程、分配资源和管理预算等。在软件项目管理中,Project 常用于分解活动、活动排序、编制项目进度计划和资源分配等。

实验工具   Project 2007(或 2013)简体中文版。

实验背景   某校的教务系统开发背景说明。

(1) 系统功能:教务系统、邮件系统。

(2) 使用平台:Windows 操作系统、SQL Server 数据库、C♯开发工具。

(3) 资源名称:项目经理 A、项目助理 B、系统管理员 C、网络工程师 D、项目组成员 E1、E2、E3、E4、E5。

(4) 约束与假设:开发环境网络设备需要重新布置,购买两台服务器。设备订货后需要 1 个月才能到货,培训需要在系统安装后进行。

（5）项目开发时间：2018 年 11 月 23 日至 2019 年 7 月 30 日。

（6）系统开发的 WBS 图如下。

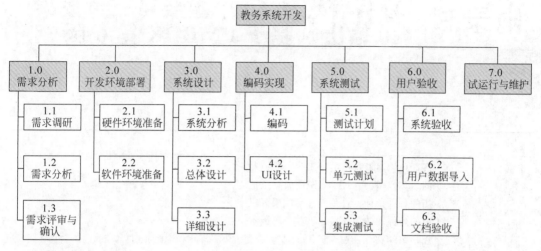

实验内容和步骤

（1）安装 Project，并熟悉 Project 2007 或 2013 的使用，包括菜单、工具条、内置的各种模板和元素。

（2）基于上述 WBS 建立项目活动，活动层级共分为 3 层。

（3）建立项目资源表（包括人员和计算机设备，并对资源分组），创建活动甘特图时从资源表中选择。

（4）按项目开发时间进行各活动的历时估计（起止时间）。

（5）明确各活动的关系（活动排序）。

（6）充分利用备注栏信息，对活动进行说明。

（7）绘制项目进度计划图（甘特图、里程碑图等）。

实验三　综合实训

实训名称　××软件项目开发管理

实训目标　以某个具体软件项目开发为依托，系统掌握软件项目管理过程和方法，并亲身实践团队合作和沟通。

实训工具　Visio 和 Project。

实训内容和步骤

（1）3～5 人组成一个项目团队，一个项目经理，其余为项目副经理。

（2）自选软件项目（如高校毕业生就业信息网建设项目），紧密结合所选软件项目，进行项目开发管理，包括范围管理、进度管理、成本管理、质量管理、团队和沟通管理、风险管理等内容。

（3）每组提交一份项目开发管理报告，报告主要包括如下内容：项目章程、系统分析和设计、WBS 分解、活动历时和资源估算、进度安排、成本估算、质量保证计划、风险分析和应对、沟通和冲突管理计划、变更控制方法等。

附录B 项目管理的 69 个重要可交付成果（输出）（基于 PMBOK 第 6 版）

成果名称	内 容	来 源	用 途
事业环境因素	事业环境因素是指项目团队不能控制的，将对项目产生影响、限制或指令作用的各种条件。这些条件可能来自组织的内部和（或）外部。事业环境因素包括组织文化、政府法规、行业标准、市场条件、工作授权系统、商业数据库、项目管理信息系统等。这些因素可能会提高或限制项目管理的灵活性，并可能对项目结果产生积极或消极的影响	现有组织内部和外部	启动、规划、执行、控制过程组
组织过程资产	组织过程资产是执行组织所特有并使用的计划、过程、政策、程序和知识库，会影响对具体项目的管理。组织过程资产包括来自任何（或所有）项目执行组织的，可用于执行或治理项目的任何工件、实践或知识，还包括来自组织以往项目的经验教训和历史信息。组织过程资产可能还包括完成的进度计划、风险数据和挣值数据	组织内部积累	启动、规划、执行、收尾过程组，并在控制、收尾被不断更新
工作说明书	对项目所需交付的产品或服务的叙述性说明，包括业务需求、产品范围描述、战略计划等	项目发起人、客户	项目章程制定、采购管理规划
假设日志	假设日志用于记录整个项目生命周期中的所有假设条件和制约因素	项目章程制定	商业论证、活动资源估算、活动历时估算、成本估算等
项目商业论证	项目商业论证指文档化的经济可行性研究报告，用来对尚缺乏充分定义的所选方案的收益进行有效性论证，是启动后续项目管理活动的依据。商业论证列出了项目启动的目标和理由	商业分析师编写、发起人来认可、项目发起组织定期审核	项目章程制定、需求收集、预算制订、采购管理规划，干系人识别

成果名称	内　容	来　源	用　途
协议	又称为合同,合同是对双方都有约束力的协议。它强制卖方提供规定的产品、服务或成果,强制买方向卖方支付相应的报酬。合同建立了受法律保护的买卖双方的关系	采购实施	项目章程制定、项目结束管理、需求收集、制订进度计划、风险识别、采购控制、干系人识别、干系人参与规划
项目章程	项目章程是由项目发起人发布的,正式批准项目成立,并授权项目经理动用组织资源开展项目活动的文件,包括项目目的、项目目标、假设、制约要素、项目经理的职责与权力等	制定项目章程	范围管理规划、需求收集、范围定义、进度管理规划、成本管理规划、资源管理规划、沟通管理规划、风险管理规划、采购管理规划、干系人识别、干系人参与规划
项目管理计划	项目管理计划是描述如何执行、监督和控制项目的一份文件,包括基准(范围、进度、成本)、各种管理计划、生命期和管理过程定义、配置、变更管理计划等	制订项目管理计划	用于所有的规划、执行、控制和收尾过程
项目文件	项目各方面的内容	规划过程组	用于大部分的规划、执行、控制、收尾过程
核实的可交付成果	核实的可交付成果是指已经完成,并被控制质量过程检查为正确的可交付成果	质量控制	范围核实
验收的可交付成果	经过用户验收的可交付成果,如交货收据和工作绩效文件等	范围核实	项目收尾管理
最终产品、服务或成果	项目结束后的最终可交付成果	项目收尾管理	客户
工作绩效数据	工作绩效数据是在执行项目工作的过程中,从每个正在执行的活动中收集到的原始观察结果和测量值。数据通常是最低层次的细节,将交由其他过程从中提炼出信息	项目工作指导与管理	范围核实、范围控制、进度控制、成本控制、沟通监督、风险监督、干系人参与监督
工作绩效信息	工作绩效信息包括项目进展信息,例如,哪些可交付成果已经被验收,哪些未通过验收以及原因。这些信息应该被记录下来并传递给干系人	控制过程组(除项目工作监控之外)	项目工作监控、团队管理
工作绩效报告	工作绩效信息可以用实体或电子形式加以合并、记录和分发。基于工作绩效信息,以实体或电子形式编制工作绩效报告,以制定决策、采取行动或引起关注。根据项目沟通管理计划,通过沟通过程向项目干系人发送工作绩效报告。工作绩效报告的示例包括状态报告和进展报告。工作绩效报告可以包含挣值图表和信息、趋势线和预测、储备燃尽图、缺陷直方图、合同绩效信息和风险情况概述	项目工作监控	团队管理、沟通管理、风险监督、采购控制、整体变更控制

项目管理的 69 个重要可交付成果(输出)(基于 PMBOK 第 6 版)

338

成果名称	内 容	来 源	用 途
变更请求	变更请求是关于修改任何文件、可交付成果或基准的正式提议,包括纠正、预防措施、缺陷补救、更新等	所有的执行和控制管理过程	项目整体变更控制、采购控制
批准的变更请求	经过变更委员会批准的变更请求,可能是纠正措施、预防措施或缺陷补救,并由项目团队纳入项目进度计划付诸实施,可能对项目或项目管理计划的任一领域产生影响,还可能导致修改正式受控的项目管理计划组件或项目文件	项目整体变更控制	项目执行指导与管理、质量控制、采购控制
变更日志	记录项目过程中出现的变更,包括否决的变更	项目整体变更控制	项目工作指导与管理、项目结束管理、质量控制、干系人识别、干系人参与规划、干系人参与管理
范围管理计划	范围管理计划是项目管理计划的组成部分,描述将如何定义、制定、监督、控制和确认项目范围	范围管理规划	制订项目管理计划、范围管理、采购管理规划、采购实施
需求管理计划	描述将如何分析、记录和管理需求	范围管理规划	需求收集、范围核实、范围控制、质量管理规划、风险识别、采购实施、采购控制
干系人登记册	干系人登记册记录关于已识别干系人的信息,包括干系人基本信息、评估信息、干系人分类	干系人识别	需求收集、质量管理规划、资源获取、沟通管理规划、沟通管理、风险管理规划、风险识别、定性风险分析、采购管理规划、采购实施、采购控制、干系人参与管理、干系人参与监督、项目知识管理
干系人参与计划	干系人参与计划是项目管理计划的组成部分,它确定用于促进干系人有效参与决策和执行的策略和行动	干系人参与规划	需求收集、质量管理规划、采购管理规划、风险识别、采购实施、采购控制、干系人识别、干系人参与管理、干系人参与监督
需求文件	需求文件描述各种单一需求将如何满足与项目相关的业务需求,包括业务需求、干系人需求、解决方案需求、项目需求、相关假设、依赖和制约因素等	需求收集	范围定义、WBS创建、范围核实、质量管理规划、采购管理规划、风险识别、采购实施、采购控制、干系人识别、项目结束管理
需求跟踪矩阵	需求跟踪矩阵是把产品需求从其来源连接到能满足需求的可交付成果的一种表格。使用需求跟踪矩阵,把每个需求与业务目标或项目目标联系起来,有助于确保每个需求都具有商业价值	需求收集	范围核实、范围控制、质量管理规划、采购管理规划、采购控制、项目工作指导与管理,整体变更控制

成果名称	内　容	来　源	用　途
项目范围说明书	项目范围说明书是对项目范围、主要可交付成果、假设条件和制约因素的描述。它记录了整个范围,包括项目和产品范围;详细描述了项目的可交付成果;还代表项目干系人之间就项目范围所达成的共识	范围定义	WBS 创建、范围控制、活动排序、活动历时估算、制订进度计划、成本估算、预算制订、质量控制、定性风险分析、采购管理规划
工作分解结构	工作分解结构(WBS)是对项目团队为实现项目目标、创建所需可交付成果而需要实施的全部工作范围的层级分解	WBS 创建	活动定义、活动排序、进度计划制订、进度控制、成本估算、制订预算、质量管理规划、采购管理计划
范围基准	范围基准是经过批准的范围说明书、WBS 和相应的 WBS 词典,只有通过正式的变更控制程序才能进行变更,它被用作比较的基础,是项目管理计划的组成部分	WBS 创建	范围核实、范围控制、活动定义、活动历时估算、进度计划制订、进度控制、成本估算、预算制订、质量管理规划、活动资源估算、风险识别、定量风险分析、采购管理规划、整体变更控制
进度管理计划	进度管理计划是项目管理计划的组成部分,为编制、监督和控制项目进度建立准则和明确活动,包括项目进度模型制定、维护、准确度、控制临界值、绩效测量规则、组织程序链接、计量单位等	进度管理规划	活动定义、活动排序、活动资源估算、活动历时估算、制订进度计划、进度控制、成本管理规划、风险识别、风险应对规划
活动清单	活动清单包括项目每个活动的标识及工作范围详述,使项目团队成员知道需要完成什么工作	活动定义	活动排序、活动资源估算、活动历时估算、制订进度计划
活动属性	活动属性是指每项活动所具有的多重属性,用来扩充对活动的描述,活动属性随时间演进。在项目初始阶段,活动属性包括唯一活动标识(ID)、WBS 标识和活动标签或名称;在活动属性编制完成时,活动属性可能包括活动描述、紧前活动、紧后活动、逻辑关系、提前量和滞后量、资源需求、强制日期、制约因素和假设条件	活动定义	活动排序、活动资源估算、活动历时估算、制订进度计划
里程碑清单	里程碑是项目中的重要时点或事件,里程碑清单列出了所有项目里程碑,并指明每个里程碑是强制性的(如合同要求的)还是选择性的(如根据历史信息确定的)。里程碑的持续时间为零,因为它们代表的是一个重要时间点或事件	活动定义	项目工作指导与管理、项目工作监控、项目结束管理、活动排序、活动历时估算、进度计划制订、定量风险分析、采购管理规划、采购控制

339

附录 B

项目管理的 69 个重要可交付成果(输出)(基于 PMBOK 第 6 版)

成 果 名 称	内　　容	来　　源	用　　途
项目进度网络图	项目进度网络图是表示项目进度活动之间的逻辑关系(也叫依赖关系)的图形。项目进度网络图可手工或借助项目管理软件来绘制,可包括项目的全部细节,也可只列出一项或多项概括性活动	活动排序	项目管理计划制订、项目工作指导与管理、进度计划制订、进度控制
资源日历	资源日历识别了每种具体资源可用时的工作日、班次、正常营业的上下班时间,周末和公共假期。在规划活动期间,潜在的可用资源信息(如团队资源、设备和材料)用于估算资源可用性。资源日历规定了在项目期间确定的团队和实物资源何时可用、可用多久	资源获取	活动资源估算、活动历时估算、制订进度计划、进度控制、制订预算、团队建设、风险应对规划
资源需求	资源需求识别了各个工作包或工作包中每个活动所需的资源类型和数量,可以汇总这些需求,以估算每个工作包、每个 WBS 分支以及整个项目所需的资源。资源需求描述的细节数量与具体程度因应用领域而异,而资源需求文件也可包含为确定所用资源的类型、可用性和所需数量所做的假设	活动资源估算	整体变更控制、活动历时估算、制订进度计划、成本估算、资源获取、团队管理、资源控制、定量风险分析、采购管理规划
资源分解结构	资源分解结构是资源依类别和类型的层级展现。资源类别包括(但不限于)人力、材料、设备和用品,资源类型则包括技能水平、要求证书、等级水平或适用于项目的其他类型	活动资源估算	项目知识管理、活动历时估算、资源控制、制订进度计划
团队章程	团队章程是为团队创建团队价值观、共识和工作指南的文件	资源管理规划	团队建设、团队管理
风险登记册	风险登记册记录已识别单个项目风险的详细信息。包括风险清单、分析和应对规划的结果,有 5 个版本:开始、定性分析、定量分析、应对以及控制后的版本	风险识别	范围定义、活动历时估算、制订进度计划、成本估算、制订预算、质量管理规划、资源管理规划、资源控制、风险管理规划、定性和定量风险分析、风险应对、风险监督、采购管理规划、采购实施、采购控制、干系人管理规划、干系人参与监督
持续时间(历时)估算	持续时间估算是对完成某项活动、阶段或项目所需的工作时段数的定量评估,其中并不包括任何滞后量	活动历时估算	制订进度计划、定量风险分析

成 果 名 称	内　容	来　源	用　途
实物资源分配单	实物资源分配单记录了项目将使用的材料、设备、用品、地点和其他实物资源	资源获取	资源控制
项目团队派工单	项目团队派工单记录了团队成员及其在项目中的角色和职责,可包括项目团队名录,还需要把人员姓名插入项目管理计划的其他部分,如项目组织图和进度计划	资源获取	项目知识管理、活动历时估算、进度计划制订、团队建设、团队管理、风险应对规划、风险应对实施、采购管理规划
项目进度计划	项目进度计划是进度模型的输出,为各个相互关联的活动标注了计划日期、持续时间、里程碑和所需资源等信息。表现形式有里程碑、横道图、网络图等	制订进度计划	进度控制、成本估算、制订预算、资源管理规划、采购管理规划、资源获取、团队建设、资源控制、风险应对规划、采购实施、干系人参与规划
进度基准	进度基准是经过批准的进度模型,只有通过正式的变更控制程序才能进行变更,用作与实际结果进行比较的依据。经干系人接受和批准,进度基准包含基准开始日期和基准结束日期。在监控过程中,将用实际开始和完成日期与批准的基准日期进行比较,以确定是否存在偏差。进度基准是项目管理计划的组成部分	制订进度计划	进度控制、风险识别、定量风险分析、风险应对规划
进度数据	进度数据是用以描述和控制进度计划的信息集合	制订进度计划	进度控制
进度预测	进度预测即进度更新,指根据已有的信息和知识,对项目未来的情况和事件进行的估算或预计	进度控制	定量风险分析、项目工作监控
项目日历	在项目日历中规定可以开展进度活动的可用工作日和工作班次,它把可用于开展进度活动的时间段(按天或更小的时间单位)与不可用的时间段区分开来。在一个进度模型中,可能需要采用不止一个项目日历来编制项目进度计划,因为有些活动需要不同的工作时段	制订进度计划	活动历时估算、进度控制、项目管理计划制订、项目工作指导与管理
成本管理计划	成本管理计划是项目管理计划的组成部分,描述将如何规划、安排和控制项目成本。成本管理过程及其工具与技术应记录在成本管理计划中,描述如何规划、安排和控制成本,有计量单位、精确度、准确度、组织程序链接、控制临界值、绩效测量规则等	成本管理规划	范围控制、成本估算、制订预算、风险识别、风险应对规划

项目管理的 69 个重要可交付成果(输出)(基于 PMBOK 第 6 版)

342

成果名称	内　容	来　源	用　途
资源管理计划	作为项目管理计划的一部分,资源管理计划提供了关于如何分类、分配、管理和释放项目资源的指南。资源管理计划可以根据项目的具体情况分为团队管理计划和实物资源管理计划。其中的人力资源管理子计划包括角色和职责、项目组织图、人员配备管理计划(来、去、培训、资源日历、奖励与认可方案等)	资源管理规划	预算制订、活动资源估算、资源获取、团队建设、团队管理、资源控制、沟通管理、沟通监督、风险识别、风险应对规划、采购管理规划、干系人参与规划、干系人参与监督
成本估算	成本估算包括对完成项目工作可能需要的成本,应对已识别风险的应急储备,以及应对计划外工作的管理储备的量化估算	成本估算	制订预算、风险识别、采购管理规划
估算依据	活动资源/历时/成本估算所需的支持信息的数量和种类,因应用领域而异。不论其详细程度如何,支持性文件都应该清晰、完整地说明持续时间估算是如何得出的	活动历时估算、活动资源估算、活动成本估算	制订进度计划、制订预算、定量风险分析项目工作监控、整体变更控制、项目结束管理
成本基准	批准后的按时间段分配的成本预算,不包括管理储备(加上管理储备叫项目预算)	制订预算	制订项目管理计划、成本控制
项目资金需求	说明总资金需求、来源,以增量方式获得,等于成本基准加管理储备	制订预算	成本控制
成本预测	完工成本估计 EAC 和完工尚需成本估计 ETC	成本控制	项目工作监控
质量管理计划	说明如何执行质量政策,是项目管理计划的一部分	质量管理规划	质量管理、质量控制、风险识别、采购管理规划
质量测量指标	质量测量指标专用于描述项目或产品属性,以及控制质量过程将如何验证符合程度	质量管理规划	质量管理、质量控制
质量报告	质量报告可能是图形、数据或定性文件,其中包含的信息可帮助其他过程和部门采取纠正措施,以实现项目质量期望	质量管理	质量管理、质量控制
质量控制测量结果	质量控制测量结果是对质量控制活动的结果的书面记录,应以质量管理计划所确定的格式加以记录	质量控制	质量管理
测试与评估文件	可基于行业需求和组织模板创建测试与评估文件,用于评估质量目标的实现情况。这些文件可能包括专门的核对单和详尽的需求跟踪矩阵	质量管理	质量控制

成果名称	内容	来源	用途
项目收尾指南或要求	如项目终期审计、项目评价、可交付成果验收、合同收尾、资源分配,以及向生产和(或)运营部门转移知识	组织过程资产	项目管理计划制订、项目结束管理
问题日志	问题日志是一种记录和跟进所有问题的项目文件	项目工作指导与管理	项目工作监控、团队管理、资源控制、沟通管理、沟通监督、风险识别、风险监督、干系人参与规划、干系人参与监督
沟通管理计划	沟通管理计划是项目管理计划的组成部分,描述将如何规划、结构化、执行与监督项目沟通,以提高沟通的有效性	沟通管理规划	沟通管理、沟通监督、采购实施、干系人参与规划、干系人参与管理、干系人参与监督
项目沟通记录	包括创建、分发、接收、告知收悉和理解信息所需的活动	沟通管理	沟通监督、干系人参与监督
风险管理计划	风险管理计划是项目管理计划的组成部分,描述如何安排与实施风险管理活动。包括风险管理方法论、角色与职责、预算、风险类别(RBS)、时间安排、风险概率与影响定义、干系人承受力、报告、跟踪等	风险管理规划	成本管理规划、质量管理规划、风险识别、定性风险分析、定量风险分析、风险应对规划、风险监督、采购实施、采购控制、干系人识别、干系人参与管理
风险报告	风险报告提供关于整体项目风险的信息,以及关于已识别的单个项目风险的概述信息	风险识别	质量管理、沟通管理、定量风险分析、风险应对规划、风险应对、风险监督、项目工作指导与管理、项目工作监控
采购管理计划	采购管理计划包含要在采购过程中开展的各种活动。它应该记录是否要开展国际竞争性招标、国内竞争性招标、当地招标等。如果项目由外部资助,资金的来源和可用性应符合采购管理计划和项目进度计划的规定,如采用的合同类型、如何编制独立估算、采购文件、如何做自制外购决策,说明如何采购等	采购管理规划	资源获取、采购实施、采购控制、项目结束管理
采购工作说明书	详细描述拟采购的产品、服务或成果,以便潜在卖方确定是否有能力,详细程度看采购品性质、买方的需要、拟用合同类型而定	采购管理规划	采购实施、采购控制
采购文件	招标书包括技术和商务两部分,用来获得投标书/建议书或报价单	采购管理规划	识别风险、采购实施、采购控制、干系人识别

343

项目管理的 69 个重要可交付成果(输出)(基于 PMBOK 第 6 版)

成 果 名 称	内　　容	来　　源	用　　途
供方选择标准	在确定评估标准时,买方要努力确保选出的建议书将提供最佳质量的所需服务。供方选择标准可以是主观的也可以是客观的,质量和价格是重要标准	采购管理规划	采购实施
卖方建议书	卖方用来投标的文件	潜在卖方	采购实施
经验教训登记册	经验教训登记册可以包含情况的类别和描述,经验教训登记册还可包括与情况相关的影响、建议和行动方案。经验教训登记册可以记录遇到的挑战、问题、意识到的风险和机会,或其他适用的内容。在项目或阶段结束时,把相关信息归入经验教训知识库,成为组织过程资产的一部分	项目知识管理	项目工作指导与管理、项目工作监控、项目结束管理、范围核实、范围控制、活动历时估算、进度计划制订、进度控制、成本估算、成本控制、质量管理、质量控制、团队建设、团队管理、资源控制、沟通管理、风险识别、风险应对规划、风险监督、采购实施、采购控制、干系人参与管理和监控

344

参 考 文 献

[1] Project Management Institute. A Guide to the Project Management Body of Knowledge (PMBOK® GUIDE)(Sixth Edition)[M]. PA,USA：Newtown Square, 2017.

[2] Project Management Institute. The Standard for Project Management[M]. PA,USA：Newtown Square，2017.

[3] 希赛教育考试院.信息系统项目管理师考试辅导教程[M].4版.北京：电子工业出版社,2018.

[4] 张友生,邓旭光.系统集成项目管理案例分析教程[M].3版.北京：电子工业出版社,2014.

[5] 美国项目管理协会.项目管理知识体系指南(PMBOK指南)[M].许江林,译.5版.北京：电子工业出版社,2013.

[6] Kerzner H.项目管理—计划、进度和控制的系统方法[M].杨爱华,等译.7版.北京：电子工业出版社,2010.

[7] Gido J,Clements J P.项目管理核心资源库：成功的项目管理[M].张金城,等译.5版.北京：电子工业出版社,2012.

[8] 郭宁.IT项目管理[M].北京：清华大学出版社,2009.

[9] 夏辉,周传生.软件项目管理[M].北京：清华大学出版社,2015.

[10] 任永昌.软件项目管理[M].北京：清华大学出版社,2012.

[11] 潘东,韩秋泉.IT项目经理成长[M].北京：机械工业出版社,2013.

[12] Bhoola V. Impact of Project Success Factors in Managing Software Projects in India：An Empirical Analysis[J]. Business Perspectives and Research,2015,3(2)：109-125.

[13] Singh V. A Simulation-Based Approach to Software Project Risk Management[J]. Asia Pacific Business Review，2008,4(1)：59-63.

图书资源支持

感谢您一直以来对清华版图书的支持和爱护。为了配合本书的使用，本书提供配套的资源，有需求的读者请扫描下方的"书圈"微信公众号二维码，在图书专区下载，也可以拨打电话或发送电子邮件咨询。

如果您在使用本书的过程中遇到了什么问题，或者有相关图书出版计划，也请您发邮件告诉我们，以便我们更好地为您服务。

我们的联系方式：

地　　址：北京市海淀区双清路学研大厦 A 座 714

邮　　编：100084

电　　话：010-83470236　010-83470237

客服邮箱：2301891038@qq.com

QQ：2301891038（请写明您的单位和姓名）

资源下载：关注公众号"书圈"下载配套资源。

资源下载、样书申请

书圈

获取最新书目

观看课程直播